"十二五" 江苏省高等学校重点教材

化学工程与工艺实验

邵　荣　许　伟　冒爱荣　郁桂云　编著

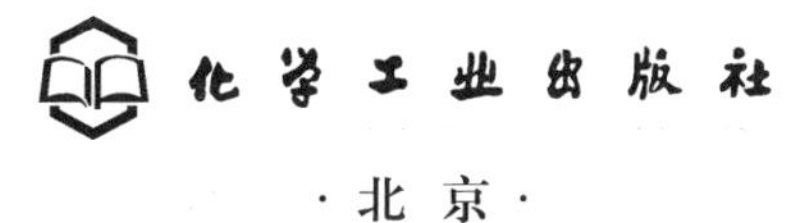

·北京·

本书是高等学校化工类专业本科教学用书，内容包括实验基础知识、化工原理实验、化学工程专业实验、精细化工专业实验、化工设计性实验和化工研究创新性实验。实验基础知识部分介绍了实验误差分析和测量不确定度评定、实验设计与数据处理、化工基本物理量测量和化工物性数据测定。化工原理实验主要针对典型化工单元过程进行验证和特性测定。化学工程和精细化工专业实验部分贴近生产实际，选取适合教学使用的实验项目。通过化工设计性实验训练学生分析、解决问题的能力，通过化工研究创新性实验全面提升学生专业能力，培养创新思维和创造能力。在附录中收入了化工实验安全、常用数据和仪表操作规程。本书引入测量不确定度评定，并结合 Statistic、Excel、Origin 等应用软件对实验设计及数据处理进行了介绍，反映了学科的发展和技术的进步。

本书涵盖教育部化学工程学科指导委员会制定的化学工程本科专业实验基本要求的内容，可供高等学校化工类专业教学选用。

图书在版编目（CIP）数据

化学工程与工艺实验/邵荣等编著．—北京：化学工业出版社，2016.7

“十二五”江苏省高等学校重点教材

ISBN 978-7-122-27795-4

Ⅰ.①化… Ⅱ.①邵… Ⅲ.①化学工程-化学实验-高等学校-教材 Ⅳ.①TQ016

中国版本图书馆 CIP 数据核字（2016）第 181600 号

责任编辑：李玉晖　　文字编辑：王　琪

责任校对：边　涛　　装帧设计：韩　飞

出版发行：化学工业出版社（北京市东城区青年湖南街 13 号　邮政编码 100011）

印　　装：大厂聚鑫印刷有限责任公司

787mm×1092mm　1/16　印张 18¾　字数 462 千字　2017 年 2 月北京第 1 版第 1 次印刷

购书咨询：010-64518888（传真：010-64519686）　售后服务：010-64518899

网　　址：http://www.cip.com.cn

凡购买本书，如有缺损质量问题，本社销售中心负责调换。

定　　价：39.00 元

前言

实验课程教学是高校培养具有创新能力人才的必要环节，而实验课程的教材在学生学习实验课程的过程中发挥着至关重要的作用。本书是在2010年出版的《化学工程与工艺实验》的基础上，结合盐城工学院化学工程与工艺省重点专业的建设，更新修订而成。

本书根据教育部化学工程与工艺学科教学指导委员会制定的化学工程与工艺本科专业实验教学的基本要求编写，强调了“打好专业基础、拓宽就业口径、增强实践能力、提高创新素质”这一指导思想，着力培养化学工程与工艺专业高水平应用型人才。结合化工学科的时代发展，增加了设计性及研究创新性实验；在实验项目设计上突出了化工与资源环境、食品及材料等领域的交叉，以加强学生创新能力的培养，全面提升学生专业素质。本书中还引入了实验中不确定度的评定，引导学生对影响实验结果的因素进行系统思考。

本书共分为6章，其中第一章较系统地介绍了化学工程与工艺实验的基本理论，包括实验误差及测量不确定度、实验设计与数据处理、化工基本物理量的测量技术；第二章是化工过程基础实验；第三章是化学工程专业实验；第四章是精细化工专业实验；第五章为化工设计性实验；第六章为化工研究创新性实验。本书内容涵盖化工热力学、反应工程、化工分离、精细化学品合成等领域。在编写过程中结合相关的实验设计和数据分析软件如Statistica、Excel、Origin等进行介绍，书中简明的例子可帮助学生迅速掌握相关方法。

2010年出版的《化学工程与工艺实验》经盐城工学院和兄弟院校师生使用，获得了较好的认同，被评为“江苏省精品教材”和“十二五”江苏省高等学校重点教材。在使用过程中，根据广大师生们的反映，我们在修订中主要进行了以下方面的改进：(1) 详细阐述实验原理，以适合于学生自学。(2) 充分介绍实验仪器设备的结构、性能、使用方法和注意事项，并适当增加其应用实例和相关背景的介绍，以拓宽知识面和创新思路。(3) 对实验步骤不再做详尽而冗长的描述。(4) 根据学科的发展特点，新增了部分化工基础及专业实验项目。

本书编写过程中力求概念清晰、层次分明、阐述简洁易懂，使本书具有较强的实用性和可读性。本书可作为化学工程本科专业用书，也可供化工专业科研和实验工作者参考使用。

鉴于编者的水平和能力有限，书中疏漏之处在所难免，恳请广大读者批评指正，我们将在教学及研究过程中不断修正和完善。

编著者

2016 年 12 月

目录

第一章 实验基础知识

第二章　化工原理实验

第三章　化学工程专业实验

第四章　精细化工专业实验

第五章　化工设计性实验

第六章　化工研究创新性实验

附录

参考文献

第一章　实验基础知识

第一节　实验误差分析及测量结果不确定度

一、实验的误差分析

由于实验方法和实验设备的不完善，周围环境的影响，以及人的观察力，测量程序限制等，实验观察值和真值之间总是存在一定的差异，在数值上即表现为误差。为了提高实验的精度，缩小实验观测值与真值之间的差值，需要对实验的误差进行分析和讨论。

1. 误差的基本概念

（1）真值与平均值　真值是一个理想的概念，一般是不可能观测到的。但是若对某一物理量经过无限多次的测量，出现误差有正有负，而正负误差出现的概率是相同的。因此，在不存在系统误差的前提下，它们的平均值就相当接近于这一物理量的真值。所以实验科学中定义：无限多次的观测值的平均值为真值。由于在实验工作中观测的次数总是有限的，由这些有限的观测值的平均值，只能近似于真值，故称这个平均值为最佳值。化工中常用的平均值有以下几种。

① 算术平均值　以下式表示：

$$x_m = \frac{x_1 + x_2 + \cdots x_n}{n} = \frac{\sum_{i=1}^{n} x_i}{n} \tag{1-1}$$

② 均方根平均值　以下式表示：

$$x_s = \left(\frac{x_1^2 + x_2^2 + \cdots x_n^2}{n}\right)^{\frac{1}{2}} = \sqrt{\frac{\sum_{i=1}^{n} x_i^2}{n}} \tag{1-2}$$

③ 几何平均值　以下式表示：

$$x_c = (x_1 x_2 \cdots x_n)^{\frac{1}{n}} = (\prod_{i=1}^{n} x_i)^{\frac{1}{n}} \tag{1-3}$$

计算平均值方法的选择，取决于一组观测值的分布类型。在一般情况下，观测值的分布属于正态类型，即正态分布。因此，算术平均值作为最佳值使用最为普遍。

（2）误差表示法　某测量点的误差通常由下面三种形式表示。

① 绝对误差　某量的观测值与真值的差称为绝对误差，通称误差。但在实际工作中，以平均值（即最佳值）代替真值，把观测值与最佳值之差称为剩余误差，但习惯上称为绝对

误差。

② 相对误差　为了比较不同被测量的测量精度，引入了相对误差。即为：

$$相对误差=\frac{绝对误差}{真值}\times 100\%$$

③ 引用误差　引用误差（或相对示值误差）指的是一种简化和实用方便的仪器仪表指示值的相对误差，它是以仪器仪表的满量程示值为分母，量程内最大示值误差为分子，所得比值的百分数。仪器仪表的精度是用仪器的最大引用误差来表示。比如1级精度仪表，即为：

$$\frac{量程内最大示值误差}{满量程示值}\times 100\%$$

在化工领域中，通常用算术平均误差和标准误差来表示测量数据的误差。

④ 算术平均误差　以下式表示：

$$\delta=\frac{\sum_{i=1}^{n}|X_i-X_m|}{n} \tag{1-4}$$

⑤ 标准误差　标准误差称为标准差或称均方根误差。当测量次数为无穷时，其定义为：

$$\sigma=\sqrt{\left(\frac{\sum_{i=1}^{n}(X_i-X_n)^2}{n}\right)} \tag{1-5}$$

当测量次数为有限时，常用下式表示：

$$\delta=\sqrt{\left(\frac{\sum_{i=1}^{n}(X_i-X_m)^2}{n-1}\right)} \tag{1-6}$$

式中，n 表示观测次数；X_i 表示第 i 次的测量值；X_m 表示 n 次测量值的算术平均值。

标准误差的大小说明，在一定条件下等精度测量的数据中每个观测值对其算术平均值的分散程度。如果测的数值小，该测量列数据中相应小的误差占优势，任一单次观测值对其算术平均值的分散程度就小，测量的精度高；反之，精度就低。

（3）误差的分类

① 系统误差　系统误差是指在同一条件下，多次测量同一量时，误差的数值和符号保持恒定，或在条件改变时，按某一确定的规律变化的误差。系统误差的大小反映了实验数据准确度的高低。

产生系统误差的原因是：a. 仪器不良，如刻度不准、仪表未经校正或标准表本身存在偏差等；b. 周围环境的改变，如外界温度、压力、风速等；c. 实验人员个人的习惯和偏向，如读数的偏高或偏低等引入的误差。系统误差可针对上述诸原因分别通过改进仪器和实验装置以及提高实验技巧予以清除。

② 随机误差（或称偶然误差）　随机误差是指在已经消除系统误差的前提下，在相同条件下测量同一量时，误差的绝对值时大时小，其符号时正时负，没有确定规律的误差。随机

误差的大小反映了精密程度的高低。这类误差产生的原因无法预测，因而无法控制和补偿。但是倘若对某一量值做足够多次数的等精度测量时，就会发现随机误差完全服从统计规律，误差的大小和正负的出现完全由概率决定。因此随着测量次数的增加，随机误差的算术平均值必然趋近于零。所以，多次测量结果的算术平均值将更接近于真值。

③ 过失误差（或称粗大误差） 过失误差是一种显然与事实不符的误差，它主要是由于实验人员粗心大意如读错数据或操作失误等所致。存在过失误差的观测值在实验数据整理时必须剔除，因此测量或实验时只要认真负责是可以避免这类误差的。

显然，实测到数据的精确程度是由系统误差和随机误差的大小来决定的。系统误差越小，实测到数据的精确度越高；而随机误差越小，实测到数据的精确度越高。所以要使实测到数据的精确度提高，就必须满足系统误差和随机误差均很小的条件。

2. 误差的基本性质

（1）偶然（随机）误差的正态分布 实测到数据的可靠程度如何？怎样提高它们的可靠性？这些都要求我们应了解在给定条件下误差的基本性质和变化规律。

如果测量列中不包含系统误差和过失误差，从大量的实验中发现偶然误差具有如下特点。

① 绝对值相等的正误差和负误差，其出现的概率相同。

② 绝对值很大的误差出现的概率趋近于零，也就是误差值有一定的实际极限。

③ 绝对值小的误差出现的概率大，而绝对值大的误差出现的概率小。

④ 当测量次数 $n \to \infty$ 时，误差的算术平均值趋近于零，这是由于正负误差相互抵消的结果。也就说明在测定次数无限多时，算术平均值就等于测定量的真值。

根据偶然误差的分布规律，在经过大量的对测量数据的分析后知道，它是服从正态分布的，其误差函数 $f(x)$ 表达式为：

$$y=f(x)=\frac{h}{\sqrt{\pi}}\mathrm{e}^{-h^2x^2} \tag{1-7}$$

或者：

$$y=f(x)=\frac{1}{\sigma\sqrt{2\pi}}\mathrm{e}^{-\frac{x^2}{2\sigma^2}} \tag{1-8}$$

式中，h 为精密指数，$h=\frac{1}{\sqrt{2}\sigma}$；$x$ 为测量值与真实值之差；σ 为均方误差。

上式称为高斯误差分布定律。根据此方程所给出的曲线则称为误差分布曲线或高斯正态分布曲线。此误差分布曲线完全反映了偶然误差的上述特点，如图 1-1 所示。

现在我们来考虑一下 σ 值对分布曲线的影响，由式（1-8）可见，数据的均方误差 σ 越小，e 指数的绝对值就越大，y 减小得就越快，曲线下降得也就更急，而在 $x=0$ 处的 y 值也就越大；反之，σ 越大，曲线下降得就缓慢，而在 $x=0$ 处的 y 值也就越小。图 1-2 对三种不同的 σ 值给出了偶然误差的分布曲线。

从这些曲线以及上面的讨论中可知，σ 值越小，小的偶然误差出现的次数就越多，测定精度也就越高。当 σ 值越大时，就会经常碰到大的偶然误差，也就是说，测定的精度也就越差。因而实测到数据的均方误差，完全能够表达出测定数据的精确度，也即表征着测定结果的可靠程度。

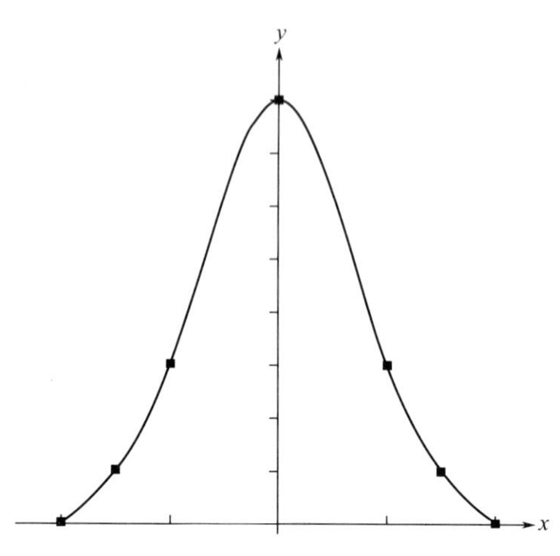

图 1-1　误差分布曲线（高斯正态分布曲线）

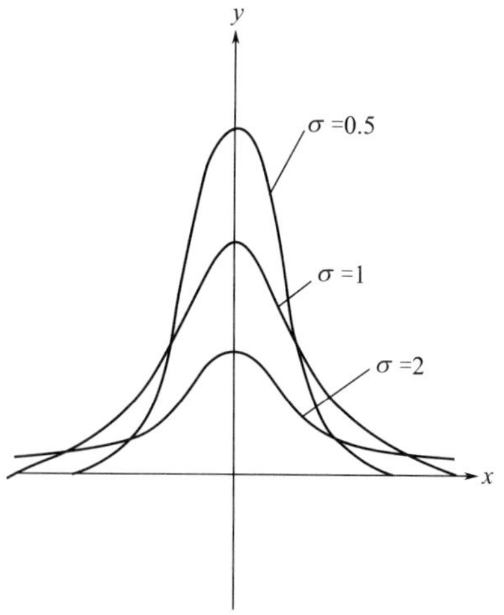

图 1-2　不同 σ 值时的误差分布曲线

（2）可疑的实验观测值的舍弃　由概率积分可知，偶然误差正态分布曲线下的全部面积，相当于全部误差同时出现的概率，即：

$$P=\frac{1}{\sqrt{2\pi}\sigma}\int_{-x}^{x} e^{-\frac{x^2}{2\sigma^2}}\mathrm{d}x=1 \tag{1-9}$$

若随机误差在 $-\sigma \sim +\sigma$ 范围内，概率则为：

$$P(|x|<\sigma)=\frac{1}{\sqrt{2\pi}\sigma}\int_{-\sigma}^{\sigma} e^{-\frac{x^2}{2\sigma^2}}\mathrm{d}x=\frac{2}{\sqrt{2\pi}\sigma}\int_{0}^{\sigma} e^{-\frac{x^2}{2\sigma^2}}\mathrm{d}x=1 \tag{1-10}$$

令 $t=\frac{x}{\sigma}$，则 $x=t\sigma$，所以：

$$P(|x|<\sigma)=\frac{2}{\sqrt{2\pi}}\int_{0}^{t} e^{-\frac{t^2}{2}}\mathrm{d}t=2\varphi(t) \tag{1-11}$$

即误差在 $\pm t\sigma$ 的范围内出现的概率为 $2\varphi(t)$，而超出这个范围的概率则为 $1-2\varphi(t)$。

概率函数 $\varphi(t)$ 与 t 的对应值在数学手册或相关专著中均附有此类积分表，现给出几个典型的 t 值及其相应的超出或不超出 $|x|$ 的概率，见表 1-1。

表 1-1　t 值及相应的概率

t	$\|x\|$	不超过 $\|x\|$ 的概率 $2\varphi(t)$	超过 $\|x\|$ 的概率 $1-2\varphi(t)$	测量次数 n	超过 $\|x\|$ 的测量次数 n
0.67	0.67σ	0.4972	0.5028	2	1
1	σ	0.6226	0.3174	3	1
2	2σ	0.9544	0.0456	22	1
3	3σ	0.9973	0.0027	370	1
4	4σ	0.9999	0.0001	15626	1

由上表可知，当 $t=3$、$|x|=3\sigma$ 时，在 370 次观测中只有一次绝对误差超出 3σ 范围，由于在测量中次数不过几次或几十次，因而可以认为 $|x|>3\sigma$ 的误差是不会发生的，通常

把这个误差称为单次测量的极限误差，这也称为 3σ 规则。由此认为，$|x|=3\sigma$ 的误差已不属于偶然误差，这可能是由于过失误差或实验条件变化未被发觉引起的，所以这样的数据点经分析和误差计算以后予以舍弃。

3. 函数误差

上述讨论主要是直接测量的误差计算问题，但在许多场合下，往往涉及间接测量的变量，所谓间接测量是通过直接测量与被测的量之间有一定函数关系的其他量，并根据函数关系计算出被测量，如流体流速等测量变量。因此，间接测量就是直接测量得到的各测量值的函数。其测量误差是各原函数。

（1）函数误差的一般形式　在间接测量中，一般为多元函数，而多元函数可用下式表示：

$$y=f(x_1,x_2,x_3,\cdots,x_n) \tag{1-12}$$

式中，y 为间接测量值；x 为直接测量值。

由泰勒级数展开得：

$$\Delta y=\frac{\partial f}{\partial x_1}\Delta x_1+\frac{\partial f}{\partial x_2}\Delta x_2+\cdots+\frac{\partial f}{\partial x_n}\Delta x_n \tag{1-13}$$

或

$$\Delta y=\sum_{i=1}^{n}\frac{\partial f}{\partial x_i}\Delta x_i \tag{1-14}$$

它的极限误差为：

$$\Delta y=\sum_{i=1}^{n}\left|\frac{\partial f}{\partial x_i}\Delta x_i\right| \tag{1-15}$$

式中，$\frac{\partial f}{\partial x_i}$为误差传递系数；$\Delta x$ 为直接测量值的误差；Δy 为间接测量值的极限误差或称函数极限误差。

由误差的基本性质和标准误差的定义，得函数的标准误差：

$$\sigma=\left[\sum_{i=1}^{n}\left(\frac{\partial f}{\partial x_i}\right)^2\sigma_i{}^2\right]^{\frac{1}{2}} \tag{1-16}$$

式中，σ_i 为直接测量值的标准误差。

（2）某些函数误差的计算

① 设函数 $Y=X\pm Z$，变量 X、Z 的标准误差分别为 σ_x、σ_z。

由于误差的传递系数$\frac{\partial y}{\partial x}=1$，$\frac{\partial y}{\partial z}=\pm1$，则：

函数极限误差
$$\Delta y=|\Delta x|+|\Delta z| \tag{1-17}$$

函数标准误差
$$\sigma_y=(\sigma_x{}^2+\sigma_z{}^2)^{\frac{1}{2}} \tag{1-18}$$

② 设函数 $y=k\frac{xz}{w}$，变量 x、z、w 的标准误差分别为 σ_x、σ_y、σ_w。

由于误差传递系数分别为：

$$\frac{\partial y}{\partial x}=\frac{kz}{w}=\frac{y}{x}$$

$$\frac{\partial y}{\partial z}=\frac{kx}{w}=\frac{y}{w}$$

$$\frac{\partial y}{\partial w}=-\frac{kxz}{w^2}=-\frac{y}{w}$$

则函数的相对误差为：

$$\Delta y=|\Delta x|+|\Delta z|+|\Delta w| \tag{1-19}$$

函数的标准误差为：

$$\sigma_y=k\left[\left(\frac{z}{w}\right)^2\sigma_x{}^2+\left(\frac{x}{w}\right)^2\sigma_z{}^2+\left(\frac{x}{w^2}\right)^2\sigma_w{}^2\right]^{\frac{1}{2}} \tag{1-20}$$

③ 设函数 $y=a+bx^n$，变量 x 的标准误差为 σ_x，a、b、n 为常数。

由于误差传递系数为：

$$\frac{\mathrm{d}y}{\mathrm{d}x}=nbx^{n-1}$$

则函数的误差为：

$$\Delta y=|nbx^{n-1}\Delta x| \tag{1-21}$$

函数的标准误差为：

$$\sigma_y=nbx^{n-1}\sigma_x \tag{1-22}$$

④ 设函数 $y=k+n\ln x$，变量 x 的标准误差为 σ_x，k、n 为常数。

由于误差传递系数为：

$$\Delta y=\left|\frac{n}{x}\Delta x\right| \tag{1-23}$$

函数的标准误差为：

$$\sigma_y=\frac{n}{x}\sigma_x \tag{1-24}$$

⑤ 算术平均值的误差表示实验测量列中任一次测量结果的标准偏差，用来表征测量设备的重复性，标准误差为 σ_{m}。

由算术平均值的定义可知：

$$M_m=\frac{M_1+M_2+\cdots+M_n}{n}$$

其误差传递系数为：

$$\frac{\partial M_m}{\partial M_i}=\frac{1}{n} \qquad i=1,2,\cdots,n$$

则算术平均值的误差为：

$$\Delta M_m=\frac{\sum_{i=1}^{n}|\Delta M_i|}{n} \tag{1-25}$$

算术平均值的标准误差为：

$$\sigma_m=\left(\frac{1}{n^2}\sum_{i=1}^{n}\sigma_i{}^2\right)^{\frac{1}{2}} \tag{1-26}$$

当 $M_1,M_2,\cdots,M_n$ 是同组等精度测量值，它们的标准误差相同，并等于 σ。所以：

$$\sigma_m=\frac{\sigma}{\sqrt{n}} \tag{1-27}$$

除了上述讨论由已知各变量的误差或标准误差计算函数误差外，还可以应用于实验装置的设计和实验装置的改进。在实验装置设计时，如何去选择仪表的精度，即由预先给定的函数误差（实验装置允许的误差）求取各测量值（直接测量）所允许的最大误差。但由于直接测量的变量不是一个，在数学上则是不定解。为了获得唯一解，假定各变量的误差对函数的影响相同，这种设计的原则称为等效应原则或等传递原则，即：

$$\sigma_y=\sqrt{n}\left(\frac{\partial f}{\partial x_i}\right)\sigma_i \tag{1-28}$$

或

$$\sigma_i=\frac{\sigma_y}{\sqrt{n}\left(\frac{\partial f}{\partial x_i}\right)} \tag{1-29}$$

二、测量结果的评定和不确定度

测量的目的是，不但要测量待测物理量的近似值，而且要对近似真实值的可靠性做出评定（即指出误差范围），这就要求我们还必须掌握不确定度的有关概念。下面将结合对测量结果的评定对不确定度的概念、分类、合成等问题进行讨论。

1. 不确定度的含义

在实验中，常常要对测量的结果做出综合的评定，采用不确定度的概念。不确定度是“误差可能数值的测量程度”，表征所得测量结果代表被测量的程度。也就是因测量误差存在而对被测量不能肯定的程度，因而是测量质量的表征，用不确定度对测量数据做出比较合理的评定。

对一个实验的具体数据来说，不确定度是指测量值（近真值）附近的一个范围，测量值与真值之差（误差）可能落于其中。不确定度小，测量结果可信赖程度高；不确定度大，测量结果可信赖程度低。在实验和测量工作中，不确定度表示由于测量误差的存在而对被测量值不能确定的程度。它是被测量真值在某一范围内的一个评定。因为误差是未知的，不可能用指出误差的方法去说明可信赖程度，而只能用误差的某种可能的数值去说明可信赖程度，所以不确定度更能表示测量结果的性质和测量的质量。用不确定度评定实验结果的误差，这是更准确地表述了测量结果的可靠程度，因而有必要采用不确定度的概念。

2. 测量结果的表示和合成不确定度

在做实验时，要求表示出测量的最终结果。在这个结果中既要包含待测量的近似真实值$\overline{x}$，又要包含测量结果的不确定度σ，还要反映出物理量的单位。因此，要写成含义深刻的标准表达形式，即：

$$x=(\overline{x}\pm\sigma)\text{单位} \tag{1-30}$$

式中，x是待测量；$\overline{x}$是测量的近似真实值；σ是合成不确定度，一般保留一位有效数字。这种表达形式反映了三个基本要素：测量值、合成不确定度和单位。

在实验中，直接测量时若不需要对被测量进行系统误差的修正，一般就取多次测量的算术平均值$\overline{x}$作为近似真实值；若在实验中有时只需测一次或只能测一次，该次测量值就为被测量的近似真实值。如果要求对被测量进行该系统误差的修正，通常是将该系统误差（即绝对值和符号都确定的可估计出的误差分量）从算术平均值$\overline{x}$或一次测量值中减去，从而求得被修正后的直接测量结果的近似真实值。

在测量结果的标准表达式中，给出了一个范围$[\overline{x}-\sigma,\ \overline{x}+\sigma]$，它表示待测量的真值在$[\overline{x}-\sigma,\ \overline{x}+\sigma]$范围内的概率为68.3%，不要误认为真值一定就会落在$[\overline{x}-\sigma,\ \overline{x}+\sigma]$。

在上述的标准式中，近似真实值、合成不确定度、单位三个要素缺一不可，否则就不能全面表达测量结果。同时，近似真实值$\overline{x}$的末尾数应该与不确定度的所在位数对齐，近似真实值$\overline{x}$与不确定度σ的数量级、单位要相同。在开始实验中，测量结果的正确表示是一个难点，要引起重视，从开始就应注意纠正出现的偏差和错误，培养良好的实验习惯，才能逐步克服难点，正确书写测量结果的标准形式。

在不确定度的合成问题中，主要是从系统误差和随机误差等方面进行综合考虑的，提出了统计不确定度和非统计不确定度的概念。合成不确定度σ是由不确定度的两类分量（A类和B类）求“方和根”计算而得。为使问题简化，本书只讨论简单情况下（即A类、B类分量保持各自独立变化，互不相关）的合成不确定度。

A类不确定度（统计不确定度）用S_i表示，B类不确定度（非统计不确定度）用σ_B表示，合成不确定度为：

$$\sigma=\sqrt{S_i^2+\sigma_B^2} \tag{1-31}$$

3. 合成不确定度的两类分量

计算不确定度是将可修正的系统误差修正后，将各种来源的误差按计算方法分为两类，即用统计方法计算的不确定度（A类）和用非统计方法计算的不确定度（B类）。

A类统计不确定度，是指可以采用统计方法（即具有随机误差性质）计算的不确定度，如测量读数具有分散性、测量时温度波动影响等。这类统计不确定度通常被认为服从正态分布规律，因此可以像计算标准偏差那样，用“贝塞尔公式”计算被测量的A类不确定度。A类不确定度S_i为：

$$S_i=\sqrt{\frac{\sum_{i=1}^{n}(x_i-\overline{x})^2}{n-1}}=\sqrt{\frac{\sum_{i=1}^{n}\Delta x_i^2}{n-1}} \tag{1-32}$$

式中，i表示测量次数，$i=1,2,3,\cdots,n$。

在计算A类不确定度时，也可以用最大偏差法、极差法、最小二乘法等，本书只采用“贝塞尔公式法”，并且着重讨论读数分散对应的不确定度。用“贝塞尔公式”计算A类不确定度，可以用函数计算器直接读取，十分方便。

B类非统计不确定度，是指用非统计方法求出或评定的不确定度，如实验室中的测量仪器不准确、量具磨损老化等。评定B类不确定度常用估计方法，要估计适当，需要确定分布规律，同时要参照标准，更需要估计者的实践经验、学识水平等。因此，往往是意见纷纭，争论颇多。本书对B类不确定度的估计同样只做简化处理。仪器不准确的程度主要用仪器误差来表示，所以因仪器不准确对应的B类不确定度为：

$$\sigma_B=\Delta_{仪} \tag{1-33}$$

$\Delta_{仪}$为仪器误差或仪器的基本误差，或允许误差，或显示数值误差。一般的仪器说明书中都以某种方式注明仪器误差，是制造厂或计量检定部门给定。物理实验教学中，由实验室提供。对于单次测量的随机误差一般是以最大误差进行估计，以下分两种情况处理。

已知仪器准确度时，这时以其准确度作为误差大小。如用物理天平称量某个物体的质量，当天平平衡时砝码为$P=145.02$g，让游码在天平横梁上偏离平衡位置一个刻度（相当于0.05g），天平指针偏过1.8分度，则该天平这时的灵敏度为1.8分度÷0.05g，其感量为0.03g/分度，就是该天平称衡物体质量时的准确度，测量结果可写成$P=$（145.02±

0.03)g。

未知仪器准确度时，这时单次测量误差的估计，应根据所用仪器的精密度、仪器的灵敏度、测试者感觉器官的分辨能力以及观测时的环境条件等因素具体考虑，以使估计误差的大小尽可能符合实际情况。一般来说，最大读数误差对连续读数的仪器可取仪器最小刻度值的一半，而无法进行估计的非连续读数的仪器，如数字式仪表，则取其最末位数的一个最小单位。

4. 直接测量的不确定度

在对直接测量的不确定度的合成问题中，对A类不确定度主要讨论在多次等精度测量条件下，读数分散对应的不确定度，并且用“贝塞尔公式”计算A类不确定度。对B类不确定度，主要讨论仪器不准确对应的不确定度，将测量结果写成标准形式。因此，实验结果的获得，应包括待测量近似真实值的确定，A、B两类不确定度以及合成不确定度的计算。增加重复测量次数对于减小平均值的标准误差，提高测量的精密度有利。但是应注意到当次数增多时，平均值的标准误差减小减缓，当次数多于10次时，平均值的减小便不明显了。通常取测量次数以5～10次为宜。下面通过两个例子加以说明。

【例1-1】 采用感量为0.1g的物理天平称量某物体的质量，其读数值为35.41g，求物体质量的测量结果。

解：采用物理天平称物体的质量，重复测量读数值往往相同，故一般只须进行单次测量即可。单次测量的读数即为近似真实值，$m=35.41\mathrm{g}$。

物理天平的“示值误差”通常取感量的一半，并且作为仪器误差，即：

$$\sigma_{\mathrm{B}}=\Delta_{仪}=0.05\mathrm{g}=\sigma$$

测量结果为：

$$m=(35.41\pm0.05)\mathrm{g}$$

在例1-1中，因为是单次测量（$n=1$），合成不确定度$\sigma=\sqrt{S_1^2+\sigma_{\mathrm{B}}^2}$中的$S_1=0$，所以$\sigma=\sigma_{\mathrm{B}}$，即单次测量的合成不确定度等于非统计不确定度。但是这个结论并不表明单次测量的σ就小，因为$n=1$时，S_x发散。其随机分布特征是客观存在的，测量次数n越大，置信概率就越高，因而测量的平均值就越接近真值。

在计算合成不确定度中求“方和根”时，若某一平方值小于另一平方值的$\frac{1}{9}$，则这一项就可以略去不计。这一结论称为微小误差准则。在进行数据处理时，利用微小误差准则可减少不必要的计算。不确定度的计算结果，一般应保留一位有效数字，多余的位数按有效数字的修约原则进行取舍。评价测量结果，有时候需要引入相对不确定度的概念。相对不确定度定义为：

$$E_\sigma=\frac{\sigma}{\overline{x}}\times100\% \tag{1-34}$$

E_σ的结果一般应取两位有效数字。此外，有时候还需要将测量结果的近似真实值$\overline{x}$与公认值$x_{公}$进行比较，得到测量结果的百分偏差B。百分偏差定义为：

$$B=\frac{|\overline{x}-x_{公}|}{x_{公}}\times100\% \tag{1-35}$$

百分偏差其结果一般应取两位有效数字。

测量不确定度表达涉及深广的知识领域和误差理论问题，同时，有关它的概念、理论和应用规范还在不断地发展和完善。本书中在保证科学性的前提下，尽量把方法简化，使初学者易于接受。以后在工作需要时，可以参考有关文献继续深入学习。

5. 间接测量结果的合成不确定度

间接测量的近似真实值和合成不确定度是由直接测量结果通过函数式计算出来的，既然直接测量有误差，那么间接测量也必有误差，这就是误差的传递。由直接测量值及其误差来计算间接测量值的误差之间的关系式称为误差的传递公式。设间接测量的函数式为：

$$N=F(x,y,z,\cdots) \tag{1-36}$$

N 为间接测量的量，它有 K 个直接测量的物理量 $x,y,z,\cdots$，各直接观测量的测量结果分别为：

$$x=\overline{x}\pm\sigma_x$$

$$y=\overline{y}\pm\sigma_y$$

$$z=\overline{z}\pm\sigma_z$$

$$\cdots$$

（1）若将各个直接测量量的近似真实值$\overline{x}$代入函数表达式中，即可得到间接测量的近似真实值。

$$\overline{N}=F(\overline{x},\overline{y},\overline{z},\cdots)$$

（2）求间接测量的合成不确定度，由于不确定度均为微小量，相似于数学中的微小增量，对函数式 $N=F(x,y,z,\cdots)$求全微分。

$$\mathrm{d}N=\frac{\partial F}{\partial x}\mathrm{d}x+\frac{\partial F}{\partial y}\mathrm{d}y+\frac{\partial F}{\partial z}\mathrm{d}z+\cdots \tag{1-37}$$

式中，$\mathrm{d}N,\mathrm{d}x,\mathrm{d}y,\mathrm{d}z,\cdots$均为微小量，代表各变量的微小变化，$\mathrm{d}N$ 的变化由各自变量的变化决定，$\frac{\partial F}{\partial x},\frac{\partial F}{\partial y},\frac{\partial F}{\partial z},\cdots$为函数对自变量的偏导数，记为$\frac{\partial F}{\partial A_K}$。将上面全微分式中的微分符号 d 改写为不确定度符号 σ，并将微分式中的各项求“方和根”，即为间接测量的合成不确定度：

$$\sigma_N=\sqrt{\left(\frac{\partial F}{\partial x}\sigma_x\right)^2+\left(\frac{\partial F}{\partial y}\sigma_y\right)^2+\left(\frac{\partial F}{\partial z}\sigma_z\right)^2}=\sqrt{\sum_{i=1}^{k}\left(\frac{\partial F}{\partial A_K}\sigma_{AK}\right)^2} \tag{1-38}$$

K 为直接测量量的个数，A 代表 $x,y,z,\cdots$各个自变量（直接观测量）。

上式表明，间接测量的函数式确定后，测出它所包含的直接观测量的结果，将各个直接观测量的不确定度 σ_{AK} 乘以函数对各变量（直测量）的偏导数$\left(\frac{\partial F}{\partial A_K}\sigma_{AK}\right)$，求“方和根”，即 $\sqrt{\sum_{i=1}^{k}\left(\frac{\partial F}{\partial A_K}\sigma_{AK}\right)^2}$ 就是间接测量结果的不确定度。

当间接测量的函数表达式为积和商或包含有和差（加与减）的积商（乘与除）形式时，为了使运算简便起见，可以先将函数式两边同时取自然对数，然后再求全微分。即：

$$\frac{\mathrm{d}N}{N}=\frac{\partial \ln F}{\partial x}\mathrm{d}x+\frac{\partial \ln F}{\partial y}\mathrm{d}y+\frac{\partial \ln F}{\partial z}\mathrm{d}z+\cdots$$

同样改写微分符号为不确定度符号，再求其“方和根”，即为间接测量的相对不确定度 E_N，即：

$$E_N=\frac{\sigma_N}{\overline{N}}=\sqrt{\left(\frac{\partial \ln F}{\partial x}\sigma_x\right)^2+\left(\frac{\partial \ln F}{\partial y}\sigma_y\right)^2+\left(\frac{\partial \ln F}{\partial z}\sigma_z\right)^2}$$

$$=\sqrt{\sum_{i=1}^{k}\left(\frac{\partial \ln F}{\partial A_K}\sigma_{AK}\right)^2} \tag{1-39}$$

已知 E_N、$\overline{N}$，可以求出合成不确定度：

$$\sigma_N=\overline{N}E_N \tag{1-40}$$

这样计算间接测量的统计不确定度时，特别对函数表达式很复杂的情况，尤其显示出它的优越性。今后在计算间接测量的不确定度时，对函数表达式仅为“和差”形式，可以直接利用式（1-38），求出间接测量的合成不确定度 σ_N，若函数表达式为积和商（或积商和差混合）等较为复杂的形式，可直接采用式（1-39），先求出相对不确定度，再求出合成不确定度 σ_N。

【例 1-2】 已知电阻 $R_1=(50.2\pm0.5)\Omega$，$R_2=(149.8\pm0.5)\Omega$，求它们串联的电阻 R 和合成不确定度 σ_R。

解：串联电阻的阻值为：

$$R=R_1+R_2=50.2+149.8=200.0\Omega$$

合成不确定度为：

$$\sigma_R=\sqrt{\sum_1^2\left(\frac{\partial R}{\partial R_i}\sigma_{Ri}\right)^2}=\sqrt{\left(\frac{\partial R}{\partial R_1}\sigma_1\right)^2+\left(\frac{\partial R}{\partial R_2}\sigma_2\right)^2}$$

$$=\sqrt{\sigma_1^2+\sigma_2^2}=\sqrt{0.5^2+0.5^2}=0.7\Omega$$

相对不确定度为：

$$E_R=\frac{\sigma_R}{R}=\frac{0.7}{200.0}\times100\%=0.35\%$$

测量结果为：

$$R=(200.0\pm0.7)\Omega$$

在例 1-2 中，由于 $\frac{\partial R}{\partial R_1}=1$，$\frac{\partial R}{\partial R_2}=1$，$R$ 的总合成不确定度为各个直接观测量的不确定度平方求和后再开方。间接测量的不确定度计算结果一般应保留一位有效数字，相对不确定度一般应保留两位有效数字。

【例 1-3】 测量金属环的内径 $D_1=(2.880\pm0.004)$cm，外径 $D_2=(3.600\pm0.004)$cm，厚度 $h=(2.575\pm0.004)$cm。试求环的体积 V 和测量结果。

解：环体积公式为：

$$V=\frac{\pi}{4}h(D_2^2-D_1^2)$$

（1）环体积的近似真实值为：

$$V=\frac{\pi}{4}h(D_2^2-D_1^2)$$

$$=\frac{3.1416}{4}\times2.575\times(3.600^2-2.880^2)=9.436\text{cm}^3$$

（2）首先将环体积公式两边同时取自然对数后，再求全微分为：

$$\ln V=\ln\left(\frac{\pi}{4}\right)+\ln h+\ln(D_2^2-D_1^2)$$

$$\frac{dV}{V}=0+\frac{dh}{h}+\frac{2D_2dD_2-2D_1dD_1}{D_2^2-D_1^2}$$

则相对不确定度为：

$$E_V=\frac{\sigma_V}{V}=\sqrt{\left(\frac{\sigma_h}{h}\right)^2+\left(\frac{2D_2\sigma_{D_2}}{D_2^2-D_1^2}\right)^2+\left(\frac{-2D_1\sigma_{D_1}}{D_2^2-D_1^2}\right)^2}$$

$$=\left[\left(\frac{0.004}{2.575}\right)^2+\left(\frac{2\times3.600\times0.004}{3.600^2-2.880^2}\right)^2+\left(\frac{-2\times2.880\times0.004}{3.600^2-2.880^2}\right)^2\right]^{\frac{1}{2}}$$

$$=0.0081=0.81\%$$

（3）总合成不确定度为：

$$\sigma_V=VE_V=9.436\times0.0081=0.08\text{cm}^3$$

（4）环体积的测量结果为：

$$V=(9.44\pm0.08)\text{cm}^3$$

V 的标准式中，$V=9.436\text{cm}^3$ 应与不确定度的位数取齐，因此将小数点后的第三位数6，按照数字修约原则进到百分位，故为 9.44cm^3。

间接测量结果的误差，常用两种方法来估计：算术合成（最大误差法）和几何合成（标准误差法）。误差的算术合成将各误差取绝对值相加，是从最不利的情况考虑，误差合成的结果是间接测量的最大误差，因此是比较粗略的，但计算较为简单，它常用于误差分析、实验设计或粗略的误差计算中。上面例子采用几何合成的方法，计算较麻烦，但误差的几何合成较为合理。

第二节　实验设计与数据处理

一、正交实验设计

根据已确定的实验内容，拟定一个具体的实验安排表，以指导实验的进程，这项工作称为实验设计。对于化工过程，影响实验结果的实验条件往往是多方面的，如温度、压力、流量和浓度等。若要考察各种条件对实验结果的影响程度，就需要进行大量的实验研究，然而，影响结果的因素很多，有些因素单独起作用，有些因素则是相互制约联合起作用。因此，如何合理安排和组织，用最少的实验次数来获取足够的实验数据得到稳定可靠的实验结果，成为实验设计的核心内容。

随着科学研究和实验技术的发展，实验设计方法的研究也经历了由经验向科学的发展过程。其中有代表性的是正交实验设计法、均匀实验设计法、单纯形优化法和序贯实验设计法等。其中正交实验设计（orthogonal experimental design）是研究多因素多水平的一种高效率、快速、经济的实验设计方法，它是根据正交性从全面实验中挑选出部分有代表性的点进行实验，这些有代表性的点具备了“均匀分散，齐整可比”的特点。

实验设计方法常用的术语定义如下。

实验指标是指能够表征实验结果特性的参数，作为实验研究过程的因变量。它是通过实验来研究的主要内容，它的确定与实验目的息息相关。如产品的性能、质量、成本、产量等均可作为衡量实验效果的指标。

因素作为实验研究过程的自变量，是指可能对实验结果产生影响的实验参数。如温度、压力及流量等参数。

水平是指实验研究中因素所处的具体状态或情况，又称为等级。如温度可分别选取不同的值，所选取值的数目就是因素的水平数。

1. 正交实验设计法及正交表的特点

日本著名的统计学家田口玄一将正交实验选择的水平组合列成表格，称为正交表。例如做一个三因素三水平的实验，按全面实验要求，须进行 $3^3=27$ 种组合的实验，且尚未考虑每一组合的重复数。若按 $L_9(3^3)$ 正交表安排实验，只需做 9 次，按 $L_{18}(3^7)$ 正交表进行 18 次实验，显然大大减少了工作量。因而正交实验设计在很多领域的研究中已经得到广泛应用。

用正交表安排多因素实验的方法，称为正交实验设计法。其特点为：完成实验要求所需的实验次数少；数据点的分布很均匀；可用相应的极差分析方法、方差分析方法、回归分析方法等对实验结果进行分析，引出许多有价值的结论。

（1）正交表　正交表是一整套规则的设计表格，用 L 作为正交表的代号，n 为实验的次数，t 为水平数，c 为列数，也就是可能安排最多的因素个数。例如 $L_9(3^4)$，它表示需做 9 次实验，最多可观察 4 个因素，每个因素均为 3 水平。

所有的正交表与 $L_9(3^4)$ 正交表一样，都具有以下两个性质。

① 每一列中各数字出现的次数相同。

② 表中任意两列并列在一起形成若干个数字对，不同数字对出现的次数也都相同。

在表 $L_9(3^4)$ 中，每一列有三个水平，水平 1、2、3 都是各出现 3 次。在表 $L_9(3^4)$ 中，任意两列并列在一起形成的数字对共有 9 个：(1,1)、(1,2)、(1,3)、(2,1)、(2,2)、(2,3)、(3,1)、(3,2)、(3,3)。每一个数字对各出现一次，既没有重复也没有遗漏，这反映了实验点分布的均匀性。

正交表 $L_9(3^4)$ 见表 1-2。

表 1-2　正交表 $L_9(3^4)$

行号	列号			
	1	2	3	4
	水平			
1	1	1	1	1
2	1	2	2	2
3	1	3	3	3
4	2	1	2	3
5	2	2	3	1
6	2	3	1	2
7	3	1	3	2
8	3	2	1	3
9	3	3	2	1

这两个特点称为正交性。正是由于正交表具有上述特点，就保证了用正交表安排的实验方案中因素水平是均衡搭配的，数据点的分布是均匀的。因素、水平数越多，运用正交实验设计方法，越发能显示出它的优越性。

一个正交表中也可以各列的水平数不相等，称为混合型正交表，如 $L_{18}(2^1\times3^7)$，此表的 8 列中，有 1 列为 2 水平，7 列为 3 水平。根据正交表的数据结构看出，正交表 $L_n(S^c)$ 是一个 n 行 c 列的表，其中第 j 列由数码 1,2,…，S 组成，这些数码均各出现 n/S 次。

常见的单一水平正交表中各列水平均为 2 的常用正交表有 $L_4(2^3)$、$L_8(2^7)$、$L_{12}(2^{11})$、$L_{16}(2^{15})$、$L_{20}(2^{19})$、$L_{32}(2^{31})$；各列水平数均为 3 的常用正交表有 $L_9(3^4)$、$L_{27}(3^{13})$；各列水平数均为 4 的常用正交表有 $L_{16}(4^5)$；各列水平数均为 5 的常用正交表有 $L_{25}(5^6)$。

使用正交设计方法进行实验方案的设计，就必须用到正交表。常用正交表见附录部分。

2. 因素之间的交互作用

在化工生产中，因素之间常有交互作用。如果上述的因素 T 的数值和水平发生变化时，实验指标随因素 p 变化的规律也发生变化，或反过来，因素 p 的数值和水平发生变化时，实验指标随因素 T 变化的规律也发生变化。这种情况称为因素 T、p 间有交互作用，记为 T×p。

每一张正交表后都附有相应的交互作用表，它是专门用来安排交互作用实验。安排交互作用的实验时，是将两个因素的交互作用当作一个新的因素，占用一列，为交互作用列，表中带（ ）的为主因素的列号，它与另一主因素的交互列为第一个列号从左向右，第二个列号顺次由下向上，二者相交的号为二者的交互作用列。例如将 A 因素排为第（1）列，B 因素排为第（2）列，两数字相交为 3，则第 3 列为 A×B 交互作用列。

3. 选择正交表的基本原则

一般都是先确定实验的因素、水平和交互作用，后选择适用的 L 表。在确定因素的水平数时，主要因素宜多安排几个水平，次要因素可少安排几个水平。

（1）先看水平数。若各因素全是 3 水平，就选用 $L(3^*)$ 表；若各因素的水平数不相同，就选择混合水平表。

（2）每一个交互作用在正交表中应占一列或两列。为了对实验结果进行方差分析或回归分析，还必须至少留一个空白列，作为“误差”列，在极差分析中要作为“其他因素”列处理。

（3）要看实验精度的要求及相关的实验条件。若精度要求高，则宜取实验次数多的 L 表。若实验的经费有限，人力和时间都比较紧张，则不宜选实验次数太多的 L 表。

（4）对某因素或某交互作用的影响是否确实存在没有把握的情况下，选择 L 表时常为该选大表还是选小表而犹豫。若条件许可，应尽量选用大表。某因素或某交互作用的影响是否真的存在，留到方差分析进行显著性检验时再做结论。这样既可以减少实验的工作量，又不至于漏掉重要的信息。

（5）按原来考虑的因素、水平和交互作用去选择正交表，若无正好适用的正交表可选，简便且可行的办法是适当修改原定的水平数。

4. 正交表的表头设计

正交实验的表头设计是正交设计的关键，它承担着将各因素及交互作用合理安排到正交表的各列中的重要任务，因此一个表头设计就是一个设计方案。

表头安排应优先考虑交互作用不可忽略的处理因素，按照不可混杂的原则，将它们及交互作用首先在表头排妥，而后再将剩余各因素任意安排在各列上。例如某项目考察 4 个因素 A、B、C、D 及 A×B 交互作用，各因素均为 2 水平，现选取 $L_8(2^7)$ 表，由于 A、B 两因素需要观察其交互作用，故将二者优先安排在第1、2列，根据交互作用表查得A×B应排在第3列，于是C排在第4列，由于A×C交互在第5列，B×C交互作用在第6列，虽然未考察A×C与B×C，为避免混杂之嫌，D就排在第7列。

5. 正交实验的操作方法

对于一批实验，如果要使用几台不同的机器或几种原料来进行，为了防止机器或原料的不同带来误差而干扰实验的分析，可在开始做实验之前，用L表中未排因素和交互作用的一个空白列来安排机器或原料。类似的，为了消除不同人（或仪器）检验的水平不同给实验分析带来干扰，也可采用在L表中用一个空白列来安排的办法。这样一种做法称为分区组法。在排列因素水平表时，最好不要简单地按因素数值由小到大或由大到小的顺序排列。从理论上讲，最好能使用随机化的方法，采用抽签或查随机数值表的办法，来决定排列的顺序。在确定每一个实验的实验条件时，只需考虑所确定的几个因素和分区组该如何取值，而不要考虑交互作用列和误差列怎么办的问题。交互作用列和误差列的取值问题由实验本身的客观规律来确定，它们对指标影响的大小在方差分析时给出。实验过程中要严格控制实验条件，这在因素各水平下的数值差别不大时更为重要。例如，某实验中的因素（温度）T的三个水平，$T_1=25$，$T_2=27$，$T_3=29$，在以$T=T_2=27$为条件的某一个实验中，就必须严格地让$T_2=27$。若因为粗心和不负责任，造成$T_2=26$或造成$T_2=28$，那就将使整个实验失去正交实验设计方法的特点，使极差和方差分析方法的应用丧失了必要的前提条件，得不到正确的实验结果。

6. 正交实验结果分析方法

正交实验设计之所以能得到科技工作者的重视并在实践中得到广泛的应用，究其原因不仅在于能使实验的次数减少，而且能够用相应的方法对实验结果进行分析并引出许多有价值的结论。因此，用正交实验法进行实验，如果不对实验结果进行认真的分析，并引出应该引出的结论，那就失去用正交实验法的意义和价值。

（1）极差分析方法　下面以$L_4(2^3)$正交实验结果为例介绍一下极差分析方法。极差指的是各列中各水平对应的实验指标平均值的最大值与最小值之差。用极差法分析正交实验结果可引出以下几个结论。

① 在实验范围内，各列对实验指标的影响从大到小排队。某列的极差最大，表示该列的数值在实验范围内变化时，使实验指标数值的变化最大。所以各列对实验指标的影响从大到小排队，就是各列极差R的数值从大到小排队。

② 实验指标随各因素的变化趋势。为了能更直观地看到变化趋势，常将计算结果绘制成图。

③ 使实验指标最好的适宜的操作条件（适宜的因素水平搭配）。

$L_4(2^3)$正交实验计算见表1-3。

表1-3　$L_4(2^3)$正交实验计算

列号		1	2	3	实验指标 y_i
实验号	1	1	1	1	y_1
	2	1	2	2	y_2
	3	2	1	2	y_3
	$n=4$	2	2	1	y_4

续表

列号	1	2	3	实验指标 y_i
I_j	$\text{I}_1=y_1+y_2$	$\text{I}_2=y_1+y_3$	$\text{I}_3=y_1+y_4$	
II_j	$\text{II}_1=y_3+y_4$	$\text{II}_2=y_2+y_4$	$\text{II}_3=y_2+y_3$	
k_j	$k_1=2$	$k_2=2$	$k_3=2$	
I_j/k_j	I_1/k_1	I_2/k_2	I_3/k_3	
II_j/k_j	II_1/k_1	II_2/k_2	II_3/k_3	
极差(R_j)	max{ }−min{ }	max{ }−min{ }	max{ }−min{ }	

注：I_j为第j列“1”水平所对应的实验指标的数值之和；II_j为第j列“2”水平所对应的实验指标的数值之和；k_j为第j列同一水平出现的次数，等于实验的次数（n）除以第j列的水平数；I_j/k_j为第j列“1”水平所对应的实验指标的平均值；II_j/k_j为第j列“2”水平所对应的实验指标的平均值；R_j为第j列的极差，等于第j列各水平对应的实验指标平均值中的最大值减最小值，即$R_j=\max\{\text{I}_j/k_j,\text{II}_j/k_j,\cdots\}-\min\{\text{I}_j/k_j,\text{II}_j/k_j,\cdots\}$。

④ 可对所得结论和进一步的研究方向进行讨论。

（2）方差分析方法

① 计算公式和项目　实验指标的加和值$=\sum_{i=1}^{n}y_i$，实验指标的平均值$\overline{y}=\frac{1}{n}\sum_{i=1}^{n}y_i$，以第$j$列为例。

a. I_j为“1”水平所对应的实验指标的数值之和。

b. II_j为“2”水平所对应的实验指标的数值之和。

c. k_j为同一水平出现的次数，等于实验的次数除以第j列的水平数。

d. I_j/k_j为“1”水平所对应的实验指标的平均值。

e. II_j/k_j为“2”水平所对应的实验指标的平均值。

以上5项的计算方法同极差法。

f. 偏差平方和。即

$$S_j=k_j\left(\frac{\text{I}_j}{k_j}-\overline{y}\right)^2+k_j\left(\frac{\text{II}_j}{k_j}-\overline{y}\right)^2+k_j\left(\frac{\text{III}_j}{k_j}-\overline{y}\right)^2+\cdots \tag{1-41}$$

g. f_j为自由度。$f_j=$第j列的水平数-1。

h. V_j为方差。$V_j=S_j/f_j$。

i. V_e为误差列的方差。$V_e=S_e/f_e$。式中，e为正交表的误差列。

h. F_j为方差之比。$F_j=V_j/V_e$。

k. 查F分布数值表（F分布数值表可查阅相关参考书）做显著性检验。

l. 总的偏差平方和。即：

$$S_{总}=\sum_{i=1}^{n}(y_i-\overline{y})^2$$

m. 总的偏差平方和等于各列的偏差平方和之和。即：

$$S_{总}=\sum_{j=1}^{m}S_j$$

式中，m为正交表的列数。

若误差列由5个单列组成，则误差列的偏差平方和S_e等于5个单列的偏差平方和之和，即$S_e=S_{e1}+S_{e2}+S_{e3}+S_{e4}+S_{e5}$；也可用$S_e=S_{总}+S''$来计算，其中$S''$为安排有因素或交互作用的各列的偏差平方和之和。

② 可引出的结论　与极差法相比，方差分析方法可以判断各列对实验指标的影响是否显著，在什么水平上显著。在数理统计上，这是一个很重要的问题。显著性检验强调实验在分析每列对指标影响中所起的作用。如果某列对指标影响不显著，那么，讨论实验指标随它的变化趋势是毫无意义的。因为在某列对指标的影响不显著时，即使从表中的数据可以看出该列水平变化时，对应的实验指标的数值在以某种“规律”发生变化，但那很可能是由于实验误差所致，将它作为客观规律是不可靠的。有了各列的显著性检验之后，最后应将影响不显著的交互作用列与原来的“误差列”合并起来。组成新的“误差列”，重新检验各列的显著性。

（3）正交实验设计及结果分析实例

【例 1-4】 以蛋黄油为原料制备蛋黄脂质后，用超临界流体 CO_2 萃取分离蛋黄卵磷脂的实验研究，以蛋黄油萃取率为卵磷脂萃取效果的评价指标，确定萃取最佳工艺参数。

解：考虑到影响蛋黄油萃取率的主要因素温度、压力和时间。所以此研究以萃取压力、萃取温度和萃取时间这 3 个因素为变量。如何安排实验才能获得最高的萃取率？如果对每个因素每个水平进行搭配实验，必须做 27 次实验，进行 27 次实验需要耗费很多的人力、物力、财力，所以要在不影响实验结果的情况下，尽量地减少实验次数是非常必要的，把代表性的搭配保留下来，具体的方法就是使用 $L_9(3^3)$ 正交表。

设计进行 3 水平 3 因素的正交实验，采用 $L_9(3^3)$ 正交表，见表 1-4 和表 1-5。

表 1-4　蛋黄油萃取率的正交实验（3 因素 3 水平）

水平	A 压力/MPa	B 温度/℃	C 时间/h
1	20	40	4
2	28	50	5
3	36	60	6

表 1-5　蛋黄油萃取率的正交实验 $[L_9(3^3)]$

序号 \ 因素	A	B	C
1	1	1	1
2	1	2	2
3	1	3	3
4	2	1	2
5	2	2	3
6	2	3	1
7	3	1	3
8	3	2	2
9	3	1	2

在此研究过程中，安排 9 次实验，每个因素的每个水平都做了 3 次实验，每两个因素的每一种水平搭配都做了 1 次实验。从这 9 个实验的结果就可以分析清楚每个因素对实验指标的影响。虽然只做了 9 个实验，但是能够了解到全面情况，可以说这 9 个实验代表了全部实验。每次得到的萃取率分别为：4.42、21.43、20.84、13.53、21.01、19.69、14.64、20.28、19.38。试从表 1-6 中数据分析，得出最优化萃取条件。

表 1-6 正交实验结果

实验号	组合 A B C	A	B	C	E
1	1 1 1	20	40	4	4.42
2	1 2 2	20	50	5	21.43
3	1 3 3	20	60	6	20.84
4	2 1 2	28	40	5	13.53
5	2 2 3	28	50	6	21.01
6	2 3 1	28	60	4	19.69
7	3 1 3	36	40	6	14.64
8	3 2 1	36	50	4	20.28
9	3 3 2	36	60	5	19.38
Ⅰ		46.48	32.33	44.19	
Ⅱ		54.23	67.72	54.34	
Ⅲ		54.25	59.91	56.43	
K_1		15.50	10.78	14.73	
K_2		18.06	20.91	18.12	
K_3		18.08	19.97	18.62	
R		2.58	10.13	3.89	

其中：Ⅰ为该列中“1”水平所对应的实验指标的数值之和；如 A 列中Ⅰ=4.42+21.43+20.84=46.48，相应可求得 B 和 C 列数值。Ⅱ为该列中“2”水平所对应的实验指标的数值之和；如 A 列中Ⅱ=13.53+21.01+19.69=54.23，相应可求得 B 和 C 列数值。Ⅲ为该列中“3”水平所对应的实验指标的数值之和；如 A 列中Ⅲ=14.64+20.28+19.38=54.25，相应可求得 B 和 C 列数值。K_1为Ⅰ/k_j(k_j为 j 列中同一水平出现的次数)，即“1”水平所对应的实验指标的平均值。如 A 列中 K_1=46.48/3=15.50，相应可求得 B 和 C 列数值。K_2为“2”水平所对应的实验指标的平均值；如 A 列中 K_2=54.23/3=18.06，相应可求得 B 和 C 列数值。K_3为“3”水平所对应的实验指标的平均值；如 A 列中 K_3=54.25/3=18.08，相应可求得 B 和 C 列数值。

极差 R 表示该因素在其取值范围内实验指标变化的幅度。

$$R=\max(K_i)-\min(K_i)$$

如 A 列中 R=18.08−15.50=2.58，相应可求得 B 和 C 列数值。

极差 R 越大，说明这个因素的水平改变时对实验指标的影响越大，在上述结果中 B 的极差值最大，所以温度的影响最大，其次是 C（时间），再次为 A（压力），最优化萃取条件为 $A_3B_2C_3$，即萃取压力为 36MPa，萃取时间为 6h，萃取温度为 50℃。

二、Statistica 软件在正交实验中的应用

计算机及其软件的发展为方便地应用统计方法来进行实验设计和分析数据提供了工具和手段，有专门的统计软件可完成实验设计与分析的工作，Statsoft 的 Statistica 就是其中之一。Statistica 提供的 Experimental Design 模块可用来进行实验设计与分析的工作。实验设计与分析包含的内容很多，本节通过实例来介绍实验设计与分析的主要内容，了解并学会用 Statistica 来进行实验设计与分析以及数据处理，介绍数据模型参数化处理的方法及其分析。

正交实验设计及分析是实验数据分析处理的一个常用方法。对正交实验结果进行分析，可以从较少的实验数据中获得较多的信息。软件 Statistica 可以进行各种正交实验的设计及

分析，当然还包括其他的实验设计与分析的方法和过程。Statistica 6.0 中 Experimental Design 模块的主要功能见表 1-7。

表 1-7　Statistica 6.0 中 Experimental Design 模块的主要功能

2 * * (K-p)standard design (box，hunter & hunter)	两水平析因标准设计
2-level screening (Plackett-Burman)designs	两水平筛选因素设计
2 * * (K- p)max unconfounded or min aberration designs	两水平最大混区或最小偏差设计
3 * * (K-p)and box-behnken designs	三水平和 box-behnken 设计
Mixed 2 and 3 level designs	混合两水平和三水平设计
Central composite，non-factorial，surface designs	中心复合、非析因和响应面设计
Latin squares，Greco-Latin squares	拉丁方、Greco-拉丁方
Taguchi robust design experiments (orthogonal arrays)	田口稳健实验设计(正交数组)
Mixture designs and triangular surfaces	混合设计和三角面
Designs for constrained surfaces and mixtures	约束面和混合物设计
D-and A-(T-)optimal algorithmic designs	D-和 A-(T-)优化算法设计

下面通过一个实例来介绍 Experimental Design 模块处理具体问题的方法，以及进行实验设计及分析的步骤和特点。

1. 全析因设计

用 Statistica 软件进行数据分析。对例 1-4 中的实例选择的数据进行分析，用 Statistica 主窗口中 Experimental Design 模块的 3 * * （K-p） and box-behnken designs 进行统计分析，其中 3p 表示区组个数，3 K-p 表示区组大小。选择 Analyze results，应变量选择蛋黄油

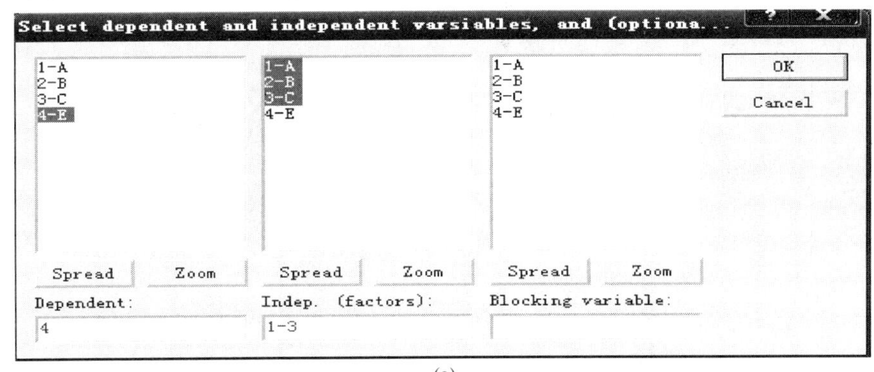

(a)

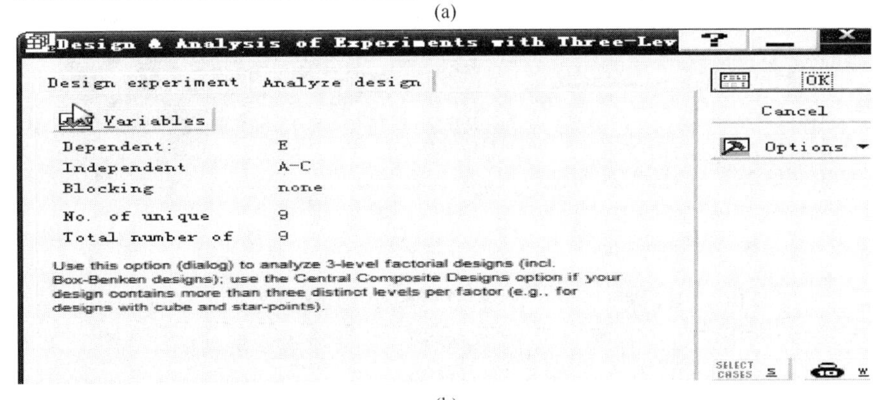

(b)

图 1-3　Statistica 软件中设置自变量和因变量界面

萃取率，而自变量选压力、温度、时间，这样就进入各种数据统计分析及结果的界面。如图1-3（a）所示，点击“OK”后出现图1-3（b）中的界面。

点击图1-3（b）中的“OK”按钮，可进行进一步分析。

Statistica软件中设置交互作用界面如图1-4所示。选中方框中一项，点击ANOVA/Effects，然后进行方差分析（ANOVA）与效应估计，如图1-5所示。

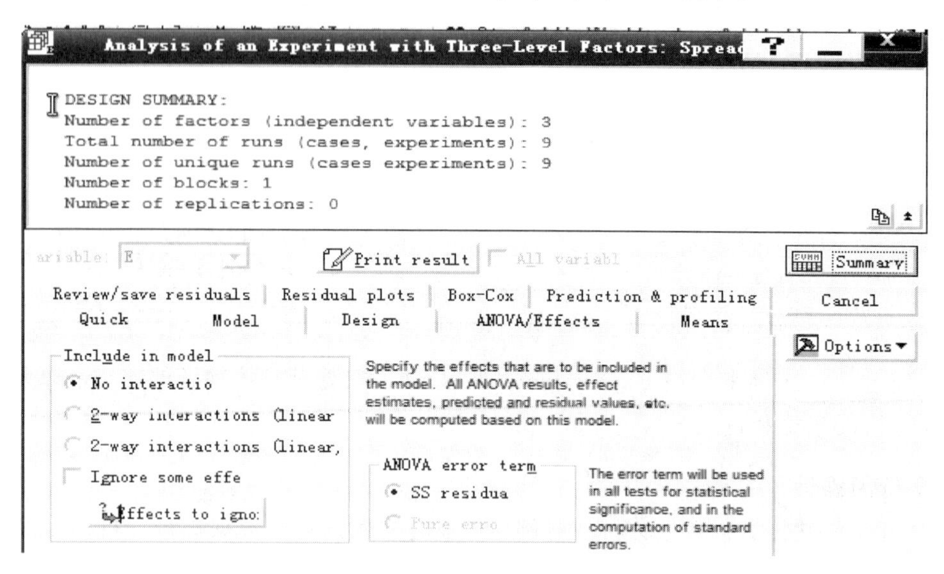

图1-4　Statistica软件中设置交互作用界面

Effect Estimates; Var.:E; R-sqr=1. (Spreadsheet2)
Design (DOE) (Spreadsheet2) s, 1 Blocks, 9 Runs
DV: E

Factor	Effect	Coeff.
Mean/Interc.	23.9433	23.94333
(1)A (L)	2.5367	1.26833
A (Q)	-2.4900	-1.24500
(2)B (L)	9.4767	4.73833
B (Q)	-11.3500	-5.67500
(3)C (L)	0.3833	0.19167
C (Q)	-6.2500	-3.12500
1L by 2L	-7.3000	-3.65000
1L by 3L	0.7400	0.37000

(a)

ANOVA; Var.:E; R-sqr=.90291; Adj:.61163 (Spreadsheet2)
3 3-level factors, 1 Blocks, 9 Runs; MS Residual=12.1089
DV: E

Factor	SS	df	MS	F	p
(1)A L+Q	12.7521	2	6.37603	0.526558	0.655069
(2)B L+Q	184.6773	2	92.33863	7.625683	0.115933
(3)C L+Q	27.7817	2	13.89083	1.147159	0.465732
Error	24.2178	2	12.10890		
Total SS	249.4288	8			

(b)

图1-5　Statistica软件中方差分析（ANOVA）与效应估计界面

由表中的数据可以看出，温度的二次效应影响最显著，其次是温度的线性效应，再次是压力和温度的交互作用也比较显著。进行无交互作用的方差分析（图1-6）。

从图中的数值可以看出，B（温度）的二次效应对实验的影响最大。进行回归系数统计分析（图1-7）。

Factor	Effect Estimates; Var.:E; R-sqr=.90291; Adj:.61163 (Spreadsheet2) 3 3-level factors, 1 Blocks, 9 Runs; MS Residual=12.1089 DV: E									
	Effect	Std.Err.	t(2)	p	-95.% Cnf.Limt	+95.% Cnf.Limt	Coeff.	Std.Err. Coeff.	-95.% Cnf.Limt	+95.% Cnf.Limt
Mean/Interc.	22.6033	3.068881	7.36533	0.017939	9.3990	35.80766	22.60333	3.068881	9.3990	35.80766
(1)A (L)	2.5367	2.841232	0.89281	0.466170	-9.6882	14.76150	1.26833	1.420616	-4.8441	7.38075
A (Q)	-2.4900	4.921158	-0.50598	0.663131	-23.6640	18.68404	-1.24500	2.460579	-11.8320	9.34202
(2)B (L)	9.1067	2.841232	3.20518	0.085099	-3.1182	21.33150	4.55333	1.420616	-1.5591	10.66575
B (Q)	-10.9800	4.921158	-2.23118	0.155375	-32.1540	10.19404	-5.49000	2.460579	-16.0770	5.09702
(3)C (L)	4.0333	2.841232	1.41957	0.291557	-8.1915	16.25817	2.01667	1.420616	-4.0958	8.12908
C (Q)	-2.6000	4.921158	-0.52833	0.650038	-23.7740	18.57404	-1.30000	2.460579	-11.8870	9.28702

图 1-6 Statistica 软件中无交互作用的方差分析

Factor	Regr. Coefficients; Var.:E; R-sqr=.90291; Adj:.61163 (Spreadsheet2) 3 3-level factors, 1 Blocks, 9 Runs; MS Residual=12.1089 DV: E					
	Regressn Coeff.	Std.Err.	t(2)	p	-95.% Cnf.Limt	+95.% Cnf.Limt
Mean/Interc.	-199.687	90.05075	-2.21750	0.156869	-587.144	187.7700
(1)A (L)	1.248	2.16032	0.57765	0.621865	-8.047	10.5430
A (Q)	-0.019	0.03845	-0.50598	0.663131	-0.185	0.1460
(2)B (L)	5.945	2.46468	2.41222	0.137326	-4.659	16.5500
B (Q)	-0.055	0.02461	-2.23118	0.155375	-0.161	0.0510
(3)C (L)	15.017	24.64677	0.60928	0.604335	-91.030	121.0631
C (Q)	-1.300	2.46058	-0.52833	0.650038	-11.887	9.2870

图 1-7 Statistica 软件中回归系数统计分析图

选择变量为蛋黄萃取率和 Normal Probablity Plot 则有以下的正态概率分布图（图 1-8）。

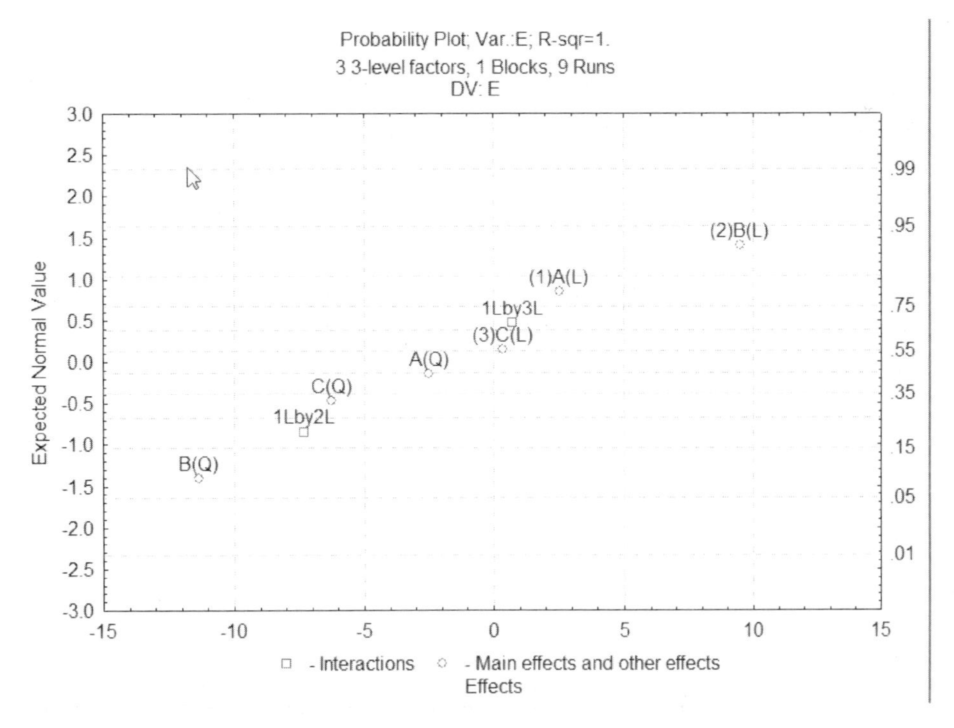

图 1-8 Statistica 软件中正态概率分布图

相对于其他的因素来说，B（温度）偏离程度比较大，说明了时间和压力及各个因素之间的交互作用对萃取率的影响比较小，而温度是影响萃取率的主要因素。

由于主效应模型就可以描述因素之间的关系，因此选择无交互作用后，就可以做出Pareto图（图1-9），同样可表明对萃取率影响最显著的还是温度因素。用此因素的二次方型可以描述。

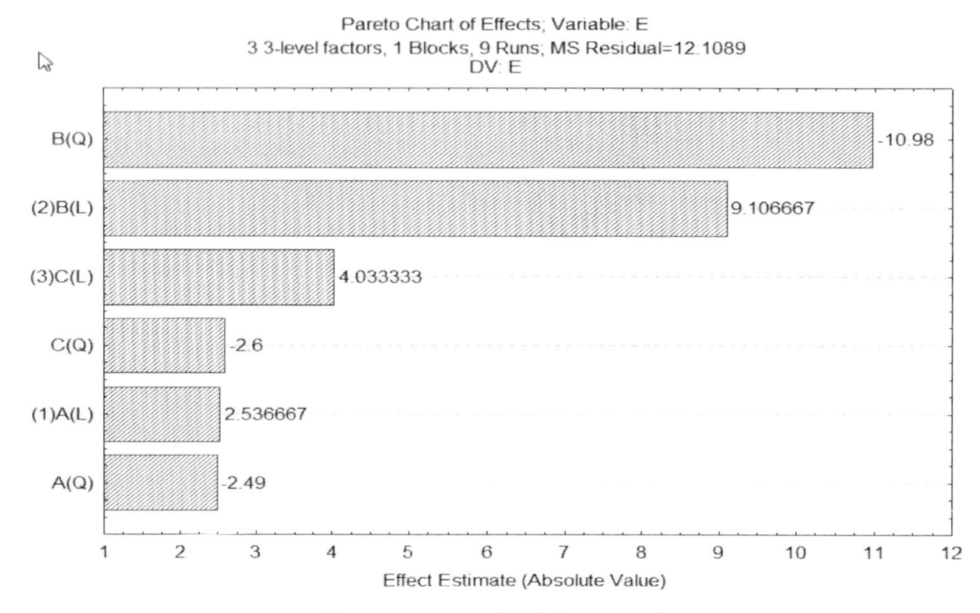

图 1-9 Statistica 软件中 Pareto 图

2. 中心复合的实验设计和分析

（1）中心复合的实验设计　在上述实例中，只考虑A（压力）和B（时间）两个因素进行中心复合的实验设计，具体过程如下：在 Experimental design 模块中选择 Central composite、Non-factorial、Response surface designs，打开 Central composite design 对话框，采用两因素标准中心复合设计，进行10次实验，分两区组，这样可以看到如下表格。

如图1-10（a）所示，表中的值为因素水平的编码值，为便于用实验数据表示结果及分析，可在结果对话框中点击 Change factor names、values 等输入因素的高、低及中心值，如图1-10（b）所示。再从 Add to the design 中，每区组增加一个相同的中心实验，这样在某些点处进行重复实验，可以估计随机测量的可靠性，检验残差的统计显著性。加入中心实验以后，如图1-10（c）所示。

（2）实验结果分析　对每组的组合进行实验，得到相应的产率，结果如图1-11所示。

点击 Variables 按钮并选择 E 作为 Dependent variable，A 和 B 作为 Indep.（Factors），选择 Block 作为 Blocking variable，点击两次“OK”，如图1-12（a）、（b）所示。首先看方差分析，用线性模型及纯误差（pure error），从方差 ANOVA 表中［图1-12（c）］可以看出，有A（压力）和 lack of fit（$p<0.05$）是统计显著的。如果用二次模型，再看 ANOVA 表，如图1-12（d）所示。

从图1-12（d）中可以看出，压力的线性［A(L)］和二次效应［A(Q)］都是统计显著的，A、B的交互作用和温度的二次效应也是统计显著的。因此在模型中都应该加以考虑。

Standard Run	2**(2) central composite, nc: Block	A	B
2	1	-1.00000	1.00000
5 (C)	1	0.00000	0.00000
10 (C)	2	0.00000	0.00000
7	2	1.41421	0.00000
8	2	0.00000	-1.41421
9	2	0.00000	1.41421
6	2	-1.41421	0.00000
1	1	-1.00000	-1.00000
3	1	1.00000	-1.00000
4	1	1.00000	1.00000

(a)

Factor	Factor Name	Low Value	Low Label	Center Value	Center Label	High Value	High Label	Star Low Label	Star Hi. Label
A (1)	A	20	Low	28	CenterPt	36	High	StarLow	StarHigh
B (2)	B	40	Low	50	CenterPt	60	High	StarLow	StarHigh

(b)

Standard Run	2**(2) central composite, nc= + 1 center points per block Block	A	B
1	1	20.00000	40.00000
2	1	20.00000	60.00000
3	1	36.00000	40.00000
4	1	36.00000	60.00000
5 (C)	1	28.00000	50.00000
6 (C)	1	28.00000	50.00000
7	2	16.68629	50.00000
8	2	39.31371	50.00000
9	2	28.00000	35.85786
10	2	28.00000	64.14214
11 (C)	2	28.00000	50.00000
12 (C)	2	28.00000	50.00000

(c)

图 1-10 Statistica 软件中心复合实验设计界面

Standard Run	2**(2) central composite, nc=4 ns=4 nc + 1 center points per block Block	A	B	E
1	1	20.00000	40.00000	4.42
2	1	20.00000	60.00000	21.43
3	1	36.00000	40.00000	20.84
4	1	36.00000	60.00000	13.53
5 (C)	1	28.00000	50.00000	21.01
6 (C)	1	28.00000	50.00000	19.69
7	2	16.68629	50.00000	14.64
8	2	39.31371	50.00000	20.28
9	2	28.00000	35.85786	19.38
10	2	28.00000	64.14214	16.78
11 (C)	2	28.00000	50.00000	20.15
12 (C)	2	28.00000	50.00000	19.23

图 1-11 Statistica 软件中心复合实验数据图

进行参数估计和系数回归。点击 Quick tab（或 ANOVA/Effects tab），然后点击 Summary：Effect estimates 按钮，参数估计如图 1-13 所示。

根据其中“Coeff.”下面的系数，可以写出萃取率和各个因素之间的关系：

$$y=20.02+2.06*x_1-1.96*x_1^2+0.75*x_2-1.65*x_2{}^2-6.08*x_1*x_2$$

y 代表萃取率的预测值，x_1、x_2 分别代表压力和温度因素的编码值，式中没有包括区组系数，因为区组影响不重要。

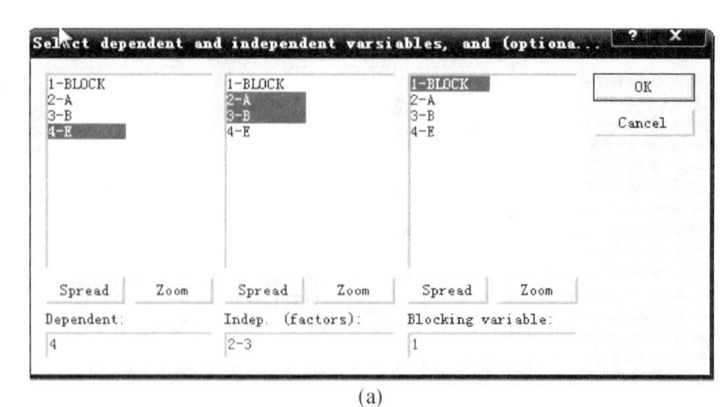

(a)

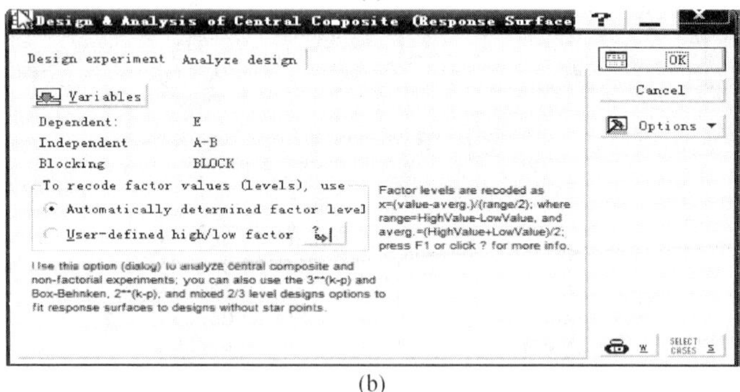

(b)

ANOVA; Var.:E; R-sqr=.17718; Adj:0. (Spreadsheet8)
2 factors, 2 Blocks, 12 Runs; MS Pure Error=.6472
DV: E

Factor	SS	df	MS	F	p
Blocks	7.5843	1	7.58430	11.71863	0.075764
(1)A (L)	34.0154	1	34.01543	52.55783	0.018500
(2)B (L)	4.5346	1	4.53463	7.00654	0.117991
Lack of Fit	212.9527	6	35.49212	54.83950	0.018016
Pure Error	1.2944	2	0.64720		
Total SS	260.3815	11			

(c)

ANOVA; Var.:E; R-sqr=.87982; Adj:.7356 (Spreadsheet8
2 factors, 2 Blocks, 12 Runs; MS Pure Error=.6472
DV: E

Factor	SS	df	MS	F	p
Blocks	7.5843	1	7.5843	11.7186	0.075764
(1)A (L)	34.0154	1	34.0154	52.5578	0.018500
A (Q)	24.5549	1	24.5549	37.9402	0.025359
(2)B (L)	4.5346	1	4.5346	7.0065	0.117991
B (Q)	17.3976	1	17.3976	26.8814	0.035246
1L by 2L	147.8656	1	147.8656	228.4697	0.004348
Lack of Fit	29.9986	3	9.9995	15.4504	0.061400
Pure Error	1.2944	2	0.6472		
Total SS	260.3815	11			

(d)

图 1-12 Statistica 软件方差分析界面

Effect Estimates; Var.:E; R-sqr=.87982; Adj:.7356 (Spreadsheet8)
2 factors, 2 Blocks, 12 Runs; MS Pure Error=.6472
DV: E

Factor	Effect	Std.Err. Pure Err	t(2)	p	-95.% Cnf.Limt	+95.% Cnf.Limt	Coeff.	Std.Err. Coeff.	-95.% Cnf.Limt	+95.% Cnf.Limt
Mean/Interc.	20.0200	0.402244	49.7708	0.000403	18.2893	21.75071	20.02000	0.402244	18.28929	21.75071
BLOCK(1)	1.5900	0.464471	3.4232	0.075764	-0.4085	3.58846	0.79500	0.232236	-0.20423	1.79423
(1)A (L)	4.1240	0.568859	7.2497	0.018500	1.6764	6.57164	2.06202	0.284429	0.83822	3.28582
A (Q)	-3.9175	0.636003	-6.1596	0.025359	-6.6540	-1.18100	-1.95875	0.318002	-3.32700	-0.59050
(2)B (L)	1.5058	0.568859	2.6470	0.117991	-0.9418	3.95336	0.75288	0.284429	-0.47092	1.97668
B (Q)	-3.2975	0.636003	-5.1847	0.035246	-6.0340	-0.56100	-1.64875	0.318002	-3.01700	-0.28050
1L by 2L	-12.1600	0.804487	-15.1152	0.004348	-15.6214	-8.69857	-6.08000	0.402244	-7.81071	-4.34929

图 1-13 Statistica 软件中参数估计图

如果用实际实验因素值，可从回归系数中得到类似于上面的结果（图 1-14）。

Regr. Coefficients; Var.:E; R-sqr=.87982; Adj:.7356 (Spreadsheet8)
2 factors, 2 Blocks, 12 Runs; MS Pure Error=.6472
DV: E

Factor	Regressn Coeff.	Std.Err. Pure Err	t(2)	p	-95.% Cnf.Limt	+95.% Cnf.Limt
Mean/Interc.	-162.575	11.72457	-13.8662	0.005161	-213.022	-112.128
BLOCK(1)	0.795	0.23224	3.4232	0.075764	-0.204	1.794
(1)A (L)	5.772	0.37668	15.3223	0.004232	4.151	7.392
A (Q)	-0.031	0.00497	-6.1596	0.025359	-0.052	-0.009
(2)B (L)	3.852	0.34893	11.0395	0.008106	2.351	5.353
B (Q)	-0.016	0.00318	-5.1847	0.035246	-0.030	-0.003
1L by 2L	-0.076	0.00503	-15.1152	0.004348	-0.098	-0.054

图 1-14 Statistica 软件中回归系数图

有回归系数和公式就可以预测效应的值：

$$y=-162.58+5.77*x_1-0.03*x_1^2+3.85*x_2-0.02*x_2{}^2-0.08*x_1*x_2$$

点击 Predict dependent variable values 按钮，并在 Block（1）、A、B 处分别输入 0、36、60。点“OK”得到产率的预测值为 13.15%（图 1-15）。

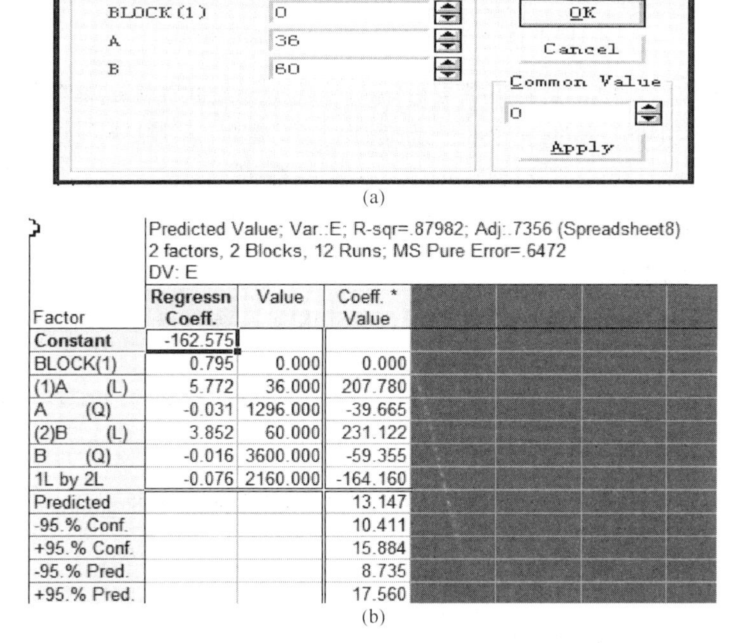

(a)

Predicted Value; Var.:E; R-sqr=.87982; Adj:.7356 (Spreadsheet8)
2 factors, 2 Blocks, 12 Runs; MS Pure Error=.6472
DV: E

Factor	Regressn Coeff.	Value	Coeff. * Value
Constant	-162.575		
BLOCK(1)	0.795	0.000	0.000
(1)A (L)	5.772	36.000	207.780
A (Q)	-0.031	1296.000	-39.665
(2)B (L)	3.852	60.000	231.122
B (Q)	-0.016	3600.000	-59.355
1L by 2L	-0.076	2160.000	-164.160
Predicted			13.147
-95.% Conf.			10.411
+95.% Conf.			15.884
-95.% Pred.			8.735
+95.% Pred.			17.560

(b)

图 1-15 Statistica 软件中产率预测图

同样可以用 BLOCK（0），从 surface 中得到响应面和等值线图（图 1-16）。

采用两因素的中心复合设计，并分了两区组，和析因设计不同，析因设计需要考虑因素的不同水平，但是在有些场合不能采用，如果需要在某些特殊点进行实验，这些点又不在析因设计的各个水平上，采用响应曲面实验设计与分析是最好的选择。

三、实验数据的列表表示法

列表法是一种展示实验成果的数据处理方法，它将实验的原始数据、运算数据和最终结

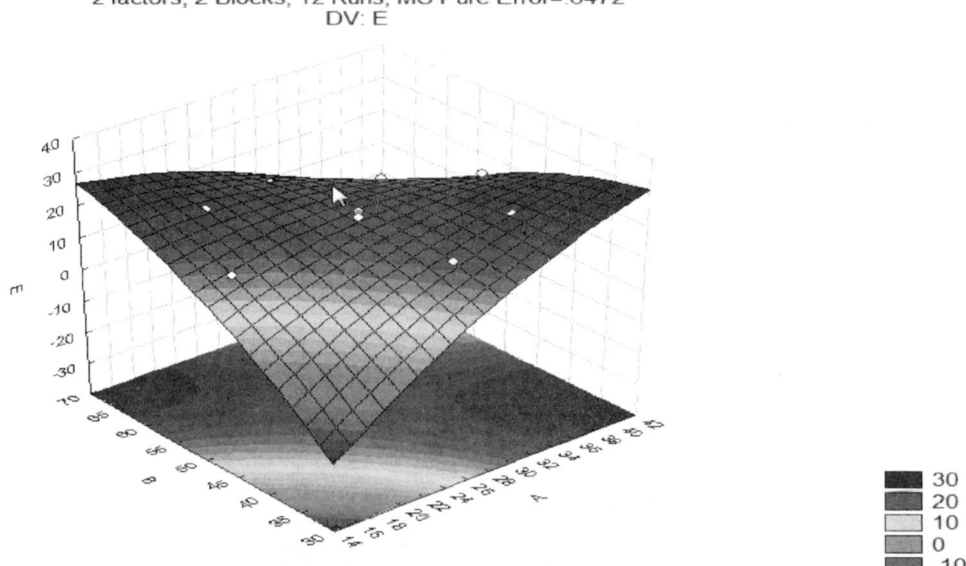

图 1-16　Statistica 软件中响应面分析图

果直接列举在各类数据表中，是整理数据的第一步，为标绘曲线图或整理成数学公式打下基础。根据记录的内容不同，数据表主要分为两种：原始数据记录表和实验结果表。原始数据记录表必须在实验前设计好，以清楚地记录所有待测数据。实验结果表应简明扼要，只表达主要物理量（参变量）的计算结果，有时还可以列出实验结果的最终表达式。

1. 实验数据表的分类

实验数据表一般分为两大类：原始数据记录表和实验结果表。以离心泵特性曲线的测定为例进行说明。

原始数据记录表是根据实验的具体内容而设计的，以清楚地记录所有待测数据。该表必须在实验前完成。离心泵特性曲线的测定原始数据记录表如表 1-8 所示。

表 1-8　离心泵特性曲线的测定原始数据记录表

实验设备编号：

涡轮流量计编号：　　　　　　仪表常数 ξ=　　　　次/s

功率表常数=　　　　　　　　$d_{进}$=　　　　mm，$d_{出}$=　　　　mm

泵的转速=　　　　r/min　　水温=　　　　℃________

实验时间：________年________月________日

序号	涡轮流量计读数 /(次/s)	真空表读数 /MPa	压力表读数 /MPa	功率表读数 /W
1				
2				
3				
4				
5				
6				

实验结果表可细分为中间计算结果表，其体现出实验过程主要变量的计算结果；综合结果表主要表达实验过程中得出的结论和误差分析表，表达实验值与参照值或理论值的误差范围等。实验报告中要用到哪种类型的实验结果表，应根据具体实验情况而定。离心泵特性曲线的测定的实验结果表见表1-9。

表1-9 离心泵特性曲线的测定的实验结果表

序号	流量 q_v /(m^3/s)	压头 H /m	轴功率 N /W	有效功率 Ne /W	效率 η /%
1					
2					
3					
4					
5					
6					

2. 设计实验数据表应注意的事项

(1) 列表的标题要清楚、醒目、能恰当说明问题。

(2) 表格设计要力求简明扼要，记录、计算项目要满足实验需要，如在原始数据记录表格的上方需要列出实验装置的几何参数等常数项。

(3) 表头列出物理量的名称、符号和计量单位。符号与计量单位之间用斜线“/”隔开。计量单位不宜混在数字之中，造成分辨不清。

(4) 注意有效数字位数，也就是说记录的数字应与测量仪表的准确度相匹配，不可过多或过少。

(5) 物理量的数值较大或较小时，要用科学记数法表示。以“物理量的符号 $\times 10^{\pm n}$/计量单位”的形式记入表头。注意，表头中的 $10^{\pm n}$ 与表中的数据应服从下式：

$$\text{物理量的实际值} \times 10^{\pm n} = \text{表中数据}$$

(6) 为便于引用，每一个数据表都应在表的上方写明表号和表题（表名）。表号应按出现的顺序编写并在正文中有所交代。同一个表尽量不跨页，必须跨页时，在跨页的表上须注“续表×××”。

(7) 数据表格要正规，数据书写清楚整齐。修改时宜用单线将错误的划掉，将正确的写在下面。各种实验条件及做记录者的姓名可作为“表注”，写在表的下方。

四、实验数据的图示法

图示法是以曲线的形式简单明了地表达实验结果的常用方法。由于图示法能直观地显示变量间存在的极值点、转折点、周期性及变化趋势，尤其在数学模型不明确或解析计算有困难的情况下，图示求解是数据处理的有效手段。

图示法的关键是坐标的合理选择，包括坐标类型与坐标刻度的确定。坐标选择不当，往往会扭曲和掩盖曲线的本来面目，导致错误的结论。为保证图示法获得的曲线能正确地表示实验数据变量之间的定量关系，便于对实验数据的分析处理，在图形标绘时应注意以下问题。

1. 坐标系的选择

为了使绘制出的曲线能清晰地反映出数据的规律性，绘制曲线时应根据因变量与自变量变化规律及变化幅度的大小，或根据经验判断出的该实验结果应具有的函数形式来选择适宜的坐标类型。在化工领域中常用的坐标类型有 3 种：普通直角坐标、单对数坐标和双对数坐标。

坐标类型选择的一般原则是尽可能使函数的图形线性化。即线性函数 $y=a+bx$，选用直角坐标纸。指数函数 $y=a^{bx}$，选用半对数坐标纸。幂函数 $y=ax^b$，选用对数坐标纸。若变量的数值在实验范围内发生了数量级的变化，则该变量应选用对数坐标纸来标绘。

2. 坐标分度的确定

习惯上横坐标是自变量 x，纵坐标表示因变量 y，坐标分度是指 x、y 轴每条坐标所代表数值的大小，它以阅读、使用、绘图以及能真实反映因变关系为原则。

（1）为了尽量利用图面，分度值不一定自零开始，可以用变量的最小值整数值作为坐标起点，而高于最大值的某一整数值为坐标的终点。

（2）坐标的分度不应过细或过粗，应与实验数据的精度相匹配，一般最小的分度值为实验数据的有效数字倒数第二位，即有效数字最末位在坐标上刚好是估计值。

（3）当标绘的图线为曲线时，其主要的曲线斜率应以接近 1 为宜。

（4）横、纵坐标之间的比例不一定取得一致，应根据具体情况选择，使实验曲线的坡度介于 30°～60°之间，这样的曲线坐标读数准确度较高。坐标比例的确定应尽可能使曲线主要部分的切线与 x 轴和 y 轴的夹角成 45°。

（5）推荐使用坐标轴的比例常数 M 为 $1\times10^{\pm n}$、$2\times10^{\pm n}$、$5\times10^{\pm n}$（n 为正整数），而 $3\times10^{\pm n}$、$4\times10^{\pm n}$、$6\times10^{\pm n}$、$7\times10^{\pm n}$、$8\times10^{\pm n}$、$9\times10^{\pm n}$等的比例常数绝不可选用，因为后者的比例常数不但引起图形的绘制和实验麻烦，也极易引出错误。

3. 其他注意事项

（1）数据点的标出　实验数据点在图纸上用“+”符号标出，符号的交叉点正是数据点的位置。若在同一张图上作几条实验曲线，各条曲线的实验数据点应该用不同符号（如×、⊙等）标出，以示区别。

（2）曲线的描绘　由实验数据点描绘出平滑的实验曲线，连线要用透明直尺或三角板、曲线板等拟合。根据随机误差理论，实验数据应均匀分布在曲线两侧，与曲线的距离尽可能小。个别偏离曲线较远的点，应检查标点是否错误。

（3）注解与说明　在图纸上要写明图线的名称、坐标比例及必要的说明（主要指实验条件），并在恰当地方注明作者姓名、日期等。

五、实验数据的数学描述

在实验研究中，除了用表格和图形描述变量之间的关系外，还常常把实验数据整理成方程式，以描述过程或现象的自变量和因变量之间的关系，即建立过程的数学模型。其方法是将实验数据绘制成曲线，与已知的函数关系式的典型曲线（线性方程、幂函数方程、指数函数方程、抛物线函数方程、双曲线函数方程等）进行对照选择，然后用图解法或者数值法确定函数式中的各种常数。所得函数表达式是否能准确地反映实验数据所存在的关系，应通过检验加以确认。运用计算机将实验数据结果回归为数学方程已成为实验数据处理的主要手段。

1. 数学关系式形式的确定

数学方程式选择的原则是：既要求形式简单，所含常数较少，同时也希望能准确地表达实验数据之间的关系，但要满足两者往往是难以做到，通常是在保证必要的准确度的前提下，尽可能选择简单的线性关系或者经过适当方法转换成线性关系的形式，使数据处理工作得到简单化。

通常将实验数据标绘在普通坐标纸上，可以得到一条直线或曲线。如果是直线，则根据初等数学可知，$y=a+bx$，其中 a、b 值可由直线的截距和斜率求得。如果 y 和 x 不是线性关系，则可将实验曲线和典型的函数曲线相对照，选择与实验曲线相似的典型曲线函数，然后用直线化方法处理，最后以所选函数与实验数据的符合程度加以检验。

2. 线性化方法

由于直线最易描绘，并且直线方程的两个参数（斜率和截距）也容易得到，所以对于两个变量之间的函数关系是非线性的情况，在用图解法时应尽可能通过变量代换将非线性的函数曲线转变为线性函数的直线。下面为几种常用的变换方法。

（1）$xy=a$（a 为常数）。令 $z=\dfrac{1}{x}$，则 $y=az$，即 y 与 z 为线性关系。

（2）$x=a\sqrt{y}$（a 为常数）。令 $z=x^2$，则 $y=\dfrac{1}{a^2}z$，即 y 与 z 为线性关系。

（3）$y=ax^b$（a 和 b 为常数）。等式两边取对数得 $\lg y=\lg a+b\lg x$。于是，$\lg y$ 与 $\lg x$ 为线性关系，b 为斜率，$\lg a$ 为截距。

（4）$y=ae^{bx}$（a 和 b 为常数）。等式两边取自然对数得 $\ln y=\ln a+bx$。于是，$\ln y$ 与 x 为线性关系，b 为斜率，$\ln a$ 为截距。

3. 函数式中待定参数的确定

当函数形式确定后，接下来的工作就是通过实验数据确定函数中的待定系数。求取线性化模型中待定参数的方法很多，可根据计算的简便程度以及所需要的准确程度来选择。最常用的方法有直接图解法、平均值法和最小二乘法。

（1）直接图解法

① 直线图解法　直线图解法首先是求出斜率和截距，从而得出完整的线性方程。步骤如下。

a. 选点。在直线上紧靠实验数据两个端点内侧取两点 $A(x_1, y_1)$、$B(x_2, y_2)$，并用不同于实验数据的符号标明，在符号旁边注明其坐标值（注意有效数字）。这两点既不能在实验数据范围以外取点，因为它已无实验根据，也不能直接使用原始测量数据点计算斜率。

b. 求斜率。设直线方程为 $y=a+bx$，则斜率为：

$$b=\frac{y_2-y_1}{x_2-x_1} \tag{1-42}$$

c. 求截距。截距的计算公式为：

$$a=y_1-bx_1 \tag{1-43}$$

② 幂函数和指数函数、对数函数的图解法　当公式选定后，可用图解法求方程式中的常数，本节以幂函数和指数函数、对数函数为例进行说明。

表 1-10 中列出了化工中常见的曲线与函数式之间的关系，并给出了其线性化的方法，供大家参考。

表 1-10 化工中常见的曲线与函数式之间的关系

序号	图形	函数及线性化方法
①	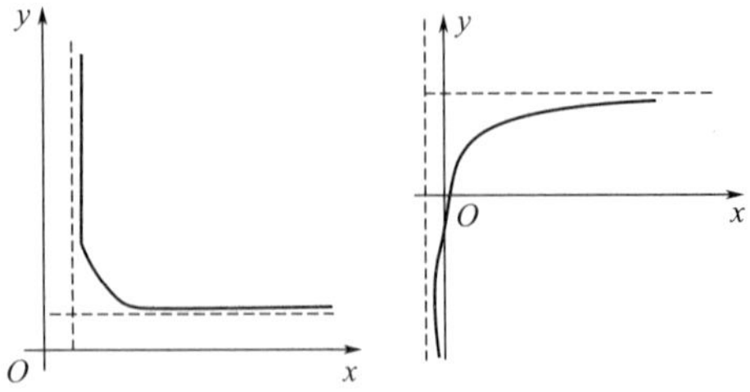 $(b>0)$　$(b<0)$	双曲线函数 $y=\frac{x}{ax+b}$ 令 $Y=\frac{1}{y}$，$X=\frac{1}{x}$，则得直线方程 $Y=a+bX$
②	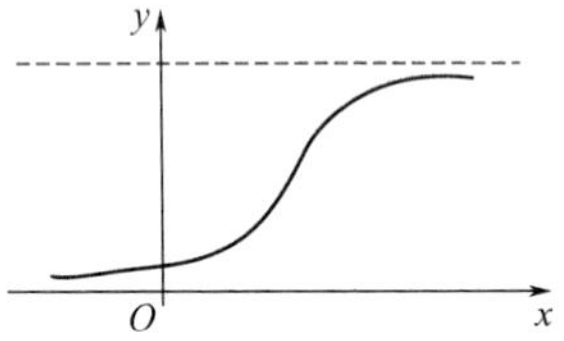	S 型曲线函数 $y=\frac{1}{a+b\mathrm{e}^{-x}}$ 令 $Y=\frac{1}{y}$，$X=\mathrm{e}^{-x}$，则得直线方程 $Y=a+bX$
③	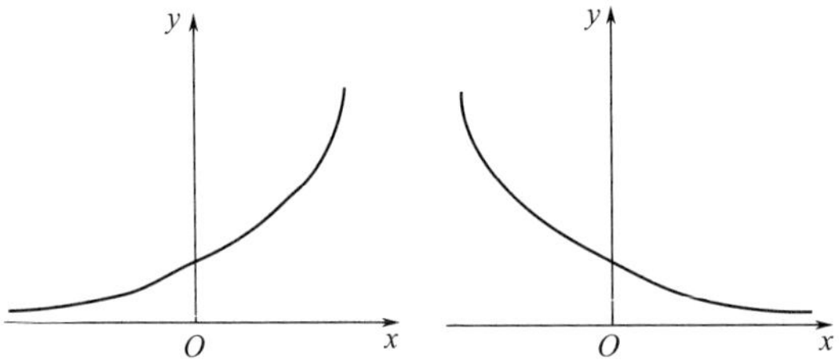 $(b<0)$　$(b>0)$	指数函数 $y=a\mathrm{e}^{bk}$ 令 $Y=\lg y$，$X=x$，$k=b\lg \mathrm{e}$，则得直线方程 $Y=\lg a+kX$
④	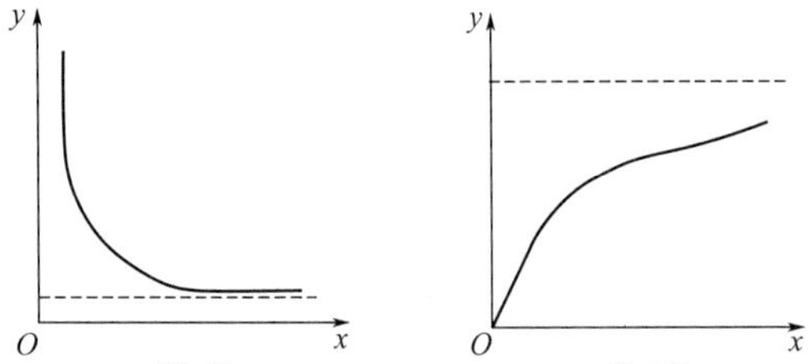 $(b>0)$　$(b<0)$	指数函数 $y=a\mathrm{e}^{\frac{b}{x}}$ 令 $Y=\lg y$，$X=\frac{1}{x}$，$k=b\lg \mathrm{e}$，则得直线方程 $Y=\lg a+kX$
⑤	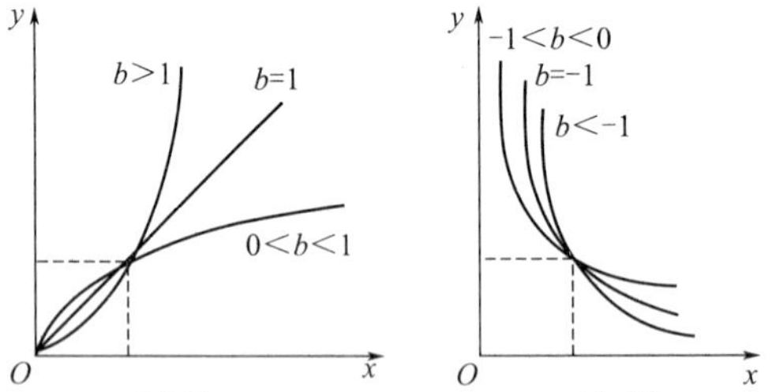 $b>1$　$b=1$　$0<b<1$　$(b>0)$ $-1<b<0$　$b=-1$　$b<-1$　$(b<0)$	幂函数 $y=ax^{b}$ 令 $Y=\lg y$，$X=\lg x$，则得直线方程 $Y=\lg a+bX$
⑥	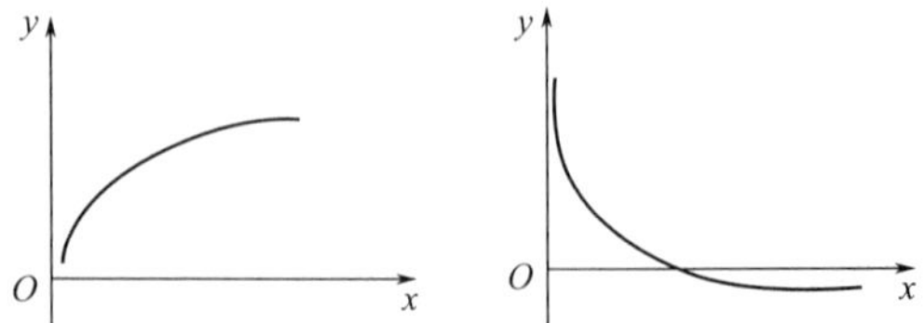 $(b>0)$　$(b<0)$	对数函数 $y=a+b\lg x$ 令 $Y=y$，$X=\lg x$，则得直线方程 $Y=a+bX$

注：此表摘自《化工数据处理》(江体乾．化工数据处理．北京：化学工业出版社，1984)。

（2）最小二乘法 作图法虽然在数据处理中比较方便，但是存在相当大的主观成分，在图线的绘制上往往会引入附加误差，尤其在根据图线确定常数时，这种误差有时很明显。为了克服这一缺点，在数理统计中研究直线拟合问题的时候，常用一种以最小二乘法为基础的实验数据处理方法。它的依据是：对于一组测量数据，若可以用一条最佳曲线表示它们之间的关系，那么各测量值与这条直线上的对应点值之差的平方和应为最小。由于某些非线性关系可以通过对变量作适当的转换使曲线的函数变换改写为直线，例如对函数 $y=ae^{-bx}$ 取对数得 $\ln y=\ln a-bx$，$\ln y$ 与 x 的函数关系就变成直线型了。因此这一方法也适用于某些曲线型的规律。

设某一实验中，可控制的物理量取 $x_1,x_2,\cdots,x_n$ 值时，对应的物理量依次取 $y_1,y_2,\cdots,y_n$ 值。假定每个数据点的测量精度都相同，而且 x 的测量误差可忽略，只有 y 的测量存在测量误差。从（x_i,y_i）中任取两组实验数据就可得出一条直线，但是这条直线的误差有可能很大。而直线拟合的任务就是用数学拟合的方法从这些得到的一系列数据中求出一个误差最小的最佳经验式 G'。按这一最佳经验式作出的图线虽不一定能通过每一个实验点，但是它以最接近这些点的方式穿过它们。可见，对应于每一个 x_i 值，观测值 y_i 和最佳经验式的 y 值之间存在一个偏差 δ_{yi}，即：

$$\delta_{y_i}=y_i-y=y_i-(a+bx_i) \qquad (i=1,2,3,\cdots,n) \tag{1-44}$$

由于偏差有正有负，所以我们通常用偏差平方和为参数估计值的目标函数，即：

$$Q=\sum_{i=1}^{n}d_i^2=\sum_{i=1}^{n}[y_i-(a+bx_i)]^2 \tag{1-45}$$

将目标函数分别对待估参数 a 和 b 求偏导数 $\frac{\partial Q}{\partial a}$、$\frac{\partial Q}{\partial b}$，并令其等于零，即可求 a 和 b 之值，即：

$$\begin{cases}\dfrac{\partial Q}{\partial a}=-2\sum\limits_{i=1}^{n}(y_i-a-bx_i)=0\\ \dfrac{\partial Q}{\partial b}=-2\sum\limits_{i=1}^{n}(y_i-a-bx_i)x_i=0\end{cases} \tag{1-46}$$

由式（3-23）可得正规方程：

$$\begin{cases}a+\overline{x}b=\overline{y}\\ n\,\overline{x}a+\left(\sum\limits_{i=1}^{n}x_i^2\right)b=\sum\limits_{i=1}^{n}x_iy_i\end{cases} \tag{1-47}$$

其中

$$\overline{x}=\frac{1}{n}\sum_{i=1}^{n}x_i,\overline{y}=\frac{1}{n}\sum_{i=1}^{n}y_i \tag{1-48}$$

解正规方程式（3-24），可得到回归式中的 a（截距）和 b（斜率）

$$b=\frac{\sum(x_iy_i)-n\,\overline{x}\overline{y}}{\sum x_i^2-n(\overline{x})^2} \tag{1-49}$$

$$a=\overline{y}-b\,\overline{x} \tag{1-50}$$

将得出的 a 和 b 代入直线方程，即得到最佳的经验公式 V_t。

【例 1-5】 以过滤实验为例，用最小二乘法求实验方程，从而求过滤常数 K。

恒压过滤压力 0.08MPa　　料液浓度 1°Bé

过滤器直径 750mm　　计量筒直径 150mm

序号	时间 τ/s	清液高度 h/mm	单位过滤面积所得滤液量 $q/(m^3/m^2)$	$(\tau-\tau_0)/(q-q_0)$ /(s/m)	$q+q_0$ /(m^3/m^2)
0	50	21.06	0.8395	5.49	1.1321
1	80	21.41	1.2847	6.05	1.5773
2	110	21.70	1.6536	6.61	1.9462
3	140	21.96	1.9843	7.09	2.2769
4	200	22.43	2.5821	7.86	2.8747
5	260	22.81	3.0655	8.66	3.3581
6	320	23.15	3.4979	9.36	3.7905
7	380	23.50	3.9431	9.86	4.2357
8	500	24.11	4.7190	10.84	5.0116
9	620	24.60	5.3423	11.88	5.6349
10	740	25.09	5.9656	12.69	6.2582

解：

$$\frac{\tau-\tau_0}{q-q_0}=\frac{1}{K}(q+q_0)+\frac{2}{K}q_e$$

$$\sum(x_iy_i)=3743.698\ \bar{x}=3.4633\times10^{-3},\bar{y}=8.76\times10^4$$

$$\sum x_i^2=160.6246\times10^{-6}$$

$$b=\frac{\sum(x_iy_i)-n\bar{x}\bar{y}}{\sum x_i^2-n(\bar{x})^2}=\frac{3743.698-11\times3.4633\times10^{-3}\times8.76\times10^4}{160.6246\times10^{-6}-11\times(3.4633\times10^{-3})^2}=14.356\times10^6$$

$$a=\bar{y}-b\bar{x}=8.76\times10^4-14.365\times3.4633\times10^3=37800$$

所以，回归方程为：

$$y=37800+1.4356\times10^7x$$

4. 相关系数及其显著性检验

在以上计算过程中，并不需要事先假定两个变量之间一定有某种相关关系。即使平面图上是一群完全杂乱无章的离散点，也可以用最小二乘法拟合一条直线来表示 x 和 y 之间的关系。但是，只有两变量是线性关系时进行线性回归才有意义。因此，我们必须对回归效果进行检验。

（1）相关系数　相关系数是说明两个变量之间相关关系密切程度的统计分析指标。相关系数用希腊字母 r 表示，r 值的范围在 $-1\sim1$ 之间。r 的绝对值越大，相关程度越高。两变量之间的相关程度，一般划分为四级。

① 如两者呈正相关，r 呈正值。

② 如两者呈负相关，则 r 呈负值。

③ $r=1$ 时为完全正相关，而 $r=-1$ 时为完全负相关，完全正相关或负相关时，所有图点都在直线回归线上。

④ 当 $r=0$ 时，说明 X 和 Y 两个变量之间无直线关系。

若回归所得线性方程为：

$$y'=a+bx$$

则相关系数 r 的计算式为：

$$r=\frac{\sum(x_i-\overline{x})(y_i-\overline{y})}{\sqrt{\sum(x_i-\overline{x})^2\sum(y_i-\overline{y})^2}} \tag{1-51}$$

相关系数的几何意义可用图 1-17 来说明。

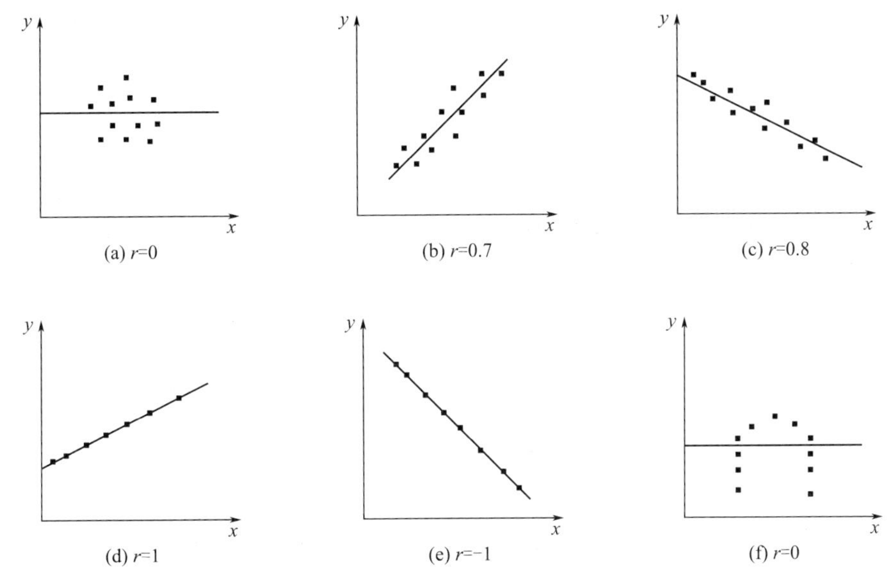

图 1-17　相关系数的几何意义

应该指出，两变量之间没有线性关系，可能会存在其他函数关系，如图 1-17 中的（f）。

（2）显著性检验　根据上面可以看出，当相关系数 r 的绝对值越接近 1，x、y 间越线性相关。但究竟 $|r|$ 接近到什么程度才能说明 x 与 y 两变量之间存在线性相关，这就是相关系数进行显著性检验的问题。在一般情况下，相关系数 r 是否达到相关显著的值与实验数据的个数 n 有关。只有 $|r|>r_{\min}$ 时，才能采用拟合回归方程来描述其变量之间的关系。$r_{\min}$ 值可以从附录中相关系数检验表中查出。根据实验点个数 n 得到自由度 $\nu=n-2$，再结合显著水平系数 α 在表中查出相应的 $r_{\min}$。显著水平系数 α 一般可取 1%或 5%。在过滤常数一例中，$n=11$ 则 $\nu=n-2=9$，查表得：$\alpha=0.01$ 时，$r_{\min}=0.735$；$\alpha=0.05$ 时，$r_{\min}=0.602$。

若实际的数值大于 0.735，则说明该线性相关关系在 $\alpha=0.01$ 水平上显著。当 $0.735\geqslant|r|\geqslant0.602$ 时，则说明该线性相关关系在 $\alpha=0.05$ 水平上显著。当实际得到的数值小于 0.602，则说明相关关系不显著，此时认为 x、y 线性不相关，回归直线无意义。α 越小，显著程度越高。

【例 1-6】 求过滤实验的实际相关系数 r。

解：

$$\overline{x}=3.4633\times10^{-3},\overline{y}=8.76\times10^{4}$$

$$\sum(x_i-\overline{x})(y_i-\overline{y})=405.432$$

$$\sum(x_i-\overline{x})^2=3.068\times10^{-5}$$

$$\sum(y_i-\overline{y})^2=5.734\times10^{7}$$

$$r=\frac{\sum(x_i-\overline{x})(y_i-\overline{y})}{\sqrt{\sum(x_i-\overline{x})^2\sum(y_i-\overline{y})^2}}=\frac{405.432}{\sqrt{3.068\times10^{-5}\times5.734\times10^{9}}}=0.97\geqslant0.735$$

说明此例的相关系数在 $\alpha=0.01$ 的水平是高度显著的。

5. 插值法

化学工程中用来描述客观现象的函数 $f(x)$ 往往是很复杂的，通过实验可以得到一系列的离散点 x_i 及其相应的函数值 y_i，而 x_i 和 y_i 之间有时不能表达成一个适宜的数学关系式。前已述及，在这种情况下，可以用表格来反映 x_i 和 y_i 之间的关系。然而，用表格法不能连续表达变量之间的关系，特别是不能直接读取表中数据点之间的数据。例如，水的物理性质（黏度、密度、焓、比热容、热导率、动力黏度、运动黏度等）是在化工过程研究与计算中常用的参数，手册中往往只给出每隔 10℃ 的相关物理性质数据，而实际应用中常常需要知道任意给定点处的函数值，或者利用已知的测试值来推算非测试点上的函数值，这就需要通过函数插值法来解决。

插值法的基本思想就是构造一个简单函数 $y=P(x)$ 作为 $f(x)$ 的近似表达式，以 $P(x)$ 的值作为函数 $f(x)$ 的近似值，而且要求在给定点 x_i 处，$P(x_i)=f(x_i)$，这通常称 $P(x)$ 为 $f(x)$ 的插值函数，x_i 为插值节点。插值的方法很多，这里介绍线性插值和二次插值，并推广到 n 次拉格朗日（Lagrange）插值。

（1）线性插值与二次插值　最简单的插值问题是已知两点 $(x_0,f(x_0))$ 及 $(x_1,f(x_1))$，通过此两点的插值多项式是一条直线，即两点式为：

$$L_1(x)=\frac{x-x_1}{x_0-x_1}f(x_0)+\frac{x-x_0}{x_1-x_0}f(x_1) \tag{1-52}$$

显然 $L_1(x_0)=f(x_0),L_1(x_1)=f(x_1)$，满足插值条件，所以 $L_1(x)$ 就是线性插值。若记 $l_0(x)=\frac{x-x_1}{x_0-x_1},l_1(x)=\frac{x-x_0}{x_1-x_0}$，则称 $l_0(x)$ 为 x_0 与 x_1 的线性插值基函数，于是：

$$L_1(x)=l_0(x)f(x_0)+l_1(x)f(x_1)$$

当 $n=2$，已给三点 $(x_0,f(x_0))$、$(x_1,f(x_1))$、$(x_2,f(x_2))$，则有：

$$l_0(x)=\frac{(x-x_1)(x-x_2)}{(x_0-x_1)(x_0-x_2)},l_1(x)=\frac{(x-x_0)(x-x_2)}{(x_1-x_0)(x_1-x_2)},l_2(x)=\frac{(x-x_0)(x-x_1)}{(x_2-x_0)(x_2-x_1)}$$

称为关于点 x_0、x_1、x_2 的二次插值基函数，它满足：

$$l_i(x_j)=\begin{cases}1,j=i,i,j=0,1,2\\0,j\neq i,i,j=0,1,2\end{cases} \tag{1-53}$$

满足条件 $L_2(x_i)=f(x_i)(i=0,1,2)$ 的二次插值多项式 $L_2(x)$ 可表示为：

$$L_2(x)=l_0(x)f(x_0)+l_1(x)f(x_1)+l_2(x)f(x_2) \tag{1-54}$$

$y=L_2(x)$ 的图形是通过三点 $(x_i,f(x_i))(i=0,1,2)$ 的抛物线。

（2）Lagrange 插值多项式　将 $n=1$ 及 $n=2$ 的插值推广到一般情形，考虑通过 $n+1$ 个点，设点 $(x_i,f(x_i))(i=0,1,\cdots,n)$ 的插值多项式为 $L_n(x)$，使：

$$L_n(x_i)=f(x_i),i=0,1,\cdots,n \tag{1-55}$$

用插值基函数方法可得：

$$L_n(x)=\sum_{i=0}^{n}l_i(x)f(x_i) \tag{1-56}$$

其中 $$l_i(x)=\frac{(x-x_0)\cdots(x-x_{i-1})(x-x_{i+1})\cdots(x-x_n)}{(x_i-x_0)\cdots(x_i-x_{i-1})(x_i-x_{i+1})\cdots(x_i-x_n)},i=0,1,\cdots,n \quad (1\text{-}57)$$

称为关于 x_0、x_1、x_2 的 n 次插值基函数，它满足条件：

$$l_i(x_j)=\begin{cases}1,j=i,i,j=0,1,\cdots,n\\0,j\neq i,i,j=0,1,\cdots,n\end{cases}$$

显然式（1-56）得到的插值多项式 $L_n(x)$ 满足条件式（1-55），则称 $L_n(x)$ 为 Lagrange（拉格朗日）插值多项式。

引入记号：

$$\omega_{n+1}(x)=(x-x_0)(x-x_1)\cdots(x-x_n) \quad (1\text{-}58)$$

则 $$\omega'_{n+1}(x_i)=(x_i-x_0)\cdots(x_i-x_{i-1})(x_i-x_{i+1})\cdots(x_i-x_n)$$

于是由式（1-57）得到的 $l_i(x)$ 可改写为：

$$l_i(x)=\frac{\omega_{n+1}(x)}{(x-x_i)\omega'_{n+1}(x_i)}$$

从而式（1-55）中的 $L_n(x)$ 可改为表达式：

$$L_n(x)=\sum_{i=0}^{n}\frac{\omega_{n+1}(x)}{(x-x_i)\omega'_{n+1}(x_i)}f(x_i) \quad (1\text{-}59)$$

并有关于插值多项式的存在唯一性结论。

六、Origin 软件在实验数据处理中的应用

在化工基础实验中常用的数据处理方法主要有三种。

（1）图形分析及公式计算。

（2）用实验数据作图或对实验数据计算后作图，然后线性拟合，由拟合直线的斜率或截距求得需要的参数。

（3）非线性曲线拟合，作切线，求截距或斜率。

第（1）种数据处理方法用计算器即可完成，第（2）和第（3）种数据处理方法可用 Origin 软件在计算机上完成。第（2）种数据处理方法即线性拟合，用 Origin 软件很容易完成。第（3）种数据处理方法即非线性曲线拟合，如果已知曲线的函数关系，可直接用函数拟合，由拟合的参数得到需要的物理量；如果不知道曲线的函数关系，可根据曲线的形状和趋势选择合适的函数和参数，以达到最佳拟合效果，多项式拟合适用于多种曲线，通过对拟合的多项式求导得到曲线的切线斜率，由此进一步处理数据。

1. Origin 概述

Origin 是美国 OriginLab 公司开发的一个功能强大的用于数据处理、数据分析、科技绘图的软件。该软件是一个多文档界面应用程序，使用简单，采用直观的、图形化的、面向对象的窗口菜单和工具栏操作。Origin 的数据分析功能可以给出选定数据的各项统计参数，还可以对选定的数据作图，并给出拟合参数，如回归系数、直线的斜率、截距等。由于该软件具有处理快速、方便易用、功能强大等优点，因此，利用该软件来提高同学们解决化学化工计算中遇到的问题的能力，是一种实用性很强的综合型软件，被化学工作者广泛使用。

Origin 的使用主要包括两个部分，主要是工作表格和绘图表格。绝大部分的化学基础实验的数据都可以用 Origin 完成，并且可以同时进行数据分析和绘图。

Origin 7.0 的工作界面（Workspace）如图 1-18 所示。

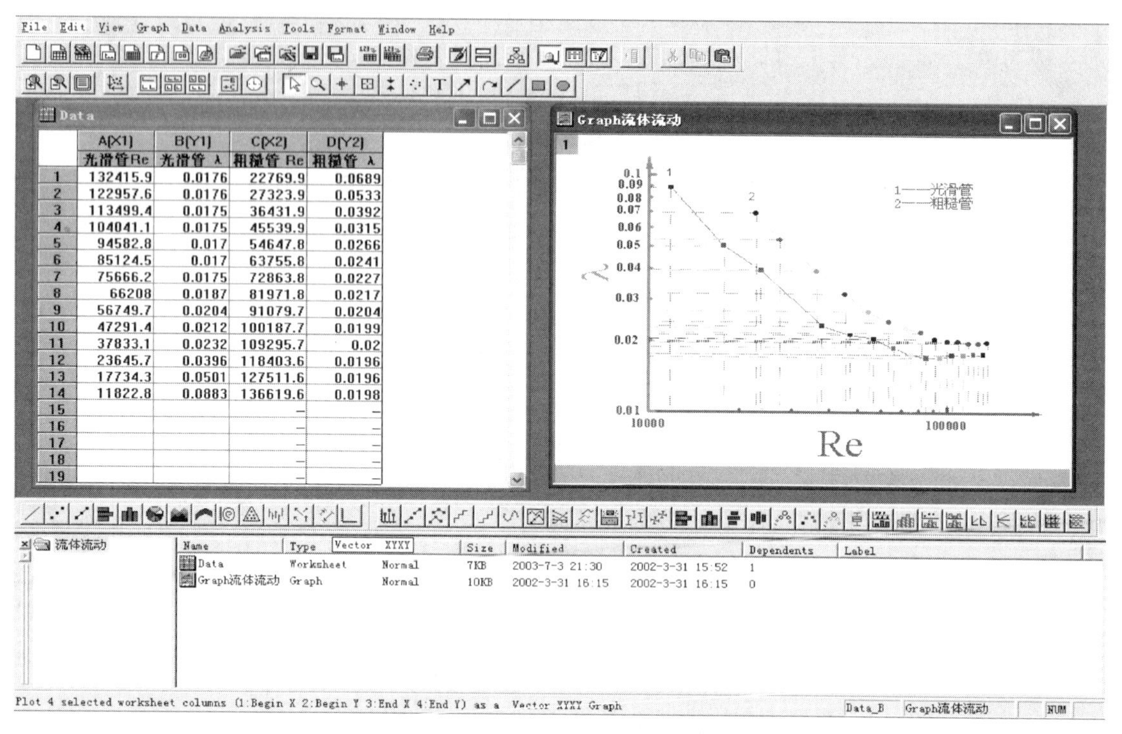

图 1-18 Origin 7.0 的工作界面（Workspace）

其界面主要包括以下几个方面。

(1) 菜单栏　位于顶部，一般可以实现大部分功能。

(2) 工具栏　位于菜单栏下面，一般最常用的功能都可以通过此栏实现。

(3) 绘图区　位于中部，所有工作表、绘图子窗口等都在这里。

(4) 项目管理器　位于下部，类似资源管理器可以方便切换各个窗口等。

(5) 状态栏　位于底部，标出当前的工作内容以及鼠标指到某些菜单按钮时的说明。

2. Origin 的绘图功能

Origin 提供了多种绘图功能，通常在化学化工实验中使用到的主要是几种样式的二维绘图功能，包括直线、描点、直线加符号、特殊线/符号、条形图、柱形图、特殊条形图/柱形图和饼图。

下面简单地介绍一下 Origin 7.0 的使用方法和二维图的绘制方法及数据分析。我们以过滤实验的数据为例介绍一下该软件的用法。

(1) 打开 Origin 7.0　双击桌面上 Origin 7.0 的图标，或从开始/程序/Origin 70/Origin 7.0 打开。

(2) 熟悉 Origin 7.0 的操作界面　打开 Origin 7.0 的页面，如图 1-19 所示。

(3) 数据的输入　在工作表单元格中直接输入即可。如图 1-20 (a) 所示，如果实验数据多于两列，则把鼠标移动到“column”处点击，在其下拉菜单中选择“Add New Columns”项，弹出如图 1-20 (b) 所示对话框，输入要添加的数据列数，单击“OK”，然后将需要的实验数据输入到表格中。

(4) 设置数据列的名称　为了简单明了地表述某一数据列的意义，可以给数据列命名。

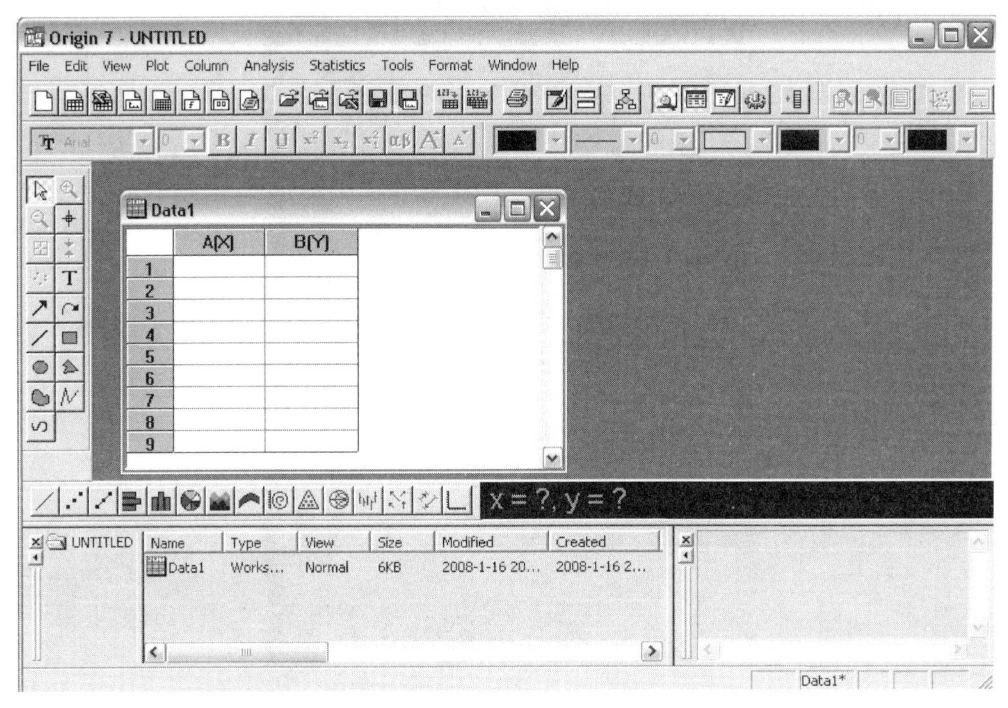

图 1-19 Origin 7.0 的操作界面

Data1

	A(X)	B(Y)
	q+q0	[τ-τ0]/(q-q0)
1	1.1321	5.49
2	1.5773	6.05
3	1.9462	6.61
4	2.2769	7.09
5	2.8747	7.86

(a)

How many columns do you want to add to the worksheet?

OK

Cancel

1

(b)

图 1-20 Origin 7.0 中数据图

将鼠标指向 A(X)，单击右键，在下拉菜单中选择“Properties”项，鼠标左键单击，出现如图 1-21 所示的页面。

将鼠标移至最下面的空栏中，单击，输入想要输入的文字，如 q+q0。设置好之后，在工作表中便会有显示。其他数据列的名称设置可参照 A(X) 数据列。

(5) 添加新的数据列 单击工具栏上的图标，即可添加新的数据列，作用和图 1-20(b) 一样。

(6) 数据的计算 数据分析可以包括简单的数学运算、统计、快速傅里叶变换、平滑和滤波、基线和峰值分析几个部分。我们主要给大家介绍简单的一些数学运算。

将鼠标移至列首［例如 C(Y) 处］，单击右键，选择 Set Column Values，单击。在弹出窗口中单击窗口右上角的 Add Function、Add Column 两个按钮来进行比较简单的数据计算（图 1-22）。

(7) 画图表 选中任意一列或几列数据，单击绘图区下部工具栏中的任意一个图标（图 1-23），即可作出不同类型的图。用此方法画出的图默认以第一列数据为“X 轴”。

在化工实验中常常是多条实验曲线画在一起，我们可以通过刚才的方法绘制曲线，也可

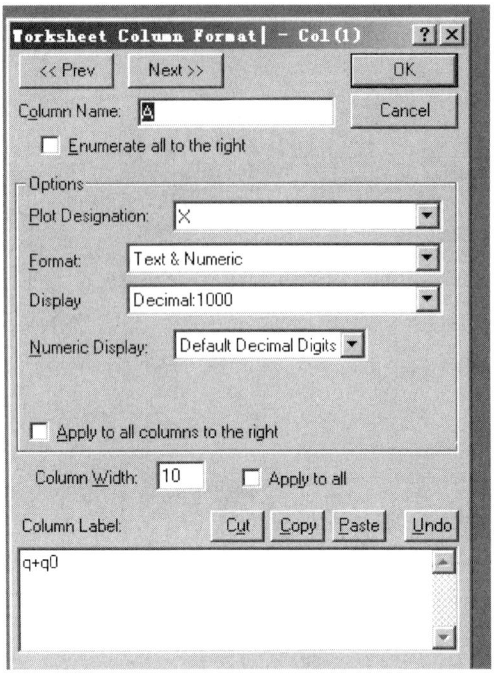

图 1-21　Origin 7.0 中数据列意义设置

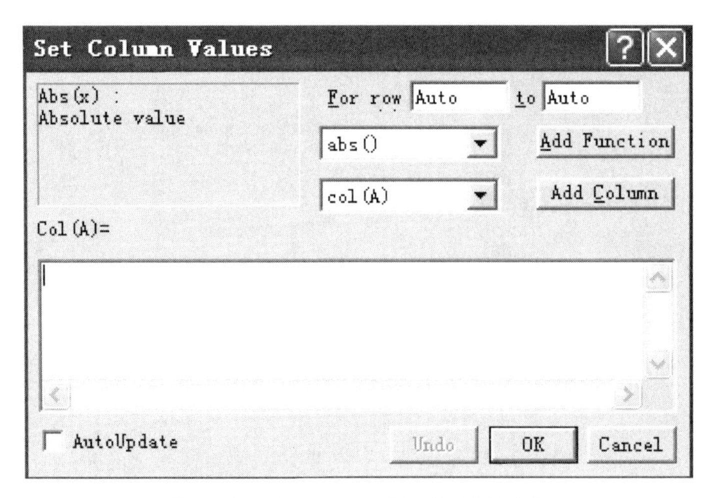

图 1-22　Origin 7.0 中数据计算界面

图 1-23　绘图工具栏（部分）

以在原来画的一条线的基础上，点击“Graph”，在其下拉菜单中选择“Add Plot to Layer”，再在展开的菜单中选择需要的图形，然后再在弹出的对话框中选择需要添加曲线的“X 轴”和“Y 轴”，点击“Add”，再点击“OK”，就可以添加曲线了。多个曲线在同一个图中，有利于实验数据的分析和研究。

若想自己随意设置“X 轴”和“Y 轴”，则先不选数据列，先点击图 1-23 中的任意图标，在弹出的窗口中可以设置任意数据列为“X 轴”或“Y 轴”（图 1-24）。

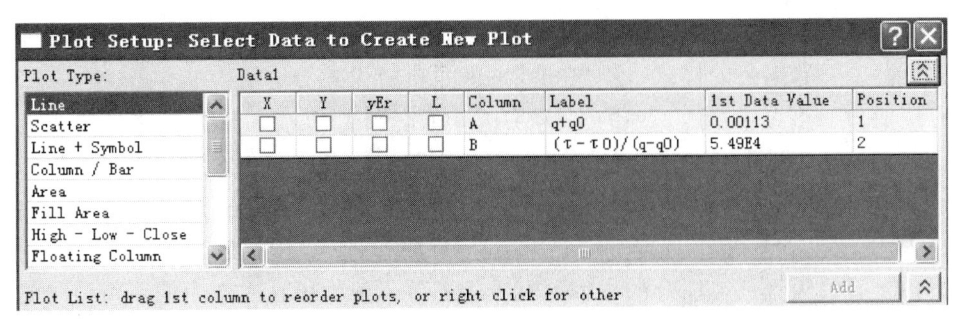

图 1-24 Origin 7.0 中绘图设计界面

（8）设置图表的细节

① 设置坐标轴样式 用鼠标双击坐标轴，即可在弹出的对话框中选择不同的标签（图 1-25），改变坐标轴的样式。常用的是改变数据范围，设定数值间隔。

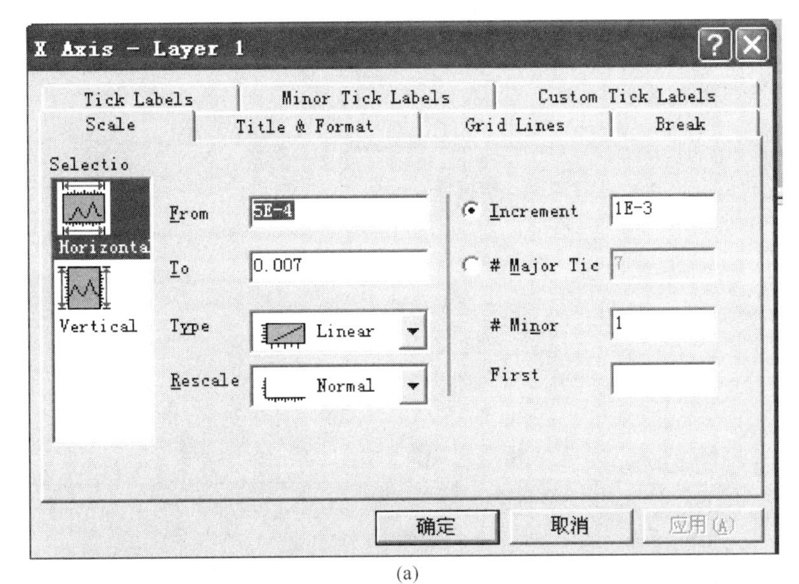

(a)

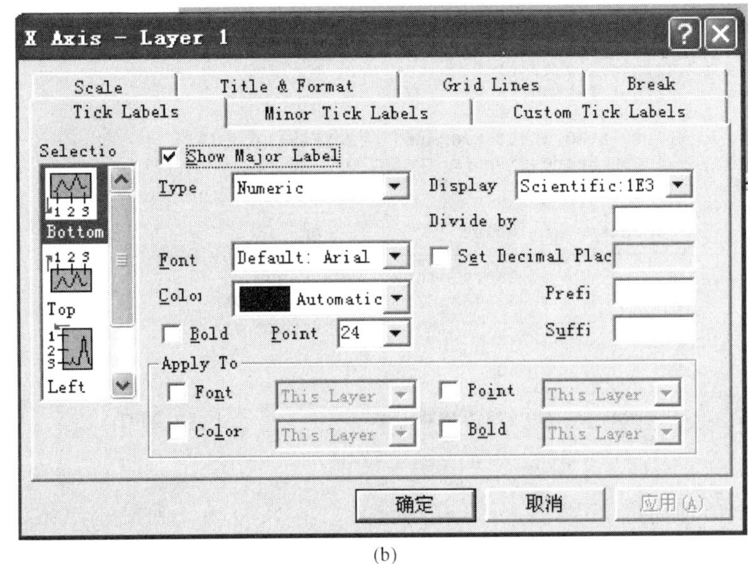

(b)

图 1-25 Origin 7.0 中绘图中坐标轴样式改动界面

② 设置数据点、线的样式　同样用鼠标双击数据点，在弹出的对话窗口中也可以选择不同的标签分别对数据点的样式、颜色和线的颜色进行设置等。

(9) 读取数据点　在左边一列的工具栏中，单击或后，将光标移到曲线上，对准数据点击鼠标左键，即可在右下角的黑地绿字的小屏幕上看到所索取数据点的坐标。

(10) 线性拟合　对于离散的数据点，可以采用回归的方式得到光滑的曲线。把鼠标移至菜单栏中的Analysis，单击，在下拉菜单中选择“Fit Linear”(线性拟合)，用鼠标左键单击即可。拟合直线为红色，拟合的方程、标准误差等一般都可在右下角的新窗口中看到。拟合完成后可把坐标系的起点，刻度值显示及显示格式、坐标名称，定制数据点的符号类型，颜色，拟合曲线的颜色、线宽、线型，并将拟合结果适当地排列并添加文本，把得到的拟合函数表达式写在文本中。

如前面所述，例 1-6 过滤实验中得到的数据表现的应该是直线关系。在图形表窗口，用鼠标选“Analysis”菜单下的“Fit Linear”就会完成直线 $y=A+Bx$ 的拟合，并计算出 A、B 值及 A、B、Y 的实验标准差 $S(x)$ (SD)，A、B 的实验标准差 $S(A)$、$S(B)$ (Error) 和相关系数 $\gamma(R)$，拟合结果如图 1-26 所示。

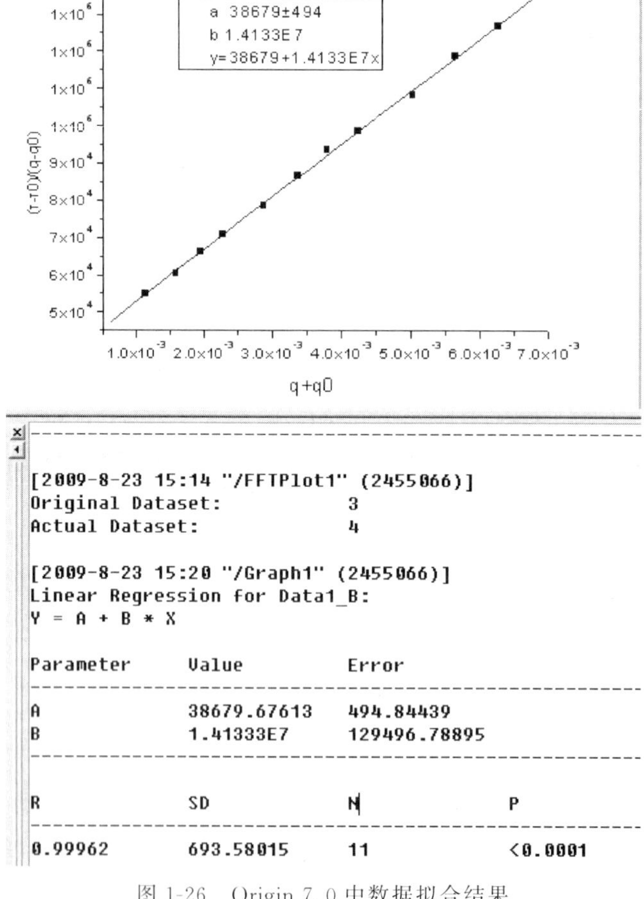

图 1-26　Origin 7.0 中数据拟合结果

因此，该拟合得到直线方程为 $y=38679+1.4133\times10^{7}x$，和最小二乘法得到的数据非常相近。

(11) 显示数据　有时候特别是经过数据列之间的计算后，发现有的单元格中间没有一个数字，全部是这样的乱码。出现这种情况时不要着急，这并不是程序出错或是计算出错了，而是因为数据长度太大。这种情况可以用两种办法解决：一种是将数据列拉宽；另一种则可以通过采取科学计数法和有效数字来避免由于数据太长而无法显示的问题。具体设置方法是：将鼠标指向此数据列［例如 A(X)］，单击右键，在下拉菜单中选择“Properties”，单击左键，在弹出的对话框中，通过调整 Fromat 和 Numeric display 的下拉选项即可。

3. 曲线拟合

即用各种曲线拟合数据，在 Analysis 菜单里，点击则可以看到如图 1-27 所示窗口，在该菜单中有很多不同的拟合函数。常用的有线性拟合、多项式拟合等，还可以利用 Analysis->Non-Linear Curve Fit 里的两个选项做一些特殊的拟合。默认为整条曲线拟合，但可以设置为部分拟合，和 Mask 配合使用会得到很好的效果。

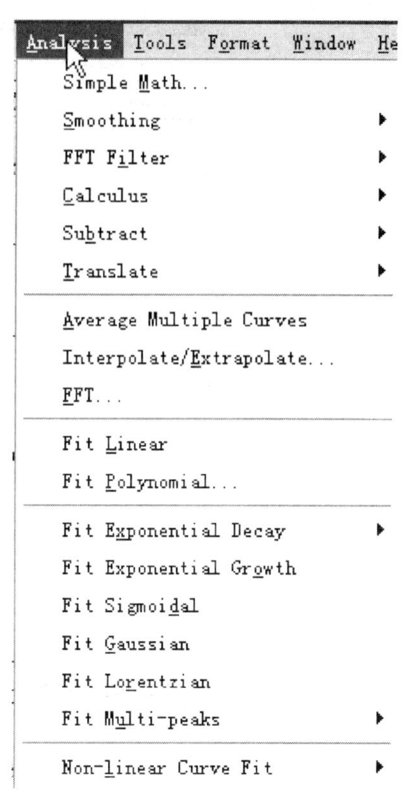

图 1-27 Origin 7.0 中的分析菜单

七、Microsoft Excel 软件在实验数据处理中的应用

Excel 是微软公司 Office 办公软件中的一个组件，可以用来制作电子表格，完成许多复杂的数据运算，能够进行数据的分析，具有强大的制作图表的功能。

1. Microsoft Excel 工作环境简介

Excel 工作窗口是由标题栏、菜单栏、工具栏、编辑栏、工作区域和状态栏组成的，如图 1-28 所示。

(1) 标题栏 标题栏给出当前窗口所属程序和文件的名字，见图 1-28 第一行，Microsoft Excel-Book1，这就是 Excel 的标题栏。Microsoft Excel 是所属程序的名字；Book1 是 Excel 打开的一个空工作簿文档的系统暂定名字。

(2) 菜单栏 菜单栏中包括各种菜单项，见图 1-28 第二行，如文件、编辑、视图、插入、格式、工具、数据、窗口、帮助等。每个菜单项中含有各种操作命令，用鼠标单击可引出一个下拉式菜单，可从中选择要执行的命令。

(3) 工具栏 在菜单栏下面是工具栏，它用图标代表常用的命令，可快速执行，如打开、保存、打印、图表向导等。用鼠标单击代表命令的工具的小图标，即可执行相应的命令。工具栏由标准工具栏和格式化工具栏组成。标准工具栏提供用于日常操作的命令按钮。格式化工具栏是对编辑后的数据进行格式化，能选择字体、字型、边界等操作。

2. Excel 软件的绘图功能介绍

Excel 软件在数据运算处理及图形绘制方面具有很强大的功能，本节中只对在化工实验过程中的常用的绘图功能进行介绍，其他部分应参考其帮助文件。单击菜单栏中的“插入”→“图

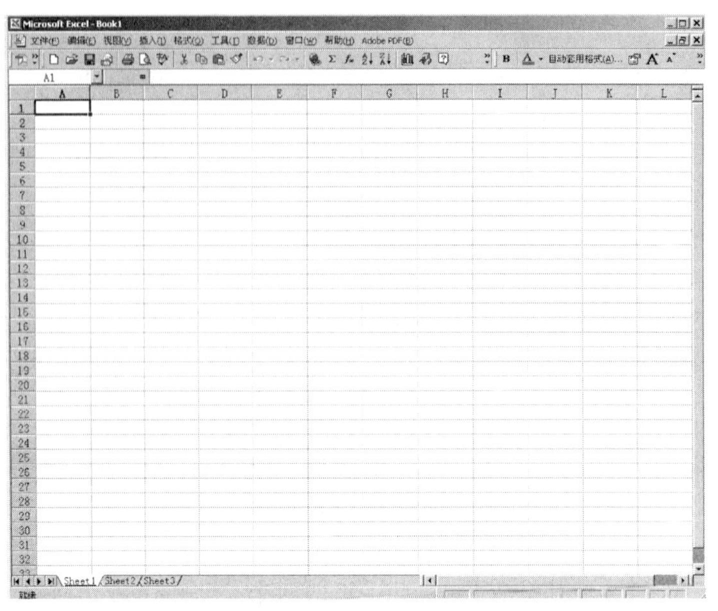

图 1-28　Excel 的工作环境界面

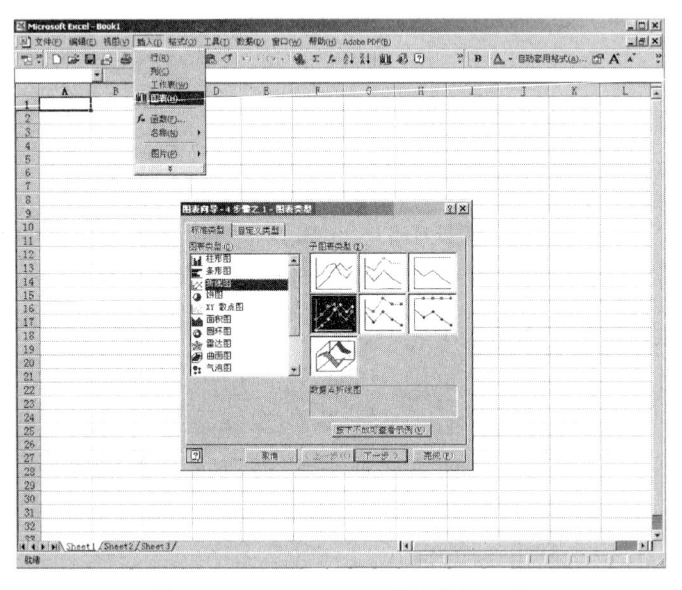

图 1-29　Microsoft Excel 的绘图工具

表"，就能打开 Excel 软件的图表向导功能，如图 1-29 所示。

(1) 图表类型　Excel 有 14 种标准图表类型，每一种类型又有 2～7 个子类型。同时，还有 20 种自定义图表类型，它们可以是标准类型的变异，也可以是标准类型的组合，每种类型主要是在颜色和外观上有所区别。

① 柱形图　使用柱状来表示数值的大小。在 Excel 中，它是默认图表类型。

② 条形图　用水平条的长度表示它所代表的值的大小。

③ 折线图　对于每一个 X 的值，都有一个 Y 值与其对应，像一个数学函数一样。折线图常用于表示一段时期内的变化。

④ 饼图　非常生动，容易理解，但绘制局限于一个单一的数据系列。

⑤ XY 散点图　通过把数据描述成一系列的 XY 坐标值来对比一系列数据。散点图的一个应用是表示一个实验中的多个实验值。

⑥ 面积图　表现了数据在一段时间内或者类型中的相对关系。一个值所占的面积越大，那么它在整体关系中所占的比重就越大。

⑦ 圆环图　大体上和饼状图相似，只是不局限于单一的数据系列。每一个系列使用圆环的一个环表示数据，而不是饼状图的片。

⑧ 雷达图　表示由一个中心点向外辐射的数据。中心是零，各种轴线由中心扩展出来。

⑨ 曲面图　可以用二维空间的连续曲线表示数据的走向。

⑩ 气泡图　对三个系列的数据进行比较。它与“XY 图标”很相似，“X 轴”和“Y 轴”共同表示两个值，但是气泡的大小由第三个值确定。

⑪ 股价图　常用于绘制股票的价值。

⑫ 圆柱图　使用圆柱体表示数据。

⑬ 圆锥图　它使用锥体表示数据。

⑭ 棱锥图　使用棱锥表示数据。

(2) 图表的建立　下面我们以一个具体的例子来演示使用 Excel 绘图的方法。

【例 1-7】 转子流量计标定时得到的读数与流量的关系如下表所示，请绘图表示数据之间的关系。

读数 x/格	0	2	4	6	8	10	12	14	16
流量 $y/(m^3/h)$	30.00	31.25	32.58	33.71	35.01	36.20	37.31	38.79	40.04

解： 图表的建立需要用 Excel 图表向导来完成，具体步骤如下。

① 在工作表的 A 列和 B 列中输入相应的 X 与 Y 的数值，选择要用图表表示的范围，如图 1-30 所示。

② 单击工具栏的“图表向导”按钮。

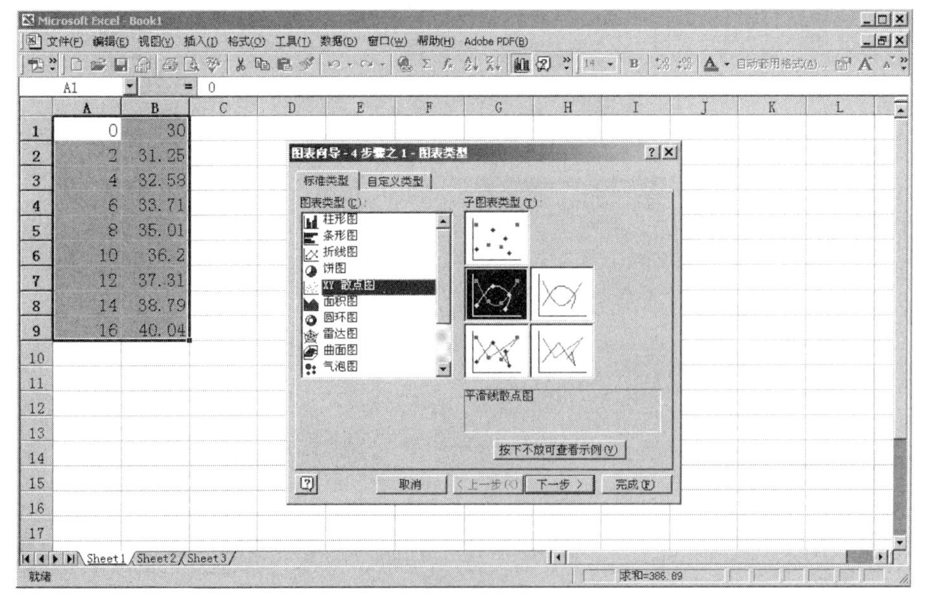

图 1-30　绘图类型的选择

③ 在“图表类型”中，选择要创建的图表类型的种类，如图 1-30 所示。

④ 在“子图表类型”中，选择要使用的具体的图表类型的种类。

⑤ 如果想看一下图表类型的实际效果，单击“按下不放可查看示例”按钮。

⑥ 单击下一步按钮，选择系列产生在“列”后，再单击下一步，结果如图 1-31 所示。

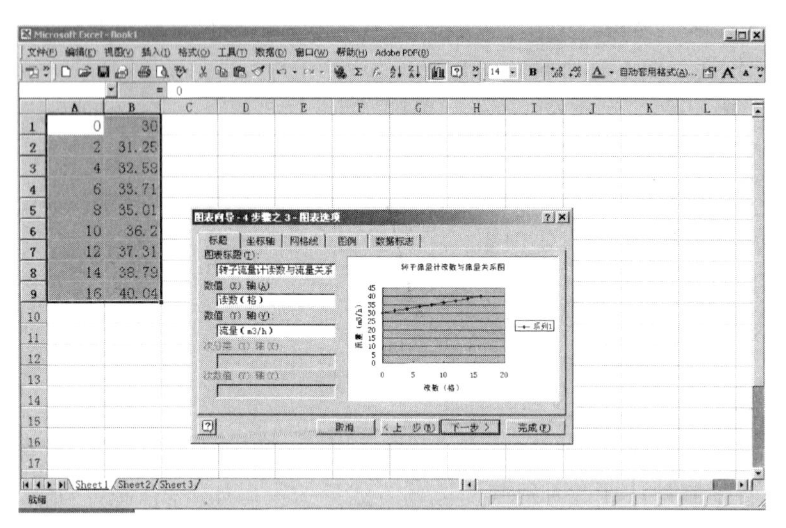

图 1-31　图表选项填写

⑦ 如果想要图表下面或左边显示一些文字，在分类“X 轴”文本框及分类“Y 轴”文本框中输入，如图 1-31 所示。

⑧ 单击下一步按钮，图表位置选择“作为其中的对象插入”，单击完成按钮，结果如图 1-32 所示。

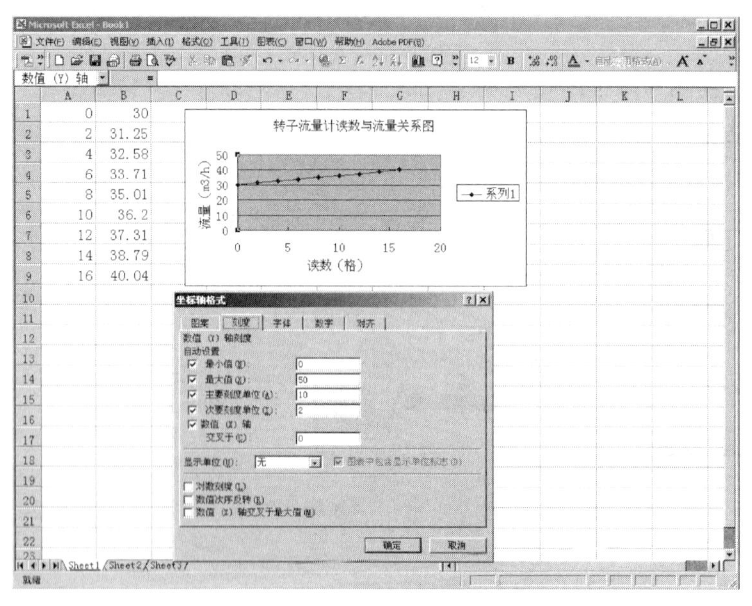

图 1-32　图形初步绘制

⑨ 双击生成图形的“X 轴”和“Y 轴”或“图形区域”，可根据需要对坐标轴刻度，如图 1-32、图 1-33 所示。

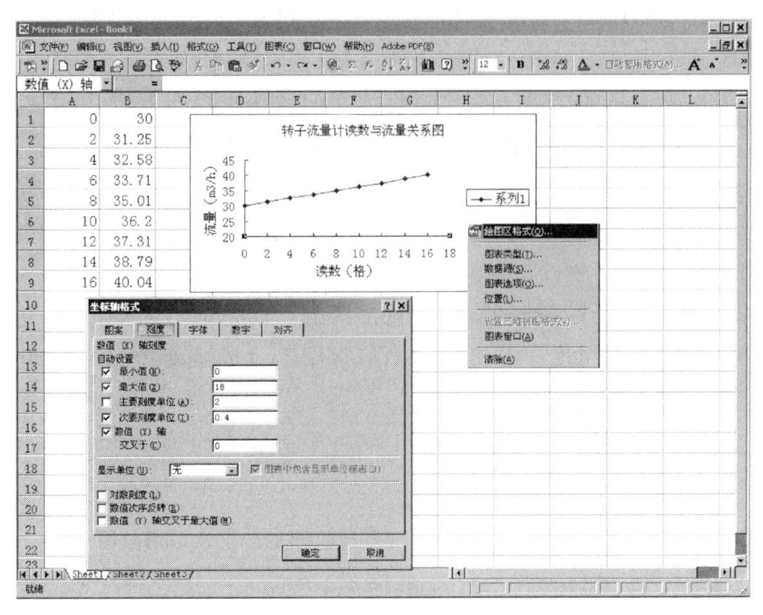

图 1-33 坐标轴及绘图区格式的调整

⑩ 鼠标置于绘图区域，单击右键可根据下拉菜单对绘图区域进行调整，最终完成图形的绘制，如图 1-33 所示。

第三节 化工基本物理量的测量

在化工生产过程和科学实验中，温度、压强、流量和功率等物理量是操作条件的重要信息，是必须测量的基本参数。用来测量这些基本参数的仪表统称为化工测量仪表。

化工测量仪表虽然品种众多，但从化工仪表的组成来看，一般由检测、传送、显示三个基本部分组成。检测部分通常与被测介质直接接触，并依据不同的原理和方式将需要测量的压强、流量或温度等信号转变为易于传送的物理量，如机械力、电信号等；传送部分一般只起信号能量的传递作用；显示部分则将传送来的物理量信号转换为可读可见信号，常见的显示形式有指示、记录、声光报警等。根据不同的需要，检测、传送、显示这三个基本部分可集成在一台仪表内，比如弹簧管式压强表；也可分散为几台仪表，比如仪表室对现场设备操作时，检测部分在现场，显示部分在仪表室，而传送部分则在两者之间。

化工测量仪表的准确度对实验结果的影响很大，因此必须根据实验工作需要，对所需化工测量仪表进行正确选用或自行设计，必须考虑所选仪表的测量范围与精度。化工测量仪表的选用或设计合理，可以在获得可靠的实验结果的同时，节省一定的实验经费。否则，将引入较大的测量误差。

化工测量仪表的种类很多，本章主要介绍一些较典型、常用的测量仪表的工作原理、选用及安装和使用等基本知识。读者可查阅相关专业书籍和手册做进一步的了解。

一、温度的测量及控制

温度是表征物体或系统冷热程度的物理量，它反映物体或系统分子无规则热运动的剧烈程度。在化工生产过程和科学实验中，温度往往是测量和控制的重要参数之一，几乎每个化工实验装置上都要安装温度测量元件或仪表。

温度不能直接测量，只能借助于冷、热物体之间的热交换以及物体的某些物理性质随冷热程度不同而变化的特性进行间接测量。温度的测量方式可分为接触式与非接触式两种。

接触式测量基于热平衡原理。当某一测量元件与被测物体相接触时，热量将在被测物体和测量元件之间进行传递，直至二者冷热程度完全一致。此时，测量元件的温度即为被测物体的温度。

非接触式测量是测量元件与被测物体不直接接触，而是通过其他原理（如辐射原理和光学原理等）测量被测物体的温度。非接触式测量常用于测量运动物体、热容量小及特高温度的场合。

化工实验中所涉及的被测温度对象基本上都可用接触式测量法来测量，而非接触式测量法的应用则很少。接触式温度测量元件或仪器的分类及适用范围见表 1-11。

表 1-11　接触式温度测量元件或仪器的分类及适用范围

测量仪表(元件)名称	测量原理	使用温度范围/℃	主要特点
双金属温度计	固体热膨胀	－80～500	结构简单，价格低廉，使用方便，但感温部大，无法进行信号远传
玻璃液体温度计	液体热膨胀	－80～500	
压力式温度计	气体热膨胀	－50～450	
铂热电阻 半导体热敏电阻	电阻变化	－200～500 －50～300	精度高，能进行信号远传，感温部大，灵敏性好，但线性差，互换性差
铂铑-铂热电偶 镍铬-镍硅热电偶 铜-康铜热电偶	热电效应	0～1600 0～1300 －200～400	结构简单，感温部小，可远传，但线性差，适应性差

1. 热膨胀式温度计

根据液体受热膨胀的原理制成的测量温度的仪表称为液体膨胀式温度计，如玻璃管温度计。下面对玻璃管温度计的种类、安装和使用、校正进行简单介绍。

（1）玻璃管温度计　玻璃管温度计是一种最常用的测量温度的仪表。其特点是结构简单、价格低廉、读数方便、有较高的精度、测量范围为－80～500℃。它的缺点是易损坏且损坏后无法修复。目前实验室使用最多的是水银温度计和有机液体（如乙醇）温度计。水银温度计测量范围广、刻度均匀、读数准确，但损坏后易造成汞污染。有机液体（乙醇、苯等）温度计着色后读取数据容易，但由于膨胀系数随温度变化，故刻度不均匀，精度较水银温度计低。

玻璃温度计又分为三种形式：棒式、内标式和电接点式。

（2）玻璃管温度计的安装和使用

① 玻璃管温度计需安装在没有大的振动且不易受碰撞的设备上，特别是有机液体玻璃管温度计，如果振动很大，容易使液柱中断。

② 玻璃管温度计感温泡中心应处于温度变化最敏感处（如管道中流速最大处）。

③ 玻璃管温度计安装在便于读数的场所，不能倒装，尽量不要倾斜安装。

④ 为了减少读数误差，应在玻璃管温度计保护管中加入甘油、变压器油等，以排除空气等不良导体。

⑤ 水银温度计读数时按凸面的最高点读数；有机液体玻璃管温度计则按凹面最低点读数。

⑥ 为了准确地测定温度，用玻璃管温度计测定物体温度时，如果指示液柱不是全部插入欲测的物体中，就不能得到准确值。

(3) 玻璃管温度计的校正　用玻璃管温度计进行精确测量时需要校正，校正方法有两种：一是与标准温度计在同一状况下进行比较；二是利用纯物质相变点（如冰-水、水-水蒸气系统）进行校正。

采用第一种方法进行校正时，可将被校验的玻璃管温度计与标准温度计（在市场上购买的二等标准温度计）同时插入恒温槽中，待恒温槽的温度稳定后，比较被校验温度计与标准温度计的示值。注意在校正过程中，应采用升温校验。这是因为有机液体与毛细管壁有附着力，当温度下降时，会有部分液体停留在毛细管壁上，影响准确读数。水银温度计在降温时会因摩擦出现滞后现象。

如果实验室中无标准温度计时，亦可用冰-水、水-水蒸气的相变温度来校正温度计。

① 用冰-水混合液校正0℃　在100mL烧杯中，装满碎冰或冰块，然后注入蒸馏水使液面达冰面下2cm为止，插入温度计使刻度便于观察或是露出0℃于冰面之上，搅拌并观察水银柱的改变，待其所指温度恒定时，记录读数，即是校正过的0℃。注意勿使冰块完全溶解。

② 用水-水蒸气校正100℃　校正温度计安装如图1-34所示。为了平衡试管内外的压力，塞子应留缝隙。向试管内加入少量沸石及10mL蒸馏水。调整温度计使其水银球在液面上3cm。以小火加热并注意蒸汽在试管壁上冷凝形成一个环，控制火力使该环维持在水银球上方约2cm处，若保持水银球上有一个液滴，说明液态与气态间达到热平衡。观察水银柱读数直至温度恒定时，记录读数，再经气压校正后即为校正过的100℃。

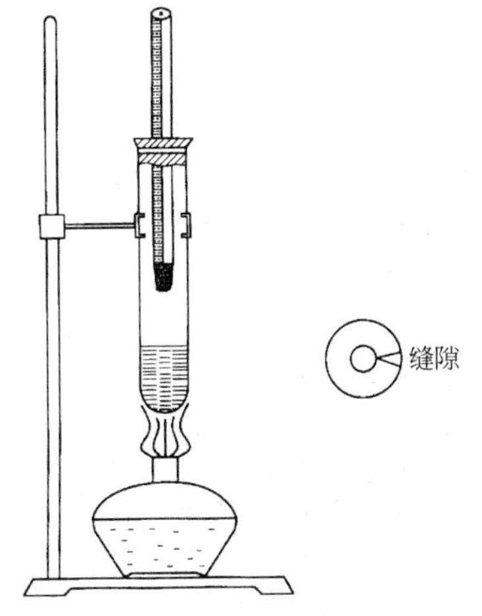

图1-34　校正温度计安装示意图

2. 热电偶温度计

热电偶是一种常用的测量温度的元件，具有结构简单、使用方便、精度高、测量范围宽等优点，因此在化工生产和科学实验中有着广泛的应用。

(1) 热电偶测温元件及原理　将两种不同性质的金属丝或合金丝A与B连接成一个闭合回路。如果将它们的两个接点分别置于温度为t_0和t_1的热源中，则该回路中会产生电动势。这种现象称为热电效应。

热电现象是因为两种不同金属的自由电子密度不同，当两种金属接触时，在两种金属的交界处就会因电子密度不同而有电子扩散，扩散结果在两金属接触面两侧形成静电场即接触电势差。这种接触电势差仅与两金属的材料和接触点的温度有关。温度越高，金属中自由电子就越活跃，致使接触处所产生的电场强度增加，接触面电动势也相应增高。根据这个原理就制成热电偶测温计。

这个由不同金属丝组成的闭合回路即为热电偶（从理论上讲，任何两种金属或半导体都可以组成一支热电偶）。在两种金属的接触点处，由于逸出的电位不同而产生接触电势，记作$e_{AB}(t)$，根据物理学原理，其接触电势的大小为：

$$e_{AB}(t)=\frac{Kt}{e}\ln\frac{N_{At}}{N_{Bt}} \tag{1-60}$$

此外，由于金属丝两端温度不同，形成温差电势，其值为：

$$e_A(t,t_0)=\frac{K}{e}\int_{t_0}^{t}\frac{1}{N_A}\left(\frac{dN_{At}}{dt}\right)dt \tag{1-61}$$

热电偶回路中既有接触电势，又有温差电势，因此，回路中总电势为：

$$\begin{aligned}E_{AB}(t,t_0)&=e_{AB}(t)+e_B(t,t_0)-e_{AB}(t_0)-e_A(t,t_0)\\&=[e_{AB}(t)-e_{AB}(t_0)]-[e_A(t,t_0)-e_B(t,t_0)]\end{aligned} \tag{1-62}$$

由于温差电势比接触电势小很多，可忽略不计，故式（3-3）可简化为：

$$E_{AB}(t,t_0)=e_{AB}(t)-e_{AB}(t_0)=f_{AB}(t)-f_{AB}(t_0) \tag{1-63}$$

当 $t=t_0$ 时，$E_{AB}(t,t_0)=0$。

当 t_0 一定时，$E_{AB}(t,t_0)=e_{AB}(t)-C$（$C$ 为常数）成为单值函数关系，这是热电偶测温的基本依据。

当 $t_0=0$℃时，可用实验方法测出不同热电偶在不同工作温度下产生的热电势值，列成表格称为分度表。

利用热电偶测量温度时，必须要用某些显示仪表如毫伏计或电位差计来测量热电势的数值。测量仪表往往要远离测温点，这就需要接入连接导线，这样就在其所组成的热电偶回路中加入了第三种金属导线，从而构成了新的接点。实验证明，在热电偶回路中接入第三种金属导线对原热电偶所产生的热电势数值并无影响，不过必须保证引入线两端的温度相同。同理，如果回路中串入多种导线，只要引入线两端温度相同，也不影响热电偶所产生的热电势数值。

（2）热电偶自由端的温度补偿

① 补偿导线法　由于热电偶一般做得比较短（特别是贵重金属），这样热电偶的参比端距离被测对象很近，使参比端温度较高且波动较大。所以采用某种廉价金属丝来代替贵金属丝延长热电偶，以使参比端延伸到温度比较稳定的地方。这种廉价金属丝做成的各种电缆，称为补偿导线。补偿导线应满足以下条件。

a. 在 0～100℃范围内，补偿导线的热电性质与热电偶的热电性质相同。

b. 价格低廉。

热电偶配用的补偿导线材料及其特点见表 1-12。

表 1-12　热电偶配用的补偿导线材料及其特点

热电偶名称	补偿导线			
	正极		负极	
	材料	颜色	材料	颜色
铂铑-铂	铜	红	铜镍合金	绿
镍铬-镍硅 铜-康铜	铜	红	康铜	棕
镍铬-考铜	镍铬	褐绿	考铜	黄

② 计算补正法　如果自由端的温度在小范围（0～4℃）内变化，要求又不是很高的情况下，可以用式（1-64）进行补偿修正。

$$t=t_{指}+Kt_0' \tag{1-64}$$

式中 t——热电偶工作端实际温度；

$t_{指}$——仪表的指示值；

t'_0——热电偶自由端的温度；

K——修正系数。

常用热电偶的近似 K 值见表 1-13。

表 1-13 常用热电偶的近似 *K* 值

项目	类别				
	铜-康铜 T(CK)	镍铬-考铜 EA	铁-康铜 J(TK)	镍铬-镍硅 K(EU)	铂铑$_{10}$-铂 S(LB)
常用温度/℃	300～600	500～800	0～600	0～1000	1000～1600
近似 K 值	0.7	0.8	1.0	1.0	0.5

③ 补偿电桥法　补偿电桥法是利用不平衡电桥产生的电势补偿热电偶因自由端温度变化而引起的热电势变化值。补偿电桥法电路如图 1-35 所示。

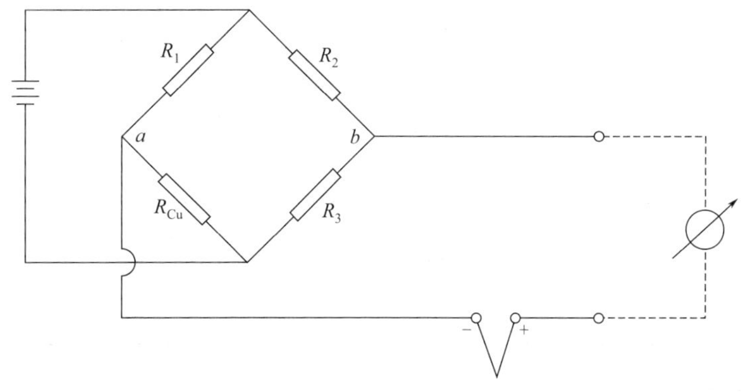

图 1-35　补偿电桥法电路

（R_1、R_2、R_3 为锰铜电阻；R_{Cu} 为铜电阻）

电桥由 R_1、R_2、R_3（均为锰铜电阻）和 R_{Cu}（铜电阻）组成。串联在热电偶测量回路中，热电偶自由端与电桥中 R_{Cu} 处于同温。通常，取 $t_0=20$℃时，电桥平衡（$R_1=R_2=R_3=R_{Cu}^{20}$），此时对角线 a、b 两点电位相等（即 $U_{ab}=0$），电桥对仪表的读数无影响。当环境温度高于 20℃时，R_{Cu} 增加，平衡被破坏，a 点电位高于 b 点，产生一个不平衡电压 U_{ab} 与热电偶的电势相叠加，一起送入测量仪表。选择适当桥臂电阻和电流的数值，可使电桥产生的不平衡电压 U_{ab} 正好补偿由于自由端温度变化而引起的热电势变化值，仪表即可指示出正确的温度。由于电桥是在 20℃时平衡，所以采用这种补偿电桥需把仪表的机械零位调整到 20℃的刻度线。

（3）常用热电偶对材料的要求和热电偶的特性　为了便于选用和自制热电偶，必须对热电偶材料提出要求和了解常用热电偶的特性。

① 对热电偶材料的基本要求　物理化学性能稳定；测温范围广，在高低温范围内测温准确；热电性能好，热电势与温度呈线性关系；电阻温度系数小，这样可以减少附加误差；机械加工性能好；价格便宜。

② 常用热电偶的特性　目前我国广泛使用的热电偶有下列几种。

a. 铂铑-铂热电偶　分度号为 S。该热电偶正极为 90％的铂和 10％的铑组成的合金丝，负极为铂丝。此种热电偶在 1300℃以下范围内可长期使用，在良好环境中，可短期测量

1600℃高温。由于容易得到高纯度的铂和铑，故该热电偶的复制精度和测量准确性较高，可用于精密温度测量和用作基准热电偶。其缺点是热电势较弱，而且成本较高。

b. 镍铬-镍硅热电偶　分度号为K。该热电偶正极为镍铬，负极为镍硅。该热电偶可在氧化性或中性介质中长期测量900℃以下的温度，短期测量可达1200℃。该热电偶具有复制性好、产生热电势大、线性好、价格便宜等特点。其缺点是测量精度偏低，但完全能满足工业测量的要求，是工业生产中最常用的一种热电偶。

c. 镍铬-考铜热电偶　分度号为EA。该热电偶正极为镍铬，负极为考铜。适用于还原性或中性介质，长期使用温度不可超过600℃，短期测量可达800℃。该热电偶的特点是电热灵敏度高，价格便宜。

d. 铜-康铜热电偶　分度号为CK。该热电偶正极为铜，负极为康铜。其特点是低温时精确度较高，可测量−200℃的低温，上限温度为300℃，价格低廉。

(4) 热电偶的校验（定标）

① 对新焊好的热电偶需校对电势与温度关系是否符合标准，检查有无复制性，或进行单个标定。

② 对所用热电偶定期进行校验，测出校正曲线，以便对高温氧化产生的误差进行校正。

表1-14所列检验温度和检验设备可根据测定温度范围而定。例如，实验室测温在100℃左右，故可用油浴恒温槽检验，在所测温度范围内找3～4个点，利用标准温度计（如二等玻璃管温度计）与热电偶进行比较。标定方法与标定其他温度计类似。

表1-14　热电偶校正检验点

热电偶名称	检验温度/℃	检验设备
铂铑30-铂铑6	100,1200,1400,1554	管式电炉
镍铬-考铜	300,400,600	油浴槽,管式电炉
铜-康铜	−196,−100,100,300	液槽,油浴槽

3. 热电阻温度计

(1) 热电阻测温元件及特点　电阻的热效应早已被人们所认知。根据导体或半导体的电阻值随温度变化的性质，可将其特征值的变化用显示仪表反映出来，从而达到测温目的。

工业上广泛应用的热电阻温度计通常用于测量−200～500℃范围内的温度，并有如下特点。

① 热电阻温度计较其他温度计（如热电偶）有较高的精确度，所以把铂电阻温度计作为基准温度计，并在961.78℃以下温度范围内，被指定为国际温标的基准仪器。

② 电阻温度传感器的灵敏度高，输出信号较强，容易显示和实现远距离传送。

③ 金属热电阻的电阻和温度具有较好的线性关系，而且重现性和稳定性较好。

④ 半导体热电阻可做得很小，其灵敏度高，但目前测温上限较低，电阻与温度关系为非线性，而且重现性较差。

热电阻温度计的使用温度见表1-15。

表1-15　热电阻温度计的使用温度

种类	使用温度范围/℃	温度系数/$℃^{-1}$
铂电阻温度计	−260～630	0.0039
镍电阻温度计	150以下	0.0062
铜电阻温度计	150以下	0.0043
热敏电阻温度计	350以下	−0.06～−0.03

（2）标准化热电阻

① 铂热电阻 由于铂在高温下及氧化性介质中的化学和物理性质均很稳定，所以用其制成的热电阻精度高，重现性好，可靠性强。

在0～630.74℃范围内，铂电阻的电阻值与温度之间的关系可精确地用式（1-65）表示：

$$R_t = R_0(1 + At + Bt^2 + Ct^3) \tag{1-65}$$

在−90～0℃范围内，铂电阻的电阻值与温度的关系为：

$$R_t = R_0[A + At + Bt^2 + C(t-100)t^3] \tag{1-66}$$

式中 R_t——某温度下铂电阻的电阻值，Ω；

R_0——0℃时铂电阻的电阻值，Ω；

A,B,C——常数，$A = 3.96847 \times 10^{-3}℃^{-1}$，$B = 5.847 \times 10^{-7}℃^{-2}$，$C = 4.22 \times 10^{-12}℃^{-3}$。

目前工业上常用的铂电阻为Pt100（$R_0 = 100Ω$）。

② 铜热电阻 铜电阻的电阻值与温度呈直线关系，铜的电阻温度系数小，铜容易加工和提纯，价格便宜，这些都是用铜作为热电阻的优点。铜的主要缺点是，当温度超过100℃时容易被氧化，另外，铜的电阻率较小。

铜一般用来制造−50～200℃工程用的电阻温度计。其电阻值与温度呈线性关系，即：

$$R_t = R_0(1 + \alpha t) \tag{1-67}$$

式中 R_t——铜电阻在温度t时的电阻值，Ω；

R_0——铜电阻在温度0℃时的电阻值，$R_0 = 50Ω$，Ω；

α——铜电阻的电阻温度系数，$\alpha = 4.25 \times 10^{-3}℃^{-1}$，$℃^{-1}$。

（3）热电阻电阻值的测量仪表 由于热电阻只能反映由于温度变化而引起的电阻值的改变，因而通常需用测量显示仪表才能读出温度值。工业上与热电阻配套使用的测温仪表种类繁多，主要有电子平衡电桥和数字式显示仪表。

使用热电阻可以对温度进行较为精确的测量，因而在某些要求较高的场合下，需对热电阻进行标定。标定方法为：用精密的仪器、仪表，测出被标定的热电阻在已知温度下的电阻值，然后作出温度-电阻值校正曲线，供实际测量使用。标定的主要仪器为测温专用的电桥，如QJ18A。在标定要求不很严格的情况下，亦可使用高精度的数字万用表测量热电阻的电阻值。

4. 温度计使用技术

在进行温度测量时需要考虑以下几点。

（1）温度计设置 温度计感温部分所在处必须按照工艺要求严格设置。

（2）尽量消除热交换引起的测温误差 温度测量的关键是温度计的热端点温度是否等于热端点所在处被测物体的温度。两者若不相等，其原因是测量时热量不断从热端点向周围环境传递，同时热量不断从被测物体向热端点传递，被测物体到热端点再到周围环境的方向有温度梯度。减小这种误差的方法是尽量减小热端点与其周围环境之间的温度差和传热速率。具体办法如下。

① 当待测温对象是管内流动流体时，若条件允许，应尽量使作为周围环境的管壁与热端点的温度差变小。为此可在管壁外面包一层绝热层（如石棉等）。管子壁面的热损失越大，

管道内流体测温的误差也越大。

② 可在热端点与管壁之间加装防辐射罩，减小热端点和管壁之间的辐射传热速率。防辐射罩表面的黑度越小（反光性越强），其防辐射效果越好。

③ 尽量减小温度计的体积，减小保护套管的黑度、外径、壁厚和热导率。减小黑度和外径可减小保护套管与管壁面之间的辐射传热。减小外径、壁厚和热导率可减小保护套管本身在轴线方向上的高温处与低温处之间的导热速率。

④ 增加温度计的插入深度，管外部分应短些，而且要有保温层。目的是减小贴近热端点处的保护套管与裸露的保护套管之间的导热速率。为此，管道直径较小时，宜将温度计斜插入管道内，或在弯头处沿管道轴心线插入；或安装一段扩大管，然后将温度计插入扩大管中。

⑤ 减小被测介质与热端点之间的传热热阻，使两者温度尽量接近。为此，可适当增加被测介质的流速，但气体流速不宜过高，因为高速气流被温度计阻挡时，气体的动能将转变为热能，使测量元件的温度变高。尽量让温度计的插入方向与被测介质的流动方向逆向。使用保护套管时，宜在热端点与套管壁面之间加装传热良好的填充物，如变压器油、铜屑等。保护套管的热导率不宜太小。测量壁面温度时，壁面与热端点之间的接触热阻应尽量小，因此要注意焊接质量或黏合剂的热导率。

⑥ 待测温管道或设备内为负压，插入温度计时应注意密封，以免冷空气漏入引起误差。

⑦ 经常采用热电偶测量壁面温度，若被测的是壁温且壁面材料的热导率很小，则热电偶热端点与外界的热交换将会破坏原壁面的温度分布，使测温点的温度失真。为此可在被测温的壁面固定一个导热性能良好的金属片，再将热电偶焊在该金属片上。若焊接有困难时，利用上述加装金属片的办法，也可大大减小壁面与热端点之间的热阻，提高测量精度。在壁温测量用热电偶的热端点外面加保温层，也是提高测量精度的办法。

将两热电极分别焊在壁面的两等温点上，壁面为第三导线接入热电偶线路后，可提高壁温的测量精度。但要注意，如果被测表面材质不均匀，这种方法反而会使误差增大。

⑧ 热电极线沿等温壁面紧贴一段距离，可减小热端点通过热电偶丝与周围环境的传热速率，相当于增大热电偶的插入深度。

(3) 热电偶测量系统的动态性能引起的误差　热电偶测量系统的动态性能可用滞后时间表示。滞后时间越长，达到稳定输出所需的时间越长，热电偶的热惰性越大。为了缩短滞后时间，被测介质向感温元件传热的热阻应尽量小，保护管与热端点之间的导热物料和热端点本身的热容量也应当尽量小。为此，应尽量减小热电偶丝的直径和保护套管的直径。测量变化较快、信号较大的温度时，动态性能引起的误差是不可忽视的。

(4) 仪表的工作误差　尽量减少测量仪表的工作误差。

(5) 传输的误差　消除信号传输过程中的误差。

(6) 保护套管材料　根据被测物质的化学性质选用保护套管材料。

5. 温度控制技术

在工业生产过程中，由于介质获得热量的来源各异，因而控制手段也各不相同，此部分讨论电热控制方法。在实验或生产过程中，由于电能较容易得到且易转换为热能，因而得到了广泛的应用，其加热主体为电热棒、加热带和电炉丝等。如在流化干燥速率曲线的测定实验中，通过控制电加热器中电热棒的电压来控制其进入流化干燥塔的热空气的温度，其控制电路由热电偶、测控仪表和固态继电器组成，如图 1-36 所示。

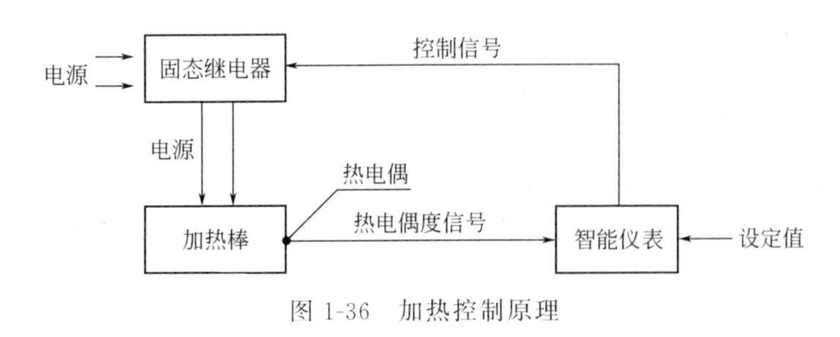

图 1-36 加热控制原理

这样，通过修改温度控制仪表上的温度设定值，即可控制电热棒上的加热电压，进而控制被控对象的温度。

二、流量的测量及控制

化工产品生产及实验过程中，经常需测量过程中各介质（如液体、气体和固体）的流量，用来核算生产过程中物料的输送和配比，为生产管理和过程控制提供参考。因此，流量的测量是化工生产中参数测定的重要环节之一。

流量可分为瞬时流量和累积流量。其中，瞬时流量是指在单位时间内流过管道某截面流体的量，有体积流量（m^3/h）和质量流量（kg/h）两种表示方法。累积流量又称为总量，是指一段时间内流过管道截面积流体的总和。有关流量测量的方法和仪器很多，本节仅介绍实验室常用的压差式（如锐孔、喷嘴、文丘里管和皮托管）流量计、转子（定压降式）流量计、涡轮流量计、湿式流量计及质量流量计。

1. 压差式流量计

压差式流量计是基于液体流经节流装置时产生压差实现流量测量的。其使用历史悠久，已积累了丰富而完整的实验资料。常见的节流元件如孔板、喷嘴及文丘里管的设计计算都有统一标准。因此，可以直接根据计算结果进行制造和使用，而不必用实验方法进行单独标定。这里简单介绍节流现象及其基本原理、标准节流元件的基本原理和知识，以便选择和使用实验所需合适的流量计。

（1）节流现象及其原理　连续流动的流体遇到安装在管道内的节流装置时，由于节流装置中间有个节流孔，孔径比管道内径小，导致流体流通面积突然缩小、流速突增，挤过节流孔，形成流束收缩。当挤过节流孔之后，流速又由于流通面积的变大和流束的扩大而降低流速。与此同时，在节流装置前后的管壁处的流体静压力产生差异，形成静压差，即为节流现象。因此，节流装置的作用在于形成流束的局部收缩，从而产生压差。流过的流量越大，在节流装置前后产生的压差也就越大，因此通过测量压差可以计算流量的大小。

（2）常用节流元件种类与测量原理　目前应用较多的节流元件有三种。

① 标准孔板　标准孔板如图 1-37 所示。它是一个带有圆孔的板，圆孔与管道同心，直角入口边缘非常锐利。标准孔板的进口圆筒部分应与管道同心安装。孔板（材料一般为不锈钢、铜或硬铝）必须与管道轴线垂直，其偏差不得超过±1°。若该元件与压差传感器联合使用，则可实现计算机数据在线采集。

其计算公式为：

$$q_V=\alpha A_0 e\sqrt{\frac{2}{\rho}(p_1-p_2)} \tag{1-68}$$

式中 q_V——流量，m^3/s；

α——实际流量系数（简称流量系数）；

A_0——节流孔开孔面积，$A_0=\pi d_0^2/4$，m^2；

d_0——节流孔直径，m；

e——流束膨胀校正系数，对不可压缩性流体，$e=1$，对可压缩性流体，$e<1$；

ρ——流体密度，kg/m^3；

p_1-p_2——节流孔上下游两侧压力差，Pa。

② 标准喷嘴　标准喷嘴如图 1-38 所示。标准喷嘴适用的管道直径 D 通常为 50～1000mm，孔径比 β 为 0.32～0.8，雷诺数为 2×10^4～2×10^6。

③ 文丘里管　文丘里管如图 1-39 所示。文丘里管是由入口圆筒段 A、圆锥收缩段 B、圆筒形喉部 C、圆锥扩散段 E 组成的。文丘里管第一收缩段锥度为 21°±1°，扩散段为 7°～15°，文丘里管的 d/D 比值为 0.4～0.7。

角接取压装置如图 1-40 所示。

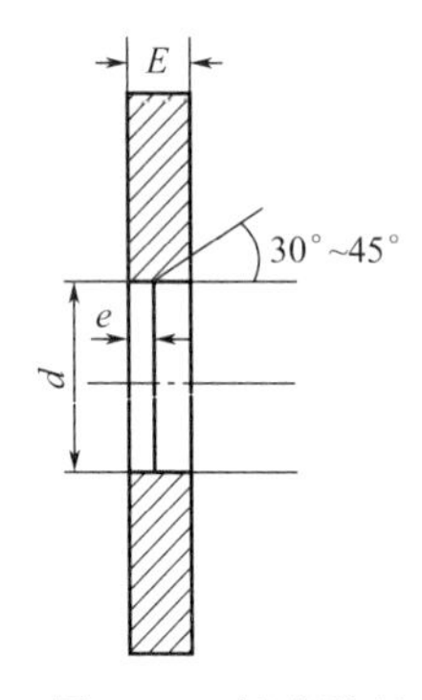

图 1-37　标准孔板

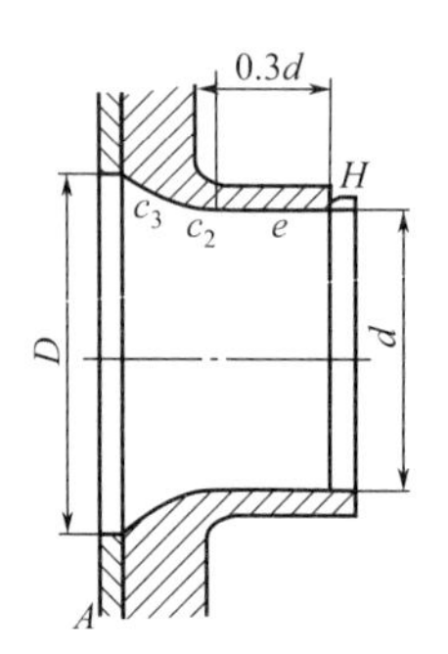

图 1-38　标准喷嘴

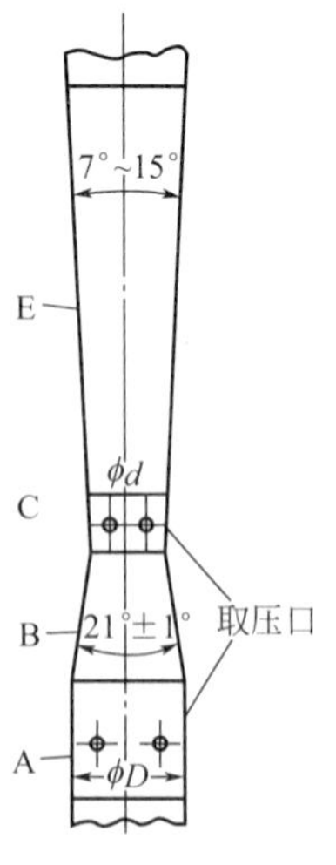

图 1-39　文丘里管

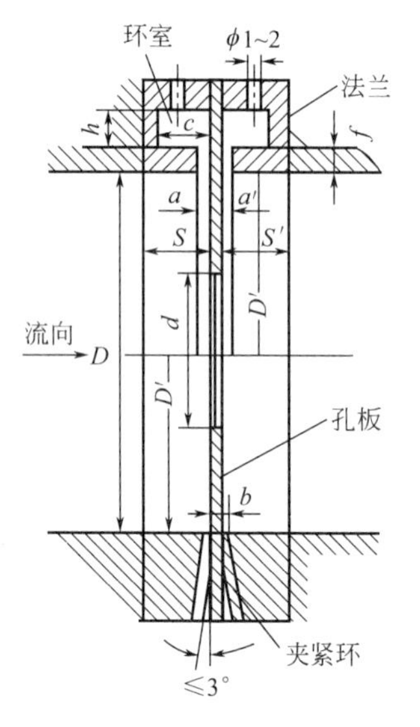

图 1-40　角接取压装置示意图

④ 测速管（皮托管） 测速管又名皮托管，是用来测量导管中流体的点速度的，其构造如图 1-41 所示。测速管装置简单，对于流体的压头损失很小，它的特点是只能测定点速度，可用来测定流体的速度分布曲线。

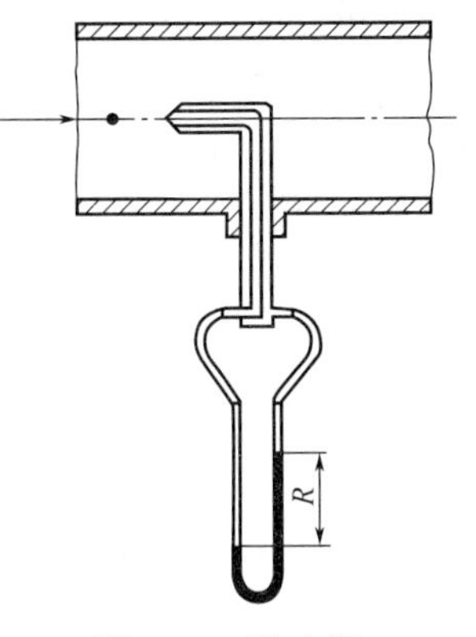

图 1-41 测速管

为了提高测量的准确性，测速管须装在直管部分，并且应与导管的轴线相平行。管口至能产生涡流的地方（如弯头、大小头和阀门等），必须大于 50 倍导管直径的距离。这样流体在导管中的速度分布是稳定的，在导管中心线上所测得的点速度才为最大速度。

(3) 使用节流式流量计的技术问题 一定的流量使管内节流件前后有一定的速度分布和流动状态，流体经过节流孔时产生速度变化和能量损失以致产生压力差，通过测量压差可获得该流量。因此，能够影响速度分布、流动状态、速度变化和能量损失的所有因素都会对流量与压差关系产生影响，使流量与压差关系发生变化而导致测量误差。因此，在进行测量时需注意以下几个问题。

① 流体必须为牛顿型流体，在物理上和热力学上是单相的或者可认为是单相的，并且流经节流件时不发生相变化。

② 流体在节流装置前后必须完全充满管道整个截面。

③ 被测流量稳定，即测量时流量不随时间变化或变化非常缓慢。节流式流量计不适用于对脉动流和临界状态流体的测量。

④ 节流件前后的直管段要保证足够长，一般上游直管段长度为 $(30\sim50)D$，下游直管段长度在 $10D$ 左右。

⑤ 检查安装节流装置的管道直径是否符合设计要求，允许偏差范围为：当 $d_0/D>0.55$ 时，允许偏差为 $\pm0.005D$；$d_0/D\leqslant0.55$ 时，允许偏差为 $\pm0.02D$。其中，d_0 为孔径，D 为管道直径。

⑥ 安装节流装置用的垫圈，在夹紧之后内径不得小于管径。

⑦ 节流件的中心应位于管道的中心线上，最大允许偏差为 $0.01D$。节流件入口端面应与管道中心线垂直。

⑧ 在节流件上下游至少 2 倍管道直径的距离内，无明显不光滑的凸块、电气焊熔渣凸出的垫片、露出的取压口接头、铆钉及温度计套管等。

⑨ 取压口、导压管和压差测量对流量测量精度的影响也很大，安装时可参看压差测量部分。

⑩ 长期使用的节流装置必须考虑有无腐蚀、磨损、结污问题，若观察到节流件的形状和尺寸已发生变化时，应采取有效措施妥善处理。

⑪ 注意节流件的安装方向。使用孔板时，圆柱形锐孔应朝向上游；使用喷嘴和 1/4 圆喷嘴时，喇叭形曲面应向上游；使用文丘里管时，较短的渐缩段应装在上游，较长的渐扩段应装在下游。

⑫ 当被测流体的密度与设计计算或流量标定用的流体密度不同时，应对流量与压差关系进行修正。

2. 转子流量计

转子流量计是另一种形式的流量测量仪表。它与前面所讲的压差式流量计测量原理根本不同。压差式流量计，是在节流面积（如孔板面积）不变的条件下，以压差变化来反映流量的大小。而转子流量计，却是以压降不变，利用节流面积的变化来反映流量的大小。转子流量计是工业上和实验室最常用的一种流量计。它具有结构简单、直观、压力损失小、维修方便等特点。转子流量计适用于测量通过管道直径 $D<150\text{mm}$ 的小流量，也可以测量腐蚀性介质的流量。使用时流量计必须安装在垂直走向的管段上，流体介质自下而上地通过转子流量计。

（1）测量原理　转子流量计由两个部件组成：一个是从下向上逐渐扩大的锥形管；另一个是置于锥形管中且可以沿管的中心线上下自由移动的转子。转子流量计如图 1-42 所示。工作时，被测流量（气体或液体）由锥形管下部进入，沿着锥形管向上运动，流过转子与锥形管之间的环隙，再从锥形管上部流出。当流体流过锥形管时，所产生的作用力将转子托起。当这个力正好等于浸没在流体里的转子重量（即等于转子重量减去流体对转子的浮力）时，转子受力处于平衡状态而停留在某一高度。被测流体的流量突然由小变大时，作用在转子上的“冲力”就加大。因为转子在流体中的重量是不变的，所以转子就上升。由于转子在锥形管中位置的升高，造成转子与锥形管间的环隙增大（即流通面积增大），流体流过环隙时的流速降低，因而“冲力”也就降低，当“冲力”再次等于转子在流体中的重量时，转子又稳定在一个新的高度上。因此，观测转子在锥形管中的位置高度，就可以求得相应的流量值。如果在锥形管外沿其高度刻上对应的流量值，那么根据转子平衡位置的高低就可以直接读出流量的大小。这就是转子流量计测量的基本原理。

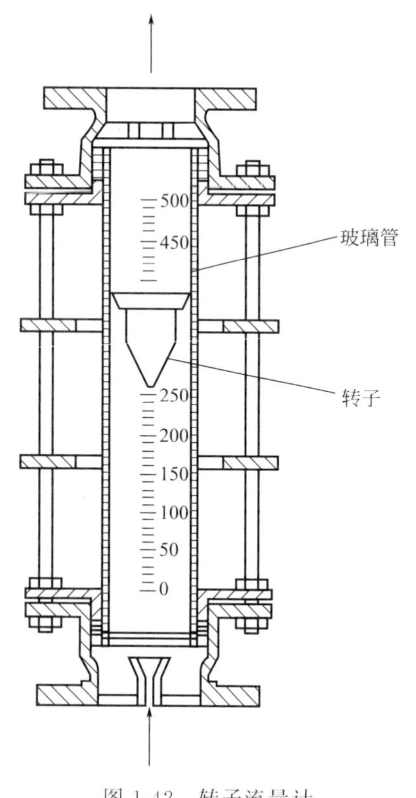

图 1-42　转子流量计

为了使转子在锥形管的中心线上下移动时不碰到管壁，通常采用两种方法：一种是在转子中心装有一根导向芯棒，以保持转子在锥形管的中心线作上下运动；另一种是在转子圆盘边缘开一道道斜槽，当流体自下而上流过转子时，一面绕过转子，同时又穿过斜槽产生一个反推力，使转子绕中心线不停地旋转，就可保持转子在工作时不碰到管壁。

（2）玻璃转子流量计使用说明　玻璃转子流量计是带有透明锥形管，可直接观察浮子（转子）高度的指示式仪表。其特点是结构简单，使用可靠，且易于安装，维修方便，压力损失小。玻璃转子流量计已广泛应用于石油、化工、冶金、化纤、染料、造纸、环保设备、医疗设备、食品及科学实验仪器配套设施等各行各业中。

玻璃转子流量计的使用注意事项如下。

① 安装必须垂直。

② 调节或控制流量不宜采用速开阀门（如电磁阀等），否则，迅速开启阀门，转子会冲到顶部，因骤然受阻失去平衡而将玻璃管撞破或将玻璃转子撞碎。

③ 使用时，应缓慢开启上游阀门至全开，然后用仪表下游的调节阀调节流量，仪表停止工作时，应先缓慢关闭仪表上游阀门，然后再关闭仪表的流量调节阀。

④ 按图 1-43 所示的读数位置读取示值。

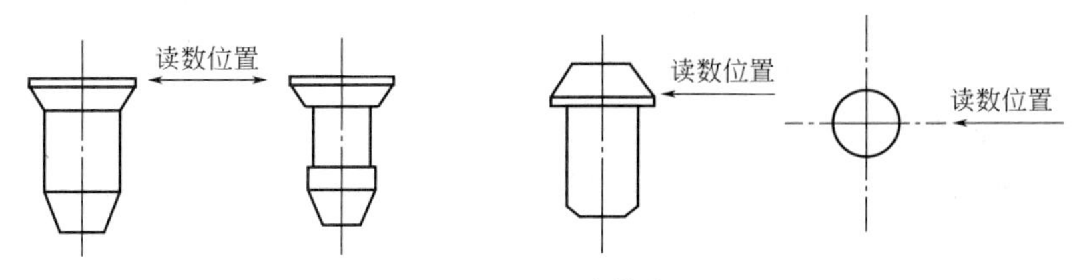

图 1-43 浮子读数位置

⑤ 使用中如发现有渗漏，应均匀地紧固压盖螺栓（或推压杆），此时应避免过分紧固（或推压）而夹碎（或顶碎）锥管。

⑥ 浮子的工作直径（读数边）如有损伤，应重新标定。

3. 涡轮流量计

涡轮流量计为速度式流量计，是在动量矩守恒原理的基础上设计的。它是采用多叶片的转子（涡轮）感受流体平均流速，从而推导出流量或总量的仪表。在流体流动的管道里，安装一个可以自由转动的叶轮，当流体通过叶轮时，流体的动能使叶轮旋转，流体的流速越高，动能越大，叶轮转速也就越高。因此，测出叶轮的转数或转速，就可以确定流过管道的流量。日常生活中使用的某些自来水表、油量计等，都是利用类似原理制成的，其结构如图 1-44 所示。

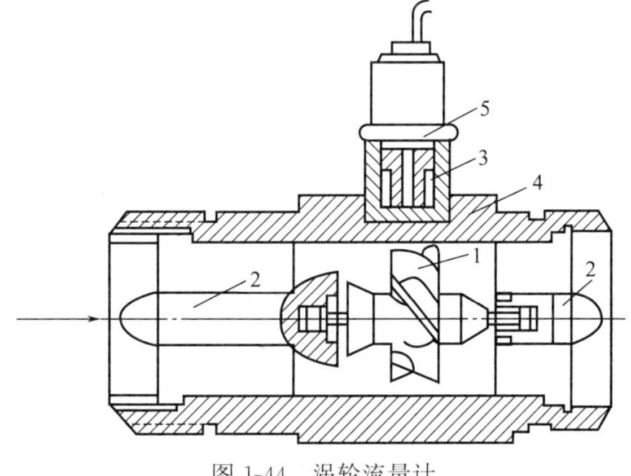

图 1-44 涡轮流量计

1—涡轮；2—导流器；3—磁电感应转换器；4—外壳；5—前置放大器

① 涡轮 用高磁导率的不锈钢材料制成。叶轮芯上装有螺旋形叶片，流体作用于叶片上使之旋转。

② 导流器 用以稳定流体的流向和支承叶轮。

③ 磁电感应转换器 由线圈和磁铁组成用以将叶轮的转速转换成相应的电信号。

④ 外壳 由非导磁的不锈钢制成用以固定和保护内部零件，并与流体管道连接。

⑤ 前置放大器 用以放大磁电感应转换器输出的微弱电信号，进行远距离传送。

（1）测量原理 涡轮流量计的转速通过装在机壳外的传感线圈来检测。当涡轮流量计叶片切割由壳体内永久磁钢产生的磁力线时，就会引起传感线圈中的磁通变化。传感线圈将检测到的磁通周期变化信号送入前置放大器，对信号进行放大、整形，产生与流速成正比的脉冲信号，并送入单位换算与流量积算电路得到并显示累积流量值；同时亦将脉冲信号送入频率电流转换电路，将脉冲信号转换成模拟电流量，进而指示瞬时流量值。

使用涡轮流量计时，一般应加装过滤器，以保持被测介质的洁净，减少磨损，并防止涡轮被卡住。同时，安装时，必须保证变送器的前后有一定的直管段，使流向比较稳定。一般入口直管段的长度取管道内径的 10 倍以上，出口取 5 倍以上。

（2）涡轮流量计特点

① 测量精度可以达到 0.5 级以上，在狭小范围内甚至可达 0.1%。故可作为校验 1.5～

2.5 级普通流量计的标准计量仪表。

② 对被测信号的变化反应快。被测介质为水时，涡轮流量计的时间常数一般只有几毫秒至几十毫秒。故特别适用于脉动流量的测量。

（3）使用技术问题

① 了解被测流体的物理性质、腐蚀性和清洁程度，以便选用合适的涡轮流量计轴承材料和类型。

② 工作点最好在仪表测量范围上限数值的 50%以上。

③ 应了解介质密度和黏度变化情况，考虑是否有必要进行流量计的刻度换算和纠正。

④ 由于涡轮流量计出厂时是在水平安装情况下标定的，必须水平安装，否则会引起仪表常数发生变化。

⑤ 为确保叶轮正常工作，流体必须洁净，切勿使污物、铁屑、棉纱等进入流量计。因此，需在流量计前加装滤网，网孔大小一般为 100 孔/cm^2，在特殊情况下可选用 400 孔/cm^2。否则，将导致测量精度下降、使用寿命缩短，甚至出现被卡住和被损坏等不良后果。

⑥ 为了保证变送器性能稳定，除了在其内部设置导流器之外，还必须在变送器前后分别留出长度为管径 15 倍和 5 倍以上的直管段。因为流场变化会使流体旋转，改变流体和涡轮叶片的作用角度，此时即使流量稳定，涡轮的转速也会改变。

⑦ 被测流体的流动方向必须与变送器所标箭头方向一致。

⑧ 感应线圈切勿轻易转动或移动，否则会引起大的测量误差，必须要动时，事后一定要重新校验。

⑨ 轴承损坏是涡轮运转不好的常见原因之一。轴承和轴的间隙应等于 $(2\sim3)\times10^{-2}$ mm，超出此范围时应立即更换轴承。更换后对流量计必须重新校验。

4. 湿式流量计

该仪器属于容积式流量计。它是实验室常用仪器，如图 1-45 所示，主要由圆鼓形壳体、转鼓及传动计数机构组成。转鼓由圆筒及四个弯曲形状的叶片所构成，同时四个叶片构成四个体积相等的小室。鼓的下半部浸在水中，充水量由水位器指示。气体从背部中间的进气管处依次进入一室，并相继由顶部排出时，迫使转鼓转动。通过计数机构的表盘上的计数器和指针来显示体积，同时配合秒表计时，可直接测定气体流量。湿式气体流量计是一种液封式流量计。湿式流量计在测量气体体积总量时，其准确度较高，特别是小流量时，它的误差比较小。可直接用于测量气体流量，也可用来作标准仪器检定其他流量计。它是实验室常用的仪表之一，现已被广泛用于冶金工业、煤气工业、化学工业及科研部门。

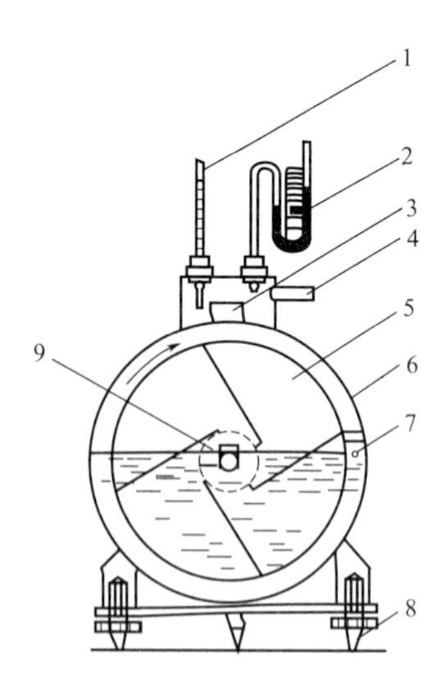

图 1-45 湿式流量计

1—温度计；2—压差计；3—水平仪；4—排气管；5—转毂；6—壳体；7—水位器；8—可调支脚；9—进气管

湿式气体流量计每个气室的有效体积是由预先注入流量计的水面控制的，所以在使用时必须检查水面是否达到预定的位置，安装时，仪表必须保持水平。

5. 质量流量计

前面介绍的各种流量计都是测量流体的体积流量，从普遍意义上讲，流体的密度是随流体的温度、压力的变化而变化的。因此，在温度、压力频繁变化的场合，用测量体积的流量计时，测量精度难以保证。质量流量计可以直接测量通过流量计的介质的质量流量，还可测量介质的密度及间接测量介质的温度。

质量流量计一般可分为两类：一类是直接式，即直接输出质量流量；另一类为间接式或推导式，如应用超声流量计和密度计组合，对它们的输出再进行乘法运算以得出质量流量。

图 1-46 为双叶轮式质量流量计。在壳体内同轴地安装两个叶片角不等的叶轮，中间用弹簧连成一体。两轮受到的转矩之差，使弹簧扭转角 α。α 与质量流量 M 和角频率 ω 之积成比例，测出角位移 α 所需的时间，即可测出 M 值。测量的方法是：在壳体上装两个电磁检测器，当第一个涡轮产生脉冲时，开始计数。当第二个涡轮产生脉冲时，停止计数。根据计数器的标准频率测出时间 t，进而求出 M 值。

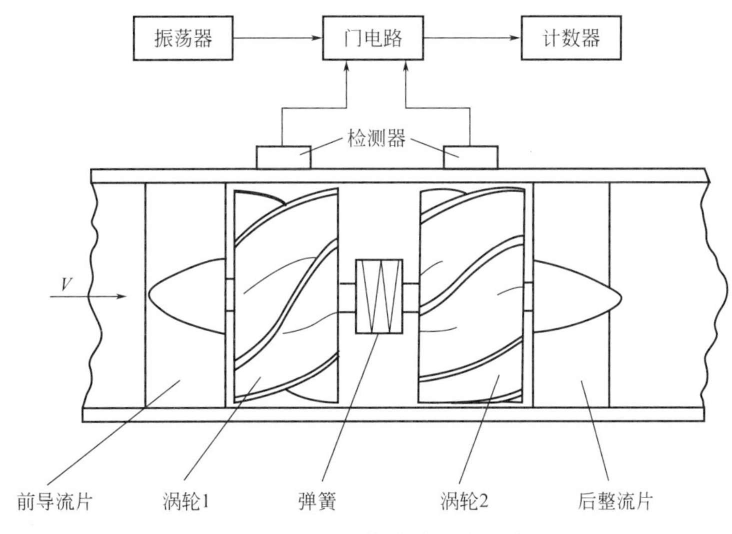

图 1-46　双叶轮式质量流量计

6. 流量计的校验和标定

为了得到准确的流量测量值，应充分了解流量计构造和特性，采用适当方法进行测量，同时还要注意使用中的维护、管理，应每隔适当的时间要标定一次。当遇到下述几种情况，均应考虑是否需对流量计进行标定。

① 使用长时间放置的流量计。

② 需要高精度测量时。

③ 对测量值产生怀疑时。

④ 当被测流体特性不符合流量计标定所用的流体特性时。

标定气体流量计时需特别注意测量流过被标定流量计和标准器的实验气体的温度、压力及湿度。另外，在实验之前必须了解清楚实验气体的特性。例如，气体是否溶于水，在温度、压力的作用下其性质是否会发生变化等。

7. 流量控制技术

在连续的工业生产和科学实验过程中，希望某种物料的流量保持稳定。下面介绍几种实验室常用的流量控制技术。

(1) 用调节阀控制流量　精馏操作中，只有保持进料量和采出量等参数稳定，才能获得合格产品。调节阀控制流量系统如图 1-47 所示，它是一种采用调节阀、智能仪表、孔板流量计和压差传感器等器件实现流量的调节和控制的调节系统。

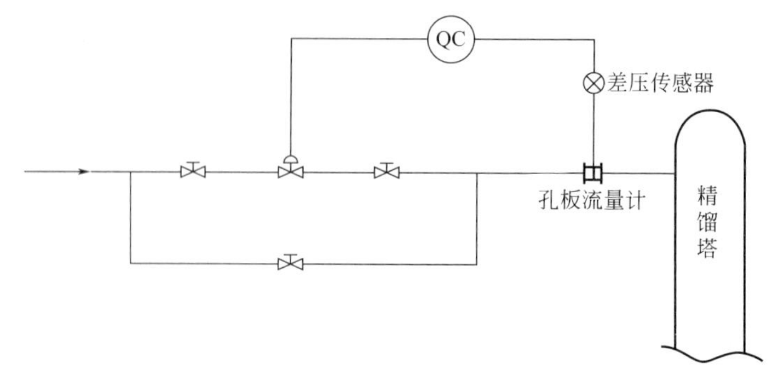

图 1-47　调节阀控制流量系统

（2）用计量泵控制流量　当物料流量较小时，常用上述方案会造成较大误差，一般宜采用计量泵控制流量。

（3）用电磁铁分配器控制流量　在反应精馏实验中，采用回流比分配器控制回流量和采出量则更为准确和简便，其结构如图 1-48 所示。分配器为玻璃容器，有一个进口、两个出口，分别连接精馏塔塔顶冷凝器、产品罐和回流管。中间有一根活动的带铁芯的导流棒，在电磁铁有规律的吸放下，控制导流棒上液体流向，使液体流向产品罐或精馏塔。

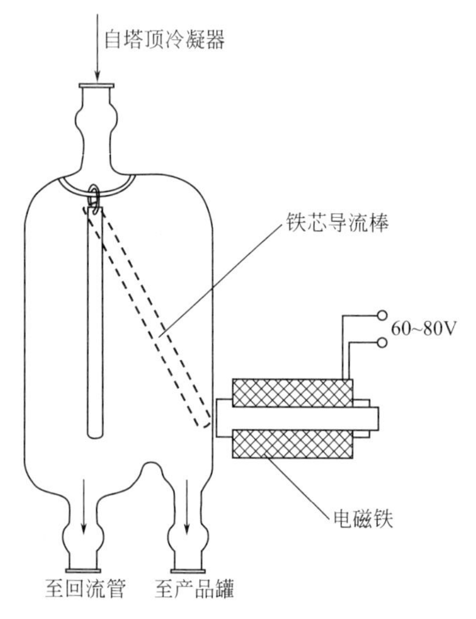

图 1-48　回流比分配器

（4）用变频器控制流量　当流量较大且精度要求不是很高时，可采用变频器控制电机的转速，从而控制流体流量。

三、压力、压差的测量

在化学工业与科学实验中，过程的操作压力是一个非常重要的参数。例如，管道阻力实验，流体流过管道的压降，泵性能实验中泵进出口压力的测量，对了解泵的性能和安装是否正确都是必不可少的参数。又如精馏、吸收等化工单元所用的塔器，需要测量塔顶、塔釜的压力，以便了解塔器的操作是否正常。通常测量压力的范围很广，要求精度也不同，所以目前使用的压力测量仪器种类很多，原理各异，根据工作原理和工作状况可进行如下分类。

（1）按仪表的工作原理分

① 液柱压力计　利用液体高度产生的力去平衡未知力的方法来测量压力。

② 弹性压力计　利用弹性元件受压后变形产生的位移来测量压力。

③ 电测压力计　通过某些转换元件，将压力变换为电量来测量压力。

（2）按所测的压力范围分

① 压力计　测量表压力的仪表。

② 气压计　测量大气压力的仪表。

③ 微压计 测量 $10N/cm^2$ [1]以下表压力的仪表。

④ 真空计 测量真空度或负压力的仪表。

⑤ 压差计 测量两处压力差的仪表。

(3) 按仪表的精度等级分

① 标准压力计 精度等级在 0.5 级以上。

② 工程用压力计 精度等级在 0.5 级以下。

(4) 按显示方式分

① 指示式。

② 自动记录式。

③ 远传式。

④ 信号式。

现将常用的液柱式压力计、弹簧管压力计、压差变换器做简单介绍。

1. 液柱压力计

液柱压力计是利用液柱所产生的压力与被测介质压力相平衡，然后根据液柱高度来确定被测压力值的压力计。该类压力计结构简单，精度较高，既可用于测量流体的压强，又可用于测量流体的压差。液柱所用的液体种类很多，可用纯物质，也可用液体混合物，但所用液体在与被测介质接触处界面必须清楚而稳定，以便准确地读数。同时所用液体密度及其与温度关系必须已知，液体在环境温度的变化范围内不应气化或凝固。

常用的工作液有水银、水、乙醇。当被测压强或压差很小，且流体是水时，还可用甲苯、氯苯、四氯化碳等作为指示液。液柱压力计包括 U 形管压力计、单管压力计、斜管微压力计、微差压力计等。液柱压力计的使用范围约达 1m 水银柱高压力，但是由于它不能测量较高压力，也不能进行自动的指示和记录，所以它的应用范围受到限制。一般可作为实验室中低压的精密测量以及仪表的检定校验。

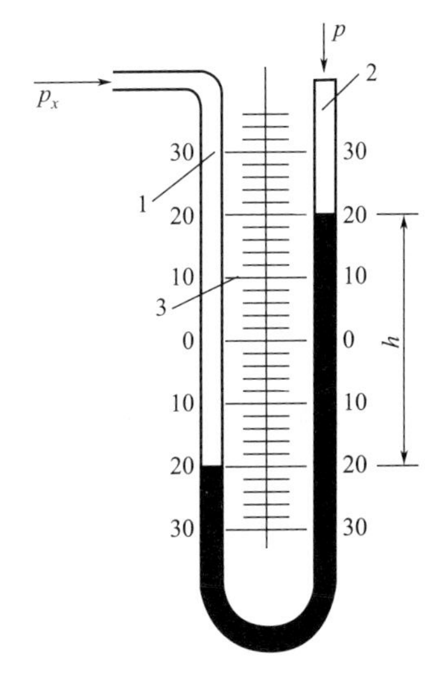

图 1-49 U 形管液柱压力计

1，2—管；3—刻度标尺

(1) U 形管压力计 U 形管液柱压力计如图 1-49 所示。它是一根弯成 U 形的玻璃管 1 和 2，在 U 形管中间装有刻度标尺 3，读数的零点在标尺的中央，管内充满液体到零点处。管 1 与被测介质相接通，管 2 则通大气。

当被测介质的压力 p_x 大于大气压力 p 时，管 1 中的工作液体液面下降，管 2 中的工作液体液面上升，一直到两液面差的高度产生的压力与被测压力相平衡时为止。

如果被测介质是气体，可得到被测压力值 p_x 为：

$$p_x = h\rho g \tag{1-69}$$

式中 ρ——工作液体的密度，kg/m^3；

g——重力加速度，m/s^2。

[1] $1N/cm^2 = 10^4 Pa$。

如果被测介质是液体，平衡时还要考虑被测介质的密度，被测压力为：

$$p_x = h(\rho - \rho_x)g \tag{1-70}$$

式中　ρ_x——被测介质的密度，kg/m^3。

液柱压力计一般是以毫米均匀刻度的，其压力测量单位采用 Pa 或 mmH_2O（当工作液是水时）、Pa 或 mmHg（当工作液为水银时）。

在 U 形管压力计中很难保证两管的直径完全一致，因而在确定液柱高度 h 时，必须同时读出两管的液面高度，否则就可能造成较大的测量误差。

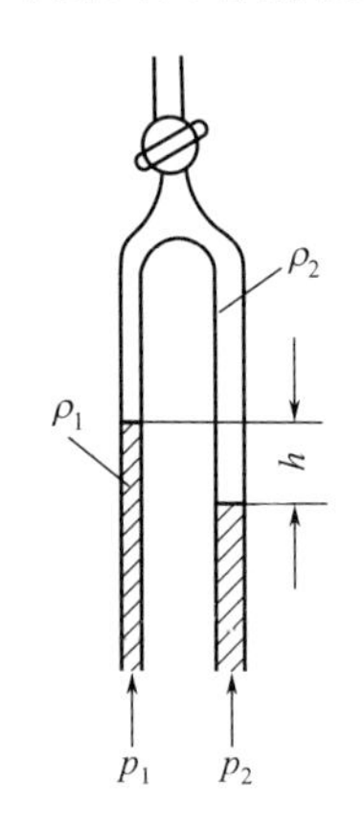

图 1-50　倒 U 形管液柱压力计

U 形管压力计的测量范围一般为 0～800mmH_2O 或 0～800mmHg，精度为 1 级，可测表压、真空度、压差以及作为校验流量计的标准压力计。其特点是零位刻度在刻度板中间，使用前无须调零，液柱高度须两次读数。

有时将 U 形管压力计倒置，如图 1-50 所示，称为倒 U 形管液柱压力计。

这种压差计的优点是不需要另加指示液而以待测液体为指示液。其压差值为：

$$p_1 - p_2 = h(\rho_1 - \rho_2)g \tag{1-71}$$

当 ρ_2 为空气压力时：

$$p_1 - p_2 = h\rho_1 g \tag{1-72}$$

当测量压差值微小时，可采用斜管微压力计或微差压力计。

（2）液柱压力计使用注意事项　液柱压力计虽然构造简单、使用方便、测量准确度高，但耐压程度差、结构不牢固、容易破碎，测量范围小，且示值与工作液密度有关，因此在使用中必须注意以下几点。

① 被测压力不能超过仪表测量范围。

② 被测介质不能与工作液混合或起化学反应。当被测介质要与水或水银混合或起化学反应时，则应更换工作液或采取加隔离液的方法。某些介质的隔离液如表 1-16 所示。

表 1-16　某些介质的隔离液

测量介质	隔离液	测量介质	隔离液
氯气	98%的浓硫酸或氟油	氨水、水煤气	变压器油
氯化氢	煤油	水煤气	变压器油
硝酸	五氯乙烷	氧气	甘油

③ 液柱压力计安装位置就避开过热、过冷和有震动的地方。一般，冬天常在水中加入少许甘油或者采用乙醇、甘油、水的混合物作为工作液以防冻结。

④ 由于液体的毛细现象，在读取压力值时，视线应在液柱面上，观察水面时应看凹面处，观察水面银面时应看凸面处，如图 1-51 所示。

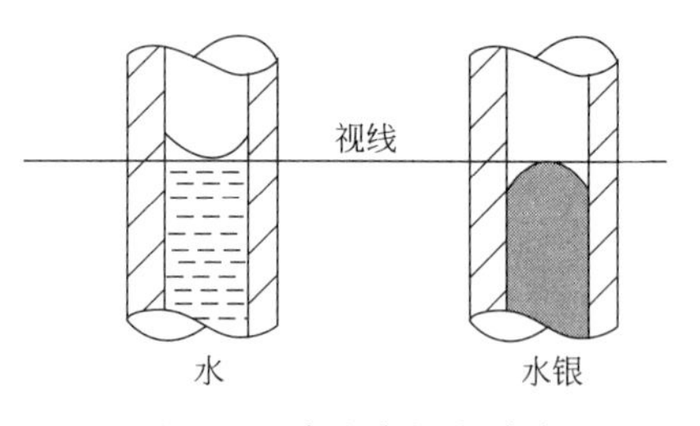

图 1-51　水和水银在玻璃管中的毛细现象

⑤ 水平放置的仪表，测量前应将仪表放平，再校正零点。

工作液为水时，可在水中加入一点红墨水或其他颜色，以便于观察读数。

在使用过程中保持测量管和刻度标尺的清晰，定期更换工作液。经常检查仪表本身和连接管之间是否有泄漏现象。

2. 弹性压力计

弹性压力计的原理是利用各类弹性元件作为敏感元件来感受压力，并以弹性元件受压后变形产生的反作用力与被测压力平衡，此时弹性元件的变形就是压力的函数，通过测量弹性元件的变形（位移）即可测得压力的大小。

弹簧管压力计主要由弹簧管、齿轮传动机构、示数装置（指针和分度盘）以及外壳等几个部分组成。其结构如图 1-52 所示。

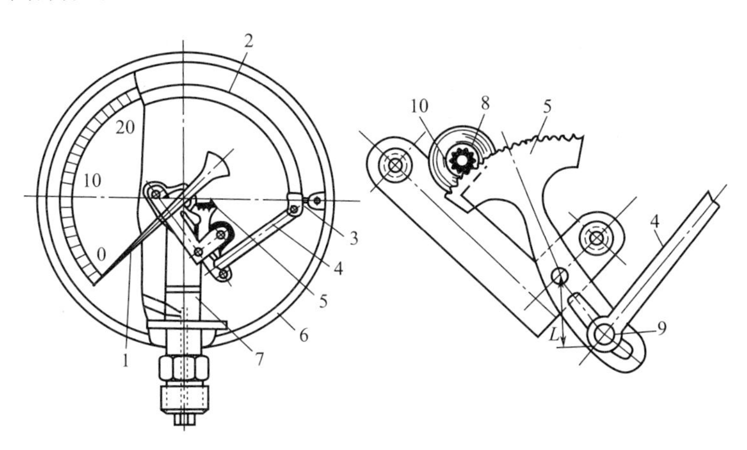

图 1-52 弹簧压力计及传动部分

1—指针；2—弹簧管；3—接头；4—拉杆；5—扇形齿轮；6—壳体；7—基座；8—齿轮；9—铰链；10—游丝

弹簧管 2 是一根弯成圆弧形的横截面为椭圆形的空心管子。椭圆的长轴与通过指针 1 的轴芯的中心线相平行，弹簧的自由端是封闭的，它借助于拉杆 4 与扇形齿轮 5 和小齿轮之间的间隙活动，在小齿轮的转轴上装置了螺旋形的游丝 10。

弹簧管的另一端焊在仪表的壳体上并与管接头相通，管接头可以把压力计与需要测量压力的空间连接起来，介质可由所测空间通过细管进入弹簧管的内腔中。在介质压力的作用下，弹簧管断面极力倾向变为圆形，迫使弹簧管的自由端产生移动，这一移动距离（通常称为管端位移量）借助拉杆 4，带动齿轮传动机构 5 和 8，使固定在齿轮 8 上的指针 1 相对于分度盘旋转，指针旋转角的大小正比于弹簧管自由端的位移量，即正比于所测压力的大小，因此可借助指针在分度盘上的位置指示出待测压力值。

3. 压力（或压力差）的电测方法

压力或压力差除了用前述测量方法外，还常用电信号来测量。电信号便于用在远传、数据采集和计算机控制等方面。压强的测量是利用“变送器”（传感器）将待测的非电量转变成一个电量，然后对该电量进行直接测量或做进一步的加工处理。

非电量的电测技术是现代化科学技术的重要组成部分，是现代化工科研、实验和生产中不可缺少的一种技术，下面以测定压差的电动压差变送器为例简单介绍。

（1）电动压差变送器原理　电动压差变送器是一种常用的压力变送器，它可以用来连续测量压差、液位、分界面等工艺参数，它与节流装置配合，也可以连续测量液体、蒸气和气体的流量。来自双侧导压管的压差直接作用于变送器传感器双侧隔离膜片上，通过膜片内的密封液传导至测量元件上，测量元件将测得的压差信号转换为与之对应的电信号传递给转换器，经过放大等处理变为标准电信号输出。电动压差变送器具有反应速度快和传送距离远的特点。

电动压差变送器是以电为能源，它将被测压差 Δp 的变化转化成直流电流（0～10mA）的统一标准信号，送往调节器或显示仪表进行调节、指示和记录。

（2）压差变送器的用途

① 作为压力变送器　用于压力或真空度的测量和记录。

② 测量流量　当用锐孔或文丘里管流量计测量流体的流量时，可以将节流元件前后的压力接在变送器的测量膜盒的前后，膜盒受到压差作用后经过变换输出电信号，实现远传记录。电传可以克服水银压差计因为各种原因使水银冲出而造成的汞害。它的缺点是价格比 U 形管压差计贵，且精度不如 U 形管压差计。

四、液位的测量

液位是表征设备或容器内液体储量多少的度量。液位检测为保证生产过程的正常运行，如调节物料平衡、掌握物料消耗量、确定产品产量等提供决策依据。

液位测量方法因物系性质的变化而异，种类较多，其常见分类有直读式液位计（玻璃管式液位计、玻璃板式液位计）、压差式液位计（压力式液位计、吹气法压力式液位计、压差式液位计）、浮力式液位计（浮球式液位计、浮标式液位计、浮筒式液位计、磁性翻板式液位计）、电气式液位计（电接点式液位计、磁致伸缩式液位计、电容式液位计）、超声波式液位计、雷达液位计、放射性液位计。

下面介绍实验室中常用的直读式液位计、压差式液位计、浮力式液位计、电容式液位计。

1. 直读式液位计

（1）基本原理　直读式液位计是将指示液位用的玻璃管或特制的玻璃板接于被测容器，根据连通管原理，从玻璃管或玻璃板上的刻度读出液位的高度。直读式液位计结构简单、直观，但只能就地读数，不能远传。直读式液位计测量原理见图 1-53。

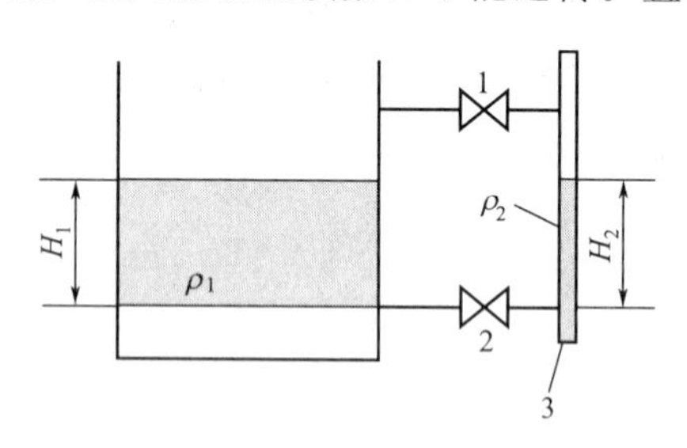

图 1-53　直读式液位计测量原理

1—气相切断阀；2—液相切断阀；3—玻璃管

利用液相压力平衡原理：

$$H_1\rho_1 g = H_2\rho_2 g \tag{1-73}$$

当 $\rho_1=\rho_2$ 时：

$$H_1=H_2$$

这种液位计适宜于就地直读液位的测量。当介质温度高时，ρ_2 不等于 ρ_1，就出现误差。但由于简单实用，因此应用广泛。有时也用于自动液位计的零位和最高液位的校准。

（2）玻璃管式液位计　玻璃管式液位计是基于连通器原理设计的，由玻璃管构成的液体通路。通路经接管用法兰或锥管螺纹与被测容器连接构成连通器，透过玻璃管观察到的液面与容器内的液面相同即液位高度。目前，玻璃管式液位计主要由玻璃管、保护套、上下阀门及连接法兰（或螺纹）等组成。由于玻璃管材质改用石英玻璃，同时外加了保护金属管，克服了易碎的缺点。此外，石英具有适宜于高温高压下操作的特点，因此也拓宽了玻璃管式液位计的使用范围。UGS 型玻璃管式液位计外形尺寸见图 1-54。

（3）玻璃板式液位计 直读式玻璃板液位计是为克服各玻璃板式液位计每段测量盲区而设计的，液位计本身前后两侧玻璃板交错排列，从前面玻璃板可看到后面玻璃板之间的盲区，反之亦然。WB 型玻璃板式液位计外形尺寸见图 1-55。

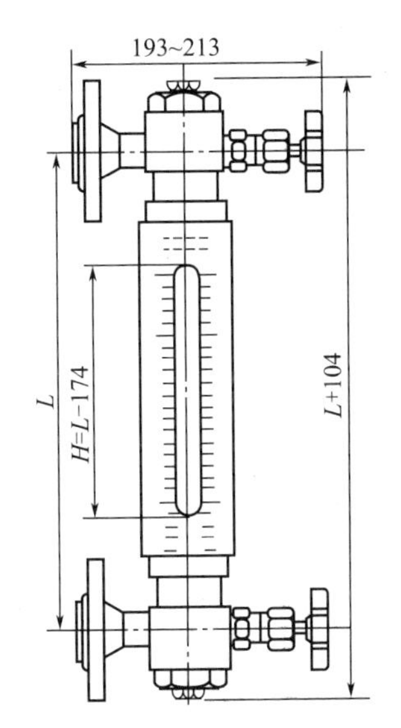

图 1-54 UGS 型玻璃管式液位计外形尺寸（单位：mm）

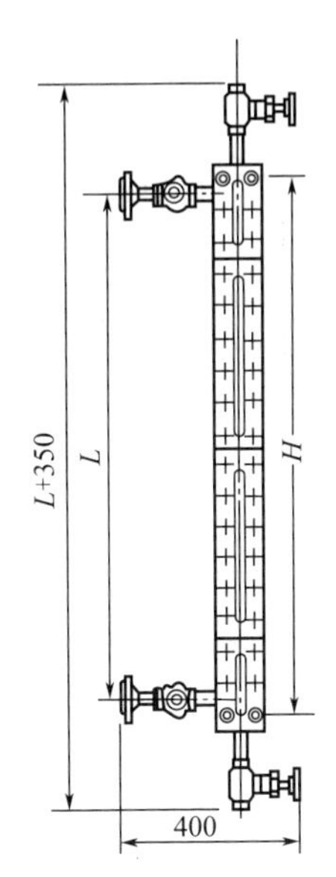

图 1-55 WB 型玻璃板式液位计外形尺寸（单位：mm）

2. 压差式液位计

压差式液位变送器安装在液体容器的底部，通过表压信号反映液位高度。压差式液位计有气相和液相两个取压口。气相取压点处压力为设备内气相压力；液相取压点处压力除受气相压力作用外，还受液柱静压力的作用，液相和气相压力之差，就是液柱所产生的静压力。压差计一端接液相，另一端接气相时，在一般情况下，被测介质的密度和重力加速度都是已知的，因此，压差计测得的压差与液体的高度 H 成正比，这样就把测量液体的高度的问题变成了测量压差的问题。此类压差式仪表工业上经常使用在制药、食品、化工行业液位测量控制过程中。

（1）吹气法压差式液位计测量 空气经过滤、减压后经针形阀节流，通过转子流量计到达吹气切断阀入口，同时经三通进入压力变送器，而稳压器稳住转子流量计两端的压力，使空气压力稍微高于被测液柱的压力，而缓缓均匀地冒出气泡，这时测得的压力几乎接近液位的压力，吹气法压差式液位计测量原理见图 1-56。

此方法适宜于开口容器中黏稠或腐蚀介质的液位测量，方法简便可靠，应用广泛。但测量范围较小，较适用于卧式储罐。

（2）压差法压差式液位计测量 压差法压差式液位计测量原理见图 1-57。

测得压差：

$$\Delta p = p_2 - p_1 = H\rho g \text{ 或 } H = \frac{\Delta p}{\rho g} \tag{1-74}$$

式中　Δp——测得压差；

ρ——介质密度；

H——液位高度。

通常被测液体的密度是已知的，压差变送器的压差与液位高度成正比，应用式（1-74）就可以计算出液位的高度。

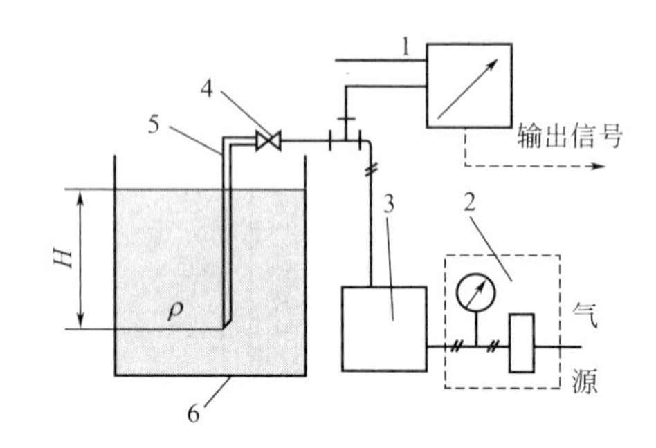

图 1-56　吹气法压差式液位计测量原理

1—压力变送器；2—过滤器减压阀；3- 稳压和流量调整组件；4—切断阀；5—吹气管；6—被测对象

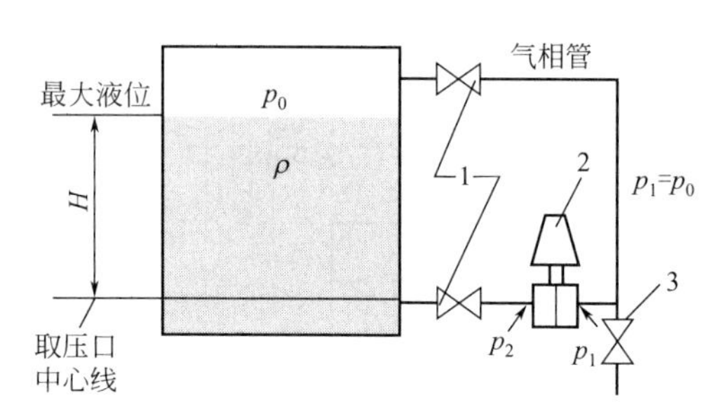

图 1-57　压差法压差式液位计测量原理

1—切断阀；2—压差仪表；3—气相管排液阀

（3）带有正负迁移的压差式液位计测量　这种方法适用于气相易于冷凝的场合，见图1-58。图中 ρ_1 为气相冷凝液的密度，h_1 为冷凝液的高度。当气相不断冷凝时，冷凝液自动会从气相口溢出，回流到被测容器而保持 h_1 高度不变。当液位在零位时，变送器负端已经受到 $h_1\rho_1 g$ 的压力，这个压力必须加以抵消。这称为负迁移。负迁移量为：

$$SR_1=h_1\rho_1 g$$

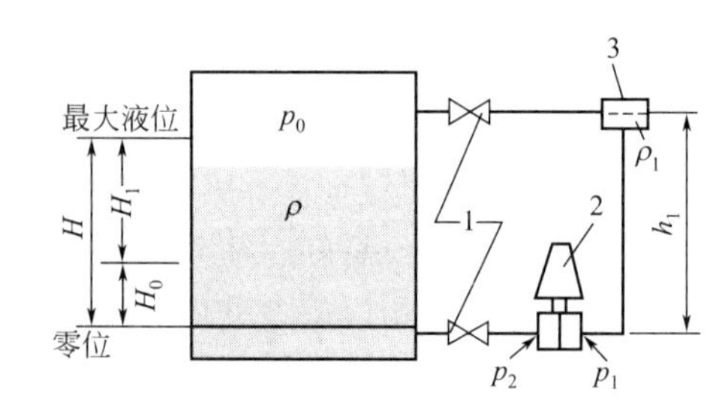

图 1-58　带有正负迁移的压差式液位计测量原理

1—切断阀；2—压差仪表；3—平衡容器

当测量液位的起始点从 H_0 开始，变送器的正端有 $H_0\rho g$ 压力要加以抵消，这称为正迁移。正迁移量为：

$$SR_0=H_0\rho g$$

这时变送器总迁移量为：

$$SR=SR_1-SR_0=h_1\rho_1 g-H_0\rho g$$

在有正负迁移的情况下仪表的量程为：

$$\Delta p=H_1\rho g \tag{1-75}$$

当被测介质有腐蚀性、易结晶时，可选用带有腐蚀膜片的双法兰式压差变送器，迁移量及仪表的量程的计算仍然可用上面公式，只是 ρ_1 为毛细管中所充的硅油的密度，h_1 为两个法兰中心高度之差。

3. 浮力式液位计

这类仪表是基于液体的浮力使浮子随着液位的变化上升或下降而测量液位。利用物体在液体中浮力的原理来实现液位测量。仪表分为浮子式液位计和浮筒式液位计。浮子式液位计运作时，浮子随着液面的上下而升降；而浮筒式液位计，液位从零位到最高液位后，浮筒全部浸没在液体之中，浮力使浮筒有一较小的向上位移。浮力式液位计主要有浮子式液位计、浮筒式液位计和磁性翻板式液位计，下面简要介绍翻板式液位计。

磁性翻板式液位计安装结构示意图见图 1-59，与容器相连的浮子室（用非导磁的不锈钢制成）内装带磁钢的浮子，翻板指示标尺贴着浮子室壁安装。当液位上升或下降时，浮子也随之升降，翻板标尺中的翻板，受到浮子内磁钢的吸引而翻转，翻转部分显示红色，未翻转部分显示绿色，液位是红绿分界之处数值。

磁性翻板式液位计除了配上指示标尺作就地指示外，还可以配备报警开关和信号远传装置。前者作高低报警用，后者可将液位转换成 4～20mA 的直流信号送到接收仪表，并有隔爆和本安两种结构供选择。

4. 电容式液位计

电容式液位计由测量电极、前置放大单元及指示仪表组成。

式（1-76）～式(1-78) 表示电极与被测容器之间所形成的等效电容的计算关系，C_0 为电极安装后空罐时的电容值［式（1-76）］，$C_0+\Delta C_L$ 为某液位时的电容值［式（1-77）］。只要测得由液位升高而增加的电容值 ΔC_L［式（1-78）］，就可测得罐中的液位。电容法液位测量如图 1-60 所示。

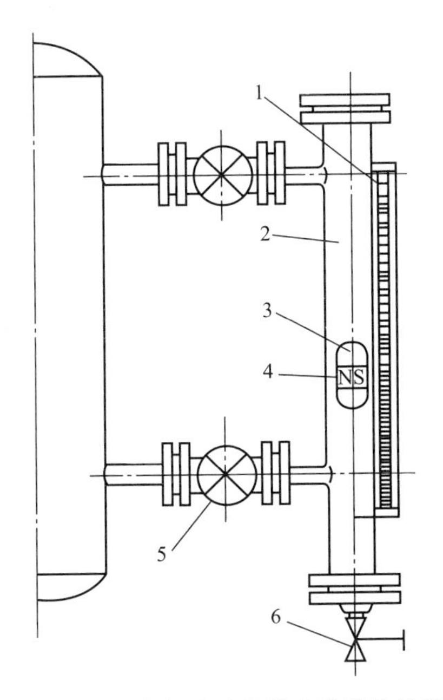

图 1-59 磁性翻板式液位计安装结构示意图

1—翻板标尺；2—浮子室；3—浮子；4—磁钢；5—切断阀；6—排污阀

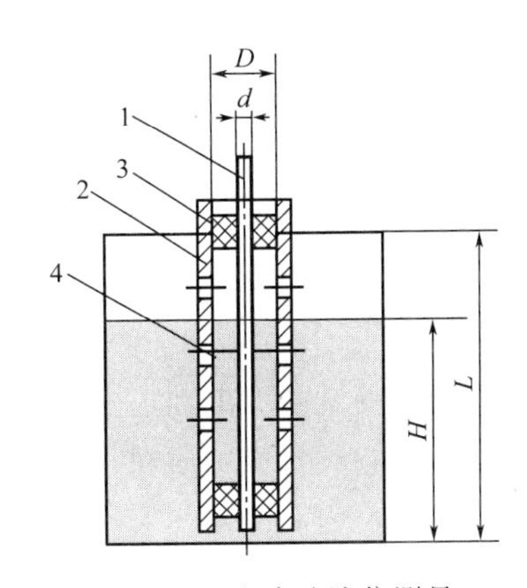

图 1-60 电容法液位测量

1—内电极；2—外电极；3—绝缘套；4—流通小孔

$$C_0=\frac{2\pi\varepsilon_0 L}{\ln(D/d)} \tag{1-76}$$

$$C_0+\Delta C_L=\frac{2\pi\varepsilon_0(L-H)}{\ln(D/d)}+\frac{2\pi\varepsilon H}{\ln(D/d)} \tag{1-77}$$

$$\Delta C_L=\frac{2\pi(\varepsilon-\varepsilon_0)H}{\ln(D/d)} \tag{1-78}$$

另外，报警回路可设定高低液位的报警值。调整电路调节仪表零位。

五、功率的测量

功率是指物体在单位时间内所做的功，即功率是描述做功快慢的物理量。功的数量一定，时间越短，功率值就越大。功率测量用于测量电气设备消耗的功率。

（1）单相功率　电网上用电器所消耗的功率等于用电器两端电压（U）和流过电流（J）以及它们之间相角（Φ）余弦值的乘积，即：

$$P=UI\cos\Phi \tag{1-79}$$

（2）三相功率　某些负载如三相异步电动机，需要三相电源，其功率测量方法有两种：一是用三相功率表直接测量三相功率；二是逐一测出每相功率，然后分别相加，得到总功率。

在要求不高时，如测量三相四线制对称负载三相功率时，可采用测量某相单相功率，再乘以 3，算出总功率。

（3）功率信号的电测方法　指针式单相功率表、三相功率表可以很方便地测出用电器的功率，但该信号只能在仪表的刻度盘上显示，无法进行远程传输。利用功率信号转换器即可将功率信号转换成相应的 4～20mA 信号，进行显示和远传。在选用功率信号转换器时要注意选择合适的量程，应使其输出信号强度适中。

（4）泵轴功率的测量　在离心泵实验中，可采用电机天平直接测量轴功率，但该法不仅安装复杂，使用也较麻烦。所以，工程上通常采用功率信号转换器直接测量电机的功率，再乘上轴功率系数（系数的大小主要由电机和传动装置的效率决定）即可。

第四节　化工物性数据的测定

物料的物性是化工过程开发与设计中必不可少的基本数据，无论是反应、分离技术的选择，还是各类化工反应过程及设备的设计计算，都涉及物系的物性数据。

一、密度及其测量

密度是指在一定的温度和压力下，单位体积的物质（气态、液态、固态）质量。它是物质的一种属性，它与构成物质粒子的大小、聚集和排列方式以及粒子之间的相互作用力等有密切关系。其单位为 kg/m^3。在公式中密度常用符号 ρ 来表示。与密度相关的量是相对密度，它是指物质的密度与某基准物质的密度的比值。当气体的相对密度不标注温度时，表示在测定温度下某物质密度与水在 4℃时的密度之比。通常用符号 d_4^t 表示，上标表示物质的温度，下标表示水的温度为 4℃。

密度的测量方法很多，常见的有如下几种。

（1）直接测量法　即通过直接称取一定体积的物质所具有的质量来计算密度。

（2）比重计法　是工业上常用的测量液体密度的方法。密度计有不同的精密度和测量范围，单支型的比重计常分为轻表（测量密度低于 1kg/L）及重表（测量密度为 1～2kg/L）；精密的常为若干支一套，每支的测量范围较窄，可根据被测液体密度的大小来选择。

（3）比重天平法　最常用的比重天平是韦氏天平。如图 1-61 所示，它有一个体积与质量都标准的测锤（或称浮码）。测量时，首先将测锤浸没在液体中，然后在天平横梁上的定位 V 形缺口挂上相应质量的砝码，使天平横梁保持平衡，从横梁上累加的读数即可得出液体的相对密度值。比重天平的测量精度高，数据可靠，对于挥发性较大的液体也能得到较准确的结果。但测量时被测液体的用量较大（达数百毫升），而且应用范围也受测锤的密度的限制。

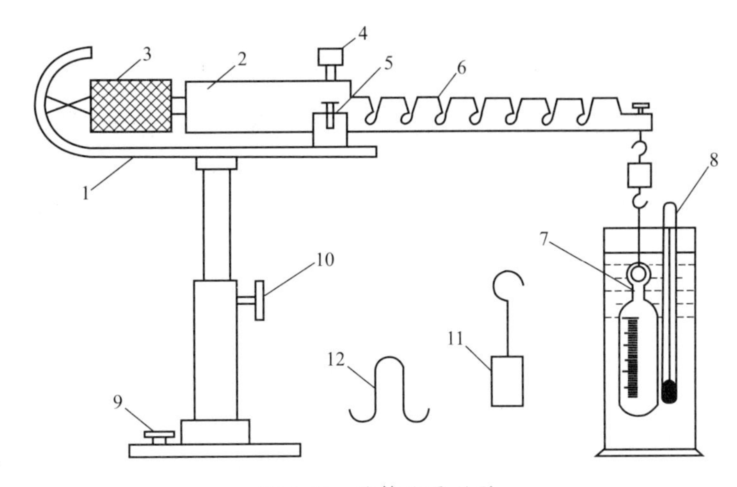

图 1-61 液体比重天平

1—托架；2—后横梁；3—平衡调节器；4—灵敏度调节器；5—刀座；6—刻度前横梁；7—测锤（浮码）；8—温度计；9—水平调节钮；10—紧固螺钉；11—等重砝码；12—骑码

（4）比重容器法 可测量液体、固体和气体物质的密度。所用的测量仪器有比重管和比重瓶。图 1-62 是其中的部分形式。

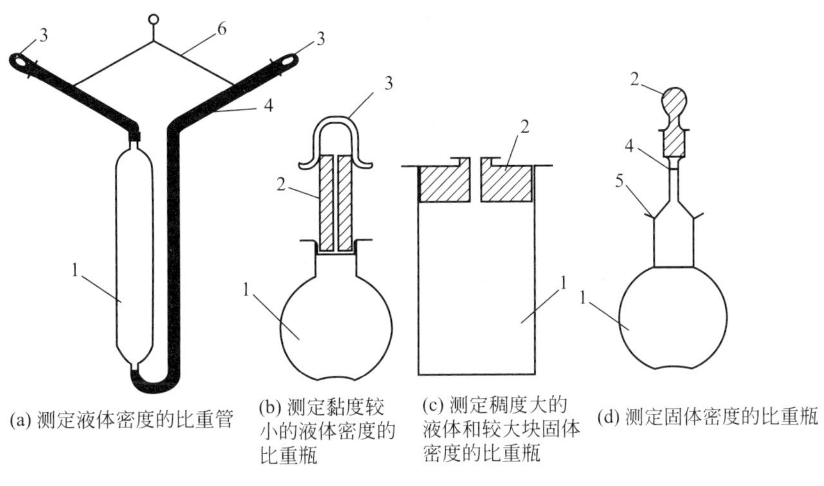

图 1-62 几种比重瓶（比重管）的构造

1—比重瓶（比重管）主体；2—磨口瓶塞［（b）、（c）的附有毛细孔］；3—防蒸发盖；4—定容量刻度线；5—磨口；6—比重管悬丝

图 1-62 中，（a）为比重管，它是测定液体密度的专用仪器。（b）、（c）、（d）为比重瓶，其中（c）主要用于测定稠度大的液体和较大块固体的密度，（d）专用于测量固体的密度。

二、黏度及其测量

黏度（μ）为黏滞系数（或内摩擦系数）的习惯用名称，也称为动力黏度。它由流体内部的黏滞力产生，是流体的一种特性，它与流体的组成及温度有关。以前黏度的单位常以泊（P）或厘泊（cP）表示。现采用 SI 制，黏度的单位应表示为帕斯卡・秒（Pa・s），$1P=10^{-1}Pa\cdot s$。

常用的黏度测定方法有下面几种。

(1) 毛细管测量法　此法是实验室中常用的方法，其测量原理是根据哈根-泊肃叶(Hangen-Poiseuille) 方程 $\Delta p=\frac{32\mu Lu}{d^2}$（其中，$L$ 是液体流经管道的长度，Δp 是管道两端的压差，u 是流速，d 是管道的直径），若将流速表示为 $u=\frac{V}{\frac{\pi}{4}d^2t}$，则哈根-泊肃叶方程可以改写为：

$$\mu=\frac{\Delta p\pi d^4}{12.8LV}t \tag{1-80}$$

式中，μ 为黏度，Pa·s；Δp 为毛细管两端的压差，Pa；d 为毛细管直径，m；t 为一定体积 V 的液体流经毛细管的时间，s；V 为 t 时间内流过毛细管的液体的体积；L 为毛细管的长度。可见，在 d、L 一定的条件下，只要测定 Δp 和 t 或 V 的关系，便可求得流体的黏度。

① 液体绝对黏度的测量　其测量装置见图 1-63。测量前，首先将毛细管前后容器之间的液压差调至 15～18cm 水柱。然后，测出一定的时间内流经毛细管的液体体积以及毛细管两端的压差。根据毛细管的 d 和 L 及测量得到的数据，可根据上式求得待测液体的黏度。

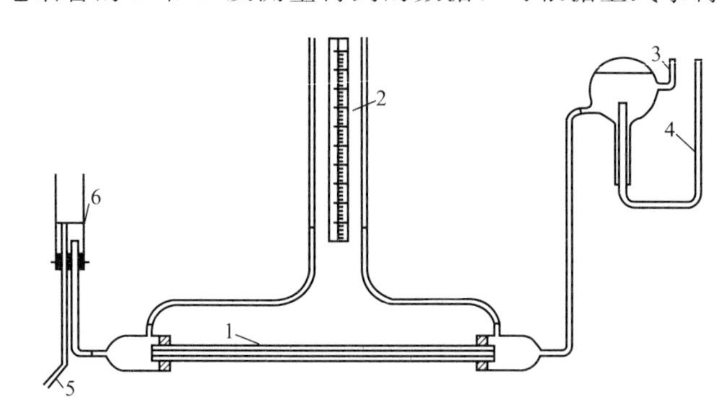

图 1-63　液体绝对黏度测量装置

1—保持水平的均匀毛细管；2—压差显示及读数；3—稳压瓶；4—空气出口；5—排液口；6—低压出口稳压管

② 液体相对黏度的测量　常用的相对黏度计有奥氏 (Ostwald) 黏度计和乌氏 (Ubbelode) 黏度计。毛细管黏度计如图 1-64 所示。

根据哈根-泊肃叶方程 $\Delta p=\frac{32\mu Lu}{d^2}$，如果 $\Delta p=L\rho g$，即：

$$\mu=\frac{\rho g\pi d^4}{12.8V}t \tag{1-81}$$

对于同一支毛细管（d、V、$\frac{g\pi}{12.8}$为常数），若两种液体在毛细管中的流动单纯受重力的影响，那么它们的黏度与流经毛细管的时间及密度关系如下：

$$\frac{\mu}{\mu_0}=\frac{\rho}{\rho_0}\times\frac{t}{t_0} \tag{1-82}$$

式中，μ_0、ρ_0 和 t_0 分别为已知参考液体的黏度、密度及流经毛细管的时间；μ、ρ 和 t

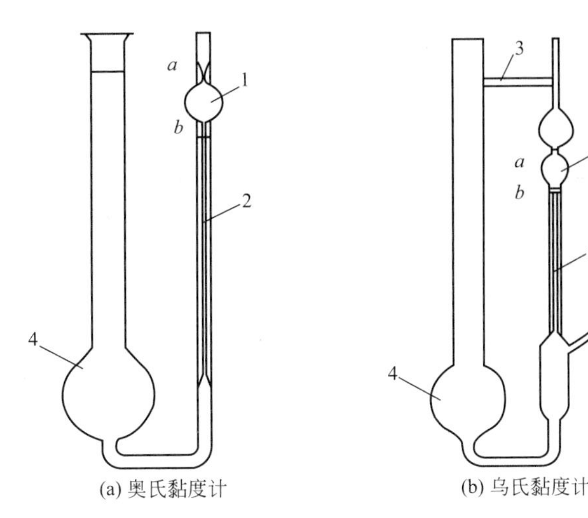

图 1-64 毛细管黏度计

1—由刻度 a、b 确定的定容泡；2—毛细管；3—加固玻璃；4—储液球

分别为待测液体的各相应值。

因此，待测液体的黏度可根据相同条件下待测液体和参考液体流经毛细管的时间求出。通常用水或一些已知黏度的液体作为参考液体。

奥氏黏度计或乌氏黏度计结构简单，使用便捷，并配有不同型号。使用者可根据待测物质黏度的大小，选用合适的型号。此类黏度计的毛细管长度一般约为 30cm，流经毛细管的液体体积约为 10mL，毛细管直径因型号而不同，一般以液体流过毛细管的时间在 1～2min 之间为原则来选用黏度计型号。此外选择参考液体时，要尽量使参考液体和待测液体的黏度相近。由于温度对黏度的影响很大，使用奥氏黏度计、乌氏黏度计测量黏度时，黏度计必须置于恒温槽中恒温。

目前在实际生产和研究中也普遍用到一些自动毛细管黏度计，主要有三种类型：VMS 系列自动黏度计、PVS 系列自动毛细管黏度计和 Y-500 系列自动毛细管黏度计。

（2）旋转黏度计测量法　由于旋转黏度计比较精密，其制造通常比毛细管黏度计复杂，但它测量方便，数据可靠，对于性质随时间而变化的材料的连续测量来说，可以在不同的切变速率下对同种材料进行测量等，所以旋转黏度计广泛用于测量牛顿液体的绝对黏度、非牛顿液体的表观黏度及流变特性。

① 转筒黏度计　如图 1-65（a）所示，待测液体置于两个同心转筒之间。测量时，一个转筒旋转，另一个转筒静止，使环隙中的流体受到剪切，液体的黏度不同，剪切力的大小也不同，测量转筒的转速和转矩，可根据下式求出液体的黏度：

$$\mu=\frac{M}{2\pi h\omega}\left(\frac{1}{r^2}-\frac{1}{R^2}\right) \tag{1-83}$$

式中，M 是转筒的转矩；ω 是转筒的角速度；r 是内筒的半径；R 是外筒的半径；h 是液体浸没的高度。

② 锥板黏度计　如图 1-65（b）所示，适用于非牛顿流体特性的测定。其测量原理与转筒黏度计相同，基本公式为：

$$\mu=\frac{3\alpha M}{2\pi R^3\omega} \tag{1-84}$$

式中，α 是锥板的倾角；M 是转矩；ω 是角速度。

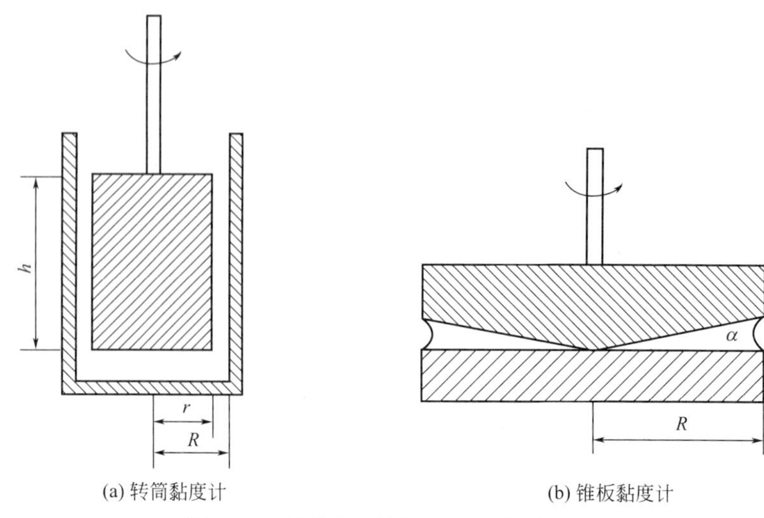

(a) 转筒黏度计　　(b) 锥板黏度计

图 1-65　转筒黏度计与锥板黏度计原理

这两种黏度计的测量原理和仪器构造都很复杂，测量的技术难度也很大，但适用性比较强，既可用于测定牛顿流体的黏度，又可用于测量非牛顿流体的流变特性。

(3) 落体式黏度计测量法　物体在流体中下落，黏度越大的流体，物体在其中下落越慢，因此由下落速度可比较流体黏度的大小。

落体式黏度计适用于高黏度物体的测定，取样测量，精度较高；对于不透明液体，必须有检测球下落的特殊装置；为求黏度，还要测定试样的密度。滚动落球黏度计一般用于数千厘泊以下的黏度测定；可以测量不透明液体；适用于蒸发性液体的黏度测定；为了计算黏度，必须求试样的密度。圆柱落下黏度计可做 10^{-1}～10^{11} P 范围内的测定，精度为 1%～3%；也可测量不透明液体；有些需要测定试样密度而对浮力做修正。

落体式连续黏度计可做 10^4 P 的黏度测定，精度为 2%～3%；可以连续测定在管中流动的流体黏度，并能做出指示和记录；必须用定量泵输送试样。

三、液-气表面张力及其测定

表面张力是液体表面相邻两部分间单位长度内的相互牵引力，是分子（或其他粒子）间作用力的一种表现。表面张力的单位为 N/m。

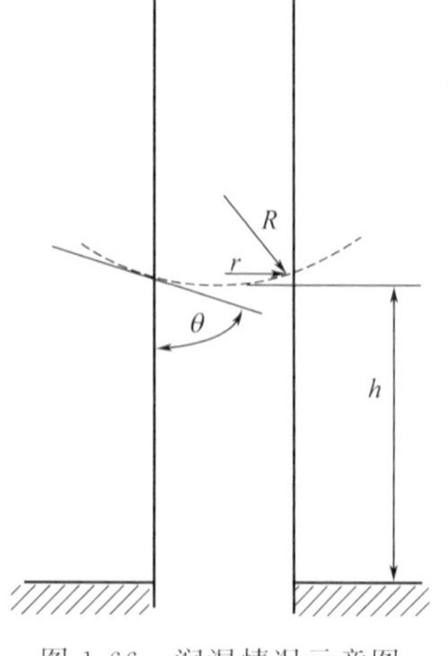

图 1-66　润湿情况示意图

表面张力是表征物质吸附、黏附、润湿、铺展等界面特性的重要参数。在化工生产过程中，物料的表面张力对流体分相、传质效率、流动阻力、产品质量及操作的稳定性有很大的影响。近年来，利用流体界面现象发展起来的新技术很多，如液膜分离、泡沫分离等。

液体表面张力的测量方法有很多种，主要分为静态法和动态法。典型的静态法有毛细管上升法、悬滴法等。动态法有最大气泡压力法（MBP）、滴重法、环法以及吊片法等。

(1) 毛细管上升法　如图 1-66 所示，将一根毛细管插入液体中，若液体润湿毛细管，则液体沿毛细管上升，升到一定高度后，毛细管内外液体会处于平衡。达到平衡时，毛细管内的曲面对液体所施加的向上的拉力与液体向下的力相等，处于平衡状态。向上的力为 $2\pi r\sigma\cos\theta$，向下的力为 $\pi r^2h(\rho_1-\rho_g)g+V(\rho_1-\rho_g)g$，其中，$r$ 为毛细管半径，h 为毛细管内液体的高度，V 为弯月面部分液体体积，ρ_1、ρ_g 为液体密度和蒸气密度，σ 为液体的表面张力。

当毛细管内径小于 0.2mm 时，V 接近 0，蒸气密度也很小时，上式可简化为：

$$\sigma=\frac{1}{2}rh\rho_1 g \tag{1-85}$$

实验中测出液柱上升高度，即可求出表面张力。但问题是该法测定液柱高度时存在与管间的曲率，故需对公式进行修正，按图 1-66 所示高度的确定可用下式修正：

$$\sigma=\frac{1}{2}r\rho_1 g\left(h+\frac{1}{3}r\right) \tag{1-86}$$

适用于 $r<0.2$mm 的液柱。

$$\sigma=\frac{1}{2}rh\rho_1 g\left[1+\frac{1}{3}\left(\frac{r}{h}\right)-0.1288\left(\frac{r}{h}\right)^2+0.1312\left(\frac{r}{h}\right)^3\right] \tag{1-87}$$

适用于 $r<0.5$mm 的液柱。

毛细管上升法的优点是对纯液体测量作为基准时精度较高，缺点是毛细管表面存在刚性，容易产生吸附膜，不适用于润湿性较差的液体。测量时盛液体的容器直径必须大于 40mm，并要用水银准确标定毛细管直径。

（2）悬滴法　将一个玻璃管垂直放置，内部注入液体，在管的下端会形成液滴，测定该液滴尺寸，也可求出表面张力，如图 1-67 所示。用下式求出表面张力：

$$\sigma=\frac{\rho_1 g d_e^2}{H} \tag{1-88}$$

式中　ρ_1——液体密度；

d_e——悬垂液滴水平断面上的最大直径；

H——校正项，$\frac{1}{H}=f\left(\frac{d_s}{d_e}\right)$，$d_s$ 为在 d_e 距离上的水平断面直径。

测定 d_e、d_s 求出 H，代入上式即可求表面张力。该法可在密封容器内测定，样品使用量少，也可以测量高温高压数据，适用于测定高黏度液体，尤其适用于测定液-液表面张力。缺点是要采用摄影法，液滴必须有明显的形状，否则误差很大。另外还有液重法和滴容法，适用于测定高分子溶液和液-液表面张力。

（3）最大气泡压力法　如图 1-68 所示，若一支插入液体深度为 H 的毛细管末端形成气泡，由于凹液面的存在，所形成的气泡内外压力不相等，即产生曲液面的附加压力。此附加压力与表面张力成正比，与气泡的曲率半径成反比，其关系式为：

$$\Delta p=\frac{2\sigma}{R} \tag{1-89}$$

式中，Δp 为曲液面的附加压力；σ 为液体的表面张力；R 为气泡的曲率半径。因此要从插入液体的毛细管末端鼓出气泡，毛细管内部的压力就必须高于外部压力一个附加压力的数值才能实现，即：

$$p_{内}=p_{外}+H\rho_1 g+\frac{2\sigma}{R} \tag{1-90}$$

式中，ρ_1 为液体的密度。

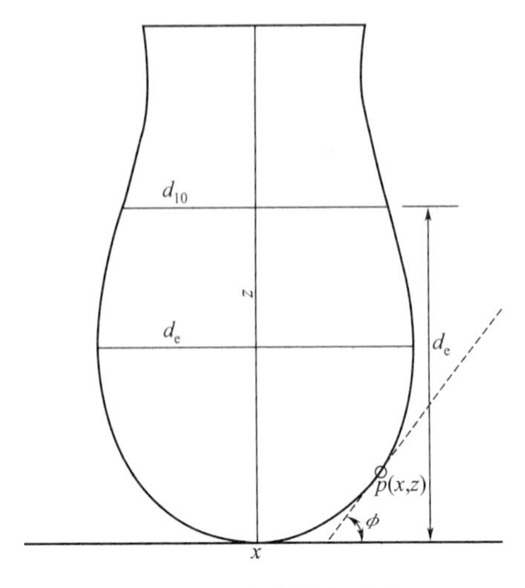

图 1-67 悬液滴的形状

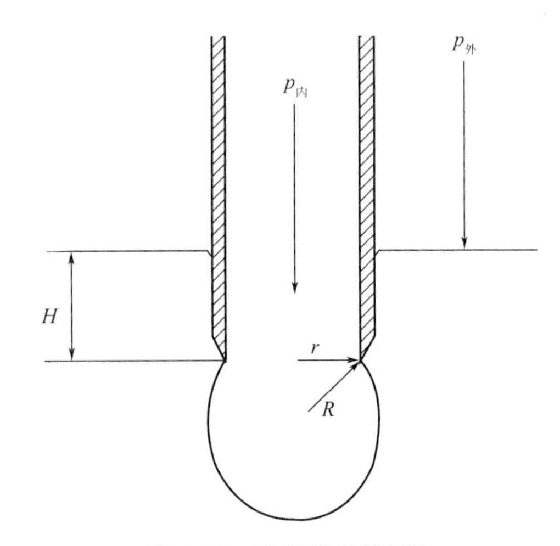

图 1-68 毛细管末端气泡

毛细管插入液体后逐渐增大毛细管内部的压力 $p_{内}$，此时毛细管内的曲（凹或凸）液面将由上向下移动，直至毛细管末端形成半球形气泡，然后继续长大，直至脱离毛细管逸出。在气泡形成过程中，毛细管内曲液面的曲率半径 R 的变化很复杂，要根据被测液体对毛细管壁是否润湿以及毛细管端口为刃形或平面形等而有所不同。不管液体对毛细管润湿与否，毛细管末端的气泡是半球形时，曲率半径为最小值。在液体润湿毛细管的情况时，半球形气泡的曲率半径等于毛细管的内径；在液体不润湿毛细管时，半球形气泡的曲率半径等于毛细管的外径。当气泡曲率半径为最小值时，附加压力达到最大值，可得：

$$\Delta p_{\max}=\frac{2\sigma}{r} \tag{1-91}$$

此时：

$$p_{内}=p_{外}+H\rho_1 g+\frac{2\sigma}{r} \tag{1-92}$$

式（1-92）即为最大气泡压力法测液体表面张力的基本公式。

在最大气泡压力法中，$p_{内}$ 和 $p_{外}$ 的压力差值可由测量装置中的 U 形压力计直接测量得到：

$$p_{内}-p_{外}=h_{\max}\rho_i g \tag{1-93}$$

式中，ρ_i 为 U 形压力计中液体的密度；$h_{\max}$ 为相应于 $\Delta p_{\max}$ 时的最大高度差。

$$\sigma=\frac{r}{2}(h_{\max}\rho_i-H\rho_1)g \tag{1-94}$$

如果测量时毛细管刚好浸入液面，则 $H\rightarrow 0$，上式即为：

$$\sigma=\frac{r}{2}h_{\max}\rho_i g=Kh_{\max} \tag{1-95}$$

式中，K 为毛细管常数，可用已知表面张力的标准物质来求得。

最大气泡压力法测液体的表面张力的装置有减压式和加压式两种。对于水及水溶液、有机溶剂及其溶液，常用减压式装置；对于熔盐、金属或合金熔体、液态炉渣，一般采用加压式装置（图 1-69）。

应用最大气泡压力法时应注意以下方面。

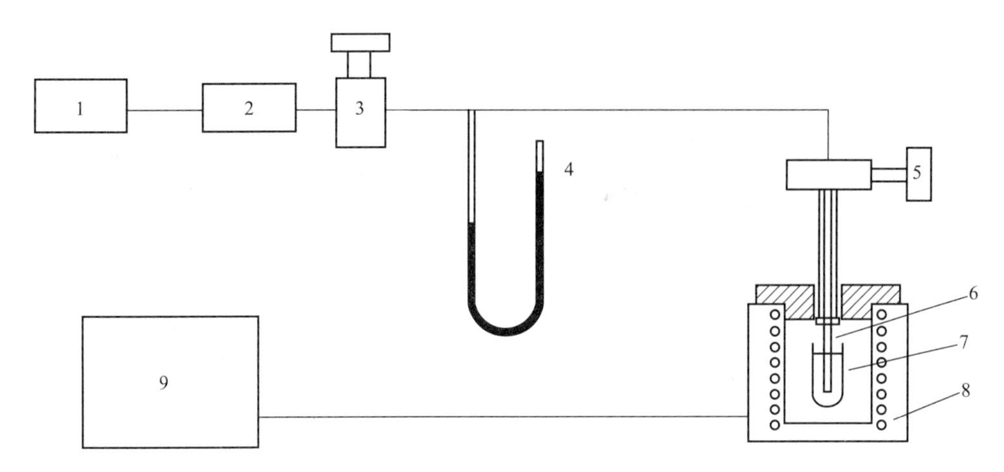

图 1-69　最大气泡压力法测量液体表面张力的装置示意图

1—稳压气源；2—气体净化与干燥；3—压力调节器；4—压力计；5—毛细管升降与插入深度测量系统；6—毛细管；7—待测液体；8—电炉；9—温度控制及测量系统

① 气氛　所用的气体应不与液体发生化学反应，也不溶解。对于常温下的表面张力测量，一般选用空气；对于高温下的表面张力测量，如金属熔体的表面张力，常用氮气。

② 温度　测量液体表面张力时，温度要保持恒定。对于高温表面张力测量，气体要先预热。

③ 压力计　测量 Δp_{max} 的关键设备是压力计，常用 U 形管压力计或倾斜式 U 形管压力计。压力计用液体的密度 ρ_i 应尽量小，以便提高测量精密度。压力计指示液的蒸气压也要尽可能小，而且不能与待测液体起反应或产生吸附。

④ 毛细管材料与半径　毛细管对液体要有足够的润湿性，不受液体或气体侵蚀；用于高温表面张力测量时还要能耐高温。毛细管半径大小要能保证 h_{max} 在 3～5cm 之间，以保证测量的准确性。常温下的一般液体表面张力较小，可用内径 0.2～0.3mm 的毛细管；用于高温熔体表面张力测量时，内径需用 1～2mm 的或大一些的毛细管。

⑤ 毛细管常数 K 的测量　标准物质的表面张力与待测液体的表面张力在相同温度下应接近。这样系统测量误差就会更小。

此外，在实验技术方面还要注意毛细管应当清洁；气泡产生速度不宜过快，一般每分钟产生一个至数个气泡。

四、熔点及其测定

熔点是物质固液两相在大气压下平衡共存的温度，在该温度下固体的分子（或离子、原子）获得足够的动能得以克服分子（或离子、原子）的结合力而液化。物质从开始熔化至完全熔化的温度范围称为熔点范围（又称为熔程）。固体物质的熔点不仅是该物质纯度的标志，同时也是物质的一项重要物性指标。

晶体化合物的固液两态在大气压力下呈平衡状态时的温度称为该化合物的熔点。纯粹的固体有机化合物一般都有固定的熔点，即在一定的压力下，固、液两态之间的转化对温度变化是非常敏锐的，自初熔至全熔（熔点范围称为熔程），温度不超过 0.5～1℃。如果该物质含有杂质，则其熔点往往较纯净物质低，且熔程较长。但是这也不是绝对的，应该注意部分共熔物也有非常窄的熔程。故测定熔点对于鉴定纯粹有机物和定性判断固体化合物的纯度具有很大的价值。

两种不同物质混合能使化合物的熔点降低，熔点范围增大，因此，可以利用熔点的测定判断化合物的纯度，也可以利用测定混合熔点作为判断一个未知物的根据。例如，一个未知化合物与已知化合物熔点相近，将两者混合均匀后，测其熔点，若熔点无降低现象，则未知化合物与已知化合物可能为同一化合物。

上述熔点的特征可以从物质的蒸气压与温度的曲线来理解，固体与液体物质的蒸气压均随温度的升高而增加（图 1-70）。曲线 SM 表示一种物质在固态时温度与蒸气压的关系；曲线 $L'L$ 表示该物质在液态时温度与蒸气压的关系。在交叉点 M 处，固液两态可同时并存，此时的温度即是该物质的熔点（T_M）。

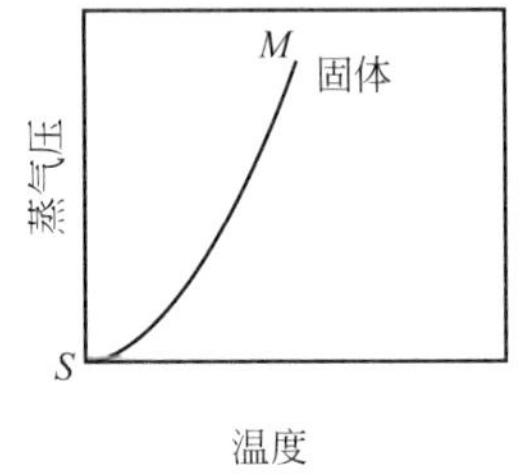

(a) 物质在固态时温度与蒸气压的关系

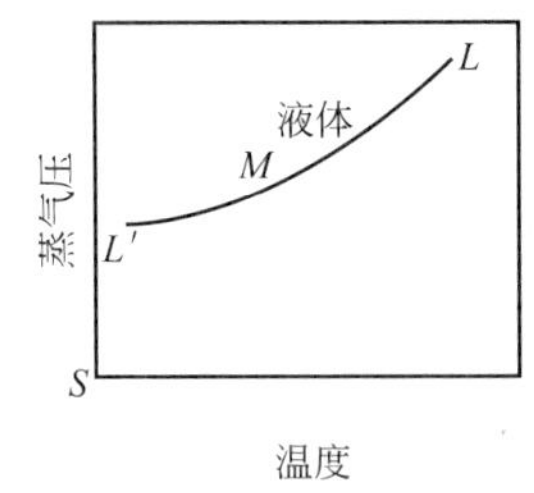

(b) 物质在液态时温度与蒸气压的关系

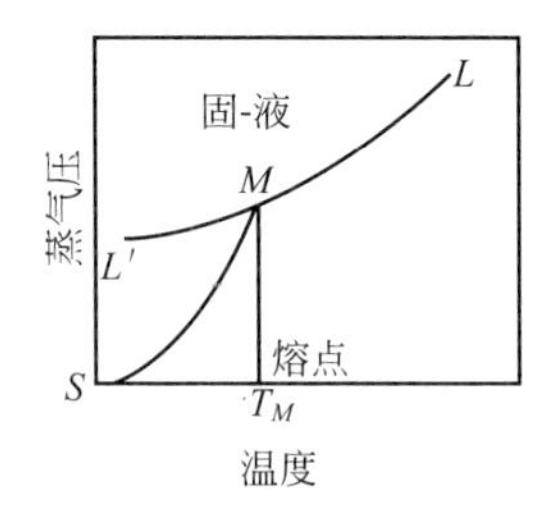

(c) 在交叉点M处，固液两态可同时并存

图 1-70　物质的蒸气压与温度的曲线

含有杂质后熔点降低，熔距增长，可以从物质的蒸气压与温度的曲线（图 1-71）来理解。L 代表液态蒸气压曲线，S 代表固态蒸气压曲线，两曲线的交点 M 表示固液两相同时并存。此时的温度 T_M 即为该物质的熔点。当温度高于 T_M 时，这时固相的蒸气压已比液相大，所有的固相全部转化为液相。若温度低于 T_M 时，则由液相转化为固相。故纯物质有固定和敏锐的熔点。当有杂质存在时，根据拉乌尔（Raorlt）定律，在一定的压力和温度下，在溶剂中增加溶质的量，导致溶剂蒸气分压降低（$L'M'$ 曲线），固液两相并存点为 M'，因此该化合物的熔点 T_M 比纯粹者的低。将两种物质以不同的比例混合，测其熔点，可得如图 1-72 所示曲线（曲线上的点为全熔点），曲线 AC 表示在纯物质 A 中逐渐加入 B，组分 A 熔点降低的情况；曲线 BC 表示在纯物质 B 中逐渐加入 A，组分 B 熔点降低的情况，两曲线的交叉点 C 为最低共熔点。这时的混合物能像纯粹物质一样在一定的温度时熔化。从图中可以看出，不同组成混合物的熔点常较各组分纯品的低，熔距范围长，所以在测定两种熔点相近似的物质是否相同时，可将两种样品等量混合，测定熔点。如无下降现象，则认为这两种物质是相同的；如有下降现象，则说明这两种物质是不相同的。

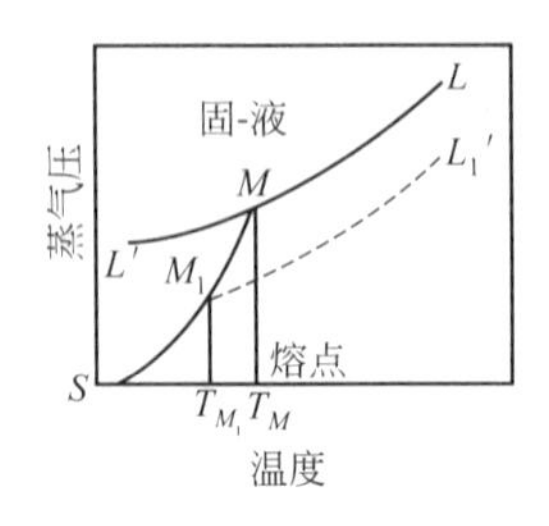

图 1-71　杂质的影响

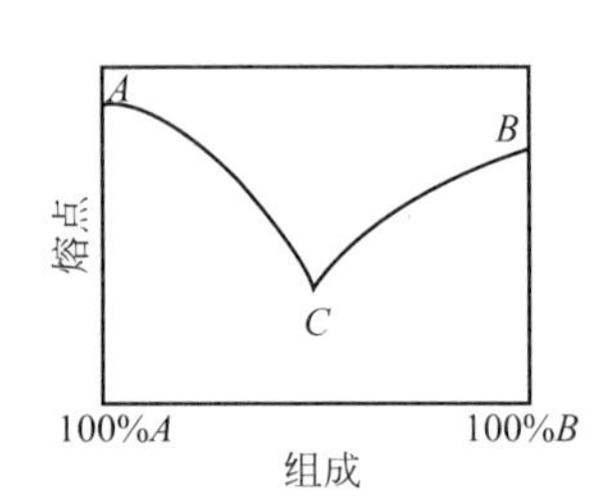

图 1-72　混合物的组成与熔点的关系

但要注意的是，如果在熔点测定过程中存在物质分解的现象，则宽熔点距并不一定表明样品不纯，所以在测定过程中还要注意观察物质是否有发黑或有气体释放的现象。另外，残留的重结晶用溶剂也会使物质的熔程变宽。

常用的测定熔点的方法有毛细管法、显微熔点测定仪法和数字熔点仪法。

1. 毛细管法

毛细管法是测定熔点最常用的基本方法。一般都采用热浴加热，优良的热浴应该装置简单、操作方便，特别是加热要均匀、升温速度要容易控制。在实验室中一般采用提勒管或双浴式热浴测定熔点，如图 1-73、图 1-74 所示。

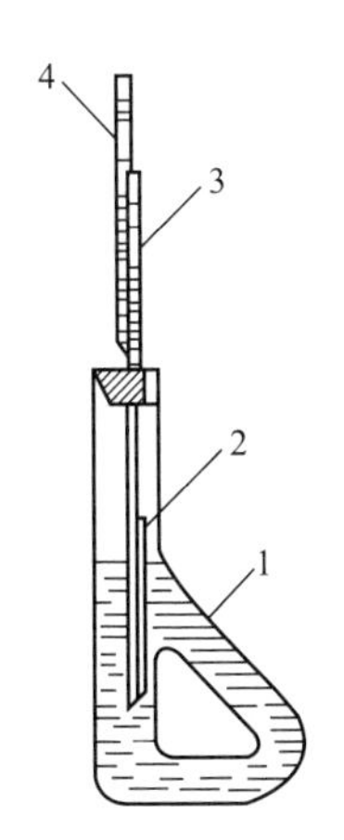

图 1-73 提勒管热浴

1—提勒管（b 形管）；2—毛细管；3—温度计；4—辅助温度计

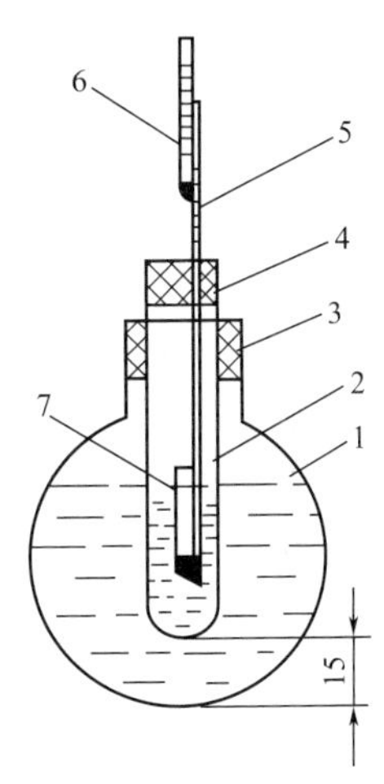

图 1-74 双浴式热浴

1—圆底烧瓶；2—试管；3,4—胶塞；5—温度计；6—辅助温度计；7—熔点管

提勒管的主管有利于载热体受热时在支管内产生对流循环，使得整个管内的载热体能保持相当均匀的温度分布。

双浴式热浴由于采用双载热体加热，具有加热均匀、容易控制加热速度的优点，是目前一般实验室测定熔点的装置。

选用载热体的沸点应高于试样的全熔温度，而且性能稳定、清澈透明。表 1-17 列出了常用的载热体。

表 1-17 常用的载热体

载热体	使用温度范围/℃	载热体	使用温度范围/℃
浓硫酸	<220	液体石蜡	<230
磷酸	<300	固体石蜡	270～280
7 份浓硫酸和 3 份硫酸钾混合	220～320	有机硅油	<350
6 份浓硫酸和 4 份硫酸钾混合	<365	熔融氧化锌	360～600
甘油	<230		

毛细管法测定熔点步骤如下。

（1）取已制备的毛细管若干根　对毛细管的要求是：内壁清洁，直径为 1～2mm，长度为 7～10cm，一端在煤气灯边缘转动加热，用小火使其自然封闭，要求封口处厚薄均匀。熔点管封端方法如图 1-75 所示。

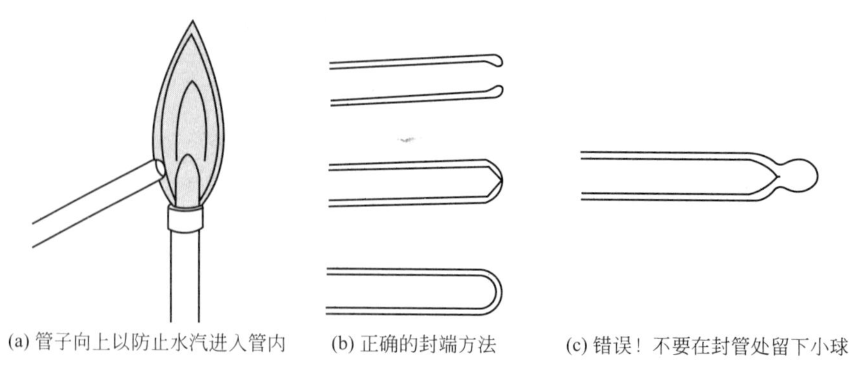

图 1-75　熔点管封端方法

(2) 样品的装入　放少许待测定熔点的样品于干净的表面皿上，用玻璃棒将它研成粉末，把毛细管开口的一端插入粉末中，再使熔点开口端向上在桌面上敲击，使粉末落入管底，如此重复数次，直至管内装有样品的高度为 2～3mm。或者将一根 50～60cm 的玻璃管垂直于玻璃皿背面上，将毛细管插入玻璃管内从顶端落下，使样品密实地装填在毛细管中（图 1-76）。沾于毛细管外的样品应拭去，以免沾污加热液体。

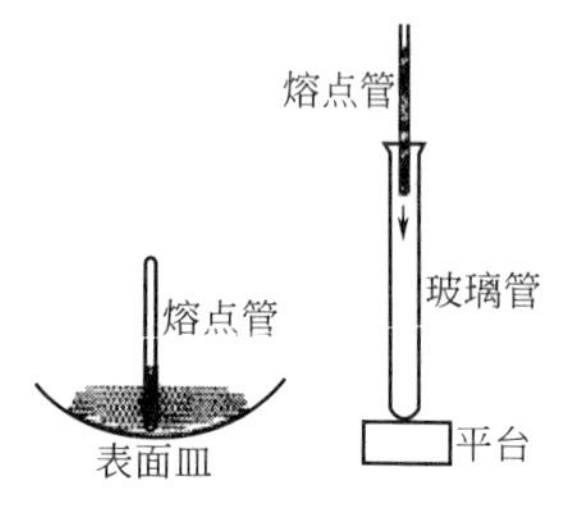

图 1-76　熔点测定装样品

(3) 测定方法　将熔点管固定在铁架上，管口配上有缺口（管内通大气）的单孔木塞，插入温度计，使水银球的位置在两支管中间，装入加热液体，把装好样品的毛细管用橡胶圈固定在温度计上，装样品的一端要位于水银球的中部，将温度计连同固定在上面的毛细管放入加热液中，温度计不要与器壁接触。以小火在熔点管的弯曲支管的底部徐徐加热。缓慢加热，一则保证有充分的时间让热由管外传至管内，以供给固体的熔化热，另一则因为观测者不能同时观察温度计所示温度与样品变化情况，以致尽量缩小测量误差。通常加热速度为 2～3℃/min，离熔点 10～20℃前为 1℃/min。记下毛细管内开始熔化至完全熔化的温度，即该化合物的熔点。为了顺利地测定熔点，可先做一次粗测，加热可以较快。知其大概的熔点范围后，另装一毛细管样品，做精密测定。开始时加热较快，当温度达距熔点十几度时，再调节火焰，很缓慢地加热至熔。在测定下一次熔点之前，都应使加热液冷却（至少要在熔点下 20℃）。毛细管中的样品测过一次熔点以后，结成大结晶，熔化时不易看清，或者发生过分解，故每次必须重新更新样品管。从热浴中取出的温度计不能立刻用冷水冲洗，应待稍冷后再用水洗，否则温度计会炸裂。

观察并记录样品在熔化前的一切变化——萎缩、液化、变色、分解、发黏、结块、润湿等。待粉柱开始塌落和润湿时移开灯焰，如被测定物质熔点较高时，则只要减小灯焰。在毛细管中出现第一滴液体时，为样品开始熔化，而最后的结晶消失时，为熔化完了。

2. 显微熔点测定仪法

显微熔点测定仪是一个带有电热载物台的显微镜，如图 1-77 所示。利用可变电阻，使电热装置的升温速度可随意调节。经校正的温度计插在侧面的孔内。测定熔点时，通过放大倍数的显微镜来观察。用这种仪器来测定熔点具有下列优

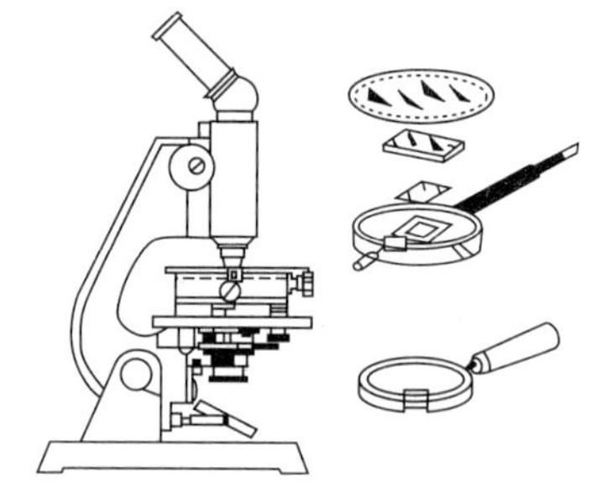

图 1-77　显微熔点测定仪

点：能直接观察结晶在熔化前与熔化后的一些变化；测定时，只需要几颗晶体就能测定，特别适用于微量分析；能看出晶体的升华、分解、脱水及由一种晶形转化为另一种晶形；能测出最低共熔点等。这种仪器也适用于“熔融分析”，即对物质加热、熔化、冷却、固化及其与参考试样共熔时所发生的现象进行观察，根据观察结果来鉴定有机物。

该仪器操作的方法很简便，取一片洁净而干燥的玻璃载片放在仪器的可移动的支持器上，将微量经过烘干、研细的样品放在载玻片上，并用另一载玻片覆盖住样品，调节支持器使样品对准加热台中心孔洞，再用圆玻璃盖罩住，调节镜头焦距，使样品清晰可见。通电加热，调节电位器（加热旋钮）控制升温速度，开始可快些，当温度低于样品熔点10～15℃时，用微调旋钮控制升温速度不超过1℃/min，仔细观察样品变化，当晶体棱角开始变圆时，表示开始熔化，结晶形状完全消失，变成液体时表明完全熔化。测毕熔点，停止加热，拿去圆玻璃盖，用镊子取出载玻片（载玻片测一次要换一片），把散热厚铝块放在加热板上加速冷却以备重测。要求如此重复测定2～3次。

3. 数字熔点仪法

数字熔点仪采用光电检测、数字温度显示等技术，具有初熔、终熔自动显示及熔化曲线自动记录等功能。仪器利用物质在结晶状态时反射光线而在熔融状态时透射光线的原理工作。因此，物质在熔化过程中随着温度的升高会产生透光度的跃变。当温度达到初熔点 T_a 时，初熔指示灯即闪亮，温度达到终点 T_b 时，终熔指示灯即闪亮，$T_a \sim T_b$ 为有机物的熔点范围。仪器采用《中国药典》规定的毛细管作为样品管，可进行微量和半微量测定。温度系统应用了线性校正的铂电阻作检测元件，并用集成化的电子线路实现快速“起始温度”设定及六个可供选择的线性升温、降温速度自动控制。初熔、终熔读数可自动存储，具有无须人监视的功能。

以WRS-1数字熔点仪为例，见图1-78。该熔点仪采用光电检测、数字温度显示等技术，具有初熔、终熔自动显示，可与记录仪配合使用，具有熔化曲线自动记录等功能。

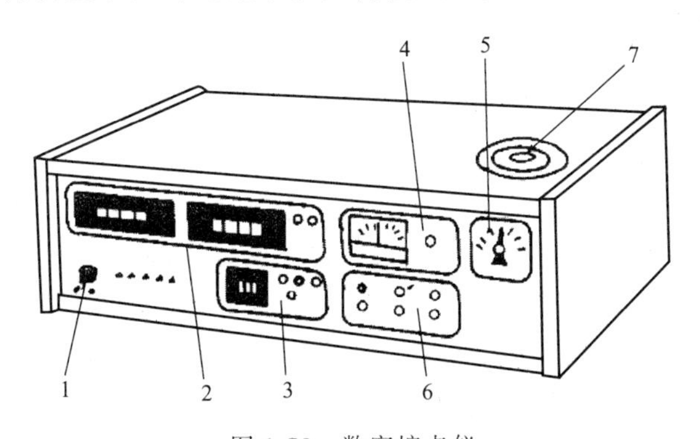

图1-78 数字熔点仪

1—电源开关；2—温度显示单元；3—起始温度设定单元；4—调零单元；5—速度选择单元；6—线性升降温控制单元；7—毛细管插口

仪器操作方法简便，开启电源开关，稳定20min，通过拨盘设定起始温度，再按起始温度按钮，输入此温度，此时预置灯亮，选择升温速度把波段开关旋至所需位置。当预置灯熄灭时，可插入装有样品的毛细管（装填方法同齐氏管法），此时初熔灯也熄灭，把电表调至零，按升温按钮，数分钟后，初熔灯先亮，然后出现全熔读数显示，欲知初熔读数可按初熔按钮。待记录好初熔、终熔温度后再按一下降温按钮，使降至室温，最后切断电源。

五、沸点的测定

沸点也是检验液体有机化合物纯度的标志。

液体温度升高时，它的蒸气压随之增大，当液体蒸气压等于外界大气压时，气化不仅在液体表面，而且在整个液体内部发生，此时液体沸腾。液体在标准大气压下沸腾时的温度称为该物质的沸点。因为沸点随大气压的改变而发生变化，所以如果不是在标准大气压下进行沸点测定时，必须将所测得的沸点加以校正。

纯物质在一定压力下有恒定的沸点，其沸点范围（沸程）一般不超过1～2℃，若含有杂质则沸程增大。因此，根据沸点的测定可以鉴定有机化合物及其纯度。但应注意，有时几种化合物由于形成恒沸混合物，也会有固定的沸点。所以沸程小的物质，未必就是纯物质。例如，乙醇（95.6%）和水（4.4%）混合，形成沸点为78.2℃的恒沸混合物。

一般常用的沸点测定方法有以下几种。

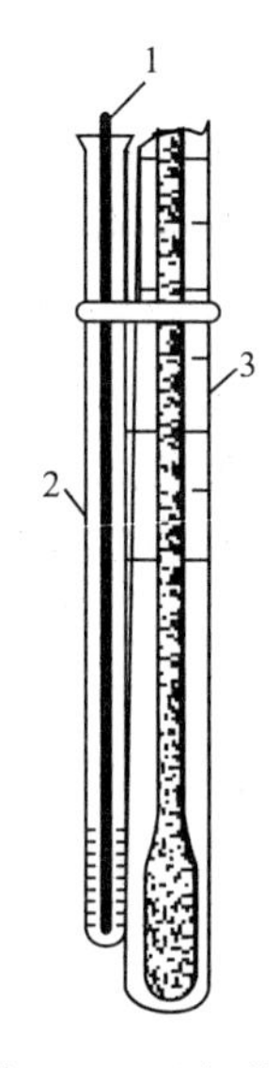

图1-79　毛细管法测定沸点
1—一端封闭的毛细管；2—一端封闭的玻璃管；3—温度计

（1）毛细管法（微量法）测沸点　毛细管法测定沸点在沸点管中进行，如图1-79所示。沸点管是由一支直径4～5mm、长70～80mm的一端封闭的玻璃管和一根直径1mm、长90～110mm的一端封闭的毛细管所组成的。取试样0.3～0.5mL注入玻璃管中，将毛细管倒置其内，其开口端向下。把沸点管缚于温度计上，置于热浴中，缓缓加热，直至从倒插的毛细管中冒出一股快而连续的气泡流时，即移去热源，气泡逸出速度因冷却而逐渐减慢，当气泡停止逸出而液体刚要进入毛细管时，表明毛细管内蒸气压等于外界大气压，此刻的温度即为试样的沸点。

测定时应注意，加热不可过快，否则液体迅速蒸发至干无法测定。但必须将试样加热至沸点以上再停止加热，若在沸点以下就移去热源，液体就会立即进入毛细管内，这是由于管内集积的蒸气压力小于大气压的缘故。

微量法的优点是很少量试样就能满足测定的要求。主要缺点是只有试样特别纯才能测得准确值。如果试样含少量易挥发杂质，则所得的沸点值偏低。

（2）常量法测沸点　常量法测沸点是液体有机试剂沸点测定的通用实验方法，适用于受热易分解、易氧化的液体有机试剂的沸点测定。沸点测定装置如图1-80所示。烧瓶中加入1/2的载热体，量取适量试样，注入试管中，其液面略低于烧瓶中载热体的液面。将烧瓶、试管、温度计以胶塞连接，温度计下端与试管中试样液面相距20mm。缓慢加热，当温度上升到某一定数值并在相当时间内保持不变，此温度即为沸点。

六、折射率及其测定

光线由一种透明介质进入另一种透明介质时，由于速度发生改变而发生折射现象，如图1-81所示。把光线在空气中的速度与在待测介质中的速度之比值，或光自空气通过待测介质时入射角的正弦与折射角的正弦之比值定义为折射率，用公式表示为：

$$n=\frac{v_1}{v_2}=\frac{\sin i}{\sin r} \tag{1-96}$$

式中　n——光在待测介质的折射率；

v_1——光在空气中的速度；

v_2——光在待测介质中的速度；

i——光的入射角；

r——光的折射角。

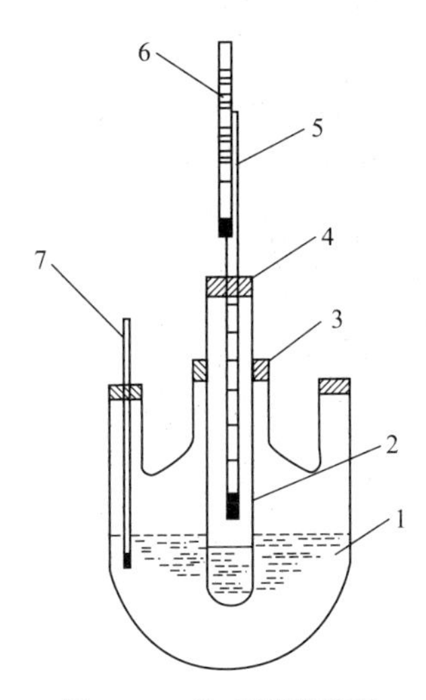

图 1-80　沸点测定装置

1—三口圆底烧瓶；2—试管；3，4—带孔胶塞；5—测量温度计；6—辅助温度计；7—温度计

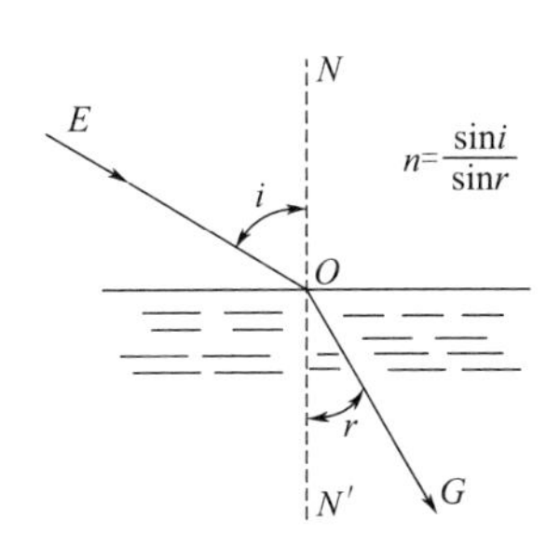

图 1-81　光的折射

某一特定介质的折射率随测定时的温度和入射光的波长不同而改变。随温度的升高，物质的折射率降低，这种降低情况随物质不同而异；折射率随入射光波长的不同而改变，波长越长，测得的折射率越小。所以，通常规定，以 20℃ 为标准温度，以黄色钠光（$\lambda=589.3\text{nm}$）为标准光源。折射率用符号 η_{D}^{20} 表示。例如，水的折射率 $\eta_{\mathrm{D}}^{20}=1.3330$，苯的折射率 $\eta_{\mathrm{D}}^{20}=1.5011$。在分析工作中，一般是测定在室温下为液体的物质或低熔点的固体物质的折射率。用阿贝折射仪测量，操作简便，在数分钟内即可测完。

（1）阿贝折射仪的工作原理　阿贝折射仪是根据临界折射现象设计的。将被测液置于折射率为 N 的测量棱镜的镜面上，光线由被测液射入棱镜时，入射角为 i，折射角为 r，根据折射定律有：

$$\frac{\sin i}{\sin r}=\frac{N}{n} \tag{1-97}$$

在阿贝折射仪中，入射角 $i=90°$，其折射角为临界折射角 r_{c}，代入上式得：

$$\frac{1}{\sin r_{\mathrm{c}}}=\frac{N}{n}\text{或}\, n=N\sin r_{\mathrm{c}} \tag{1-98}$$

棱镜的折射率 N 为已知值，则通过测量临界折射角 r_i，即可求出被测物质的折射率 n。

（2）阿贝折射仪的仪器构造　WZS-1 型阿贝折射仪（图 1-82），仪器的主要部件是由两块直角棱镜组成的棱镜组。下面一块是可以启闭的辅助棱镜 ABC，且 AC 为磨砂面。当两块棱镜相互压紧时，放入其间的液体被压成一层薄膜。入射光由辅助棱镜射入，当达到 AC 面上时，发生漫射，漫射光线透过液层而从各个方向进入主棱镜并产生折射，而其折射角都落在临界角 r_{c} 之内。由于大于临界角的光被反射，不可能进入主棱镜，所以在主棱镜上面望远镜的目镜视野中出现明暗两个区域。转动棱镜组转轮手轮，调节棱镜组的角度，直至视野里明暗分界线与十字线的交叉点重合为止，如图 1-83 所示。

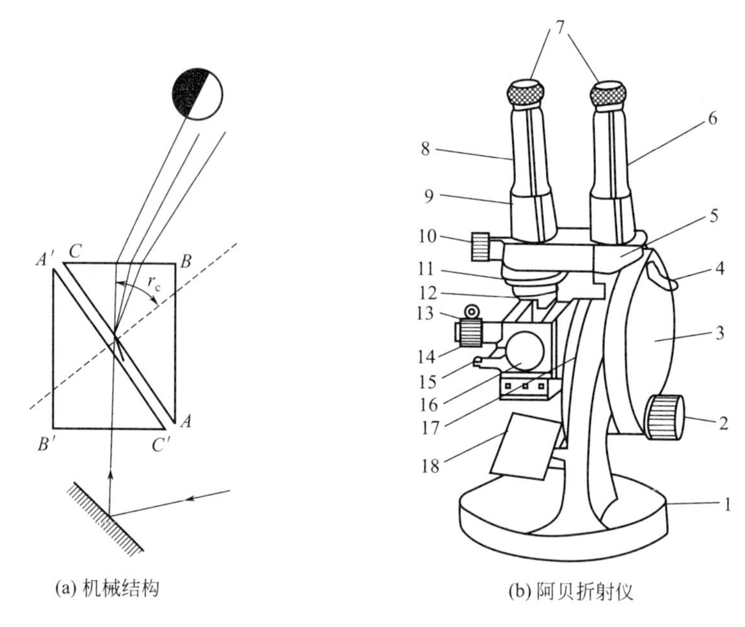

图 1-82　WZS-1 型阿贝折射仪

1—底座；2—棱镜组转轮手轮；3—刻度板外套；4—小反光镜；5—支架；6—读数镜筒；7—目镜；8—望远镜筒；9—示值调节螺钉；10—色散调整手轮；11—色散值度盘；12—棱镜开合旋钮；13—棱镜组；14—温度计座；15—恒温水出入口；16—光孔盖；17—主轴；18—反光镜

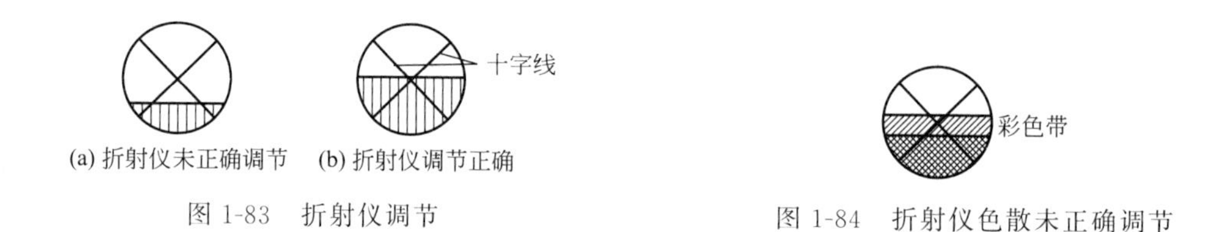

图 1-83　折射仪调节

图 1-84　折射仪色散未正确调节

由于刻度盘与棱镜组是同轴的，因此与试样折射率相对应的临界角位置，通过刻度盘反映出来，刻度盘读数已将此角度换算为被测液体对应的折射率数值，由读数目镜中直接读出。

为了方便，阿贝折射仪的光源是日光。但在测量望远镜下面设计了一套消色散棱镜，旋转消色散手轮，消除色散，使明暗分界线清晰，所得数值即相当于使用钠光 D 线的折射率（图 1-84）。

阿贝折射仪的两棱镜嵌在保温套中并附有温度计（分度值为 0.1℃），测定时必须使用超级恒温槽通入恒温水，使温度变化的幅度＜±0.1℃，最好恒温在 20℃时进行测定。

在阿贝折射仪的望远目镜的金属筒上，有一个供校准仪器用的示值调节螺钉，通常用纯水或标准玻璃校准。校正时将刻度值置于折射率的正确值上（如 $\eta_D^{20}=1.3330$），此时清晰的明暗分界线应与十字叉丝重合，若有偏差，可调节示值调节螺钉，直至明暗分界线恰好移至十字叉丝的交点上。

七、旋光度及其测定

光是一种电磁波，是横波。即振动方向与前进方向相垂直。自然光（日光、灯光等）的光波有各个方向的振动面，当它通过尼科尔棱镜时，透过棱镜的光线只限于在一个平面内振动，这种光称为偏振光，偏振光的振动平面称为偏振面。自然光和偏振光的对比如图 1-85 所示。

使自然光变成偏振光的装置称为偏振器。自然光通过偏振器时，产生偏振面与晶体光轴（偏振轴）相平行的偏振光。

当偏振光通过具有旋光活性的物质或溶液时，偏振面旋转了一定角度，即出现旋光现象，如图 1-86 所示。能使偏振光偏振面向右（顺时针方向）旋转称为右旋，以（+）号或 R 表示；能使偏振光偏振面向左（逆时针方向）旋转称为左旋，以（−）号或 L 表示。

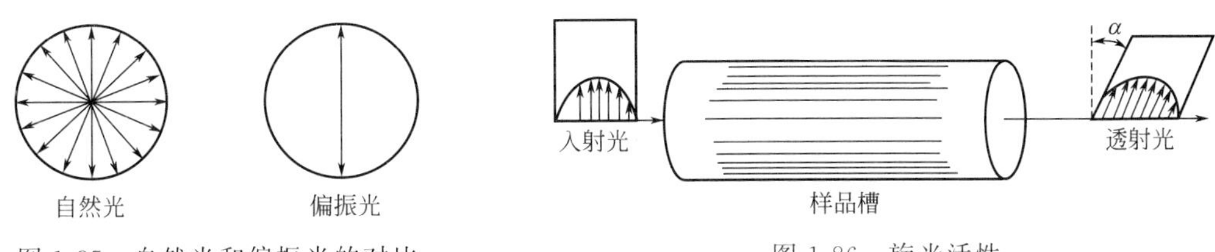

图 1-85 自然光和偏振光的对比　　图 1-86 旋光活性

（1）旋光度和比旋光度　当偏振光通过旋光性物质的溶液时，偏振面所旋转的角度称为该物质的旋光度。旋光度的大小主要取决于旋光性物质的分子结构特征，亦与旋光性物质溶液的浓度、液层的厚度、入射偏振光的波长、测定时的温度等因素有关。同一旋光性物质，在不同的溶剂中，有不同的旋光度和旋光方向。

一般规定，以钠光线为光源（以 D 代表钠光源），在温度为 20℃时，偏振光透过 1dm（10cm）长、每毫升含 1g 旋光性物质的溶液时的旋光度，称为比旋光度，用符号 $[\alpha]$（s）表示，s 表示溶剂。比旋光度与上述各种因素的关系为：

纯液体的比旋光度　$[\alpha]_{D}^{20}=\frac{\alpha}{l\rho}$

溶液的比旋光度　$[\alpha]_{D}^{20}=\frac{100\alpha}{lc}$

式中　α——测得的旋光度，(°)；

ρ——液体在 20℃时的密度，g/mL；

c——100mL 溶液中含旋光活性物质的质量，g；

l——旋光管的长度（即液层厚度），dm；

20——测定时的温度，℃。

比旋光度可用来度量物质的旋光能力，是旋光性物质在一定条件下的物理特性常数。

（2）旋光仪的使用　旋光仪是由可以在同一轴转动的两个尼科尔棱镜组成的，当两个尼科尔棱镜正交时，作为检偏镜的尼科尔棱镜没有光通过，视场完全黑暗。当有旋光性物质的溶液置于两个尼科尔棱镜之间，由于旋光作用，视场变亮。于是旋转检偏镜再次找到全暗的视场，检偏镜旋转的角度，就是偏振光的偏振面被溶液所旋转的角度，即溶液的旋光度。以上旋光仪零点和试液旋光度的测量，都以视野呈现“全暗”为标准，但人的视觉要判定两个完全相同的“全暗”是不可能的。为提高测量的准确度，实际应用的旋光仪都采用所谓“半荫”原理。

半荫片是一个由石英和玻璃构成的圆形透明片，如图1-87所示，呈现三分视场。半荫片放在起偏镜后面，当偏振光通过半荫片时，由于石英的旋光性，把偏振光的振动面旋转成一定角度。因此，通过半荫片的偏振光就变成振动方向不同的两部分。这两部分偏振光到达检偏镜时，通过调节检偏镜的位置，可使三分视场呈现左、右最暗及中间稍亮的情况，如图1-88（a）所示。若把检偏镜调节到使中间的偏振光不能通过，而左、右可以透过部分偏振光，在三分视场就应呈现中间最暗及左、右稍亮的情况，如图1-88（b）所示。显然，调节检偏镜必然存在一种使偏振光同样程度通过半荫片的位置，即在三分视场中看到视场亮度均匀一致，左、中、右分界线消失的情况，如图1-88（c）所示，此时作为旋光仪的零点。因此，利用半荫片，通过比较三分视场中间与左、右的明暗程度相同，作为测量的标准比判断整个视野“全暗”的情况要准确得多。

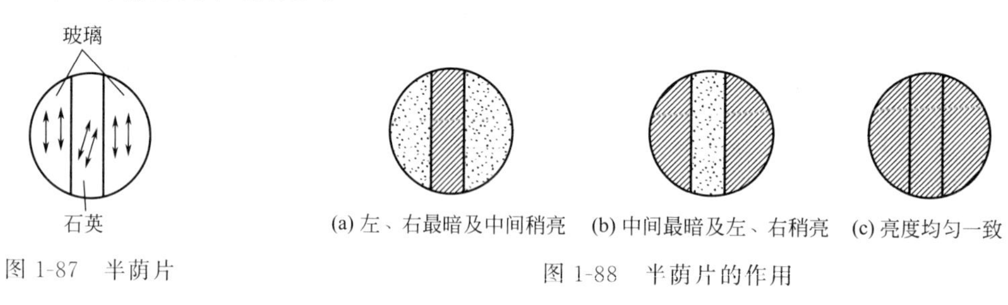

(a) 左、右最暗及中间稍亮　(b) 中间最暗及左、右稍亮　(c) 亮度均匀一致

图1-87　半荫片　　图1-88　半荫片的作用

国产WXG-4型旋光仪外形图如图1-89所示，其光路图如图1-90所示。

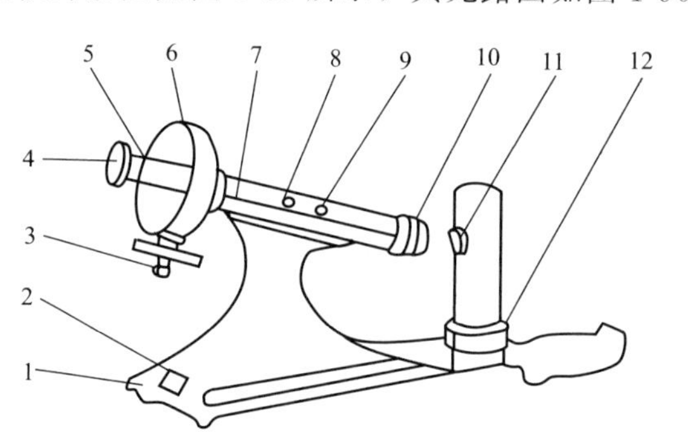

图1-89　WXG-4型旋光仪外观图

1—底座；2—电源开关；3—度盘转动手轮；4—放大镜座；5—视度调节螺旋；6—度盘游表；7—镜筒；8—镜筒盖；9—镜盖手柄；10—镜盖连接；11—灯罩；12—灯座

由钠光源1发出的黄色钠光，经聚光镜2、滤色镜3、起偏器4变为单色偏振光，再经半荫片5呈现三分视场。当通过装有旋光性物质溶液的旋光测定管6时，偏振光的偏振面旋转，光线经检偏器7及物镜、目镜组8，通过聚焦手轮9可清晰看到三分视场。通过转动测量手轮12使三分视场明暗程度一致。此时就可从放大镜10读出读数度盘11和游标尺所示的旋光度。

旋光管的组成部件如图1-91所示。管身材料为玻璃，其长度除1dm、2dm等常用规格外，还有数种专用旋光管，可由测得的旋光度直接得出被测溶液的浓度。

旋光管的两端有中央开孔的螺旋盖，使用时先将盖玻璃片盖在管口，垫上橡胶圈，再旋上螺旋盖，由另一端装入试样，按上述方法旋上螺旋盖。在旋光管的一端附近有一鼓包，若

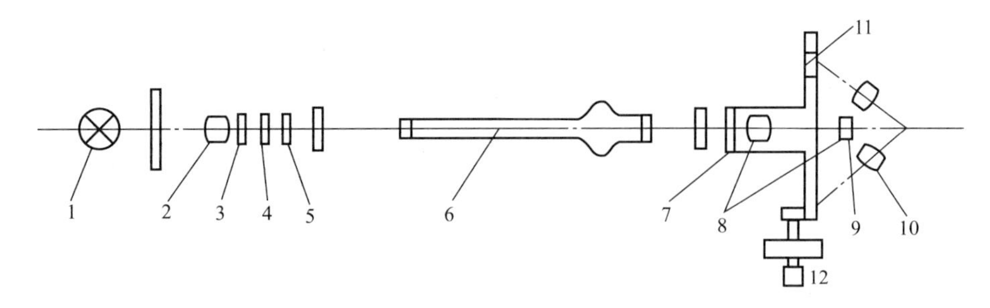

图 1-90 旋光仪光路图

1—钠光源；2—聚光镜；3—滤色镜；4—起偏器；5—半荫片；6—旋光测定管；7—检偏器；
8—物镜、目镜组；9—聚焦手轮；10—放大镜；11—读数度盘；12—测量手轮（与检偏器一起转动）

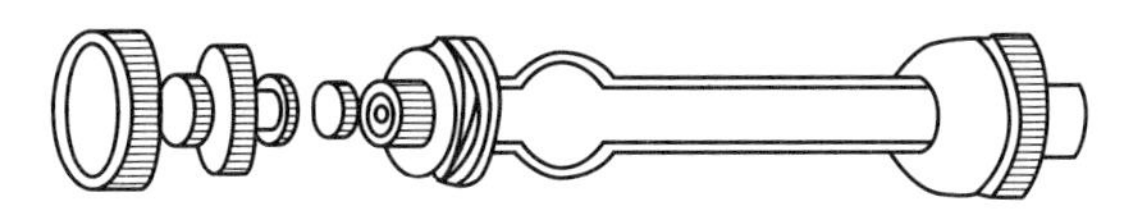

图 1-91 旋光管的组成部件

装入溶液后管的顶端有空气泡，应该将管向上倾斜并轻轻叩拍，把空气泡赶入鼓包内，否则光线通过空气泡会影响测定结果。

读数度盘包括刻度盘和游标尺，刻度盘与检偏镜同轴转动，检偏镜旋转角度可以在刻度盘上读出，刻度盘旁有游标尺，因此，读数可以准确至 0.05°。

旋光仪除了利用手动调节，通过目视测量的 WXG-4 型旋光仪外，还有利用光电倍增管检测的如 WZZ-1 型自动旋光仪。采用光电检测无主观误差，读数方便，精确度高，读准至 ±0.02°。

图 1-92 为 WZZ-1 型自动旋光计的工作原理。用 20W 钠光灯作光源，由小孔光栅和物镜组成一简单的点光源平行光束。平行光束通过起偏器产生偏振光，其振动平面为 OO［图 1-93（a）］，偏振光经过磁旋线圈时，其振动平面在交变磁场的作用下，产生以原来振动平面为中心的左右对称的摆动（磁旋光效应），摆幅为 β，频率为 50Hz［图 1-93（b）］。光线经过检偏器，投影到光电倍增管上，产生交变的光电信号。

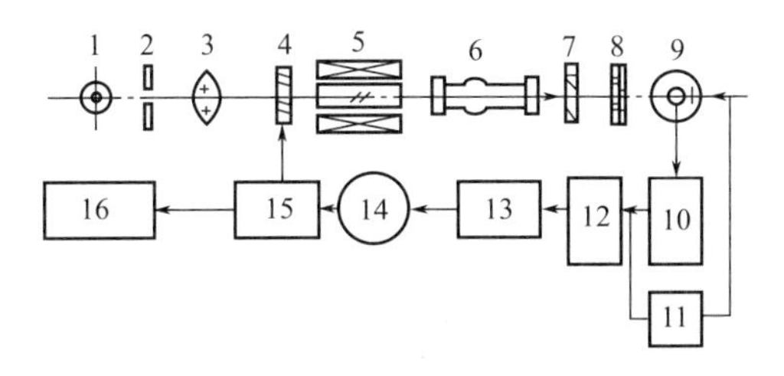

图 1-92 WZZ-1 型自动旋光计的工作原理

1—光源；2—小孔光栅；3—物镜；4—起偏器；5—磁旋线圈；6—观测管；7—滤光片；
8—检偏器；9—光电倍增管；10—前置放大器；11—自动高压；12—选频放大器；
13—功率放大器；14—伺服电机；15—蜗轮蜗杆；16—读数器

在光电自动旋光计的零点（此时 $\alpha=0°$时），把起偏器与检偏器的光轴调成互相垂直（即 $OO \perp PP$）。偏振光的振动平面因磁旋光效应产生 β 角摆动，故经过检偏器后，光波振幅不等于零，因而在光电倍增管上产生微弱的光电信号，此时的光电流是最小的［图 1-93（b）］。

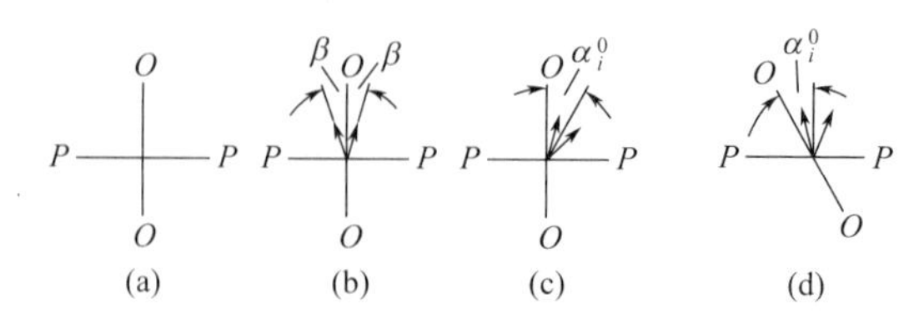

图 1-93　光电自动旋光器光的变化

把旋光性物质溶液（例如右旋 α_i^0）放入光路上，偏振光的偏振面顺时针旋转 α_i^0 与检偏器的光轴垂直，故经检偏器后的光波振幅较大，在光电倍增管上产生的光电信号也较强［图 1-93（c）］。光电信号经过前置放大器、选频、功率放大后，使工作频率为 50Hz 的伺服电机转动，伺服电机通过蜗轮蜗杆把起偏器反向（逆时针）转回 α_i^0，使光电流恢复到最小，也就是旋光计回复零点［图 1-93（d）］。起偏器旋转的角度（即旋光性物质的旋光度）在读数器中显示出来。示数盘上红色示值为左旋（－），黑色示值为右旋（＋）。

第二章 化工原理实验

实验一 伯努利方程演示实验

一、实验目的

1. 了解在稳定流动过程中，各种形式的机械能（动能、位能、静压能）之间相互转化的关系和机械能的外部表现，并运用伯努利方程分析所观察到的各种现象。

2. 了解测压点的布置、几何结构对压力示值的影响。

二、实验原理

液体在流动中具有三种机械能，即位能、动能和静压能，这三种能量是可以相互转化的，当管路条件（如位置、高低、管径等）改变时，它们便发生能量转化。

对于理想流体，在同一管路中的任何两个截面上的三种机械能尽管彼此不一定相等，但各截面上的三种机械能之和总是相等的。

对于实际流体，在流体流动过程中有一部分机械能因摩擦和碰撞而损失（不能恢复），转化为热能，因此，各截面上的机械能总和总是不相等的，两者的差就是流体在这两个截面之间因摩擦和湍动转化为热能的机械能，即阻力损失。

当不可压缩流体在管内作稳定流动且无外功加入（同一种连续流体，定常流动，截面速度分布正常）时，两个截面1—1和2—2伯努利方程为：

$$z_1+\frac{p_1}{\rho g}+\frac{u_1^2}{2g}=z_2+\frac{p_2}{\rho g}+\frac{u_2^2}{2g}+\sum H_{f1-2} \tag{2-1}$$

式中 z——流体的位压头，m液柱；

p——流体的压强，Pa；

u——流体的平均流速，m/s；

ρ——流体的密度，kg/m^3；

$\frac{p}{\rho g}$——流体的静压头液柱，m液柱；

$\frac{u^2}{2g}$——流体的动压头，m液柱；

$\sum H_{f1-2}$——流动系统内因阻力造成的压头损失，m液柱。

各点的静压强可直接由实验装置中测压管内的水柱高度测得，即可分析管路中任意两截面由于位置、速度变化以及两截面之间的阻力所引起的静压强变化。

$$\frac{p_1}{\rho g}-\frac{p_2}{\rho g}=\Delta Z+\frac{u_2^2-u_1^2}{2g}\sum H_{f1-2} \tag{2-2}$$

三、实验装置

1. 实验装置

本实验装置如图 2-1 所示，由循环泵、转子流量计、有机玻璃管路、实验导管、测压管、循环水池和实验面板等组成。

管路上装有进出口阀门和测压玻璃管。实验导管为一个水平装置的变径圆管，管路中安装了 23 个测压点，其中测压点 14 对应的测压管为毕托管测压管，其余 22 个测压点对应的测压管均为普通测压管。

在 ϕ40mm 管的突扩和突缩处设置有两个排气点，在 ϕ40mm 管下设置有放净口。

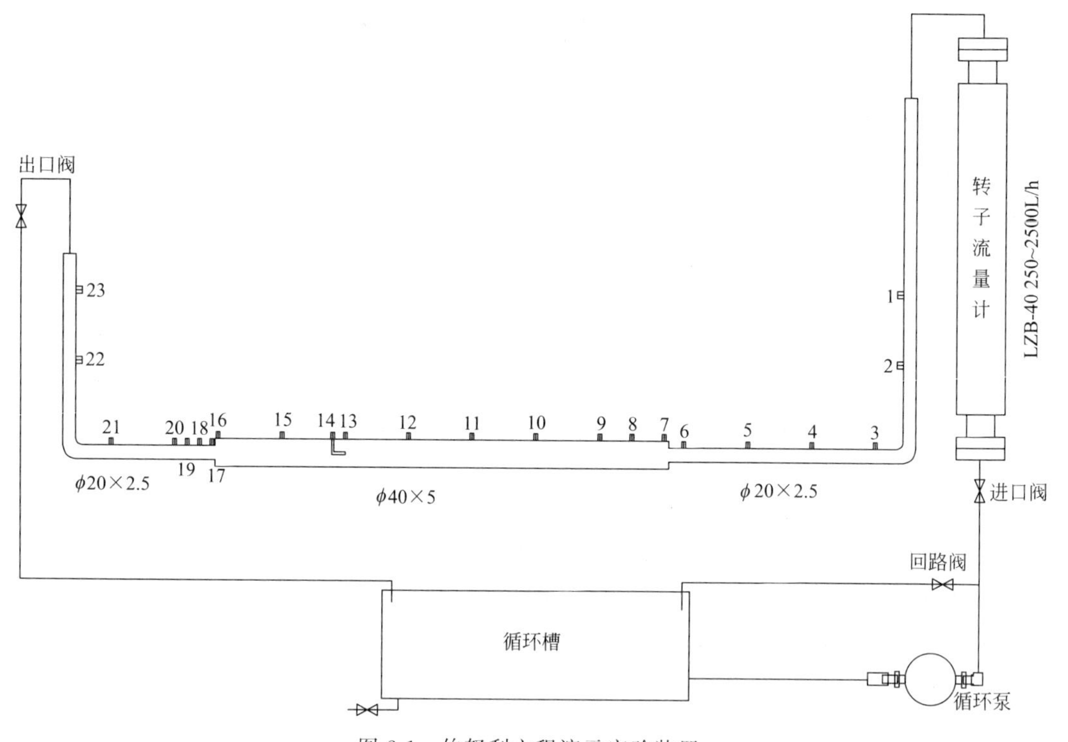

图 2-1 伯努利方程演示实验装置

2. 测压管

机械能可用测压管中液柱的高度来表示。本实验装置中，以测压装置中标尺的零点处为基准面。

(1) 当测压管上的小孔正对水流方向时，测压管中液柱的高度即为测压孔处流体的总压头（即动压头、静压头和位压头之和），该测压管称为毕托管测压管。

(2) 当测压管上的小孔轴线垂直于水流方向时，测压管中液柱的高度为静压头和位压头之和，该测压管称为普通测压管。

四、实验步骤

1. 熟悉实验装置，分清哪些测压管是普通测压管，哪些是毕托管测压管，以及两者的区别。

2. 将循环水槽内灌满水，并保证水槽内无杂物。

3. 全开回路阀，全关进口阀和出口阀，启动泵。

4. 全开出口阀，全开进口阀，逐渐关小回路阀到全关，使管内水流量达到最大。此时可反复调节出口阀，观察系统内空气是否排出。若最后粗管内剩余气泡可采用放气孔排出。排净气体后全开出口阀。此阶段为排气阶段。

5. 逐渐开大回路阀，调节水流量。当调到合适水流量时，可进行现象观察。本实验可进行大流量和小流量两种情况演示。大流量以第1实验测压管内液面接近最大，小流量则以最后1个实验测压管内液面接近最低。

除注意由于位能、动能（扩大或缩小）、动能转化为静压能、摩擦损失引起的静压示值变化外，还可注意由于引射、局部速度分布异常而引起的示值异常，了解测压点的布置，以及相对压力示值的可能影响。

（1）同一流速下现象观察分析

① 由上向下流动现象（1-2点）。

② 水平流动现象（3-4-5-6点）。

③ 突然扩大旋涡区压力分布情况（6-7-8-9-10-11-12-13-15点）。

④ 毕托管工作原理（13-14点）。

⑤ 突然缩小的缩脉流区压力分布情况（16-17-18-19-20点）。

⑥ 由下向上流动情况（22-23点）。

⑦ 直管阻力测定原理（1-2点，4-5-6点，18-19点，22-23点等）。

⑧ 局部阻力测定原理（2-4点和21-22点的弯头测定原理，6-12点的突扩和16-19点的突缩测定原理）。

（2）阀门调节现象观察

① 分别关小进、出口阀观察各点静压强的变化情况。

② 关小进口阀并开大出口阀（或关小出口阀并开大进口阀）维持流量与阀门改变前后相同，观察各点静压强的变化情况。

6. 关闭离心泵出口流量调节阀，关闭离心泵，实验结束。

五、实验注意事项

1. 使用勿碰撞设备，以免玻璃损坏。

2. 在冬季造成室内温度达到冰点时，应从放水口将玻璃管内水放尽。水箱内严禁存水。

3. 实验前一定要将实验导管和测压管中的空气排除干净，否则会干扰实验现象和测量的准确性。排气操作：当溢流管有溢流时，关出口阀，完全开大进口阀（让水从各测压点流出）；然后开出口阀排主管气（可以关小，开大，反复进行，直到排完为止），再调节出口阀到合适位置；再关小进口阀到合适位置。

4. 每次流量调节后，应待流量稳定后再进行实验。

5. 读取测压管液面高度时，眼睛应与液面水平，读取凹液面下端的值。

六、实验数据记录及处理

按实验步骤中的要求，记录观察到的实验现象，并运用伯努利方程对实验现象进行分析。在分析过程中，区别压差与玻璃测压管中液面差之间的区别。

七、思考题

1. 流体在管道中流动时涉及哪些能量？

2. 毕托管测压管和普通测压管有何区别？平均流速和点流速有何区别？

3. 流量增加，测压管水头线有何变化？为什么？

4. 对于不可压缩流体在水平不等径管路中流动，流速与管径的关系为何？

5. 若两测压截面距基准面的高度不同，两截面间的静压差仅是由流动阻力造成的吗？

实验二　雷诺实验

一、实验目的

1. 了解流体在圆管内的流动形态及其与雷诺数的关系。

2. 观察流体在圆管内作稳定层流及湍流两种情况下的速度分布。

3. 观察湍流时壁面处的层流内层。

二、实验原理

流体在流动过程中有两种截然不同的流动形态，即层流（滞流）和湍流（紊流）。流体作层流流动时，其流体质点作直线运动，且相互平行；流体作湍流流动时，质点紊乱地向各个方向作不规则的运动，但流体的主体向某一方向流动。流体的流态的主要决定因素为流体的密度和黏度、流体流动的速度以及设备的几何尺寸（在圆形导管中为导管直径）。

将以上因素整理归纳为一个无量纲数群，称为雷诺数 Re，即：

$$Re=\frac{du\rho}{\mu} \tag{2-3}$$

式中　d——圆管内径，m；

u——流体流速，m/s；

ρ——流体密度，kg/m^3；

μ——流体黏度，Pa·s。

大量实验表明，当雷诺数小于某一下临界值时，流体流动形态恒为层流，当雷诺数大于某一上临界值时，流体流动形态恒为湍流，在上临界值与下临界值之间，则为不稳定的过渡区域。对于圆形导管，下临界雷诺数为 2000，上临界雷诺数为 10000，在一般情况下，上临界雷诺数为 4000 时，即可形成湍流。

应当指出，层流与湍流之间并非突然地转变，而是两者之间相隔一个不稳定的过渡区域。因此，临界雷诺数测定值和流型的转变，在一定程度上受一些不稳定的其他因素的影响。

实验以一定温度的清水为流体，使流体稳定地流过一定直径的圆管。圆管的内径 d 为定值，流速 u 可通过转子流量计测定，流体水的密度 ρ 和黏度 μ 几乎仅为温度的函数，因此，只要测定水的温度与流量，便可按下式确定雷诺数值：

$$Re=\frac{du\rho}{\mu}=\frac{1/4\pi ddu\rho}{1/4\pi d\mu}=\frac{4q\rho}{\pi d\mu} \tag{2-4}$$

针对本实验情况：

$$Re=51.0\times q\times\frac{1000}{3600}=14.2q \tag{2-5}$$

式中，q 为流体的体积流量，L/h。当流体的流速较小时，管内流动为层流，管中心的指示液呈一条稳定的细线通过全管，与周围的流体无质点混合；随着流速的增大，指示液开始波动，形成一条波浪细线；当流速继续增大，指示液将被打散，与管内流体混合。

三、实验装置

本实验装置如图 2-2 所示。

在 300mm×400mm×500mm 的有机玻璃溢流水箱内安装有一根内径为 25mm、长为 1330mm 的有机玻璃管，玻璃管进口做成喇叭形以保证水能平稳地流入管内，在进口端中心处插入注射针头，通过小橡胶管注入显色液——红墨水。自来水源源不断流入水箱，并从上部溢流口排出，管内水的流量可由管路下游的阀门控制。

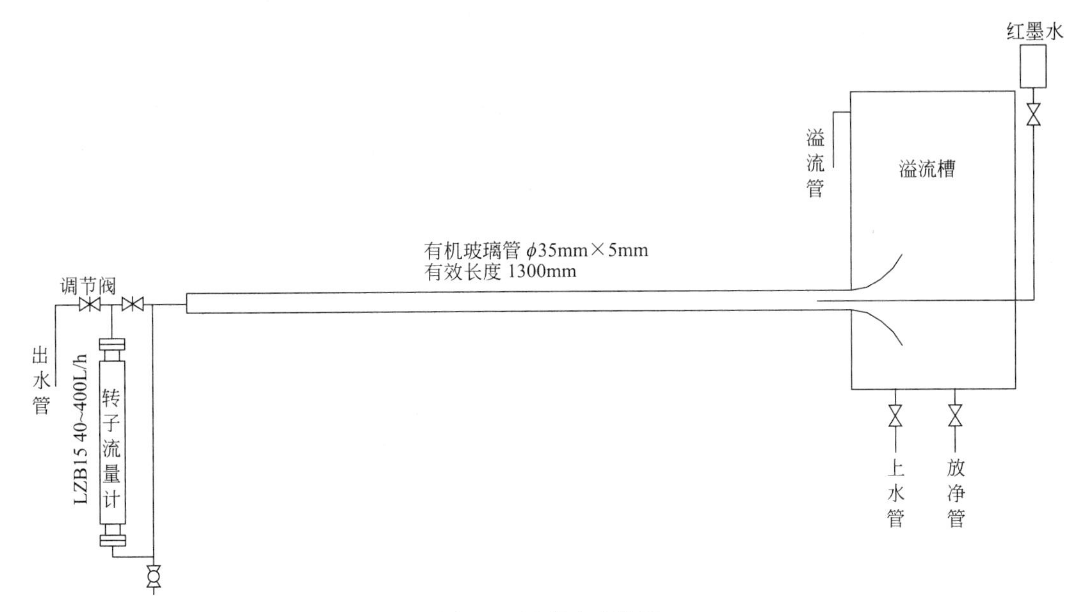

图 2-2　雷诺实验装置

四、实验步骤

1. 开启上水阀至溢流槽出现溢流，为保证水面稳定，应维持少量溢流（溢流越小越好）。

2. 缓和开启实验出口阀门。开放气阀放出玻璃管内空气，调节红墨水阀（调节显示液流速与管内水流速度一致），排尽墨水储瓶与针头之间管路内的空气。

3. 自小到大再自大到小调节流量，观察流体流态变化，测量水温和流量，计算流型转变的临界雷诺数。

4. 观察层流和湍流时速度分布侧形的差别；观察湍流时壁面处的层流内层。

操作时的补充说明如下。

（1）由于红墨水的密度大于水的密度，因此为使从针头出来的红墨水线不发生沉降，需对红墨水用水稀释 50%左右。

（2）在观察层流流动时，当把水量调至足够小的情况下（在层流范围），禁止碰撞设备，甚至周围环境的震动以及水面风的吹皱均会对线型造成影响。为防止上水时造成的液面波动，上水量不能太大，维持少量溢流即可。

（3）红墨水流量太大，超过管内实际水流速度，容易造成红墨水的波动；太小，红墨水线不明显不易观测。这需要教师的实际操作摸索。

（4）在观察层流速度分布时，需预先将流量调节到层流，然后用手堵住出口，在喇叭口内注入大量红墨水，然后放开使水流动，观察红墨水的形状；在观察湍流时的速度分布和层流底层现象时，需预先将流量调节到最大，方法同上。

五、实验注意事项

1. 在移动该装置时，注意平稳；虽然玻璃厚度较厚且经过钢化处理，但毕竟是玻璃，严禁磕碰。

2. 长期不用时，应将水放净，并用湿软布轻轻擦拭玻璃箱，防止水垢等杂物粘在玻璃上；用布将上口盖住以免灰尘落入。

3. 在冬季造成室内温度达到冰点时，水箱内严禁存水。

4. 实验过程中，应维持少量溢流（越少越好），保证水箱内液面稳定，减小对实验结果的影响。操作时应轻巧缓慢，以免干扰流动过程的稳定性，实验有一定的滞后现象，要待稳定后，再测定实验数据。

六、实验数据记录及处理

1. 实验基本参数

(1) 圆管导管内径 $d=$　　　　mm。

(2) 水温 $t=$　　　　℃；黏度 $\mu=$　　　　　　Pa·s；密度 $\rho=$　　　　kg/m^3。

2. 按表 2-1 记录并处理实验数据，并写出一组数据处理的计算过程示例。

表 2-1　雷诺实验数据记录及处理

序号	流量 q_V/(L/h)	流速 u/(m/s)	雷诺数 Re	实验现象(红墨水线形态)
1				
2				
3				
4				
…				
实测下临界雷诺数 $\overline{Re}=$				

七、思考题

1. 流态判据为何采用无量纲参数，而不采用临界流速？

2. 为何认为上临界雷诺数无实际意义，而采用下临界雷诺数作为层流与湍流的判据？实测下临界雷诺数为多少？

3. 雷诺实验得出的圆管流动下临界雷诺数为 2320，而目前有些教科书中介绍采用的下临界雷诺数是 2000，原因何在？

4. 试结合紊动机理实验的观察，分析由层流过渡到湍流的机理何在？

5. 分析层流和湍流在运动学特性和动力学特性方面各有何差异？

6. 为什么要研究流体的流动类型？它在化工过程中有什么意义？

实验三　离心泵特性曲线测定实验

一、实验目的

1. 了解离心泵结构与特性，熟悉离心泵的操作和调节。

2. 掌握功率表测量电机功率的方法。

3. 掌握离心泵流量调节的方法（阀门、转速和泵组合方式）和涡轮流量传感器及智能流量积算仪的工作原理和使用方法。

4. 掌握恒定转速条件下离心泵的有效扬程、轴功率以及总效率与有效流量之间的关系曲线的测定方法。

二、实验原理

离心泵是一种输送液体的机械，它借助于泵的叶轮高速旋转，使充满在泵体内的液体在离心力的作用下，从叶轮中心甩向叶轮边缘，在此过程中液体获得能量，提高了静压能和动能，液体离开叶轮进入泵壳，部分动能转化成静压能，从而进一步提高了液体的静压能。最后以高压液体输出。

在选用泵时，一般总是根据生产要求的扬程和流量，参照泵的特性来决定的。泵的特性主要是指在一定转速下，泵的流量 Q、扬程 H、功率 N 和效率 η 等。而泵的性能均随其流量变化而改变，其关系以 H-Q、N-Q、η-Q 三条曲线表示，称为离心泵的特性曲线。它是流体在泵内流动规律的外部表现形式。由于泵内部流动情况复杂，不能用数学方法计算这一特性曲线，只能依靠实验测定。

1. 流量 Q

采用涡轮流量计测量流量，涡轮流量计的工作原理见第一章第三节，其数值可通过涡轮流量计显示仪读数按下式计算得到；如配置智能流量积算仪，可直接显示流量值 $Q(\mathrm{m^3/h})$。

$$Q=\frac{m}{\xi\times10^3} \tag{2-6}$$

式中 m——涡轮流量计显示仪读数，次/s；

ξ——涡轮流量计仪表常数，次/L。

2. 扬程 H

在泵进、出口取截面列伯努利方程：

$$H=\frac{p_2-p_1}{\rho g}+Z_2-Z_1+\frac{u_2^2-u_1^2}{2g} \tag{2-7}$$

式中 p_1，p_2——泵进、出口真空表和压力表的读数，Pa；

u_1，u_2——泵进、出口的流体流速，m/s；

ρ——流体密度，$\mathrm{kg/m^3}$；

g——重力加速度，$\mathrm{m/s^2}$；

Z_2-Z_1——真空表和压力表中心之间的垂直距离，可以忽略不计。

当泵进、出口管径一样，且压力表和真空表安装在同一高度，上式简化为：

$$H=\frac{p_2-p_1}{\rho g} \tag{2-8}$$

由式（2-8）可知，只要直接读出真空表和压力表上的数值，就可以计算出泵的扬程。

本实验中，还采用压力传感器来测量泵进、出口的真空度和压力，由 16 路巡检仪显示真空度和压力值。

3. 轴功率 N

采用功率表测量电机功率 $N_{电机}$，用电机功率乘以电机效率即得泵的轴功率。

$$N=N_{电机}\times\eta_{电机}=相数(3)\times仪表系数(\alpha)\times表头读数/1000\times\eta_{电机} \tag{2-9}$$

4. 泵的效率 η

泵的效率 η 为泵的有效功率 N_e 与轴功率 N 的比值。有效功率 N_e 是流体单位时间内自泵得到的功，轴功率 N 是单位时间内泵从电机得到的功，两者差异反映了水力损失、容积损失和机械损失的大小。

泵的效率 η 可用下式计算：

$$\eta=\frac{N_e}{N}\times100\%=\frac{HQ\rho g}{N}\times100\% \tag{2-10}$$

三、实验装置

离心泵特性曲线测定实验装置如图 2-3 所示。实验装置主要由水箱、泵、电机天平、转速传感器、涡轮流量计、不同管径和材质的管子、各种阀门和管件等组成。

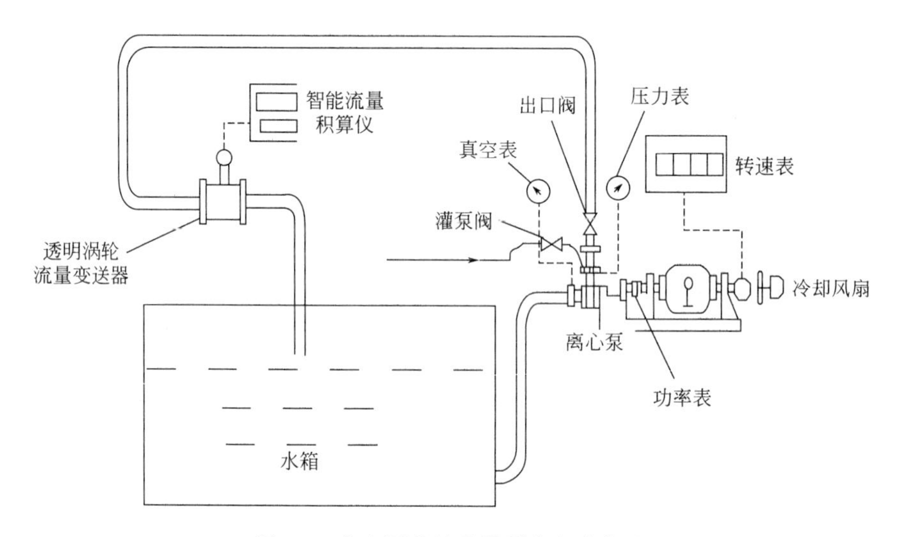

图 2-3 离心泵特性曲线测定实验装置

四、实验步骤

1. 打开总电源开关，打开仪表电源开关。

2. 关闭离心泵出口阀门，打开排气阀，打开离心泵灌水漏斗下的灌水阀，对水泵进行灌水；排水阀出水后关闭泵的灌水阀，再关闭排气阀。

3. 按下离心泵启动按钮，启动离心泵，这时离心泵启动按钮绿灯亮。启动离心泵后把出水阀开到最大，开始进行离心泵实验。

4. 流量调节，通过泵出口闸阀调节流量。

5. 调节出口闸阀开度，使阀门全开。等流量稳定时，测量流量 Q、电轴功率 N、水温 t、真空表读数 p_1 和出口压力表读数 p_2 并记录；关小阀门减小流量，重复以上操作，测得另一个流量下对应的各个数据，直至流量为 0，一般在全量程范围内测 10～15 个点。

6. 实验完毕，关闭水泵出口阀，按下仪表台上的水泵停止按钮，停止水泵的运转。

7. 关闭以前打开的所有设备电源。

五、实验数据记录及处理

1. 按表 2-2 记录和处理实验数据，并写出一组数据处理的计算过程示例。

2. 根据实验结果绘制离心泵特性曲线（H-Q、N-Q、η-Q 曲线）。

3. 分析实验结果，判断泵较为适宜的工作范围及最佳工作点的性能参数。

表 2-2 离心泵特性曲线测定实验数据记录及处理

序号	流量 q_V /(m^3/h)	$P_{真空表}$ /MPa	$P_{压力表}$ /MPa	水温 t /℃	密度 ρ /(kg/m^3)	转速 /(r/min)	扬程 H /m	轴功率 N /W	效率 η /%
1									
2									
3									
4									
…									

六、实验注意事项

1. 每次实验前，均需对泵进行灌泵操作，以防止离心泵气缚。同时注意定期对泵进行保养，防止叶轮被固体颗粒损坏。

2. 泵运转过程中，勿触碰泵主轴部分，因其高速转动，可能会缠绕并伤害身体接触部位。

3. 实验过程中，每调节一个流量之后应待流量和直管压降等数据稳定以后方可记录数据。

4. 实验过程中，应从最大流量到最小流量按照先密后疏的原则来布点。

5. 实验装置长期放置不用时，尤其是冬季，应将管路系统和水箱内的水排放干净。

七、思考题

1. 离心泵在启动时为什么要关闭出口阀门？

2. 启动离心泵之前为什么要引水灌泵？如果灌泵后依然启动不起来，你认为可能的原因是什么？

3. 试分析气缚现象和汽蚀现象的区别。

4. 当改变流量调节阀开度时，压力表和真空表的读数按什么规律变化？

5. 为什么用泵的出口阀门调节流量？这种方法有什么优缺点？是否还有其他方法调节流量？

6. 泵启动后，出口阀门如果打不开，压力表读数是否会逐渐上升？为什么？

7. 正常工作的离心泵，在其进口管路上安装阀门是否合理？为什么？

8. 试分析，用清水泵输送密度为 1200kg/m^3 的盐水（忽略密度的影响），在相同流量下你认为泵的压力是否变化？轴功率是否变化？

实验四 流体流动阻力测定实验

一、实验目的

1. 掌握流体流经直管和阀门时阻力损失的测定方法，通过实验了解流体流动中能量损失的变化规律。

2. 测定直管摩擦系数 λ 与雷诺数 Re 的关系，将所得的 λ-Re 方程与经验公式进行比较。

3. 测定流体流经阀门时的局部阻力系数 ξ。

4. 学会倒 U 形压差计、压差传感器、涡轮流量计的使用方法。

5. 观察组成管路的各种管件、阀门，并了解其作用。

二、实验原理

流体在管内流动时，由于黏性剪应力和涡流的存在，不可避免地要消耗一定的机械能。管路是由直管、管件（三通、弯头等）和阀门等组成的。流体在直管中流动造成的机械能损失称为直管阻力损失。流体通过管件、阀门等的局部障碍，因流动方向和流动截面的突然改变所造成的机械能损失称为局部阻力损失。

1. 沿程阻力（直管阻力）

流体在水平等径圆管中稳定流动时，阻力损失表现为压力降低，即：

$$h_f=\frac{p_1-p_2}{\rho}=\frac{\Delta p}{\rho} \tag{2-11}$$

影响阻力损失的因素很多，尤其对湍流流体，目前尚不能完全用理论方法求解，必须通过实验研究其规律。为了减少实验工作量，使实验结果具有普遍意义，必须采用因次分析方法将各变量组合成特征数关联式。根据因次分析，影响阻力损失的因素有以下几个。

（1）流体性质　密度 ρ、黏度 μ。

（2）管路的几何尺寸　管径 d、管长 l、管壁粗糙度 ε。

（3）流动条件　流速 u。

可表示为：

$$\Delta p=f(d,l,\mu,\rho,u,\varepsilon) \tag{2-12}$$

组合成如下的无因次式：

$$\frac{\Delta p}{\rho u^2}=\Phi\left(\frac{du\rho}{\mu},\frac{l}{d},\frac{\varepsilon}{d}\right) \tag{2-13}$$

$$\frac{\Delta p}{\rho}=\varphi\left(\frac{du\rho}{\mu},\frac{\varepsilon}{d}\right)\times\frac{l}{d}\times\frac{u^2}{2} \tag{2-14}$$

令 $\lambda=\left(\frac{du\rho}{\mu},\frac{\varepsilon}{d}\right)$，则式（2-14）变为：

$$h_f=\frac{\Delta p}{\rho}=\lambda\ \frac{l}{d}\times\frac{u^2}{2} \tag{2-15}$$

式中，λ 为摩擦系数。层流（滞流）时，$\lambda=64/Re$；湍流时，λ 是雷诺数 Re 和相对粗糙度 ε 的函数，必须由实验确定。

2. 局部阻力

局部阻力通常有两种表示方法，即当量长度法和阻力系数法。

（1）当量长度法　流体流过某管件或阀门时，因局部阻力造成的损失，相当于流体流过具有与其相当管径长度的直管阻力损失，这个直管长度称为当量长度，用符号 le 表示。这样，就可以用直管阻力的公式来计算局部阻力损失，而且在管路计算时，可将管路中的直管长度与管件、阀门的当量长度合并在一起计算，如管路中直管长度为 l，各种局部阻力的当量长度之和为 $\sum le$，则流体在管路中流动时的总阻力损失 $\sum h_f$ 为：

$$\sum h_f=\lambda\ \frac{l+\sum le}{d}\times\frac{u^2}{2} \tag{2-16}$$

（2）阻力系数法　流体通过某一管件或阀门时的阻力损失用流体在管路中的动能系数来表示，这种计算局部阻力的方法，称为阻力系数法。

$$h_f'=\zeta\frac{u^2}{2} \tag{2-17}$$

式中 ζ——局部阻力系数，无因次；

u——在小截面管中流体的平均流速，m/s。

由于管件两侧距测压孔间的直管长度很短，引起的摩擦阻力与局部阻力相比，可以忽略不计。因此 h_f' 值可应用伯努利方程由压差计读数求取。

三、实验装置

1. 实验装置

本实验装置如图 2-4 所示。主要由水箱、管道泵、不同管径和材质的管子、各种阀门和管件、转子流量计等组成。第一根为粗糙管，第二根为光滑管。第三根为不锈钢管，装有待测闸阀，用于局部阻力的测定。

本实验的介质为水，由水泵供给，经实验装置后的水仍通向水槽，循环使用。

水流量采用装在测试装置尾部的转子流量计测量，直管段和闸阀的阻力分别用各自的倒 U 形压差计测得。

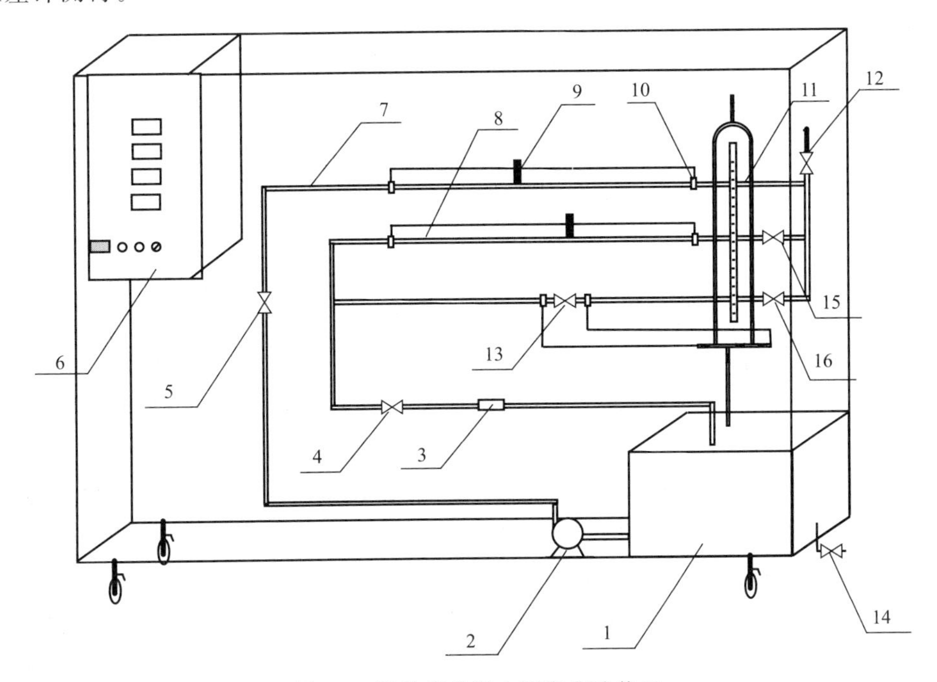

图 2-4 流体流动阻力测定实验装置

1—水箱；2—管道泵；3—涡轮流量计；4—末端调节球阀；5—前端调节闸阀；6—仪表箱；7—粗糙管；8—光滑管；9—压差传感器；10—均压环；11—倒 U 形压差计；12—温度计；13—局部阻力闸阀；14—排水阀；15、16—调节球阀

2. 实验装置结构尺寸

实验装置结构尺寸见表 2-3。

表 2-3 实验装置结构尺寸

名称	材质	管内径/mm	测试段长度/mm
粗糙管	不锈钢管	20	1.0
光滑管	不锈钢管	20	
局部阻力	不锈钢管	20	—

四、实验步骤

1. 给水箱补充水，水位以比水箱上边低5～8cm为宜，必须保证管道出水口浸没在水中。

2. 将仪表柜上“总电源”向上推，将“泵开关”向右转向“开”，启动管道泵（切记：泵禁止无水空转）。

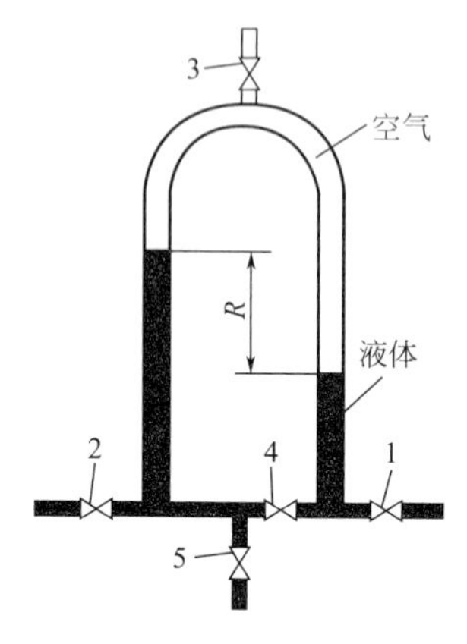

图2-5 倒U形压差计

1—低压侧阀门；2—高压侧阀门；3—进气阀门；4—平衡阀门；5—出水活栓

3. 关闭阀16，打开阀15，打开阀4、5排尽管道中的空气。

4. 末端调节阀开小，将压差传感器后排污阀打开，排污约3min，关闭排污阀。

5. 末端调节阀全开，用阀4调节流量。

6. 在仪表柜上读取粗糙管压差、光滑管压差、水温、流量。注意：调节好流量后，必须等一段时间，待水流稳定后才能读数。

7. 从最大流量到最小流量做10个点。

8. 开始测量局部阻力系数，关闭阀15，打开阀16。

按如下方法将倒U形压差计调节到测量压差正常状态：倒U形压差计，内充空气，待测液体液柱差表示了压差大小，一般用于测量液体小压差的场合。其结构如图2-5所示。

使用的具体步骤如下。

（1）排出系统和导压管内的气泡。方法为：关闭进气阀门3和出水活栓5以及平衡阀门4，打开高压侧阀门2和低压侧阀门1使水槽的水经过系统管路、导压管、高压侧阀门2、倒U形管、低压侧阀门1排出系统。

（2）玻璃管吸入空气。方法为：排空气泡后关闭阀1和阀2，打开平衡阀门4、出水活栓5和进气阀门3，使玻璃管内的水排净并吸入空气。

（3）平衡水位。方法为：关闭阀5、3，然后打开1和2两个阀门，让水进入玻璃管至平衡水位（此时系统中的出水阀门是关闭的，管路中的水在静止时U形管中水位是平衡的），最后关闭平衡阀门4，压差计即处于待用状态。

9. 测得闸阀全开时的局部阻力（流量设定为$1m^3/h$、$2m^3/h$、$3m^3/h$，测三个点对应的压差，以求得平均的阻力系数）。

10. 实验结束后打开系统排水阀，排尽水，以防锈和冬天防冻。

五、实验注意事项

1. 开启、关闭管道上的各阀门及倒U形压差计上的阀门时，一定要缓慢开关，切忌用力过猛过大，防止测量仪表因突然受压、减压而受损（如玻璃管断裂、阀门滑丝等）。

2. 实验前务必将系统内残留的气泡排除干净，否则会影响实验数据的测定。

3. 实验过程中，每调节一个流量之后应待流量和直管压降等数据稳定以后方可记录数据。

4. 实验过程中，应从最大流量到最小流量按照先疏后密的原则来布点。

实验装置长期放置不用时，尤其是冬季，应将管路系统和水箱内的水排放干净。

六、实验数据记录及处理

1. 按表2-4和表2-5记录和处理实验数据，并写出一组数据处理的计算过程示例。

2. 根据粗糙管实验结果，在双对数坐标纸上标绘出 $\lambda_{粗}$-Re 曲线，对照《化工原理》教材上有关公式，即可确定该管的相对粗糙度和绝对粗糙度。

3. 根据光滑管实验结果，在双对数坐标纸上标绘出 $\lambda_{光}$-Re 曲线，并对照柏拉修斯方程，计算其误差。

4. 根据局部阻力实验结果，求出闸阀全开时的平均 ζ 值。

5. 对实验结果进行分析讨论。

表 2-4 直管阻力测定实验数据记录及处理表

序号	流量 q_V /(m³/h)	光滑管压差 /MPa	粗糙管压差 /MPa	水温 /℃	密度 /(kg/m³)	黏度 /Pa·s	雷诺数 Re	光滑管阻力系数 $\lambda_{光}$	粗糙管阻力系数 $\lambda_{粗}$
1									
2									
3									
4									
5									
6									
7									
8									
9									
10									

表 2-5 局部阻力测定实验数据记录及处理表

序号	流量 q_V/(m³/h)	流速 u(m/s)	局部阻力系数 ζ	三组局部阻力系数 ζ 平均值
1	1			
2	2			
3	3			

七、思考题

1. 在测量前为什么要将设备中的空气排尽？怎样才能迅速地排尽？

2. 在不同设备（包括相对粗糙度相同而管径不同）、不同温度下测定的 λ-Re 数据能否关联在一条曲线上？为什么？

3. 在实验中，直管阻力、摩擦系数、局部阻力系数各随流速如何变化？并解释其原因。

4. 以水为工作流体所测得的 λ-Re 关系能否适用于其他种类的牛顿型流体？为什么？

实验五 化工流动过程综合实验

一、实验目的

1. 学习直管摩擦阻力 ΔP_f、直管摩擦系数 λ 的测定方法。

2. 掌握直管摩擦系数 λ 与雷诺数 Re 和相对粗糙度之间的关系及变化规律。

3. 掌握局部摩擦阻力 ΔP_f、局部阻力系数 ζ 的测定方法。

4. 学习压强差的几种测量方法和提高其测量精确度的一些技巧。

5. 熟悉离心泵的操作方法。

6. 掌握离心泵特性曲线和管路特性曲线的测定方法、表示方法，加深对离心泵性能的了解。

二、实验原理

1. 直管摩擦系数 λ 与雷诺数 Re 的测定

直管的摩擦阻力系数是雷诺数和相对粗糙度的函数，即 $\lambda=f(Re,\varepsilon/d)$，对一定的相对粗糙度而言，$\lambda=f(Re)$。

流体在一定长度等直径的水平圆管内流动时，其管路阻力引起的能量损失为：

$$h_f=\frac{p_1-p_2}{\rho}=\frac{\Delta p_f}{\rho} \tag{2-18}$$

又因为摩擦阻力系数与阻力损失之间有如下关系（范宁公式）：

$$h_f=\frac{\Delta p_f}{\rho}=\lambda\ \frac{l}{d}\times\frac{u^2}{2} \tag{2-19}$$

整理式（2-18）和式（2-19）两式得：

$$\lambda=\frac{2d}{\rho l}\times\frac{\Delta p_f}{u^2} \tag{2-20}$$

式中　d——管径，m；

Δp_f——直管阻力引起的压强降，Pa；

l——管长，m；

u——流速，m/s；

ρ——流体的密度，kg/m^3。

在实验装置中，直管段管长 l 和管径 d 都已固定。若水温一定，则水的密度 ρ 和黏度 μ 也是定值。所以本实验实质上是测定直管段流体阻力引起的压强降 Δp_f 与流速 u（流量 Q）之间的关系。

根据实验数据和式（2-20）可计算出不同流速下的直管摩擦系数 λ，用式（2-21）计算对应的 Re，整理出直管摩擦系数和雷诺数的关系，绘出 λ 与 Re 的关系曲线。

$$Re=\frac{du\rho}{\mu} \tag{2-21}$$

2. 局部阻力系数 ζ 的测定

$$h_f'=\frac{\Delta p_f'}{\rho}=\zeta\ \frac{u^2}{2} \tag{2-22}$$

$$\zeta=\frac{2}{\rho}\times\frac{\Delta p_f'}{u^2} \tag{2-23}$$

式中　ζ——局部阻力系数，无因次；

$\Delta p_f'$——局部阻力引起的压强降，Pa；

h_f'——局部阻力引起的能量损失，J/kg。

局部阻力引起的压强降 $\Delta p_f'$ 可用下面方法测量：在一条各处直径相等的直管段上，安装待测局部阻力的阀门，在上、下游各开两对测压口 a—a' 和 b—b'，如图 2-5 所示，使

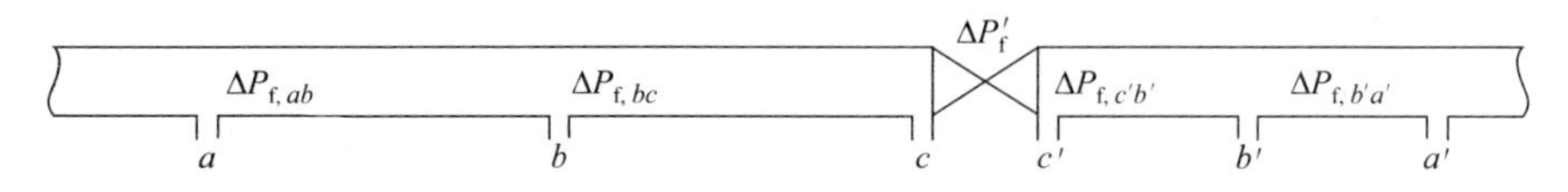

图 2-5 局部阻力测量取压口布置图

$ab=bc$，$a'b'=b'c'$，则 $\Delta p_{f,ab}=\Delta p_{f,bc}$，$\Delta p_{f,a'b'}=\Delta p_{f,b'c'}$。

在 a—a'之间列伯努利方程：

$$p_a-p_{a'}=2\Delta p_{f,ab}+2\Delta p_{f,a'b'}+\Delta p_f' \tag{2-24}$$

在 b—b'之间列伯努利方程：

$$p_b-p_{b'}=\Delta p_{f,bc}+\Delta p_{f,b'c'}+\Delta p_f'=\Delta p_{f,ab}+\Delta p_{f,a'b'}+\Delta p_f' \tag{2-25}$$

联立式（2-24）和式（2-25），则：

$$\Delta p_f'=2(p_b-p_{b'})-(p_a-p_{a'}) \tag{2-26}$$

为了实验方便，称 $p_b-p_{b'}$ 为近点压差，称 $p_a-p_{a'}$ 为远点压差。其数值用压差传感器来测量。

3. 离心泵特性曲线

离心泵是最常见的液体输送设备。在一定的型号和转速下，离心泵的扬程 H、轴功率 N 及效率 η 均随流量 Q 而改变。通常通过实验测出 H-Q、N-Q 及 η-Q 关系，并用曲线表示，称为离心泵特性曲线。特性曲线是确定泵的适宜操作条件和选用泵的重要依据。离心泵特性曲线的具体测定方法如下。

（1）扬程 H　在泵的吸入口和排出口之间列伯努利方程：

$$Z_{入}+\frac{p_{入}}{\rho g}+\frac{u_{入}^2}{2g}+H=Z_{出}+\frac{p_{出}}{\rho g}+\frac{u_{入}^2}{2g}+H_{f入-出} \tag{2-27}$$

$$H=(Z_{出}-Z_{入})+\frac{p_{出}-p_{入}}{\rho g}+\frac{u_{出}^2-u_{入}^2}{2g}+H_{f入-出} \tag{2-28}$$

上式中 $H_{f入-出}$ 是泵的吸入口和排出口之间管路内的流体流动阻力，与伯努利方程中其他项比较，$H_{f入-出}$ 值很小，故可忽略。于是上式变为：

$$H=(Z_{出}-Z_{入})+\frac{p_{出}-p_{入}}{\rho g}+\frac{u_{出}^2-u_{入}^2}{2g} \tag{2-29}$$

将测得的 $Z_{出}-Z_{入}$ 和 $p_{出}-p_{入}$ 值以及计算所得的 $u_{入}$、$u_{出}$ 代入上式，即可求得 H。

（2）轴功率 N　功率表测得的功率为电动机的输入功率。由于泵由电动机直接带动，传动效率可视为 1，所以电动机的输出功率等于泵的轴功率。即：

泵的轴功率 N＝电动机输出功率

电动机输出功率＝电动机输入功率×电动机效率

泵的轴功率＝功率表读数×电动机效率

（3）泵的效率 η

$$\eta=\frac{Ne}{N} \tag{2-30}$$

$$Ne=\frac{HQ\rho g}{1000}=\frac{HQ\rho}{102} \tag{2-31}$$

式中　η——泵的效率；

N——泵的轴功率，kW；

Ne——泵的有效功率，kW；

H——泵的扬程，m；

Q——泵的流量，m^3/s；

ρ——水的密度，kg/m^3。

4. 管路特性曲线

当离心泵安装在特定的管路系统中工作时，实际的工作压头和流量不仅与离心泵本身的性能有关，还与管路特性有关，也就是说，在液体输送过程中，泵和管路二者是相互制约的。

管路特性曲线是指流体流经管路系统的流量与所需压头之间的关系。若将泵的特性曲线与管路特性曲线作在同一坐标图上，两曲线交点即为泵在该管路的工作点。因此，如同通过改变阀门开度来改变管路特性曲线，求出泵的特性曲线一样，可通过改变泵的转速来改变泵的特性曲线，从而得出管路特性曲线。泵的压头 H 计算同上。

5. 流量计性能测定

流体通过节流式流量计时在上、下游两取压口之间产生压强差，它与流量的关系为：

$$V_s = C_0 A_0 \sqrt{\frac{2(p_{上} - p_{下})}{\rho}} \tag{2-32}$$

式中 V_s——被测流体的体积流量，m^3/s；

C_0——流量系数，无因次；

A_0——流量计节流孔截面积，m^2；

$p_{上} - p_{下}$——流量计上、下游两取压口之间的压强差，Pa；

ρ——被测流体（水）的密度，kg/m^3。

用涡轮流量计作为标准流量计来测量流量 V_s，每一个流量在压差计上都有一个对应的读数，将压差计读数 Δp 和流量 V_s 绘制成一条曲线，即流量标定曲线。同时利用上式整理数据可进一步得到 C-Re 关系曲线。

三、实验装置

1. 实验装置流程示意图

流动过程综合实验流程如图 2-6 所示。

2. 实验装置流程简介

（1）流体阻力测量　水泵 2 将水箱 1 中的水抽出，送入实验系统，经玻璃转子流量计 22、23 测量流量，然后送入被测直管段测量流体流动阻力，经回流管流回水箱 1。被测直管段流体流动阻力 Δp 可根据其数值大小分别采用压力传感器 12 或空气-水倒置 U 形管来测量。

（2）流量计、离心泵性能测定　水泵 2 将水箱 1 内的水输送到实验系统，流体经涡轮流量计 13 计量，用流量调节阀 32 调节流量，回到水箱。同时测量文丘里流量计两端的压差、离心泵进出口压强、离心泵电机输入功率并记录。

（3）管路特性测量　用流量调节阀 32 调节流量到某一位置，改变电机频率，测定涡轮流量计的频率、泵入口压强、泵出口压强并记录。

3. 实验设备主要技术参数

实验设备主要技术参数见表 2-6、表 2-7。

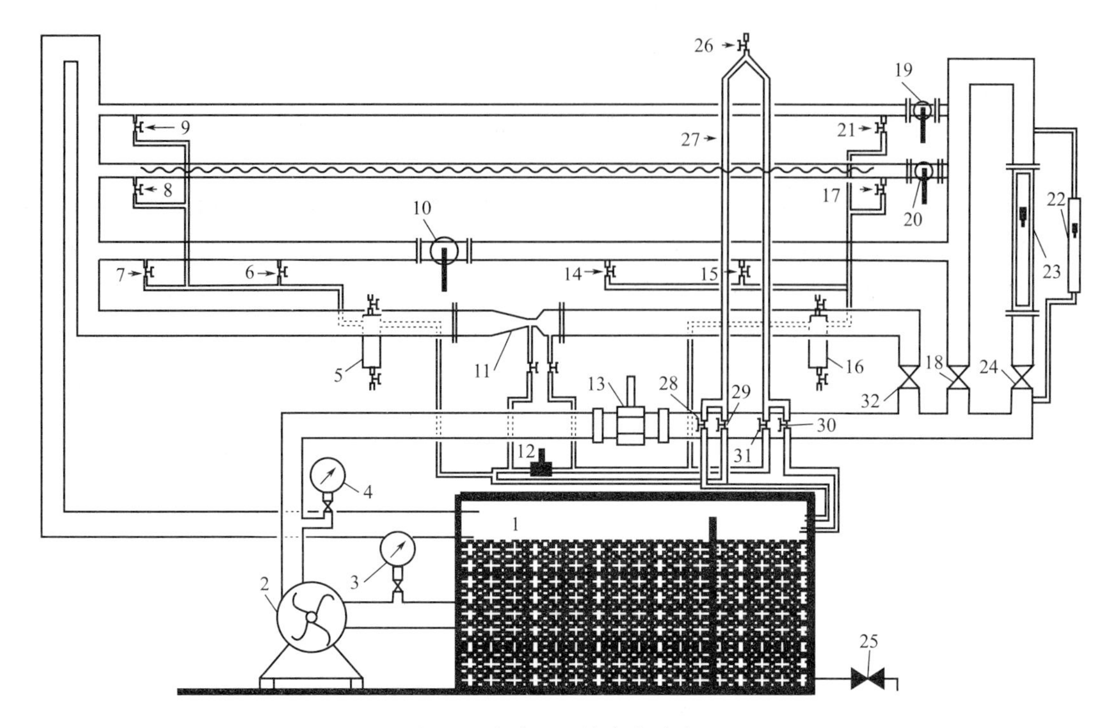

图 2-6 流动过程综合实验流程

1—水箱；2—水泵；3—入口真空表；4—出口压力表；5,16—缓冲罐；6,14—测局部阻力近端阀；7,15—测局部阻力远端阀；8,17—粗糙管测压阀；9,21—光滑管测压阀；10—局部阻力阀；11—文丘里流量计（孔板流量计）；12—压力传感器；13—涡轮流量计；18,24,32—流量调节阀；19—光滑管阀；20—粗糙管阀；22—小转子流量计；23—大转子流量计；25—水箱放水阀；26—倒U形管放空阀；27—倒U形管；28,30—倒U形管排水阀；29,31—倒U形管平衡阀

表 2-6 实验设备主要技术参数（一）

序号	名称	规格	材料
1	玻璃转子流量计	LZB-25,100～1000L/h LZB-10,10～100L/h	
2	压差传感器	型号 LXWY,测量范围 0～200kPa	不锈钢
3	离心泵	型号 WB70/055	不锈钢
4	文丘里流量计	喉径 0.020m	不锈钢
5	实验管路	管径 0.043m	不锈钢
6	真空表	测量范围 −0.1～0MPa,精度 1.5 级,真空表测压位置管内径 d_1=0.028m	
7	压力表	测量范围 0～0.25MPa,精度 1.5 级,压强表测压位置管内径 d_2=0.042m	
8	涡轮流量计	型号 LWY-40,测量范围 0～20m^3/h	
9	变频器	型号 N2-401-H,规格:0～50Hz	

表 2-7 实验设备主要技术参数（二）

第一套	光滑管:管径 d−0.008m,管长 L−1.70m 粗糙管:管径 d−0.010m,管长 L−1.70m 真空表与压强表测压口之间的垂直距离 h_0=0.23m
第二套	光滑管:管径 d−0.008m,管长 L−1.70m 粗糙管:管径 d−0.010m,管长 L−1.70m 真空表与压强表测压口之间的垂直距离 h_0=0.23m

四、实验步骤

1. 流体阻力测量

(1) 向储水槽内注水至水满为止（最好使用蒸馏水，以保持流体清洁）。

(2) 光滑管阻力测定。

① 关闭粗糙管测压阀 8、17 和粗糙管阀 20，将光滑管测压阀 9、21 和光滑管阀 19 全开，在流量为零条件下，打开通向倒 U 形管平衡阀 29、31，检查导压管内是否有气泡存在。若倒 U 形管内液柱高度差不为零，则表明导压管内存在气泡。需要进行赶气泡操作。导压系统如图 2-7 所示，操作方法如下：加大流量，打开倒 U 形管平衡阀 29、31，使倒 U 形管内液体充分流动，以赶出管路内的气泡；若观察气泡已赶净，将流量调节阀 24 关闭，倒 U 形管平衡阀 29、31 关闭，慢慢旋开倒 U 形管放空阀 26 后，分别缓慢打开倒 U 形管排水阀 28、30，使液柱降至中点上下时马上关闭，管内形成气-水柱，此时管内液柱高度差不一定为零。然后关闭倒 U 形管放空阀 26，打开倒 U 形管平衡阀 29、31，此时 U 形管两液柱的高度差应为零（1～2mm 的高度差可以忽略），如不为零则表明管路中仍有气泡存在，需要重复进行赶气泡操作。

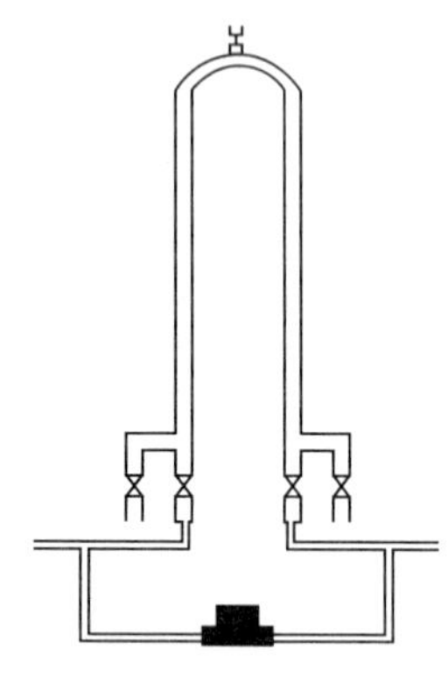

图 2-7　导压系统示意图

② 该装置两个转子流量计并联连接，根据流量大小选择不同量程的流量计测量流量。

③ 压差变送器与倒 U 形管亦是并联连接，用于测量压差，小流量时用 U 形管压差计测量，大流量时用压差变送器测量。应在最大流量和最小流量之间进行实验操作，一般测取 15～20 组数据。

注意：在测大流量的压差时应关闭 U 形管的进出水阀，防止水利用 U 形管形成回路影响实验数据。

(3) 粗糙管阻力测定。关闭光滑管阀，将粗糙管阀全开，从小流量到最大流量，测取 15～20 组数据。

(4) 测取水箱水温。待数据测量完毕，关闭流量调节阀，停泵。

(5) 粗糙管、局部阻力测量方法同前。

2. 流量计、离心泵性能测定

(1) 向储水槽内注入蒸馏水。检查流量调节阀 32、出口压力表 4 的开关及入口真空表 3 的开关是否关闭（应关闭）。

(2) 启动离心泵，缓慢打开流量调节阀 32 至全开。待系统内流体稳定，即系统内已没有气体，打开压力表和真空表的开关，方可测取数据。

(3) 用流量调节阀 32 调节流量，从流量为零至最大或流量从最大到零，测取 10～15 组数据，同时记录涡轮流量计频率、文丘里流量计的压差、泵入口压强、泵出口压强、功率表读数，并记录水温。

(4) 实验结束后，关闭流量调节阀，停泵，切断电源。

3. 管路特性的测量

(1) 测量管路特性曲线时，先置流量调节阀 32 为某一开度，调节离心泵电机频率（调节范围 20～50Hz），测取 8～10 组数据，同时记录电机频率、泵入口压强、泵出口压强、流量计读数，并记录水温。

（2）实验结束后，关闭流量调节阀，停泵，切断电源。

五、实验注意事项

1. 直流数字表操作方法应仔细阅读说明书，待熟悉其性能和使用方法后再进行使用操作。

2. 启动离心泵之前以及从光滑管阻力测量过渡到其他测量之前，都必须检查所有流量调节阀是否关闭。

3. 利用压力传感器测量大流量下 ΔP 时，应切断空气-水倒置 U 形玻璃管的阀门，否则将影响测量数值的准确。

4. 在实验过程中，每调节一个流量之后应待流量和直管压降的数据稳定以后方可记录数据。

5. 若较长时间未使用该装置，启动离心泵时应先盘轴转动以免烧坏电机。

6. 该装置电路采用五线三相制配电，实验设备应良好接地。

7. 使用变频调速器时一定注意 FWD 指示灯亮，切忌按 FWD REV 键，REV 指示灯亮时电机反转。

8. 启动离心泵前，必须关闭流量调节阀，关闭压力表和真空表的开关，以免损坏测量仪表。

9. 实验水质要清洁，以免影响涡轮流量计运行。

六、实验数据记录与处理

1. 流体流动阻力测定

（1）光滑管和粗糙管按表 2-8 分别记录和处理实验数据，局部阻力按表 2-9 记录和处理实验数据，并写出一组数据处理的计算过程示例。

（2）根据实验结果，分别绘制光滑管和粗糙管的直管摩擦系数 λ 与雷诺数 Re 关联曲线。

2. 离心泵特性曲线测定

（1）按表 2-10 记录和处理实验数据，并写出一组数据处理的计算过程示例。

（2）根据实验结果，绘制离心泵特性曲线。

表 2-8 流体阻力实验数据记录及处理

光滑管内径： mm； 管长： m

液体温度： ℃； 液体密度：$\rho=$ kg/m^3； 液体黏度：$\mu=$ mPa·s

序号	流量/(L/h)	直管压差 ΔP		ΔP /Pa	流速 u /(m/s)	Re	λ
		/kPa	/mmH$_2$O				
1							
2							
3							
4							
5							
…							

表 2-9　局部阻力实验数据记录及处理

序号	Q/(L/h)	近端压差/Pa	远端压差/Pa	u/(m/s)	局部阻力压差/Pa	阻力系数 ζ
1						
2						
3						

表 2-10　离心泵特性曲线测定实验数据记录及处理

液体温度：　　℃；　　液体密度：ρ=　　　kg/m³；　　泵进出口高度：　　m

序号	入口压力 p_1/MPa	出口压力 p_2/MPa	电机功率 /kW	流量 Q /(m³/h)	压头 h /m	泵轴功率 N/W	效率 η /%
1							
2							
3							
4							
5							
6							
7							
8							
9							
10							
11							
12							
13							
14							
15							

七、思考题

1. 启动离心泵之前为什么要引水灌泵？离心泵在启动时为什么要关闭出口阀门？

2. 为什么用泵的出口阀门调节流量？这种方法有什么优缺点？是否还有其他方法调节流量？

3. 试分析用清水泵输送密度为 1200kg/m³ 的盐水（忽略密度的影响），在相同流量下你认为泵的压力是否变化？轴功率是否变化？

4. 在测量前为什么要将设备中的空气排尽？怎样才能迅速地排尽？

5. 在不同设备（包括相对粗糙度相同而管径不同）、不同温度下测定的 λ-Re 数据能否关联在一条曲线上？为什么？

6. 以水为工作流体所测得的 λ-Re 关系能否适用于其他种类的牛顿型流体？为什么？

实验六　恒压过滤常数测定实验

一、实验目的

1. 熟悉板框压滤机的构造和操作方法。

2. 通过恒压过滤实验，验证过滤基本原理。

3. 学会测定过滤常数 K、q_e、τ_e及压缩性指数 s 的方法。

4. 了解操作压力对过滤速率的影响。

二、基本原理

过滤是分离非均相混合物的方法之一。过滤操作是在一定压力作用下，使含有固体颗粒的悬浮液通过一种能将固体物截留而让流体通过的多孔物质，固体颗粒被过滤介质截留形成滤饼，滤液穿过滤饼流出，从而实现固液两相分离。过滤介质通常采用多孔的纺织品、丝网或其他多孔材料，如帆布、毛毡或金属丝织成的金属网、多孔陶瓷等。

过滤的分类有多种方法，按推动力形式可分为恒压过滤和恒速过滤；按操作连续性可分为间歇过滤和连续过滤。而过滤设备的设计及选型取决于物料的工艺要求、物性及流量等条件。

在过滤过程中，由于固体颗粒不断被截留在介质表面上，滤饼的厚度随着过滤过程的进行不断增加，如滤饼两侧的压力差一定，流体流过固体颗粒之间的孔道加长，使流体阻力增大，其过滤速率逐渐下降。保持压力差不变的过滤操作称为恒压过滤；如要保持过滤速率不变，就必须要不断增加滤饼两侧的压力差，保持过滤速率不变的过滤操作称为恒速过滤。

影响过滤速率的主要因素除压强差 Δp、滤饼厚度 L 外，还有滤饼和悬浮液的性质、悬浮液温度、过滤介质的阻力等，故难以用流体力学的方法处理。

比较过滤过程与流体经过固定床的流动可知，过滤速率即为流体通过固定床的表观速率 u。同时，流体在细小颗粒构成的滤饼空隙中的流动属于低雷诺数范围，因此，可利用流体通过固定床压降的简化模型，寻求滤液量与时间的关系，运用层流时泊肃叶公式不难推导出过滤速率计算式为：

$$u=\frac{1}{K'}\times\frac{\varepsilon^3}{a^2(1-\varepsilon)^2}\times\frac{\Delta p}{\mu L} \tag{2-33}$$

式中　u——过滤速率，m/s；

K'——康采尼常数，层流时，$K'=5.0$；

ε——床层的空隙率，m/m^3；

a——颗粒的比表面积，m^2/m；

Δp——过滤的压强差，Pa；

μ——滤液的黏度，Pa·s；

L——床层厚度，m。

由此可导出过滤速率基本方程式为：

$$\frac{dV}{d\tau}=\frac{A^2\Delta p^{1-s}}{\mu r' v(V+Ve)} \tag{2-34}$$

式中　V——滤液体积，m^3；

τ——过滤时间，s；

A——过滤面积，m^2；

s——滤饼压缩性指数，无因次，一般情况下 $s=0\sim1$，对不可压缩滤饼 $s=0$；

r'——单位压差下的比阻，m^{-2}，$r=r'\Delta p^s$；

v——滤饼体积与相应滤液体积之比，无因次；

Ve——虚拟滤液体积，m^3。

恒压过滤时，令 $k=l/\mu r'v$，$K=2k\Delta p^{1-s}$，$q=V/A$，$q_e=Ve/A$，对式（2-34）积分可得：

$$(q+q_3)^2=K(\tau+\tau_e) \tag{2-35}$$

式中 q——单位过滤面积的滤液体积，m^3/m^2；

q_e——单位过滤面积的虚拟滤液体积，m^3/m^2；

τ_e——虚拟过滤时间，s；

K——过滤常数，由物料特性及过滤压差所决定，m^2/s。

K、q_e和τ_e三者总称为过滤常数。利用恒压过滤方程进行计算时，必须首先需要知道K、q_e和τ_e，它们只有通过实验才能确定。

对式（2-35）微分可得：

$$2(q+q_e)\mathrm{d}p=K\mathrm{d}\tau$$

$$\frac{\mathrm{d}\tau}{\mathrm{d}q}=\frac{2}{K}q+\frac{2}{K}q_e \tag{2-36}$$

该式表明以$\frac{\mathrm{d}\tau}{\mathrm{d}q}$为纵坐标、以 q 为横坐标作图可得一条直线，直线斜率为 $2/K$，截距为 $2q_e/K$。在实验测定中，为便于计算，可用$\frac{\Delta\tau}{\Delta q}$替代$\frac{\mathrm{d}\tau}{\mathrm{d}q}$，把式（2-36）改写成：

$$\frac{\Delta\tau}{\Delta q}=\frac{2}{K}q+\frac{2}{K}q_e \tag{2-37}$$

在恒压条件下，用秒表和量筒分别测定一系列时间间隔 $\Delta\tau_i(i=1,2,3\cdots)$ 及对应的滤液体积 $\Delta V_i(i=1,2,3\cdots)$，也可采用计算机软件自动采集一系列时间间隔 $\Delta\tau_i(i=1,2,3\cdots)$ 及对应的滤液体积 $\Delta V_i(i=1,2,3\cdots)$，由此算出一系列 $\Delta\tau_i$、Δq_i、q_i 在直角坐标系中绘制 V_{t_0}-q 的函数关系，得一条直线。有直线的斜率便可求出 K 和 q_e，再根据 $\tau_e=q_e^2/K$，求出 τ_e。

改变实验所用的过滤压差 Δp，可测得不同的 K 值，由 K 的定义式 $K=2k\Delta p^{1-s}$ 两边取对数得：

$$\lg K=(1-s)\lg(\Delta p)+\lg(2k) \tag{2-38}$$

在实验压差范围内，若 k 为常数，则 $\lg K$-$\lg(\Delta p)$ 的关系在直角坐标上应是一条直线，该直线的斜率为 $1-s$，可得滤饼压缩性指数 s，由截距可得物料特性常数 k。

三、实验装置

本实验装置如图 2-8 所示，由空压机、配料槽、压力储槽、板框过滤机和压力定值调节阀等组成。可进行过滤和洗涤两项操作。

板框过滤机的结构尺寸如下：框厚度 25mm，每个框过滤面积 $0.024m^2$，框数 2 个。

在配料桶内配制一定浓度碳酸钙（或碳酸镁）悬浮液，用空气压缩机搅拌，送入压力储槽中，同时利用压缩空气的压力将料浆送入板框过滤机中过滤，滤液流入量筒或滤液量自动测量仪计量，碳酸钙颗粒截留在滤布上形成滤饼，过滤完成后，可用水洗涤滤饼。

四、实验步骤

1. 熟悉实验装置流程，检查阀门，使所有阀门都关闭，检查压力表（是否指零）。

2. 配制含 $CaCO_3$ 在 8%左右（质量分数）的水悬浮液，其量占配料桶的 1/2~2/3，开启空气压缩机利用压缩空气搅拌均匀，以防止碳酸钙沉淀。

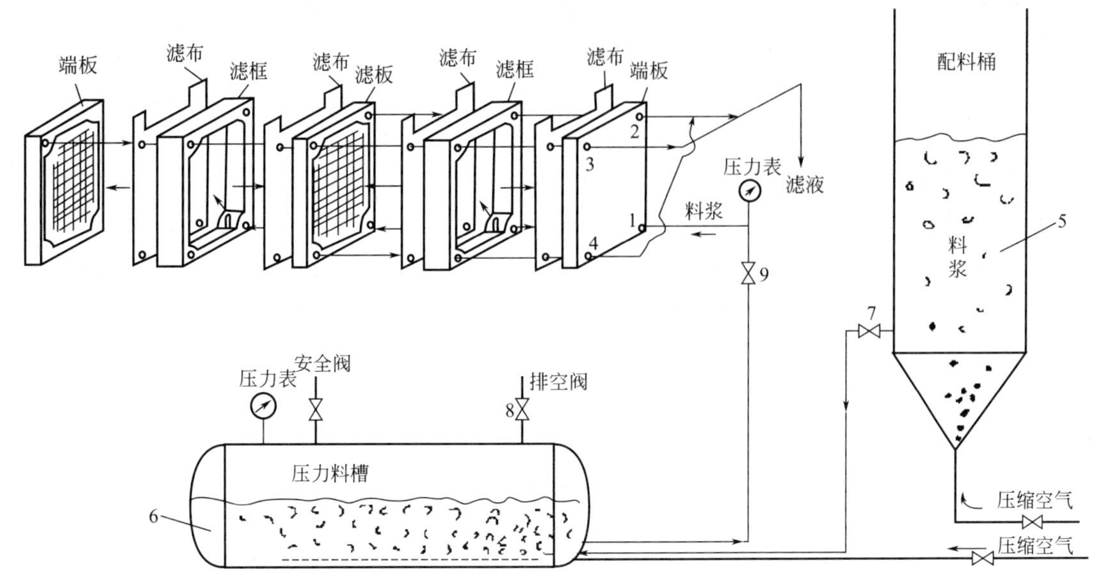

图 2-8 恒压过滤常数测定实验装置

1—端板；2—滤布；3—滤框；4—洗涤板；5—配料槽；6—压力储槽；7—料浆进口阀；8—放空阀；9—料浆进压滤机阀

3. 正确组装过滤机，包括滤板、滤框及滤布。滤布使用前先用水浸湿，滤布要绷紧，不能起皱。用压紧装置压紧后待用（用丝杆压紧时，千万不要把手压伤，先慢慢转动手轮使板框合上，然后再压紧）。

4. 打开压力料槽放空阀 8，打开料浆进口阀 7，使料浆由配料桶流入压力料槽至 1/2～2/3 处，关闭料浆进口阀 7。

5. 打开阀将压缩空气通入压力料槽，将压力调节至 0.5～0.7MPa。

6. 压力恒定后，打开料浆进压滤机阀 9，开始进行过滤。实验应以滤液从汇集管刚流出的时刻作为开始时刻，每次 ΔV 取为 800mL 左右，记录相应的过滤时间 $\Delta\tau$。要熟练掌握双秒表轮流读数的方法。量筒交替接液时不要流失滤液。等量筒内滤液静止后读出 ΔV 值和记录 $\Delta\tau$ 值。测量 8～10 个读数即可停止实验，关闭料浆进压滤机阀 9。

7. 打开放空阀 8 泄压后，开启压紧装置卸下过滤框内的滤饼并放回配料桶内，将计量桶内的滤液倒回配料桶内。将滤板、滤框及滤布清洗干净后，重新安装过滤机。

8. 调节压力至 0.1～0.15MPa，重复上述操作做中等压力过滤实验。

9. 调节压力至 0.25～0.3MPa，重复上述操作做高压力过滤实验。

10. 若需洗涤或要求洗涤速率和过滤最终速率的关系时，可通入洗涤水，并记下洗涤水量和时间。

11. 实验完毕关闭料浆进压滤机阀 9，打开料浆进口阀 7，将压力料槽剩余的悬浮液压回配料桶。

12. 打开排气阀，卸除压力料槽内的压力。然后卸下滤饼，清洗滤布、滤框及滤板。

13. 关闭空气压缩机电源，关闭仪表电源及总电源开关。

五、实验注意事项

1. 滤饼及滤液应全部回收到配料桶，循环使用。

2. 板框过滤器的板、框排列顺序为：固定头—板—框—板—框—板—可动头。

3. 在夹紧滤布时，千万不要把手指压伤，先慢慢转动手轮使板框合上，然后再压紧。

4. 实验过程中，必须确保压力恒定，且无明显漏液。否则，应该拆下过滤机，洗涤后重新安装，直至符合要求。

5. 收集的滤液必须使用量筒准确测量其体积。

六、实验数据记录及处理

1. 按表2-11和表2-12记录和处理实验数据，并写出一组数据处理的计算过程示例。

2. 由恒压过滤实验数据求过滤常数 K、q_e、τ_e，比较几种压差下的 K、q_e、τ_e 值，讨论压差变化对以上参数数值的影响。

3. 在直角坐标纸上绘制 $\lg K$-$\lg(\Delta p)$ 关系曲线，并求出滤饼压缩性指数 s 及物料特性常数 K。

4. 写出完整的过滤方程，弄清其中各个参数的符号及意义。

表 2-11 恒压过滤常数测定实验数据记录及处理

序号	τ /s	$\Delta\tau$ /s	ΔV /mL	Δq /(m^3/m^2)	$\Delta\tau/\Delta q$ /[s/(m^3/m^2)]	K /(m^2/s)	q_e /(m^3/m^2)
1							
2							
3							
4							
5							
6							
…							

表 2-12 压缩性指数计算

序号	K	$\lg K/s$	Δp/Pa	$\lg(\Delta p)$	压缩性指数 s
1					
2					
3					

七、思考题

1. 板框压滤机的优缺点如何？适用于什么场合？

2. 影响过滤速率的主要因素有哪些？当在某一恒定压力下测得 K、q_e、τ_e 值后，若将过滤压力提高一倍，问上述三个值有何变化？

3. 恒压过滤时，欲增加过滤速率，可行的措施有哪些？

4. 滤浆浓度和操作压强对过滤常数 K 值有何影响？

5. 当操作压强增加一倍，其 K 值是否也增加一倍？要得到同样的过滤液，其过滤时间是否缩短了一半？

6. 为什么过滤开始时，滤液常常有点浑浊，待过滤一段时间后才能变清？

实验七　传热系数测定实验

一、实验目的

1. 了解换热器的结构及主要性能指标。

2. 掌握换热器传热系数的测定原理及方法。

3. 学会换热器的操作方法。

二、实验原理

换热器是一种在工业生产中经常使用的换热设备。它由许多个传热元件组成，如列管换热器即是由许多管束组成。冷热流体借助于换热器的传热元件进行热量交换而达到加热和冷却的目的。由于传热元件的结构形式繁多，其构成的各种换热器的性能差异很大。因此，在选择和设计换热器前，必须对换热器的性能有充分了解，除了文献资料外，实验测定也是了解换热器性能的重要途径之一。换热器是一种回收热能的节能设备，换热系数 K 是度量一个换热器性能好坏的重要指标。

传热速率方程为：

$$q=KA\Delta t_{m} \tag{2-39}$$

式中　q——传热量，W，以冷流体为基准，$q=q_{m}C_{p}\Delta T=q_{V}\rho C_{p}\Delta T$，$C_{p}$ 取 4.183kJ/(kg・K)；

K——换热系数，是以冷流体侧的传热面为基准的传热系数，W/(m^2・K)；

A——换热器的传热面积，m^2；

Δt_{m}——对数传热平均温度差，K，$\Delta t_{m}=\Delta t_{m逆}\varphi$。

(1) $\varphi=f(P,R)$，φ 值可根据 P 和 R 两个参数，查图获取。

其中

$$P=\frac{T_2'-T_1'}{T_1-T_1'}=\frac{冷流体的温升}{两流体的最初温度差} \tag{2-40}$$

$$R=\frac{T_1-T_2}{T_2'-T_1'}=\frac{热流体的温降}{冷流体的温升} \tag{2-41}$$

$$\Delta t_{m逆}=\frac{\Delta T_2-\Delta T_1}{\ln\dfrac{\Delta T_2}{\Delta T_1}} \tag{2-42}$$

其中，T 代表热流体的温度，T'代表冷流体的温度，ΔT_1、ΔT_2分别代表热交换器两端的温差。

(2) φ 值还可根据下式计算：

$$\varphi=\frac{R'\ln\dfrac{1-P}{1-RP}}{(R-1)\ln\dfrac{2-P(R+1-R')}{2-P(R+1+R')}} \tag{2-43}$$

其中，$R'=\sqrt{R^2+1}$。

由传热速率方程可知，影响传热量的参数有传热面积、传热系数和过程的平均温度三要素。当生产工艺决定了流体的进出口温度后，传热负荷的变化是随流体的流速变化而变化。分析传热阻力的控制因素，用改变流体的流率或改变流体的进口温度，能够较方便地满足生产工艺的要求。

三、实验装置

1. 仪器设备

本实验采用单壳程双管程的列管换热器，换热器型号为 GLC1，换热面积为 $0.4m^2$。热空气走管程，自来水走壳程。

2. 实验装置流程图

列管式换热设备流程如图 2-9 所示。

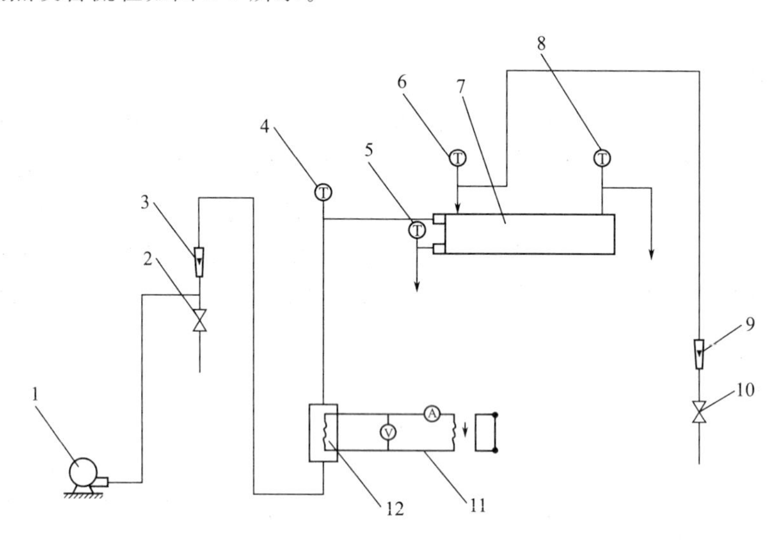

图 2-9　列管式换热设备流程

1—气源；2—气量阀；3—气体流量计；4—进气温度计；5—出气温度计；6—进水温度计；7—换热器；8—出水温度计；9—水流量计；10—水调节阀；11—调压器；12—气体加热器

四、实验步骤

本实验是无相变的气液换热系统，空气经加热器加热后，作为加热介质；液体为自来水，作为冷却介质。

1. 将气体及液体管路连接以后，打开气体及液体转子流量计，检查管路连接处是否有液体泄漏。若无，则可以进行下一步操作。

2. 分别将气体及液体转子流量计打到所需流率，打开电源开关，用变压器将电压调至 220V，此时加热量为最大。

3. 当热空气上升至约 100℃时，将电压调小以减少加热量，使热空气进口温度保持稳定（可适当增大温度值，以不超过 120℃为宜）。

4. 预热后，用微分方式改变加热量的大小，约数分钟，冷水进出口温度不变时，读下第一组数据：热空气进口及出口温度 T_1、T_2；冷水进口及出口温度 T_1'、T_2'。

5. 保持冷水流量（空气流量）不变，改变空气流量（冷水流量），约数分钟后，冷水进出口温度不变时，读下各组数据。

6. 结束实验，关闭加热开关，过 5min 后关闭鼓风机，关闭自来水阀门，切断总电源。

五、实验注意事项

1. 实验开始时，应先开气泵，后加热；实验结束时，应先停止加热，待换热器内温度降至室温后，再关气泵。

2. 热空气的加热为手动调节控制，加热量跟空气的流量有关，因此每次空气流量变化后，加热量也应做相应调节，以确保换热器进口热空气的温度稳定。

3. 实验中，应将热空气的流量控制在较大值，水的流量控制在较小值，以确保冷流体的进出口有较明显的温度变化。

4. 实验中，必须保证空气管线的畅通，气泵周围不得有障碍物，实验人员亦不得靠近气泵吸入口。

5. 调节流量后，应至少稳定 3～8min 后读取实验数据。

六、实验数据记录及处理

1. 按表 2-13 和表 2-14 记录及处理实验数据，并写出一组数据处理的计算过程示例。

2. 根据实验结果，分析实验误差产生的原因。

表 2-13 传热系数测定实验数据记录

序号	$q_{V水}$/(L/h)	$q_{V空气}$/(m^3/h)	T_1/℃	T_2/℃	T_1'/℃	T_2'/℃
1						
2						
3						
4						
5						
…						

表 2-14 传热系数测定实验数据处理

序号	R	P	φ	$\Delta t_{m逆}$	Δt_m	q/W	K/[W/(m^2·K)]
1							
2							
3							
4							
5							
…							

七、思考题及讨论

1. 在实验中有哪些因素影响实验的稳定性？

2. 影响传热系数 K 的因素有哪些？

3. 在传热系数测定中，冷流体的流量应维持在较小值，还是较大值？为什么？

实验八 传热综合实验

一、实验目的

1. 通过对空气-水蒸气简单套管换热器的实验研究，掌握对流传热系数 α_i 的测定方法，加深对其概念和影响因素的理解。

2. 通过对管程内部插有螺旋线圈的空气-水蒸气强化套管换热器的实验研究，掌握对流传热系数 α_i 的测定方法，加深对其概念和影响因素的理解。

3. 学会并应用线性回归分析方法，确定传热管关联式 $Nu=ARe^mPr^{0.4}$ 中常数 A、m 数值，强化管关联式 $Nu_0=BRe^mPr^{0.4}$ 中 B 和 m 数值。

4. 根据计算出的 Nu、Nu_0 求出强化比 Nu/Nu_0，比较强化传热的效果，加深理解强化传热的基本理论和基本方式。

二、实验原理

1. 普通套管换热器传热系数测定及特征数关联式的确定

(1) 对流传热系数 α_i 的测定　对流传热系数 α_i 可以根据牛顿冷却定律，通过实验来测定。因为 $\alpha_i \ll \alpha_0$，所以传热管内的对流传热系数 $\alpha_i \approx K$，K[W/(m^2·℃)]为热冷流体间的总传热系数，且：

$$K=Q_i/(\Delta t_m S_i) \tag{2-44}$$

所以

$$\alpha_i \approx \frac{Q_i}{\Delta t_m S_i} \tag{2-45}$$

式中　α_i——管内流体对流传热系数，W/(m^2·℃)；

Q_i——管内传热速率，W；

S_i——管内换热面积，m^2；

Δt_m——管内平均温度差,℃。

平均温度差由下式确定：

$$\Delta t_{mi}=t_w-t_m \tag{2-46}$$

式中　t_m——冷流体的入口、出口平均温度,℃；

t_w——壁面平均温度,℃。

因为换热器内管为紫铜管，其热导率很大，且管壁很薄，故认为内壁温度、外壁温度和壁面平均温度近似相等，用 t_w 来表示，由于管外使用蒸汽，所以 t_w 近似等于热流体的平均温度。

管内换热面积为：

$$S_i=\pi d_i L_i \tag{2-47}$$

式中　d_i——内管管内径，m；

L_i——传热管测量段的实际长度，m。

由热量衡算式：

$$Q_i=W_i C_{pi}(t_{i2}-t_{i1}) \tag{2-48}$$

其中，质量流量由下式求得：

$$W_i=\frac{V_i\rho_i}{3600} \tag{2-49}$$

式中　V_i——冷流体在套管内的平均体积流量，m^3/h；

C_{pi}——冷流体的定压比热容，kJ/(kg·℃)；

ρ_i——冷流体的密度，kg/m^3。

C_{pi} 和 ρ_i 可根据定性温度 t_m 查得，$t_m=\dfrac{t_{i1}+t_{i2}}{2}$ 为冷流体进出口平均温度。t_{i1}、t_{i2}、t_w、

V_i可采取一定的测量手段得到。

（2）对流传热系数特征数关联式的实验确定 流体在管内作强制湍流，处于被加热状态，特征数关联式的形式为：

$$Nu_i = ARe_i^m Pr_i^n \tag{2-50}$$

其中，$Nu_i=\frac{\alpha_i d_i}{\lambda_i}$，$Re_i=\frac{u_i d_i \rho_i}{\mu_i}$，$Pr_i=\frac{C_{pi}\mu_i}{\lambda_i}$。

物性数据λ_i、C_{pi}、ρ_i、μ_i可根据定性温度t_m查得。经过计算可知，对于管内被加热的空气，普朗特数Pr_i变化不大，可以认为是常数，则关联式的形式简化为：

$$Nu_i = ARe_i^m Pr_i^{0.4} \tag{2-51}$$

这样通过实验确定不同流量下的Re_i与Nu_i，然后用线性回归方法确定 A 和 m 的值。

2. 强化套管换热器传热系数、特征数关联式及强化比的测定

强化传热技术，可以使初始设计的传热面积减小，从而减小换热器的体积和重量，提高了现有换热器的换热能力，达到强化传热的目的。同时换热器能够在较低温差下工作，减少了换热器工作阻力，以减少动力消耗，更合理有效地利用能源。

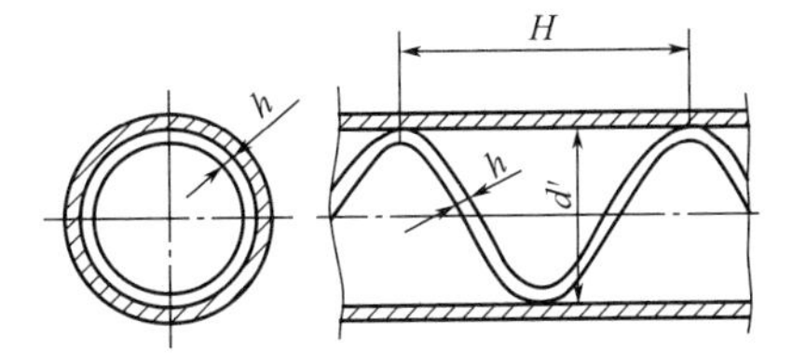

图 2-10 螺旋线圈强化管内部结构

强化传热的方法有多种，本实验装置采用了多种强化方式，其中螺旋线圈的结构如图 2-10 所示，螺旋线圈由直径 3mm 以下的铜丝和钢丝按一定节距绕成。将金属螺旋线圈插入并固定在管内，即可构成一种强化传热管。在近壁区域，流体一面由于螺旋线圈的作用而发生旋转，一面还周期性地受到线圈的螺旋金属丝的扰动，因而可以使传热强化。由于绕制线圈的金属丝直径很小，流体旋流强度也较弱，所以阻力较小，有利于节省能源。螺旋线圈是以线圈节距 H 与管内径 d 的比值以及管壁粗糙度（$2d/h$）为主要技术参数，而且长径比是影响传热效果和阻力系数的重要因素。

科学家通过实验研究总结了形式为 $Nu=ARe^m$ 的经验公式，其中 A 和 m 的值因强化方式不同而不同。在本实验中，确定不同流量下的Re_i与t_0，用线性回归方法可确定 B 和 m 的值。

单纯研究强化手段的强化效果（不考虑阻力的影响），可以用强化比的概念作为评判准则，它的形式是 Nu/Nu_0，其中 Nu 是强化管的努塞尔数，Nu_0是普通管的努塞尔数，显然，强化比 $Nu/Nu_0>1$，而且它的值越大，强化效果越好。需要说明的是，如果评判强化方式的真正效果和经济效益，则必须考虑阻力因素，阻力系数随着换热系数的增加而增加，从而导致换热性能的降低和能耗的增加，只有强化比较高且阻力系数较小的强化方式，才是最佳的强化方法。

三、实验装置

1. 实验装置流程示意图

传热综合实验装置流程如图 2-11 所示。

2. 实验设备主要技术参数

实验装置结构参数见表 2-15。

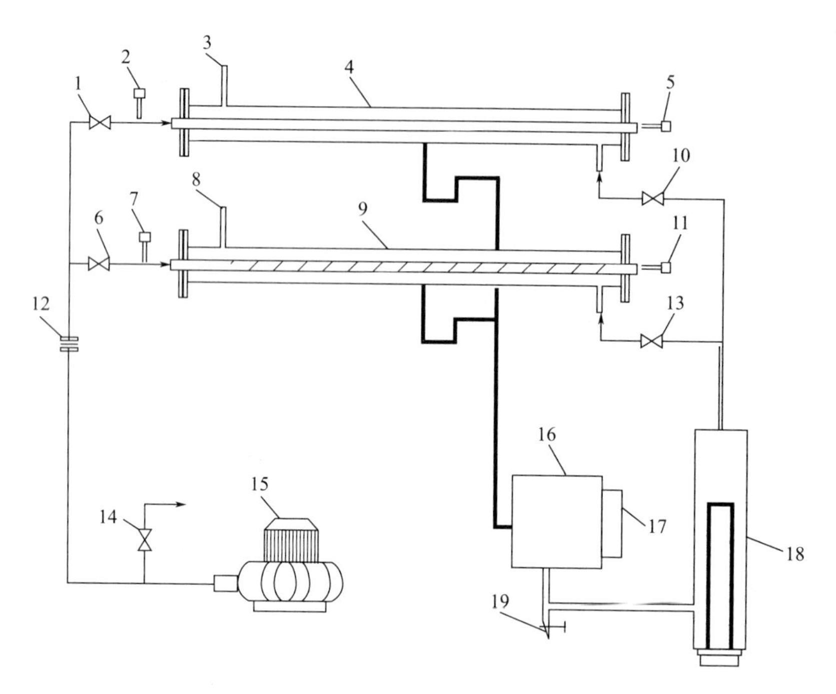

图 2-11　传热综合实验装置流程

1—普通管空气进口调节阀；2—普通管空气进口温度计；3—普通管蒸汽出口阀；4—普通套管换热器；5—普通管空气出口温度计；6—强化管空气进口调节阀；7—强化管空气进口温度计；8—强化套管蒸汽出口阀；9—内插有螺旋线圈的强化套管换热器；10—普通套管蒸汽进口阀；11—强化套管换热器出口温度计；12—孔板流量计；13—强化套管蒸汽进口阀；14—空气旁路调节阀；15—旋涡气泵；16—储水罐；17—液位计；18—蒸汽发生器；19—排水阀

表 2-15　实验装置结构参数

项目	指标
实验内管内径 d_i/mm	20.00
实验内管外径 d_o/mm	22.0
实验外管内径 D_i/mm	50
实验外管外径 D_o/mm	57.0
测量段(紫铜内管)长度 L/m	1.20
强化内管内插物(螺旋线圈)丝径 h/mm	1
强化内管内插物(螺旋线圈)节距 H/mm	40
孔板流量计孔流系数 c_0	0.65
孔板流量计孔径 d_0/m	0.014
旋涡气泵型号	XGB-2 型
加热釜操作电压/V	≤200
加热釜操作电流/A	≤10

四、实验操作步骤

1. 实验前的准备、检查工作

(1) 向储水罐中加水至液位计上端处。

(2) 检查空气流量旁路调节阀是否全开。

(3) 检查蒸汽管支路各控制阀是否已打开，保证蒸汽和空气管线的畅通。

(4) 接通电源总闸，设定加热电压，启动电加热器开关，开始加热。

2. 实验开始

(1) 关闭通向强化套管的强化套管蒸汽进口阀13，打开通向光滑套管的普通套管蒸汽进口阀10，当光滑套管换热器的普通管蒸汽出口阀3有水蒸气冒出时，可启动风机，此时要关闭强化管空气进口调节阀6，打开普通管空气进口调节阀1。在整个实验过程中始终保持换热器出口处有水蒸气冒出。

(2) 启动风机后用空气旁路调节阀14来调节流量，调好某一流量后稳定3～5min后，分别测量空气的流量、空气进出口的温度及壁面温度。然后，改变流量测量下组数据。一般从小流量到最大流量之间，要测量5～6组数据。

(3) 做完光滑套管换热器的数据后，要进行强化管换热器实验。先打开强化套管蒸汽进口阀13，全部打开空气旁路调节阀14，关闭普通套管蒸汽进口阀10，打开强化管空气进口调节阀6，关闭普通管空气进口调节阀1，进行强化管传热实验。实验方法同步骤(2)。

3. 实验结束后，依次关闭加热电源、风机和总电源。一切复原。

五、实验注意事项

1. 检查蒸汽加热釜中的水位是否在正常范围内。特别是每个实验结束后，进行下一实验之前，如果发现水位过低，应及时补给水量。

2. 必须保证蒸汽上升管线的畅通。即在给蒸汽加热釜加电压之前，两蒸汽支路阀门之一必须全开。在转换支路时，应先开启需要的支路阀，再关闭另一侧，且开启和关闭阀门必须缓慢，防止管线截断或蒸汽压力过大突然喷出。

3. 必须保证空气管线的畅通。即在接通风机电源之前，两个空气支路控制阀之一和旁路调节阀必须全开。在转换支路时，应先关闭风机电源，然后开启和关闭支路阀。

4. 调节流量后，应至少稳定3～8min后读取实验数据。

5. 实验中保持上升蒸汽量的稳定，不应改变加热电压，且保证蒸汽放空口一直有蒸汽放出。

六、数据记录及处理

1. 按表2-16记录及处理实验数据，并写出一组数据处理的计算过程示例。

2. 根据实验结果，绘制 *Re*-*Nu* 关系曲线。

3. 根据实验结果，分析实验误差产生的原因。

表2-16 实验数据记录及整理

项目	1	2	3	4	5	6
压力差/kPa						
进口温度 T_1/℃						
密度 ρ_{T1}/(kg/m³)						
出口温度 T_2/℃						
平均壁温 T_w/℃						
平均温度 a_t/℃						
密度 ρ_{at}/(kg/m³)						

续表

项目	1	2	3	4	5	6
热导率 λ_{at}/[W/(m·K)]						
比热容 $C_{p,at}$/[kJ/(kg·℃)]						
黏度 μ_{at}/Pa·s						
进出口温差 Δt/℃						
平均温度差 Δt_{mat}/℃						
进口体积 Vt_1/(m^3/h)						
平均体积 V/(m^3/h)						
平均流速 u/(m/s)						
总传热速率 Q/W						
传热系数 α_i/[W/(m^2·℃)]						
Re						
Nu						
$Nu/Pr^{0.4}$						

七、思考题

1. 在实验中，影响实验的稳定性因素有哪些？
2. 影响传热系数 K 的因素有哪些？
3. 在传热中，有哪些工程因素可以调节？在操作中主要调节哪些因素？
4. 实验过程中，冷凝水不及时排走，会产生什么影响？如何及时排走冷凝水？
5. 如果采用不同压力的蒸汽进行实验，对 α 关联式有何影响？

实验九　筛板精馏塔的操作及全塔效率测定实验

一、实验目的

1. 了解筛板式精馏塔的结构，掌握精馏过程的基本操作及调节方法。
2. 掌握塔顶和塔釜溶液浓度的实验测定方法。
3. 学习精馏塔全塔效率和单板效率的测定方法，研究回流比对精馏塔分离效率的影响。

二、实验原理

精馏利用混合物中各组分挥发度的不同将混合物进行分离。在精馏塔中，再沸器或塔釜产生的蒸气沿塔逐渐上升，来自塔顶冷凝器的回流液从塔顶逐渐下降，气液两相在塔内实现多次接触，进行传质、传热，轻组分上升，重组分下降，使混合液达到一定程度的分离。如果离开某一块塔板（或某一段填料）的气相和液相的组成达到平衡，则该板（或该段填料）称为一块理论板或一个理论级。然而，在实际操作的塔板上或某一段填料层中，由于气液两相接触时间有限，气液两相达不到平衡状态，即一块实际操作的塔板（或一段填料层）的分离效果常常达不到一块理论板或一个理论级的作用。要想达到一定的分离要求，实际操作额定塔板数总要比所需的理论塔板数多，或所需的填料层高度比理论上的高。

1. 全塔效率

一般用全塔效率来衡量板式精馏塔的分离性能。全塔效率又称为总板效率，是指达到指定分离效果所需理论塔板数与实际塔板数的比值，即：

$$E_T=\frac{N_T}{N_P}\times 100\% \tag{2-52}$$

式中　E_T——全塔效率；

N_T——理论塔板数；

N_P——实际塔板数。

对于二元物系，如已知其气液平衡数据，则根据精馏塔的原料液组成 x_F、塔顶馏出液组成 x_D、塔底釜液组成 x_W、操作回流比 R 和进料热状态参数 q，就可以用图解法或计算机模拟求出该塔的理论塔板数 N_T。

2. 单板效率

单板效率又称为莫弗里板效率，是指气相或液相经过一层实际塔板前后的组成变化值与经过一层理论塔板前后的组成变化值之比。

按气相组成变化表示的单板效率为：

$$E_{MV}=\frac{y_n-y_{n+1}}{y_n^*-y_{n+1}} \tag{2-53}$$

按液相组成变化表示的单板效率为：

$$E_{ML}=\frac{x_{n-1}-x_n}{x_{n+1}-x_n^*} \tag{2-54}$$

式中　y_n，y_{n+1}——离开第 n、$n+1$ 块塔板的气相组成，摩尔分数；

x_n，x_{n+1}——离开第 n、$n+1$ 块塔板的液相组成，摩尔分数；

y_n^*——与 x_n 成平衡的气相组成，摩尔分数；

x_n^*——与 y_n 成平衡的液相组成，摩尔分数。

在任一回流比下，只要测出进出塔板的蒸汽组成和进出该板的液相组成，再根据平衡关系就可以求得在回流比下的塔板单板效率。

3. 回流比

精馏操作中，由精馏塔塔顶返回塔内的回流液流量 L 与塔顶产品流量 D 的比值，即：

$$R=\frac{L}{D} \tag{2-55}$$

式中　L——回流液量，kmol/s；

D——流出液量，kmol/s。

回流比的大小，对精馏过程的分离效果和经济性有着重要的影响。因此，在精馏设计时，回流比是一个需认真选定的参数。

三、实验装置

1. 实验设备流程图

精馏实验装置流程如图 2-12 所示。

2. 精馏塔实验装置主要结构参数

精馏塔结构参数见表 2-17。

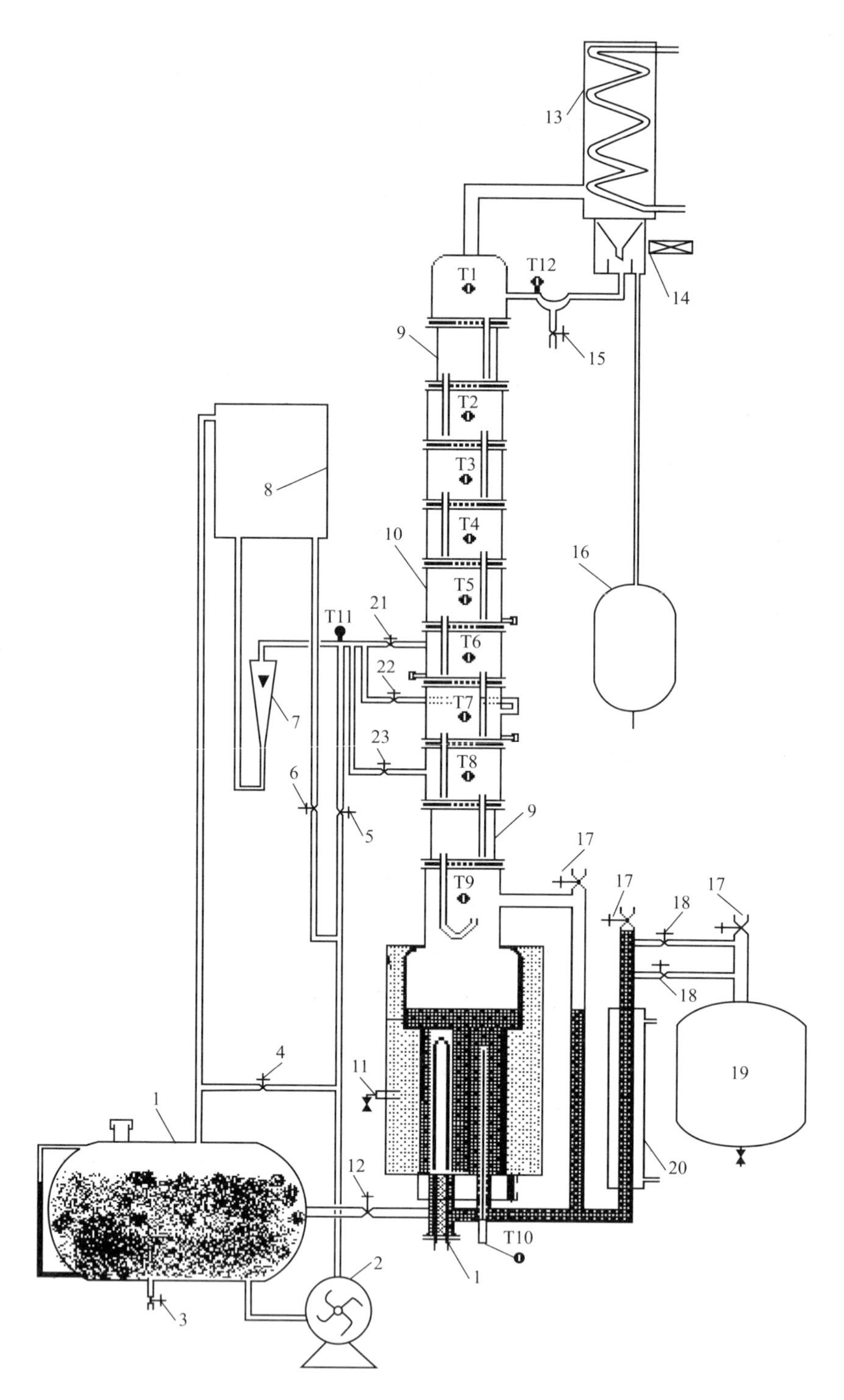

图 2-12　精馏实验装置流程

1—储料罐；2—进料泵；3—放料阀；4—料液循环阀；5—直接进料阀；6—间接进料阀；7—流量计；8—高位槽；9—玻璃观察段；10—精馏塔；11—塔釜取样阀；12—釜液放空阀；13—塔顶冷凝器；14—回流比控制器；15—塔顶取样阀；16—塔顶液回收罐；17—放空阀；18—塔釜出料阀；19—塔釜储料罐；20—塔釜冷凝器；21—第六块板进料阀；22—第七块板进料阀；23—第八块板进料阀；T1～T12—温度测点

表 2-17 精馏塔结构参数

名称	直径/mm	高度/mm	板间距/mm	板数/块	板型	孔径/mm	降液管/mm	材质
塔体	$\phi57\times3.5$	100	100	10	筛板	2.0	$\phi8\times1.5$	不锈钢
塔釜	$\phi100\times2$	300						不锈钢
塔顶冷凝器	$\phi57\times3.5$	300						不锈钢
塔釜冷凝器	$\phi57\times3.5$	300						不锈钢

3．实验仪器及试剂

（1）实验物系为乙醇-正丙醇。

（2）实验物系纯度要求化学纯或分析纯。

（3）实验物系气液平衡关系见乙醇-正丙醇平衡数据。

（4）实验物系浓度要求 15%～25%（乙醇质量分数）。

（5）浓度分析使用阿贝折光仪，折射率与溶液浓度的关系见乙醇-正丙醇体系的温度-折射率-乙醇浓度关系。

30℃下质量分数与阿贝折光仪读数之间关系可按下列回归式计算：

$$\omega=58.844116-42.61325n_D \tag{2-56}$$

式中 ω——乙醇的质量分数；

n_D——折光仪读数（折射率）。

通过质量分数求出摩尔分率（x_A），乙醇分子量为 M_A，正丙醇分子量为 M_B，公式如下：

$$x_A=\frac{\dfrac{\omega_A}{M_A}}{\dfrac{\omega_A}{M_A}+\dfrac{1-\omega_A}{M_B}} \tag{2-57}$$

四、实验步骤

1．实验前检查准备工作

（1）将与阿贝折光仪配套使用的超级恒温水浴调整运行到所需的温度，并记录这个温度。将取样用注射器和镜头纸备好。

（2）检查实验装置上的各个旋塞、阀门均应处于关闭状态。

（3）配制一定浓度（质量浓度在 20%左右）的乙醇-正丙醇混合液（总容量在 15L 左右），倒入储料罐。

（4）打开直接进料阀门和进料泵开关，向精馏釜内加料到指定高度（冷液面在塔釜总高 2/3 处），而后关闭进料阀门和进料泵。

2．实验操作

（1）全回流操作

① 打开塔顶冷凝器进水阀门，保证冷却水足量（60L/h 即可）。

② 记录室温。接通总电源开关（220V）。

③ 调节加热电压约为 130V，待塔板上建立液层后再适当加大电压，使塔内维持正常操作。

④ 当各块塔板上鼓泡均匀后，保持加热釜电压不变，在全回流情况下稳定 20min 左右。

期间要随时观察塔内传质情况直至操作稳定。然后分别在塔顶、塔釜取样口用50mL三角瓶同时取样，通过阿贝折射仪分析样品浓度。

（2）部分回流操作

① 打开间接进料阀门和进料泵，调节转子流量计，以2.0～3.0L/h的流量向塔内加料，用回流比控制调节器调节回流比为$R=4$，馏出液收集在塔顶液回收罐中。

② 塔釜产品经冷却后由溢流管流出，收集在容器内。

③ 待操作稳定后，观察塔板上传质状况，记下加热电压、塔顶温度等有关数据，整个操作中维持进料流量计读数不变，分别在塔顶、塔釜和进料三处取样，用折光仪分析其浓度并记录下进塔原料液的温度。

（3）实验结束

① 取好实验数据并检查无误后可停止实验，此时关闭进料阀门和加热开关，关闭回流比调节器开关。

② 停止加热后10min再关闭冷却水，一切复原。

③ 根据物系的t-x-y关系，确定部分回流条件下进料的泡点温度，并进行数据处理。

五、实验注意事项

1. 本实验所用物系为易燃物，在实验过程中应特别注意安全，避免洒落发生危险。

2. 开车时先开冷凝水，后对塔釜进行加热；停车时则相反。

3. 本实验设备加热功率由仪表自动调节，注意控制加热升温要缓慢，以免发生暴沸（过冷沸腾）使釜液从塔顶冲出。若出现此现象应立即断电，重新操作。升温和正常操作过程中釜的电功率不能过大。

4. 取样必须在操作稳定时进行，最好能做到同时取样。取样量要能保证乙醇比重计的浮起。

5. 操作中要使进料、出料量基本平衡，调节釜底残液出料量，维持釜内液面不变。

检测浓度使用阿贝折光仪。读取折射率时，一定要同时记录测量温度并按给定的折射率-质量百分浓度-测量温度关系测定相关数据。

6. 为便于对全回流和部分回流的实验结果（塔顶产品质量）进行比较，应尽量使两组实验的加热电压及所用料液浓度相同或相近。连续进行实验时，应将前一次实验时留存在塔釜、塔顶、塔底产品接受器内的料液倒回原料液储罐中循环使用。

六、实验数据记录与处理

按表2-18记录及处理实验数据，计算理论塔板数N_T和全塔效率E_T，并写出一组数据处理的计算过程示例。

表2-18　实验数据记录及处理

实际塔板数N_P：			实验物系：		
项目	全回流：$R=\infty$		部分回流：$R=$　　；进料量：　　L/h 进料温度：　　℃；泡点温度：　　℃		
	塔顶组成	塔釜组成	塔顶组成	塔釜组成	进料组成
折射率n					
质量分数ω/%					
摩尔分率x					
理论塔板数N_T					
全塔效率E_T/%					

七、思考题及讨论

1. 塔板效率受哪些因素影响？

2. 本实验中，进料状态为冷态进料，当进料量太大时，为什么会出现精馏段干板，甚至出现塔顶既没有回流又没有出料的现象？应如何调节？

3. 在部分回流时，如何根据全回流的数据，选择一个合适的回流比和进料口位置？

4. 测定全回流和部分回流总板效率与单板效率时各需测几个参数？取样位置应设在何处？

5. 如何判断塔的操作已达到稳定？影响精馏塔操作稳定的因素有哪些？

6. 板式塔有哪些不正常操作现象？对本实验装置，如何处理液泛或塔板漏液现象？

7. 进料量对理论塔板数有无影响？为什么？

实验十　填料精馏塔的操作及等板高度测定实验

一、实验目的

1. 熟悉填料式精馏塔的结构与精馏流程。

2. 理论联系实际，掌握精馏塔的操作。

3. 掌握填料塔等板高度的测定方法。

二、基本原理

1. 维持稳定连续精馏操作过程的条件

(1) 根据进料量及其组成、产品的分离要求，严格维持塔内的物料平衡

① 总物料平衡——在精馏塔操作时，物料的总进料量应恒等于总出料量。即：

$$F=D+W \tag{2-58}$$

式中，F 为进料量；D 为馏出液量；W 为釜液流量。当物料不平衡时，若 $F>D+W$，塔釜液面上升，会发生淹塔；相反若 $F<D+W$，会引起塔釜干料，最终导致破坏精馏塔的正常操作。

② 各组分的物料平衡——在满足总物料平衡的条件下，应同时满足下式：

$$Fx_{\mathrm{F\,i}}=Dx_{\mathrm{Di}}+Wx_{\mathrm{Wi}} \tag{2-59}$$

由上两式可以看出，当进料量 F、进料组成 $x_{\mathrm{F\,i}}$ 以及产品的分离要求 x_{Di}、x_{Wi} 一定的情况下，应保持馏出液和釜液的采出率为：

$$\frac{D}{F}=\frac{x_{\mathrm{F}}-x_{\mathrm{W}}}{x_{\mathrm{D}}-x_{\mathrm{W}}} \tag{2-60}$$

$$\frac{W}{F}=1-\frac{D}{F} \tag{2-61}$$

若塔顶采出率取得过大，即使精馏塔有足够的分离能力，塔顶仍不能获得规定的合格产物。

(2) 精馏塔的分离能力　在填料高度一定的情况下，正常的精馏操作过程要有足够的回流比，才能保证一定的分离效果，获得合格的产品，所以要根据设计的回流比严格控制回流量。则：

$$L=RD$$

式中，L 为回流液量；R 为回流比；D 为馏出液量。

（3）精馏塔操作时，应有正常的气液负荷量，避免发生不正常的操作状况

① 严重的液沫夹带现象。

② 严重的漏液现象。

③ 溢流液泛。

2. 产品不合格的原因及调节方法

（1）物料不平衡引起产品不合格

① 轻组分的采出量大于衡算关系：$Dx_D \geqslant Fx_F - Wx_W$ 即塔顶馏出液采出过多，使馏出液组成下降，其操作现象为塔顶温度逐渐升高，而塔釜温度不变。

处理方法：加大进料量，减小馏出液量。

② 或相反：$Dx_D \leqslant Fx_F - Wx_W$ 另外，进料组成的变化也会引起产品不合格。如 x_F 降低，则塔的分离能力不够，塔釜温度都升高。

处理方法：加大回流比。

（2）操作条件变化 如进料量变化，即引起物料不平衡而导致产品不合格。

进料温度变化，影响塔内气液流量变化，使传质效果恶化，结果出现会使产品不合格。

回流比的变化及塔釜加热量的变化，同样如上述结果。

3. 灵敏板温度

灵敏板温度是指一个正常操作的精馏塔当受到某一外界因素的干扰（如 R、x_F、F、采出率等发生波动时），全塔各板上的组成发生变化，全塔的温度分布也发生相应的变化，其中有一些板的温度对外界干扰因素的反应最灵敏，故称它们为灵敏板。灵敏板温度的变化可预示塔内的不正常现象的发生，可及时采取措施进行纠正。

4. 等板高度

等板高度（HETP），又称为理论板当量高度，是指填料层或喷淋塔固体颗粒移动床的一段高度，其效果与一层理论塔板或一个理论级相等。等板高度的值越小，则塔内这一段的传质效果越佳。HETP 的大小取决于填料的种类、材质与尺寸，还与塔设备的结构、尺寸、被分离体系的物性及塔操作条件等因素有关。等板高度的计算公式如下：

$$\text{HETP} = Z/N_T \tag{2-62}$$

式中 Z——填料层高度，m；

N_T——全回流或部分回流时的理论板数。

本实验在全回流状态下测定塔顶产品轻组分含量 x_D 和塔底产品轻组分含量 x_W，用图解法求出填料塔在全回流状态下的理论板数 N_T，或在部分回流下测定进料中轻组分含量 x_F、进料温度 T_F、塔顶产品中轻组分含量 x_D、回流比 R 及塔底产品轻组分含量 x_W，用图解法就可求出部分回流时的理论板数 N_T。把 Z 和两种状态下的 N_T 代入式（2-62），即可算出全回流和部分回流状态下的 HETP。

三、实验装置

1. 实验流程

精馏实验装置如图 2-13 所示。

2. 填料塔的主要参数

（1）塔釜：ϕ250mm×340mm×3mm，材质为不锈钢。

（2）塔径：D=50mm。

(3) 塔节：ϕ57mm×3.5mm（其中四节），材质为不锈钢。

(4) 塔体结构：H_1 = 500mm，H_2 = 200mm（为加料节），H_3 = 400mm，H_4 =300mm；

(5) 塔顶冷凝器：ϕ14mm×2mm 不锈钢管，盘管式冷凝器，管长 L =2500mm，冷却水走管内。

(6) 塔釜加热器：SRY-2（不锈钢），1kW 、1.2kW 各一支。

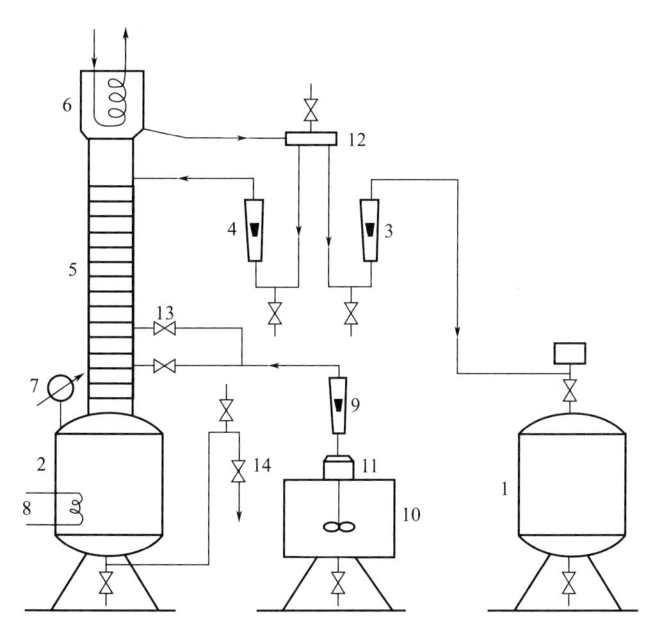

图 2-13 精馏实验装置

1—产品储槽；2—蒸馏釜；3,4,9—转子流量计；5—塔体；6—冷凝器；7—压力表；8—电加热电源；10—料液槽；11—料液输送泵；12—分配器；13—进料阀；14—釜液出料阀

四、实验步骤

1. 配制乙醇质量分数为 20%的乙醇水溶液。从加料漏斗加入塔釜，液位处于玻璃液位计高度的 2/3 处，并打开塔顶放空阀。注意，塔釜液位不能过低，否则电加热器会烧坏。

2. 调节冷却水流量。调节冷却水进口阀，使流量计的水流量稳定在 500L/h 左右。

3. 开启电源。启动控制面板上的仪表电源，启动塔釜电加热器电源，手动调节电压，刚开始加热电压可高些，如 200～220V，等塔釜温度稳定在九十几度也即釜温达泡点时，电压降至 100～120V，注意加热电压不能太高，否则会出现淹塔现象。

4. 取样分析。当全回流出现并稳定 20min 后，此时塔顶温度、塔釜温度及各测温点的温度不再发生变化，全回流处于稳定状态，从取样口取塔顶产品样分析乙醇含量 x_D，从取样口取塔釜产品分析乙醇含量 x_W。乙醇含量可采用乙醇比重计或气相色谱仪来测定。

5. 部分回流

(1) 在储料罐中配制一定浓度的乙醇-水溶液（10%～20%）。

(2) 待塔全回流操作稳定时，打开进料阀，开启进料泵电源，调节进料量至适当的流量。

(3) 启动回流比控制电源，调节回流比 R（R=1～4）。

(4) 当塔顶、塔内温度读数稳定后即可取样。

6. 实验结束

停止加料并将加热电压调为零，关闭回流比调节开关，塔顶冷凝器水阀暂不要关，待塔内温度降至室温后关水阀。

五、实验注意事项

1. 本实验所用物系为易燃物，在实验过程中应特别注意安全，避免洒落发生危险。

2. 开车时先开冷凝水，后对塔釜进行加热；停车时则相反。

3. 随时注意观察釜内压强、灵敏板温度变化，以及玻璃塔节内板上气液接触状态；并适当调节加热负荷、回流量、加料量、釜液排出量等参数，使塔内达到正常、稳定的连续精馏操作。

4. 取样必须在操作稳定时进行，最好能做到同时取样。取样量要能保证乙醇比重计的浮起。

5. 操作中要使进料、出料量基本平衡，调节釜底残液出料量，维持釜内液面不变。

六、实验数据记录及处理

按表 2-19 记录及处理实验数据，计算理论塔板数 N_T 和等板高度 HETP，并写出一组数据处理的计算过程示例。

表 2-19　实验数据记录及处理

<table>
<tr><td colspan="3">实际填料高度：　m</td><td colspan="3">实验物系：</td></tr>
<tr><td rowspan="2">项目</td><td colspan="2">全回流：$R=\infty$</td><td colspan="3">部分回流：$R=$　　；进料量：　　L/h
进料温度：　　℃；泡点温度：　　℃</td></tr>
<tr><td>塔顶组成</td><td>塔釜组成</td><td>塔顶组成</td><td>塔釜组成</td><td>进料组成</td></tr>
<tr><td>体积分数 v/%</td><td></td><td></td><td></td><td></td><td></td></tr>
<tr><td>摩尔分率 n</td><td></td><td></td><td></td><td></td><td></td></tr>
<tr><td>理论塔板数 N_T</td><td></td><td></td><td></td><td></td><td></td></tr>
<tr><td>等板高度 HETP/m</td><td></td><td></td><td></td><td></td><td></td></tr>
</table>

七、思考题及讨论

1. 填料塔的等板高度受哪些因素影响？

2. 精馏塔气液两相的流动特点是什么？

3. 操作中增加回流比的方法是什么？精馏塔在操作过程中，由于塔顶采出率太大而造成产品不合格，恢复正常的最快、最有效的方法是什么？

4. 如何判断塔的操作已达到稳定？影响精馏塔操作稳定的因素有哪些？

5. 进料量对理论塔板数有无影响？为什么？

实验十一　填料吸收传质系数测定实验

一、实验目的

1. 了解填料塔吸收装置的基本结构、流程及操作。

2. 了解填料吸收塔流体力学性能。

3. 掌握吸收塔传质系数的测定方法。

4. 了解气体空塔速度和液体喷淋密度对吸收总传质系数的影响。

二、实验原理

气体吸收是典型的传质过程之一。气体吸收过程是利用气体中各组分在同一种液体（溶剂）中溶解度的差异性而实现组分分离的过程。能溶解于溶剂的组分为吸收质或溶质 A，不溶解的组分为惰性组分或载体 B，吸收时采用的溶剂为吸收剂 S。

由于 CO_2 气体无味、无毒、廉价，因此气体吸收实验常选择 CO_2 作为溶质组分。本实验采用水吸收空气中的 CO_2 组分。

实验原理分为两部分，一是填料塔流体力学性能的测定，二是体积传质系数的测定。

1. 填料塔流体力学性能的测定

气体在填料层内的流动一般处于湍流状态。在干填料层内，气体通过填料层的压降与流速（或风量）的关系成正比。

当气液两相逆流流动时，液膜占去了一部分气体流动的空间。在相同的气体流量下，填料空隙间的实际气速有所增加，压降也有所增加。同理，在气体流量相同的情况下，液体流量越大，液膜越厚，填料空间越小，压降也越大。因此，当气液两相逆流流动时，气体通过填料层的压降要比干填料层大。

当气液两相逆流流动时，低气速操作时，膜厚随气速变化不大，液膜增厚所造成的附加压降并不显著。此时压降曲线基本与干填料层的压降曲线平行。当气速提高到一定值时，由于液膜增厚对压降影响显著，此时压降曲线开始变陡，这些点称为载点。不难看出，载点的位置不是十分明确的，但它提示人们，自载点开始，气液两相流动的交互影响已不容忽视。在实验中可以根据一些明显的现象判断出载点。如当某一喷淋密度情况下，从小到大改变风量，当风量调大并很快稳定，说明还没有到载点。当将风量调大后，其逐渐下降，说明此时塔内已开始液膜变厚，此时为载点。

自载点以后，气液两相的交互作用越来越强，当气液流量达到一定值时，两相的交互作用恶性发展，将出现液泛现象，在压降曲线上压降急剧升高，此点称为泛点。在实验中，当超过载点后，达到稳定的风量时间变长。当风量增加到一定值时，塔内液量急剧增多，压降升高，甚至从塔底排液处逸出气体。

对本实验装置，为避免由于液泛导致测压管线进水，更为严重的是防止取样管线进水，对色谱仪造成损坏，因此，只要一看到塔内明显出现液泛（一般在最上面的填料表面先出现液泛，液泛开始时，上面填料层开始积聚液体），即刻调小风量，这点希望用户切记。

本装置采用某一定水量不变时，测出不同风量下的压降。

（1）风量的测定　用转子流量计，可直接读数 q_0（m^3/h），然后通过温度和压力校正计算出实际 q 即可。

$$q=q_0\sqrt{\frac{\rho_0}{\rho_1}} \tag{2-63}$$

式中

$$\rho_1=\rho_0\frac{p_0+p_1}{P_0}\times\frac{273+t_0}{273+t_1} \tag{2-64}$$

$\rho_0=1.205\text{kg/m}^3$，$p_0=101325\text{Pa}$，$t_0=20℃$。其中 p_1 和 t_1 根据实验测得。

（2）全塔压差的读取　用 U 形管可直接读取 p_2，单位为 Pa。

2. 体积传质系数的测定

对于水吸收空气中的 CO_2，在常温、常压下，由于亨利常数很大，溶解度很小，可知

CO_2属于难溶气体，吸收属于液膜控制。因此，在本实验过程中，只对某一气量下，进行不同喷淋密度下吸收系数的测定。

根据吸收速率方程［条件：K_{xa}为常数、等温、低吸收率（或低浓度、难溶等）］：

$$G_a = K_{xa} V \Delta x_m \tag{2-65}$$

则

$$K_{xa} = G_a / (V \Delta x_m) \tag{2-66}$$

式中 K_{xa}——填料塔体积传质系数，kmol CO_2/(m³·h)；

G_a——填料塔的吸收量，kmol CO_2/h；

V——填料层的体积，m³；

Δx_m——填料塔的平均推动力。

（1）G_a的计算　已知可测出水流量q_s、空气流量q_1、水温t_2、气温t_1和气压p_1，塔底进口组成y_1和塔顶出口组成y_2可由色谱直接读出。

$$L_s = \frac{q_s \rho_s}{M_s} \tag{2-67}$$

式中 q_s——水的流量，m³/h；

ρ_s——水的密度，kg/m³，可根据水温查出；

M_s——水的摩尔质量，g/mol，取 18 g/mol。

$$G_B = \frac{q_1 \rho_1}{M_{空气}} \tag{2-68}$$

式中 q_1——空气的流量，m³/h；

p_1——空气的密度，kg/m³，可根据空气的温度查出；

$M_{空气}$——空气的摩尔质量，g/mol，取 29g/mol。

由全塔物料衡算：

$$G_a = L_s(X_1 - X_2) = G_B(Y_1 - Y_2) \tag{2-69}$$

其中，$Y_1 = \frac{y_1}{1-y_1}$，$Y_2 = \frac{y_2}{1-y_2}$。

假定$X_2 = 0$，则可计算出G_a和X_1。

（2）Δx_m的计算　根据测出的水温可插值求出亨利常数E，本实验为$p = 1$atm[1]，则$m = E/p$。

$$\Delta x_m = \frac{\Delta x_2 - \Delta x_1}{\ln \frac{\Delta x_2}{\Delta x_1}}, \begin{cases} \Delta x_2 = x_{e2} - x_2 \\ \Delta x_1 = x_{e1} - x_1 \end{cases}, \begin{cases} x_{e2} = \frac{y_2}{m} \\ x_{e1} = \frac{y_1}{m} \end{cases} \tag{2-70}$$

在H_2O-CO_2系统中m与t的关系为：$m = 0.3179t^2 + 28.389t + 725.5$。

三、实验装置

本实验是在填料塔中用水吸收空气-CO_2混合气中的CO_2，以求取填料吸收塔的流体力学和体积传质系数，其主要设备填料吸收塔的流程如图 2-14 所示。

---

[1] 1atm=101325Pa。

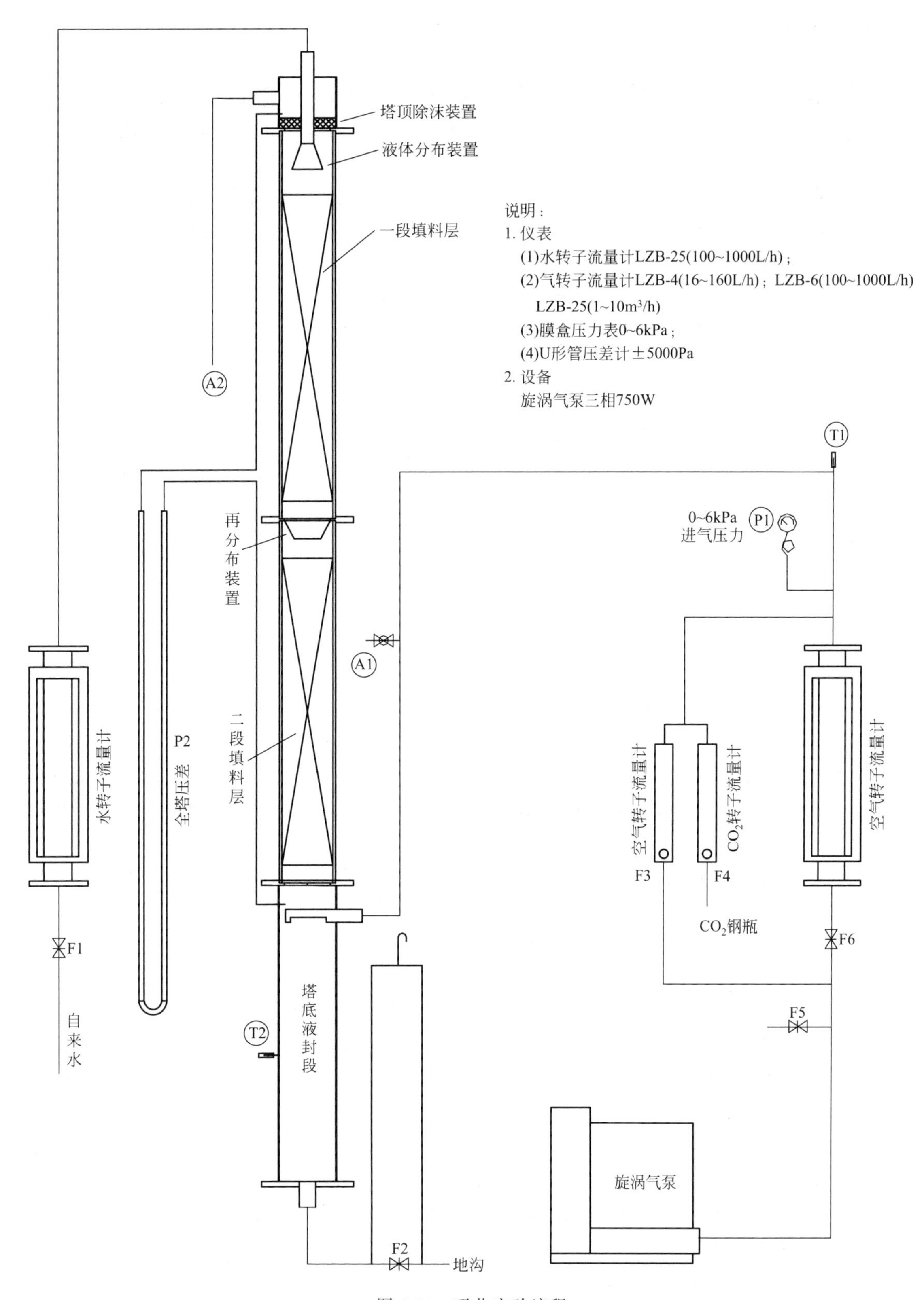

塔顶除沫装置
液体分布装置
说明：
1. 仪表
(1)水转子流量计LZB-25(100~1000L/h)；
(2)气转子流量计LZB-4(16~160L/h)；LZB-6(100~1000L/h)
LZB-25(1~10m³/h)
(3)膜盒压力表0~6kPa；
(4)U形管压差计±5000Pa
2. 设备
旋涡气泵三相750W
一段填料层
A2
T1
0~6kPa
进气压力
P1
再分布装置
A1
二段填料层
水转子流量计
P2
全塔压差
空气转子流量计
CO₂转子流量计
空气转子流量计
F3
F4
CO₂钢瓶
F1
F6
自来水
塔底液封段
T2
F5
旋涡气泵
F2
地沟

图 2-14 吸收实验流程

1. 实验流程

(1) 空气：空气由风机送来，经流量计与来自钢瓶的二氧化碳气混合后进入填料吸收塔底部，与塔顶喷淋下来的吸收剂（水）逆流接触吸收，吸收后的尾气进入大气。

(2) CO_2：钢瓶中的 CO_2 经钢瓶总阀、减压阀、针型调节阀和 CO_2 流量计后，与空气混合。

(3) 水：吸收用水经流量计计量后送入吸收塔顶部，吸收液自塔底流出排入地沟。

(4) 取样：在吸收塔气相进、出口管上设有取样口，取样采用手工取样。

2. 主设备参数

(1) 填料塔：陶瓷拉西环 ϕ10mm；内塔径 100mm；填料层高 1200mm。

(2) 气泵：旋涡气泵 750W/380V。

(3) 转子流量计：空气 LZB25（1～10m^3/h），LZB6（100～1000L/h），LZB4（16～160L/h）；水 LZB25（100～1000L/h）。

(4) 温度：Pt100，t_1 为风温（需经校正）；t_2 为水温。

(5) 压力：U 形管压力计，±5000Pa，全塔压差 p_2；膜盒压力表，进气风压 p_1，6kPa。

四、实验步骤

1. 填料塔流体力学性能测定

实验前阀 F5 为全开，其他阀均为全关闭状态。

(1) 开总电源，打开仪表电源开关。

(2) 开自来水 F1，使流量约调到 400L/h。

(3) 启动风机，开启 F8（或适当关小 F5），调节风量分别为 2m^3/h、3m^3/h、4m^3/h、5m^3/h、6m^3/h、7m^3/h、8m^3/h、9m^3/h、10m^3/h，共 9 组不同流量。风量每次调节至稳定后，分别记录不同风量 q_0 下的全塔压差 p_2（特别说明：经过计算和比较，因为风温和风压变化不大，对风量影响不大，因此对做流体力学性能实验时，往往直接读出风量和全塔压差即可）。

(4) 分别将水量稳定在 300L/h、200L/h、0，重复第 4 步。一定注意，在水量大于 200L/h 后，最大风量达不到 10m^3/h 时，就出现液泛现象，应及时调小风量。

(5) 全开 F5，关闭 F1、F6，停风机，使设备复原。

2. 体积传质系数的测定

实验前检查阀门，F5 全开，F3、F4 半开（空气和 CO_2 转子流量计下的调节阀切记不可全开，更不能全关；全开容易形成气压太低，气量受塔内水量变化影响较大，不容易保证气量的定常流动。而此阀若全关，极易造成流量计前憋压而使连接软管脱落）。其他阀门全关。

另外说明，本测定适合在小风量下进行，所以只开启小空气转子流量计，因为风量很小，经过孔板压差计的压差几乎读不出来，又因风量不变，因此风量可作为输入值。这里采用小风量有两个原因：一是风量大，液量变化范围受限制，液量大很容易造成液泛，影响实验数据点数量；二是风量大，CO_2 的用量也随着消耗大增，可能一瓶气用的时间很短。但主要原因还是实验点受限制。

(1) 开启 F1，使流量约调到 200L/h。

(2) 启动风机，开启 F3（或适当关小 F5），调节风量到预定值 400～600L/h。

(3) 全开 CO_2 钢瓶总阀，根据 CO_2 流量计读数微开减压阀，可微微调节 F4 使 CO_2 流量在120～160L/h。实验过程中维持此流量不变。

特别提示：由于从钢瓶中经减压释放出来的CO_2，流量需要一定稳定时间，因此，为减少不必要的先开水和先开风机的电浪费，最好将此步骤先提前半个小时进行，约半个小时后，CO_2流量可以达到稳定，然后再开水和风机。

（4）至少稳定5min后，取进出口气样分析。一般情况下，在维持进口风量和CO_2流量不变情况下，进口组成只取一次即可。而出口组成则随水量改变而改变。

（5）依次改变水量350L/h、500L/h、700L/h，至少稳定5min后可只取出口样分析。

（6）实验完毕后，先关CO_2钢瓶总阀，等用户压力为0时，关闭减压阀，再关F4；关F1停自来水；关F3后停气泵；关总电源。

五、注意事项

1. 查看三相电指示灯，若不全亮，切不可开泵和风机，避免二相电损坏电机。应检查看是指示灯问题还是缺相，缺相一定先修好后先实验。

2. 在初次使用、线路改动或搬动装置时，应检查风机的转向是否正确。

3. 在操作时，一定要注意液泛的发生，若测压管线进水应拔掉管插头放出水，检验测压管线内是否有水。特别注意，进样管内不得有水，否则可能损坏进样泵和色谱仪。

4. 若长时间不做实验，开F3、F4放净塔下部水封和水槽中的水，以免冬天结冰损坏设备。

六、实验数据记录及处理

1. 按表2-20和表2-21记录实验数据，并写出一组数据处理的计算过程示例。

2. 在双对数坐标上绘出不同水量下的流体力学性能，找出规律和载液点。

3. 计算不同条件下的填料吸收塔的液相体积总传质系数。

4. 在双对数坐标上绘出K_{xa}与水喷淋密度之间的关系曲线。

表2-20 全手动流体力学数据测定记录

<table>
<tr><th colspan="2">水量=0</th><th colspan="2">水量=200L/h</th><th colspan="2">水量=300L/h</th><th colspan="2">水量=400L/h</th></tr>
<tr><th>转子流量计风量/(m³/h)</th><th>U形管全塔压差P_2/Pa</th><th>转子流量计风量/(m³/h)</th><th>U形管全塔压差P_2/Pa</th><th>转子流量计风量/(m³/h)</th><th>U形管全塔压差P_2/Pa</th><th>转子流量计风量/(m³/h)</th><th>U形管全塔压差P_2/Pa</th></tr>
<tr><td>2</td><td></td><td>2</td><td></td><td>2</td><td></td><td>2</td><td></td></tr>
<tr><td>3</td><td></td><td>3</td><td></td><td>3</td><td></td><td>3</td><td></td></tr>
<tr><td>4</td><td></td><td>4</td><td></td><td>4</td><td></td><td>4</td><td></td></tr>
<tr><td>5</td><td></td><td>5</td><td></td><td>5</td><td></td><td>5</td><td></td></tr>
<tr><td>6</td><td></td><td>6</td><td></td><td>6</td><td></td><td>6</td><td></td></tr>
<tr><td>7</td><td></td><td>7</td><td></td><td>7</td><td></td><td>7</td><td></td></tr>
<tr><td>8</td><td></td><td>8</td><td></td><td>8</td><td></td><td colspan="2" rowspan="3">液泛区</td></tr>
<tr><td>9</td><td></td><td>9</td><td></td><td colspan="2" rowspan="2">液泛区</td></tr>
<tr><td>10</td><td></td><td colspan="2"></td></tr>
</table>

水温＝　　　　空气流量＝　　　　气温＝

气压＝　　　　CO_2流量＝　　　　空气进口组成＝

表 2-21 传质系数测定记录

序号	水 L_s /(L/h)	气相组成		空气 G_a /(kmol/h)	Δx_m	L_s' /[kmol/(m^2·h)]	K_{xa} /[kmol/(m^3·h)]	备注
		y_1	y_2					
1	200							
2	350							
3	600							
4	700							

七、思考题

1. 本实验中，为什么塔底要有液封？液封高度如何确定？
2. 测定 K_{xa}有什么工程意义？
3. 根据实验数据分析用水吸收二氧化碳的过程是气膜控制还是液膜控制？
4. 液泛的特征是什么？本装置的液泛现象是从塔顶部开始还是从塔底部开始？如何确定液泛气速？
5. 试分析空塔气速和喷淋密度这两个因素对吸收系数的影响。在本实验中，哪个因素是主要的？为什么？
6. 要提高吸收液的浓度有什么办法（不改变进气浓度）？同时会带来什么问题？

实验十二 流化干燥塔的操作及干燥速率曲线测定实验

一、实验目的

1. 熟悉流化床干燥器的结构及操作方法。
2. 掌握流化干燥速率曲线的测定方法。
3. 了解影响干燥速率曲线的因素。

二、实验原理

固体干燥是一个重要的化工单元操作，流化干燥是主要的干燥方法之一。干燥操作是采用某种方式将热量传给含水物料，使含水物料中的水分蒸发分离的单元操作，在化工、轻工以及农林渔业产品的加工等领域有广泛的应用。

干燥操作不仅涉及气、固两相间的传热和传质，而且涉及湿分以气态或液态的形式自物料内部向表面传质的机理。由于物料的含水性质和物料的形状及内部结构不同，干燥过程速率受到物料性质、含水量、含水性质、热介质性质和设备类型等各种因素的影响。目前，尚无成熟的理论方法来计算干燥速率，工业上仍需依赖于实验解决干燥问题。

确定湿物料的干燥条件，例如，已知干燥要求，当干燥面积一定时，确定所需干燥时间，或干燥时间一定时，确定所需干燥面积。因此必须掌握物料的干燥特性，即干燥速率曲线。将湿物料置于一定的干燥条件下，即有一定湿度、温度和速度的大量热空气流中，测定被干燥物料的质量和温度随时间的变化。

如图 2-15 所示，干燥过程可分为三个阶段：AB 为物料预热阶段；BC 为恒速干燥阶段；CDE 为降速干燥阶段。在预热阶段，热空气向物料传递热量，物料温度上升。当物料表面温度达到湿空气的湿球温度，传递的热量只用来蒸发物料表面水分，其干燥速率不变，为恒速干燥阶段，此时物料表面存有液态水。在物料表面不存在液态水，水分由物料内部向表面扩散，其扩散速率小于水分蒸发速率，则物料表面变干，表面温度开始上升，为降速干燥阶段，最后物料的含水量达到该空气条件下的平衡含水量 X^*。恒速干燥阶段与降速干燥阶段的交点为临界含水量 X_c。

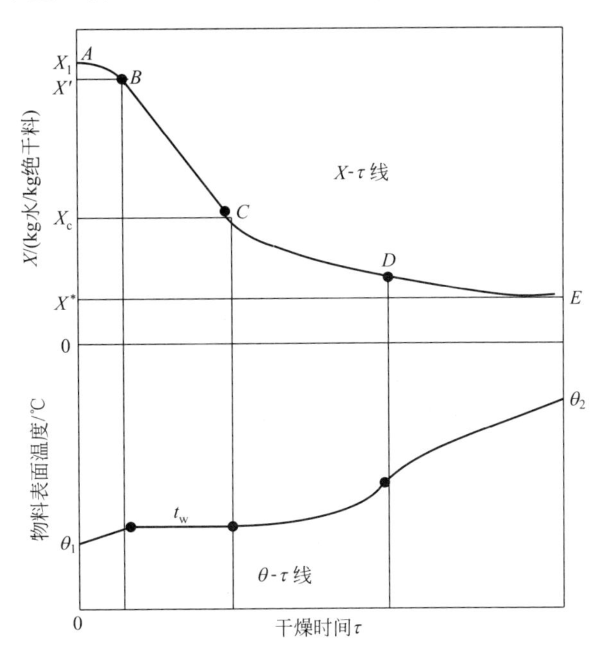

图 2-15 恒定干燥条件下物料干燥实验曲线

干燥速率即水分汽化速率，可用单位时间单位干燥面积汽化的水分量表示：

$$u=N_A=\frac{dW}{A\,d\tau} \tag{2-71}$$

式中 u——干燥速率，kg 水/(m^2·h)；

W——汽化的水分量，kg；

A——物料的干燥表面积，m^2；

τ——干燥时间，h。

干燥速率也可用单位干物料在单位时间内所汽化的水分量表示：

$$u'=N'_A=\frac{dW}{G_c\,d\tau} \tag{2-72}$$

式中 u'——干燥速率，kg 水/(kg 绝干料·h)；

G_c——干物料质量，kg。

由于 $dW=-G_c dX$，所以：

$$N'_A=\frac{dG}{G_c\,d\tau}=\frac{dX}{d\tau} \tag{2-73}$$

式中 X——干基含水量，kg 水/kg 绝干料，$X=\frac{W}{G_c}=\frac{G-G_c}{G_c}$。

以干燥实验曲线中含水量 X 对干燥时间 τ 的斜率 $\Delta\tau$ 对干基含水量 X 标绘，即得干燥

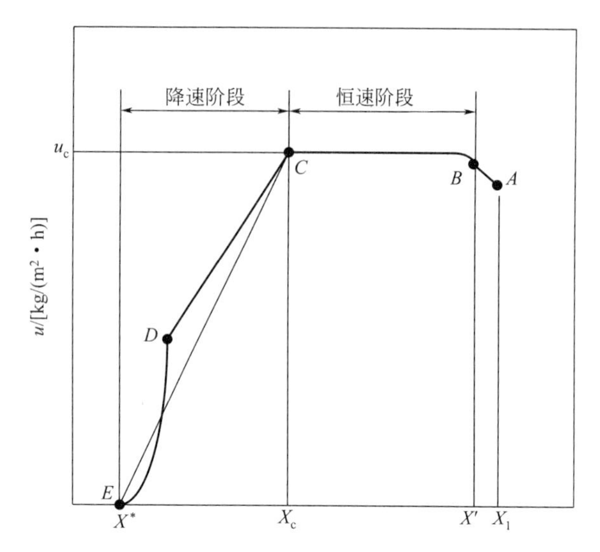

图 2-16 恒定干燥条件下的干燥速率曲线

速率曲线，如图 2-16 所示。

应该注意，干燥特性曲线、临界含水量均明显地受到物料和热空气的接触状态（与干燥器种类有关）、物料大小、形态的影响。例如，对于粉状物料，一粒粒呈分散状态在热空气中进行干燥时，其干燥面积大，一般其临界含水量低，干燥容易；若呈堆积状态，使热空气平行流过堆积物料表面进行干燥，其临界含水量高，干燥速率也慢。

三、实验装置

流化干燥实验装置流程如图 2-17 所示。

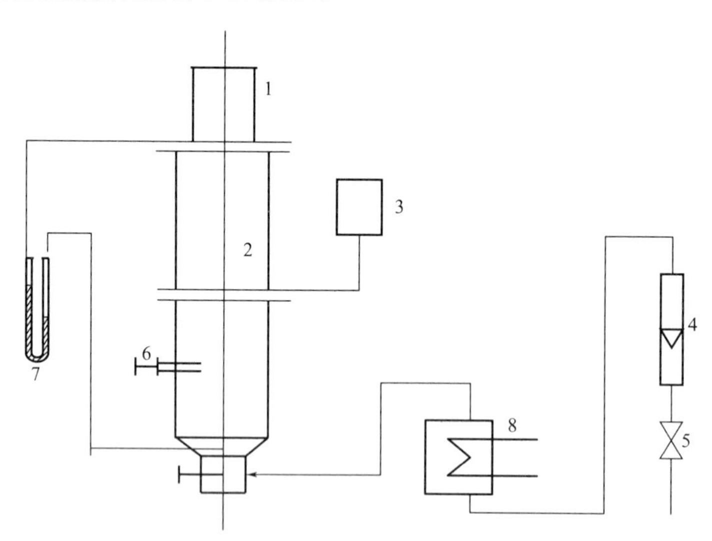

图 2-17 流化干燥实验装置流程

1—除尘器（袋滤器）(ϕ130mm×120mm)；2—干燥塔塔体（ϕ146mm×8mm 优质高温玻璃）；3—加水器（0～400mL）；4—气体转子流量计（LZB-25 型，2.5～25m³/h）；5—流量调节阀；6—固体物料取样器（2.3g/次）；7—压差计（±50cm 水）；8—电加热器（3kW）

实验用干燥物料为 30～40 目变色硅胶。

四、实验步骤

1. 接通气源并缓慢调节风量，使干燥塔中颗粒物料处于良好的流化状态（注意压差计读数，勿使测压指示液冲出）。

2. 向加水器中加入适量的水，调节加水器下部铜旋塞，勿使注入干燥塔的水流速度过大，加水时应使取样器保持拉出位置，同时塔内处于流化状态。

3. 接通电源，在智能温度调节仪 AI-708 上设定控制温度 95～100℃预热空气。

4. 在气体的流量和温度维持一定的条件下，每隔 10min 记录一次床层温度，并取样分析一次，直至床层中的硅胶变为蓝色即可停止。固体物料取样时，把取样器推入，随即拉出即可。

5. 实验停止步骤是：先关闭加热电源开关，待床层冷却后，再停止送风。

五、实验注意事项

1. 严禁在风机关闭的状态下，接通加热器电源。

2. 向加水器中加入适量的水，调节加水器下部铜旋塞，勿使注入干燥塔的水流速度过大，加水时应使取样器保持拉出位置，同时塔内处于流化状态。

3. 实验中风机旁路阀门不要全关。放空阀实验前后应全开，实验中应全关。

4. 由于干燥后的硅胶极易吸水，在取出样品称重时，必须将试样瓶盖严，称重后则取下盖子放入烘箱烘干，样品自烘箱取出时，也必须盖严后再去称重。

5. 注意节约使用硅胶并严格控制加水量，水量不能过大，小于 0.5mm 粒径的硅胶也可用来作为被干燥的物料，只是干燥过程中旋风分离器不易将细粉粒分离干净而被空气带出。

6. 当更换硅胶物料时，可将吸尘器的皮管伸入塔体内，即可全部吸出。

六、实验数据记录及处理

1. 按表 2-22 和表 2-23 记录及处理实验数据，并写出一组数据处理的计算过程示例。

2. 根据实验结果绘制干燥实验曲线和干燥速率曲线，并确定恒定干燥速率、临界含水量和平衡含水量。

表 2-22　流化干燥实验原始数据记录

室温：　℃		相对湿度：　%		压差计读数：　cm	
序号	容器质量 G_1/g	湿料与容器质量 G_2/g	干料与容器质量 G_3/g	床层温度/℃	中间温度/℃
1					
2					
3					
4					
5					
…					

表 2-23　流化干燥实验数据处理

序号	湿料质量 G/g	干料质量 G_c/g	干基含水量 X /(kg 水/kg 绝干料)	ΔX /(kg 水/kg 绝干料)	干燥速率 u' /[kg 水/(kg 绝干料・h)]
1					
2					
3					
4					
5					
…					

七、思考题

1. 在 70～80℃的空气流中干燥，经过相当长的时间，能否得到绝干料？

2. 测定干燥速率曲线的意义何在？

3. 有一些物料在热气流中干燥，要求热空气相对湿度要小，而有一些物料则要在相对湿度较大些的热气流中干燥，这是为什么？

4. 为什么在操作中，要先开鼓风机送风，而后再通电加热？

5. 空气的进口温度是否越高越好？

实验十三　洞道式干燥器的操作及干燥速率曲线测定实验

一、实验目的

1. 熟悉洞道式干燥器的结构及操作方法。

2. 掌握物料含水量、干燥曲线和干燥速率曲线的测定方法。

3. 通过实验加深对物料临界含水量 X_c 概念及其影响因素的理解。

4. 了解恒速干燥阶段物料与空气之间对流传热系数的测定方法。

二、实验原理

当湿物料与干燥介质接触时，物料表面的水分开始汽化，并向周围介质传递。根据介质传递特点，干燥过程可分为两个阶段。

第一阶段为恒速干燥阶段。干燥过程开始时，由于整个物料湿含量较大，其物料内部水分能迅速到达物料表面。此时干燥速率由物料表面水分的汽化速率所控制，故此阶段称为表面汽化控制阶段。这个阶段中，干燥介质传给物料的热量全部用于水分的汽化，物料表面温度维持恒定（等于热空气湿球温度），物料表面的水蒸气分压也维持恒定，干燥速率恒定不变，故称为恒速干燥阶段。

第二阶段为降速干燥阶段。当物料干燥其水分达到临界湿含量后，便进入降速干燥阶段。此时物料中所含水分较少，水分自物料内部向表面传递的速率低于物料表面水分的汽化速率，干燥速率由水分在物料内部的传递速率所控制，称为内部迁移控制阶段。随着物料湿含量逐渐减小，物料内部水分的迁移速率逐渐降低，干燥速率不断下降，故称为降速干燥阶段。

恒速段干燥速率和临界含水量的影响因素主要有固体物料的种类和性质、固体物料层的厚度或颗粒大小、空气的温度、湿度和流速以及空气与固体物料之间的相对运动方式等。

恒速段干燥速率和临界含水量是干燥过程研究和干燥器设计的重要数据。本实验在恒定干燥条件下对帆布物料进行干燥，测绘干燥曲线和干燥速率曲线，目的是掌握恒速段干燥速率和临界含水量的测定方法及其影响因素。

1. 干燥速率测定

$$U=\frac{\mathrm{d}W'}{S\mathrm{d}\tau}\approx\frac{\Delta W'}{S\Delta\tau} \tag{2-74}$$

式中 U——干燥速率，kg/(m² · h)；

S——干燥面积，m² (实验室现场提供)；

$\Delta\tau$——时间间隔，h；

$\Delta W'$——$\Delta\tau$ 时间间隔内干燥汽化的水分量，kg。

2. 物料干基含水量

$$X=\frac{G'-G'_{\mathrm{c}}}{G'_{\mathrm{c}}} \tag{2-75}$$

式中 X——物料干基含水量，kg水/kg绝干料；

G'——固体湿物料的量，kg；

G'_{c}——绝干料量，kg。

3. 恒速干燥阶段对流传热系数的测定

$$U_{\mathrm{c}}=\frac{\mathrm{d}W'}{S\mathrm{d}\tau}=\frac{\mathrm{d}Q'}{r_{t_{\mathrm{w}}}S\mathrm{d}\tau}=\frac{\alpha(t-t_{\mathrm{w}})}{r_{t_{\mathrm{w}}}} \tag{2-76}$$

$$\alpha=\frac{U_{\mathrm{c}}r_{t_{\mathrm{w}}}}{t-t_{\mathrm{w}}} \tag{2-77}$$

式中 α——恒速干燥阶段物料表面与空气之间的对流传热系数，W/(m² · ℃)；

U_{c}——恒速干燥阶段的干燥速率，kg/(m² · s)；

t_{w}——干燥器内空气的湿球温度,℃；

t——干燥器内空气的干球温度,℃；

$r_{t_{\mathrm{w}}}$——t_{w}℃下水的汽化热，J/kg。

4. 干燥器内空气实际体积流量的计算

由节流式流量计的流量公式和理想气体的状态方程可推导出：

$$V_t=V_{t_0}\frac{273+t}{273+t_0} \tag{2-78}$$

式中 V_t——干燥器内空气实际流量，m³/s；

t_0——流量计处空气的温度,℃；

V_{t_0}——常压下 t_0℃时空气的流量，m³/s；

t——干燥器内空气的温度,℃。

$$V_{t_0}=C_0A_0\sqrt{\frac{2\Delta p}{\rho}} \tag{2-79}$$

$$A_0=\frac{\pi}{4}d_0^2 \tag{2-80}$$

式中 C_0——流量计流量系数，$C_0=0.65$；

d_0——节流孔开孔直径，m，$d_0=0.035$m；

A_0——节流孔开孔面积，m²；

Δp——节流孔上下游两侧压力差，Pa；

ρ——孔板流量计处 t_0 时空气的密度，kg/m^3。

三、实验装置

1. 洞道式干燥器实验装置流程图

洞道式干燥器实验装置流程如图 2-18 所示。

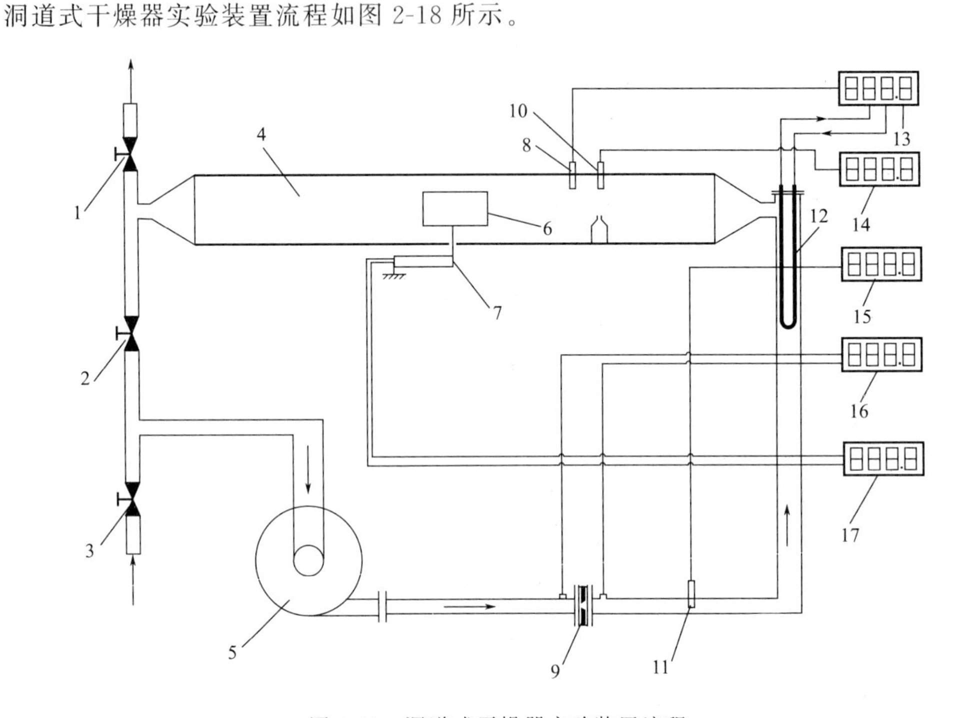

图 2-18 洞道式干燥器实验装置流程

1—废气排出阀；2—废气循环阀；3—空气进气阀；4—洞道干燥器；5—风机；6—干燥物料；7—质量传感器；8—干球温度计；9—孔板流量计；10—湿球温度计；11—空气进口温度计；12—加热器；13—干球温度显示仪表；14—湿球温度显示仪表；15—进口温度显示仪表；16—流量压差显示仪表；17—质量显示仪表

2. 实验装置基本情况

洞道尺寸为长 1.16m、宽 0.19m、高 0.24m；加热功率为 500～1500W；空气流量为 1～5m^3/min；干燥温度为 40～120℃；质量传感器显示仪量程 0～200g；干球温度计、湿球温度计显示仪量程 0～150℃；孔板流量计处温度计显示仪量程 0～100℃；孔板流量计压差变送器和显示仪量程 0～10kPa；电子秒表绝对误差为 0.5s。

四、实验步骤

1. 将干燥物料（帆布）放入水中浸湿，将放湿球温度计纱布的烧杯装满水。

2. 调节送风机吸入口的空气进气阀 3 到全开的位置后启动风机。

3. 通过废气排出阀 1 和废气循环阀 2 调节空气到指定流量后，开启加热电源。在智能仪表中设定干球温度，仪表自动调节到指定的温度。

4. 在空气温度、流量稳定条件下，读取质量传感器测定支架的质量并记录下来。

5. 把充分浸湿的干燥物料（帆布）6 固定在质量传感器 7 上，并与气流平行放置。

6. 在系统稳定状况下，记录干燥时间每隔 2min 时干燥物料减小的质量，直至干燥物料的质量不再明显减小为止。

7. 改变空气流量和空气温度，重复上述实验步骤并记录相关数据。

8. 实验结束时，先关闭加热电源，待干球温度降至常温后关闭风机电源和总电源。一切复原。

五、实验注意事项

1. 质量传感器的量程为 0～200g，精度比较高，所以在放置干燥物料时务必轻拿轻放，以免损坏或降低质量传感器的灵敏度。

2. 当干燥器内有空气流过时才能开启加热装置，以避免干烧损坏加热器。

3. 干燥物料要保证充分浸湿但不能有水滴滴下，否则将影响实验数据的准确性。

4. 实验进行中不要改变智能仪表的设置。

六、实验数据记录与处理

1. 按表 2-24 记录及处理实验数据，并写出一组数据处理的计算过程示例。

2. 根据实验结果绘制干燥实验曲线和干燥速率曲线，并确定恒定干燥速率、临界含水量、平衡含水量。

3. 计算出恒速干燥阶段物料与空气之间的对流传热系数。

表 2-24 干燥实验数据记录及处理

空气孔板流量计读数 R： kPa；流量计处的空气温度 t_0： ℃；干球温度 t： ℃

湿球温度 t_w： ℃；框架质量 G_D： g；绝干物料质量 G_C： g

干燥面积 S： m²；洞道截面积： m²

序号	累计时间 τ/min	总质量 G_T/g	干基含水量 X/(kg/kg)	平均含水量 X_{AV}/(kg/kg)	U/[$\times10^4$kg/(s·m²)]
1					
2					
3					
4					
5					
…					

七、思考题

1. 在 70～80℃的空气流中干燥，经过相当长的时间，能否得到绝对干料？

2. 测定干燥速率曲线的意义何在？

3. 如果 t 和 t_w 不变，增加风速，干燥速率如何变化？

4. 其他条件不变，湿物料最初的含水量大小对其干燥速率曲线有何影响？为什么？

5. 湿物料的平衡水分 X^* 数值大小受哪些因素的影响？

实验十四 液液萃取实验

一、实验目的

1. 熟悉转盘萃取塔的基本结构以及实现萃取操作的基本流程。

2. 观察萃取塔内桨叶在不同转速下，分散相液滴变化情况和流动状态。

3. 掌握转盘萃取塔性能的测定方法。

二、实验原理

1. 液液萃取过程

对于液体混合物的分离，除可采用蒸馏方法外，还可采用萃取方法。即在液体混合物（原料液）中加入一种与其基本不相混溶的液体作为溶剂，利用原料液中的各组分在溶剂中溶解度的差异来分离液体混合物。此即液液萃取，简称萃取。选用的溶剂称为萃取剂，以字母 S 表示，原料液中易溶于 S 的组分称为溶质，以字母 A 表示，原料液中难溶于 S 的组分称为原溶剂或稀释剂，以字母 B 表示。

萃取操作一般是将一定量的萃取剂和原料液同时加入萃取器中，在外力作用下充分混合，溶质通过相界面由原料液向萃取剂中扩散。两液相由于密度差而分层。一层以萃取剂 S 为主，溶有较多溶质，称为萃取相，用字母 E 表示，另一层以原溶剂 B 为主，且含有未被萃取完的溶质，称为萃余相，以 R 表示。萃取操作并未把原料液全部分离，而是将原来的液体混合物分为具有不同溶质组成的萃取相 E 和萃余相 R。通常萃取过程中一个液相为连续相，另一个液相以液滴的形式分散在连续的液相中，称为分散相。液滴表面积即为两相接触的传质面积。

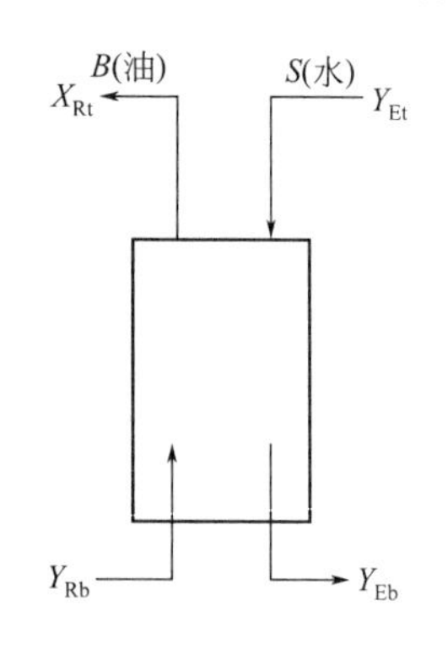

图 2-19　萃取过程单元

S—水流量；B—油流量；Y—水浓度；X—油浓度；下标 E—萃取相；下标 t—塔顶；下标 R—萃余相；下标 b—塔底

本实验操作中，以水为萃取剂，从煤油中萃取苯甲酸。所以，水相为萃取相（又称为连续相、重相），用字母 E 表示，煤油相为萃余相（又称为分散相、轻相），用字母 R 表示。萃取过程中，苯甲酸部分地从萃余相转移至萃取相。

2. 液液传质单元数 N_{OE}

与精馏、吸收过程类似，由于过程的复杂性，萃取过程也可以分解为理论级和级效率以及传质单元数和传质单元高度。对于转盘塔、振动塔这类微分接触的萃取塔，一般采用传质单元数和传质单元高度来处理。

传质单元数表示过程分离难易的程度。图 2-19 为萃取过程单元，对于稀溶液，按萃取相传质单元数的计算公式为：

$$N_{OE}=\int_{Y_{Et}}^{Y_{Eb}}\frac{dY_E}{Y_E^*-Y_E} \tag{2-81}$$

式中　Y_{Et}——苯甲酸进入塔顶的萃取相质量比组成，kg 苯甲酸/kg 水，本实验中 $Y_{Et}=0$。

Y_{Eb}——苯甲酸离开塔底萃取相质量比组成，kg 苯甲酸/kg 水；

Y_E——苯甲酸在塔内某一高度处萃取相质量比组成，kg 苯甲酸/kg 水；

Y_E^*——与苯甲酸在塔内某一高度处萃余相组成 X_R 成平衡的萃取相中的质量比组成，kg 苯甲酸/kg 水。

利用 Y_E-X_R 图上的分配曲线（平衡曲线）与操作线，可求得 $\frac{1}{Y_E^*-Y_E}$-Y_E 关系再进行图解积分，可求得 N_{OE}。对于水-煤油-苯甲酸物系，Y_{Et}-X_R 图上分配曲线可实验测绘。

3. 传质单元高度 H_{OE}

传质单元高度表示设备传质性能的好坏，可由下式表示：

$$H_{OE}=\frac{H}{N_{OE}} \tag{2-82}$$

式中 H_{OE}——以萃取相为基准的传质单元高度；

H——萃取塔的有效接触高度。

已知塔高 H 和传质单元数 N_{OE}，可由上式求出 H_{OE} 的数值。H_{OE} 越大，设备效率越低。影响萃取设备传质性能的因素很多，主要有设备结构因素、两相物性因素、操作因素以及外加能力的形式和大小等。

三、实验装置

1. 实验装置示意图

萃取塔实验装置流程如图 2-20 所示。

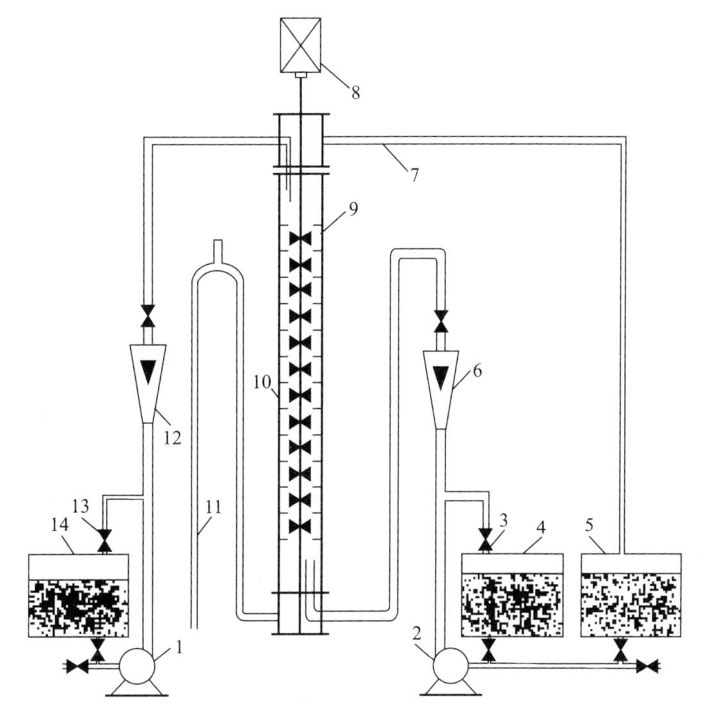

图 2-20 萃取塔实验装置流程

1—水泵；2—油泵；3—煤油回流阀；4—煤油原料箱；5—煤油回收箱；6—煤油流量计；7—回流管；8—电机；9—萃取塔；10—桨叶；11—π 形管；12—水转子流量计；13—水回流阀；14—水箱

2. 实验装置流程

本塔为桨叶式旋转萃取塔，塔身采用硬质硼硅酸盐玻璃管，塔顶和塔底玻璃管端扩口处，通过增强酚醛压塑法兰、橡胶圈、橡胶垫片与不锈钢法兰连接，密封性能好。塔内设有 16 个环形隔板，将塔身分为 15 段。相邻两隔板间距 40mm，每段中部位置设有在同轴上安装的由 3 片桨叶组成的搅动装置。搅拌转动轴底端装有轴承，顶端经轴承穿出塔外与安装在塔顶上的电机主轴相连。电动机为直流电动机，通过调压变压器改变电机电枢电压的方法作无级变速。操作时的转速控制由指示仪表给出相应的电压值来控制。塔下部和上部轻重两相的入口管分别在塔内向上或向下延伸约 200mm，分别形成两个分离段，轻重两相将在分离段内分离。萃取塔的有效高度 H，则为轻相入口管管口到两相界面之间的距离。

本实验以水为萃取剂，从煤油中萃取苯甲酸。水相为萃取相（用字母 E 表示，本实验又称为连续相、重相），煤油相为萃余相（用字母 R 表示，本实验中又称为分散相、轻相）。轻相入口处，苯甲酸在煤油中的浓度应保持在 0.0015～0.0020kg 苯甲酸/kg 煤油之间为宜。轻相由塔底进入，作为分散相向上流动，经塔顶分离段分离后由塔顶流出；重相由塔顶进入作为连续相向下流动至塔底经 π 形管流出；轻重两相在塔内呈逆向流动。在萃取过程中，苯甲酸部分地从萃余相转移至萃取相。萃取相及萃余相进出口浓度由容量分析法测定。考虑水与煤油是完全不互溶的，且苯甲酸在两相中的浓度都很低，可认为在萃取过程中两相液体的体积流量不发生变化。

3. 实验装置主要技术参数

（1）萃取塔的几何尺寸：塔径 $D=37$mm，塔身高度 $h=1000$mm，萃取塔有效高度 $H=750$mm。

（2）水泵、油泵：CQ 型磁力驱动泵，型号 WD50/025，电压 380V，功率 250W，扬程 10.5m。

（3）转子流量计：采用不锈钢材质，型号 LZB-4，流量 1～10L/h，精度 1.5 级。

（4）无级调速器：调速范围 0～800r/min，调速平稳。

四、实验步骤

1. 首先在水箱内放满水，在最左边的储槽内放满配制好的轻相入口煤油，分别开动水相和煤油相送液泵的开关（run），打开两相回流阀，使其循环流动。

2. 全开水转子流量计调节阀，将重相（连续相）送入塔内。当塔内水面逐渐上升到重相入口与轻相出口之间的中点时，将水流量调至指定值（约 4L/h），并缓慢改变 π 形管高度，使塔内液位稳定在重相入口与轻相出口之间中点左右的位置上。

3. 将调速装置的旋钮调至零位接通电源，开动电机固定转速。调速时要缓慢升速。

4. 将轻相（分散相）流量调至指定值（约 6L/h），并注意及时调节 π 形管高度。在实验过程中，始终保持塔顶分离段两相的相界面位于重相入口与轻相出口之间中点左右。

5. 操作过程中，要绝对避免塔顶的两相界面过高或过低。若两相界面过高，到达轻相出口的高度，则将会导致重相混入轻相储罐。

6. 维持操作稳定半小时后，用锥形瓶收集轻相进、出口样品各约 50mL，重相出口样品约 100mL，准备分析浓度使用。

7. 取样后，改变桨叶转速，其他条件维持不变，进行第二个实验点的测试。

8. 用容量分析法分析样品浓度。具体方法如下：用移液管分别取煤油相 10mL，水相 25mL 样品，以酚酞作为指示剂，用 0.01mol/L 左右 NaOH 标准液滴定样品中的苯甲酸。在滴定煤油相时应在样品中加 10mL 纯净水，滴定中剧烈摇动至终点。

9. 实验完毕后，关闭两相流量计。将调速器调至零位，使搅拌轴停止转动，切断电源。滴定分析过的煤油应集中存放回收。洗净分析仪器，一切复原，注意保持实验台面整洁。

五、实验操作注意事项

1. 调节桨叶转速时一定要小心谨慎，慢慢升速，千万不能增速过猛使电机产生“飞转”损坏设备。最高转速机械上可达 600r/min。从流体力学性能考虑，若转速太高，容易液泛，操作不稳定。对于煤油-水-苯甲酸物系，建议在 500r/min 以下操作。

2. 整个实验过程中，塔顶两相界面一定要控制在轻相出口和重相入口之间适中位置并保持不变。

3. 由于分散相和连续相在塔顶、塔底滞留量很大，改变操作条件后，稳定时间一定要足够长（约半小时），否则误差会比较大。

4. 煤油的实际体积流量并不等于流量计指示的读数。需要用到煤油的实际流量数值时，必须用流量修正公式对流量计的读数进行修正后数据才准确。

5. 煤油流量不要太小或太大，太小会导致煤油出口的苯甲酸浓度过低，从而导致分析误差加大；太大会使煤油消耗量增加，在经济上造成浪费。建议水流量控制在 4L/h 左右为宜。

六、实验数据记录与处理

1. 按表 2-25 记录及处理实验数据，并写出一组数据处理的计算过程示例；

2. 计算萃取相传质单元数 N_{OE} 和萃取传质单元高度 H_{OE}。

表 2-25 液液萃取实验数据记录及处理

塔型:桨叶式搅拌萃取塔；　萃取塔内径：　mm；　萃取塔有效高度：　m　塔内温度：　℃
溶质 A:苯甲酸；　稀释剂 B:煤油；　萃取剂 S:水；
连续相:水；　分散相:煤油；　流量计转子密度 7900kg/m^3；
轻相密度 800kg/m^3；　重相密度 1000kg/m^3

项目			实验序号	
桨叶转速/(r/min)				
水流量/(L/h)				
煤油流量/(L/h)				
校正得到的煤油实际流量/(L/h)				
浓度分析	NaOH 溶液浓度/(mol/L)			
	塔底轻相 X_{Rb}	样品体积/mL		
		NaOH 用量/mL		
	塔顶轻相 X_{Rt}	样品体积/mL		
		NaOH 用量/mL		
	塔底重相 Y_{Bb}	样品体积/mL		
		NaOH 用量/mL		
计算及实验结果	塔底轻相浓度 X_{Rb}/(kg A/kg B)			
	塔顶轻相浓度 X_{Rt}/(kg A/kg B)			
	塔底重相浓度 Y_{Bb}/(kg A/kg B)			
	水流量 S/(kg S/h)			
	煤油流量 B/(kg B/h)			
	传质单元数 N_{OE}(图解积分)			
	传质单元高度 H_{OE}/m			
	体积总传质系数 K_{Yea}/{kgA/[m^3·h·(kg A/kg S)]}			

七、思考题

1. 在萃取过程中选择连续相和分散相的原则是什么？

2. 桨叶式旋转萃取塔有什么特点？

3. 萃取过程对哪些体系最好？

4. 本实验中为什么不宜用水作为分散相？倘若用水作为分散相，操作步骤又是怎样的？两相分层分离段应设在塔的哪一端？

5. 在液液萃取操作过程中，外加能力是否越大越有利？

6. 相出口为什么要采用 π 形管？π 形管的高度是怎样确定的？

第三章 化学工程专业实验

实验一 CO_2 临界状态观测及 *p-V-T* 关系测定

一、实验目的

1. 了解临界状态的观测方法，增加对临界状态的感性认识。
2. 加深对工质热力状态——凝结、气化、饱和等概念的理解。
3. 学会气体 p-V-T 关系的测定方法，掌握实验测定实际气体状态变化规律的技巧。
4. 学会活塞式压力计、超级恒温水浴等仪器设备的使用方法。

二、实验原理

对简单可压缩热力系统，当工质处于平衡状态时，其状态参数 p、V、T 之间有：

$$F(p,V,T)=0 \quad 或 \quad p=f(V,T) \tag{3-1}$$

本实验就是根据式（3-1），利用定温方法来测定 CO_2 的 p 与 V 之间的关系，从而进一步确定 CO_2 的 p-V-T 关系。

三、装置和流程

整个实验装置由压力台、超级恒温水浴和实验台本体及其防护罩三大部分组成（图 3-1）。

实验台本体如图 3-2 所示。实验时应注意确保 $p \leqslant 7.8\mathrm{MPa}$，否则承压玻璃管有破裂危险；实验温度 $t \leqslant 40℃$。

实验中，由压力台送来的压力油进入高压容器和玻璃杯上半部，迫使水银进入预先装了

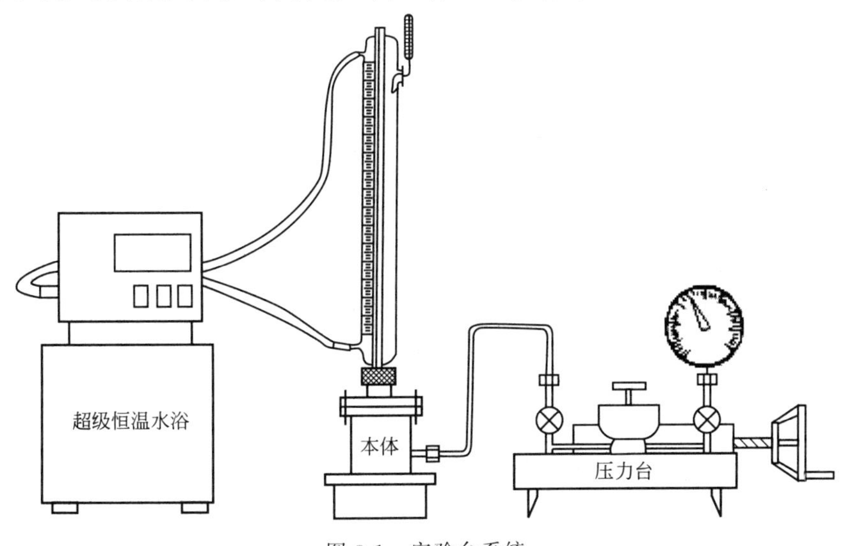

图 3-1 实验台系统

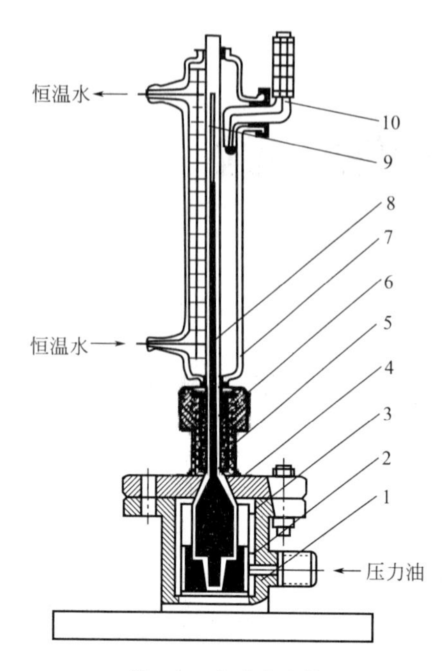

图 3-2　实验台本体

1—高压容器；2—玻璃杯；3—压力油；4—水银；5—密封填料；6—填料压盖；7—恒温水套；8—承压玻璃管；9—CO_2 空间；10—温度计

CO_2 气体的承压玻璃管，CO_2 被压缩，其压力和容积通过压力台上的活塞杆的进、退来调节。温度由超级恒温水浴水套的水温调节，水套里恒温水由超级恒温水浴供给。

实验工质二氧化碳的压力，由装在压力台上的压力表读出。温度由插在恒温水套中的温度计读出。比容首先由承压玻璃管内二氧化碳的高度来测量，而后再根据承压玻璃管内径均匀、截面不变等条件换算得出。

四、实验步骤

1. 按图 3-1 装好实验设备，并开启实验台本体上的白光灯。

2. 超级恒温水浴准备。

（1）将蒸馏水注入超级恒温水浴内，水面不能低于面板 30mm。

（2）调节温控装置，使恒温水浴内水温达到工作温度。

3. 加压前的准备。

因为压力台的油缸容量比主容器容量小，需要多次从油杯里抽油，再向主容器充油，才能在压力表上显示压力读数。压力台抽油、充油的操作过程非常重要，若操作失误，不但加不上压力，还会损坏实验设备。所以，务必认真掌握，其步骤如下。

（1）关压力表及其进入本体油路的两个阀门，开启压力台上油杯的进油阀。

（2）摇退压力台上的活塞螺杆，直至螺杆全部退出。这时，压力台油缸中抽满了油。

（3）先关闭油杯阀门，然后开启压力表和进入本体油路的两个阀门。

（4）摇进活塞螺杆，使本体充油。如此反复，直至压力表上有压力读数为止。

（5）再次检查油杯阀门是否关好，压力表及本体油路阀是否开启。均已调定后，即可进行实验。

4. 测定承压玻璃管内 CO_2 的质面比常数 K 值。

由于充进承压玻璃管内的 CO_2 质量不便测量，而玻璃管内径或截面积 A 又不易测准，因而实验中采用间接办法来确定 CO_2 的比容（假定 CO_2 的比容 V 与其高度是线性关系）。具体方法如下。

（1）已知 CO_2 液体在 25℃、7.8MPa 时的比容 $V=0.00124\text{m}^3/\text{kg}$。

（2）实际测定实验台在 25℃、7.8MPa 时的 CO_2 液柱高度 Δh_0（单位为 m）。注意玻璃水套上刻度的标记方法。

（3）因为：

$$V_{25℃,7.8\text{MPa}}=\frac{\Delta h_0 A}{m}=0.00124\text{m}^3/\text{kg}$$

式中　Δh_0——CO_2 液柱高度，m；

m——CO_2 的质量，kg；

A——玻璃管内截面积，m^2。

所以：

$$K=\frac{m}{A}=\frac{\Delta h_0}{0.00124}\mathrm{kg/m^2}$$

K 即为玻璃管内 CO_2 的质面比常数。所以，任意温度、压力下 CO_2 的比容为：

$$V=\frac{\Delta h}{m/A}=\frac{\Delta h}{K}=\frac{h-h_0}{K} \tag{3-2}$$

式中 h——任意温度、压力下水银柱高度；

h_0——承压玻璃管内径顶端刻度（酌情扣除尖部长度）。

5. 测定低于临界温度 $t=20℃$ 或 $25℃$ 时的等温线。

（1）将超级恒温水浴调定在 $t=20℃$ 或 $25℃$，并保持恒温。

（2）压力从 4.41MPa 开始，当玻璃管内水银升起来后，摇进活塞螺杆应尽量慢。

（3）按照适当的压力间隔取 h 值，直至压力 $p=7.8$MPa（读 h 时，压力间隔一般应取为 0.3MPa）。

（4）注意加压后 CO_2 的变化，特别是注意液化、气化等现象。注意观察和测试 CO_2 最初液化和完全液化时的压力和水银柱高度。将测得的实验数据及观察到的现象一并填入表 3-1。

6. 测定临界等温线和临界参数（文献值 $T_c=304.25$K，$p_c=7.376$MPa，$V_c=0.942\mathrm{m^3/kmol}$），并观察临界现象。

（1）测出临界等温线，并在该曲线拐点处找出临界压力 p_c 和临界比容 V_c，填入表 3-1。

（2）观察临界现象。

① 整体相变现象。由于在临界点时，气化潜热等于零，饱和气相线和饱和液相线交于一点，所以这时气液的相互转变不是像临界温度以下时那样逐渐积累，需要一定的时间，表现为渐变过程，而这时当压力稍有变化时，气、液是以突变的形式相互转化（严格来讲，应是接近临界情况下）。

② 气、液两相模糊不清现象。处于临界点的 CO_2 不能区分为气态、液态。如果说它是气体，那么这个气体是接近液态的气体；如果说它是液体，那么这个液体又是接近气态的液体。下面，就来用实验证明这个结论。因为这时是处于临界温度下，如果按等温线过程来进行，使 CO_2 压缩或膨胀，那么管内是什么也看不到的。现在，按绝热过程来进行。首先在压力等于 7.64MPa 附近突然降压，CO_2 状态点由等温线沿绝热线降到液区，管内 CO_2 出现了明显的液面。这就是说，如果这时管内的 CO_2 是气体的话，那么这种气体离液相区很近，可以说是接近液态的气体；当在膨胀之后突然压缩 CO_2 时，这个液面又立即消失了。这就告诉我们，这时，CO_2 液体离气相区也是非常近的，可以说是接近气态的液体。此时的 CO_2 既接近气态又接近液态，所以能处于临界点附近。可以这样说：临界状态究竟如何，就是饱和气、液分不清。这就是临界点附近，饱和气、液模糊不清的现象。

③ 临界乳光现象。保持临界温度不变，摇进活塞杆使压力升至 7.4MPa 附近处，然后突然摇退活塞杆（注意勿使实验本体晃动）降压，在此瞬间玻璃管内将出现圆锥形的乳白色的闪光现象，这就是临界乳光现象，这是由于 CO_2 分子受重力场作用沿高度分布不均匀和光的散射所造成的。可以反复几次观察这一现象。

7. 测定高于临界温度 $t=40℃$ 时的等温线。将数据填入原始记录表 3-1。

五、实验记录

表 3-1　CO_2 等温线实验原始记录

室温：________　大气压：________　质面比常数 K：________

序号	t=25℃				t=31.1℃(临界)				t=40℃			
	P /MPa	Δh /m	V /(m³/kg)	现象	P /MPa	Δh /m	V /(m³/kg)	现象	P /MPa	Δh /m	V /(m³/kg)	现象
1												
2												
3												
4												
5												
6												
7												
8												
9												
进行等温线实验所需时间												
min					min				min			

表 3-2　临界比容 V_c　　单位：m³/kg

标准值	实验值	$V_c=RT_c/p_c$	$V_c=3RT/8p_c$
0.00216			

六、数据处理

1. 按表 3-1 的数据，如图 3-3 在 p-V 坐标系中画出三条等温线。

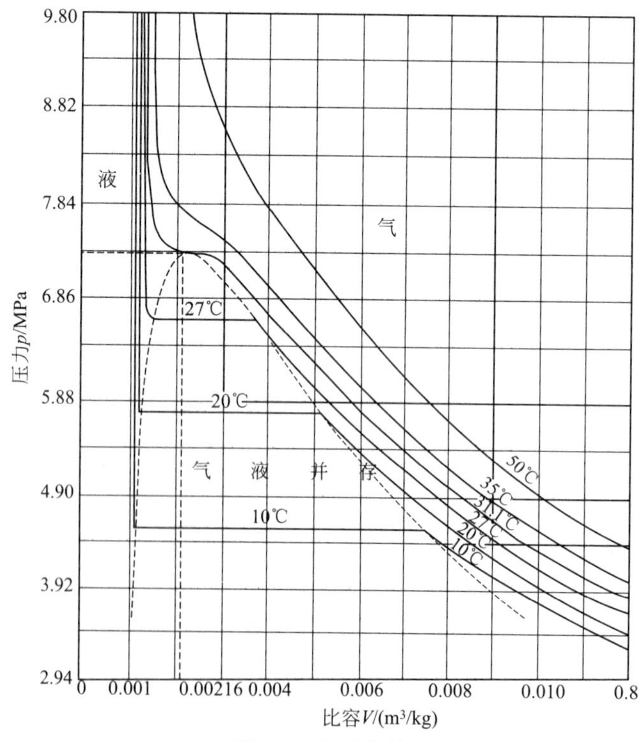

图 3-3　标准曲线

2. 将实验测得的等温线与图 3-3 所示的标准等温线进行比较，并分析它们之间的差异及原因。

3. 将实验测得的饱和压力的对应值与下式给出的值相比较：

$$\lg p_s = 7.76331 - \frac{1566.08}{T + 97.87} \text{（273～304K 下适用）} \tag{3-3}$$

4. 将实验测定的 V_c 与理论计算值一并填入表 3-2，并分析它们之间的差异及原因。

七、思考题

1. 质面比常数 K 值对实验结果有何影响？为什么？

2. 分析本实验的误差来源，如何使误差尽量减少？

3. 为什么测等温线时要求“当玻璃管内水银升起来后，摇进活塞螺杆应尽量慢”？

实验二　陶瓷膜分离实验

一、实验目的

1. 熟悉陶瓷膜微滤装置的构造和操作方法。

2. 掌握陶瓷膜过滤技术的原理和在固液分离中的应用特点。

3. 了解影响陶瓷膜过滤性能的主要参数。

二、实验原理

采用陶瓷、金属、金属氧化物、玻璃以及无机高分子等无机材料制成的无机膜，具有化学稳定性优异、热稳定性好及机械强度高等特点。应用在液体分离领域的工业用无机分离膜多数是非对称结构，主要由三层结构组成：多孔载体、过渡层和活性分离薄膜层。膜的三层结构模型如图 3-4 所示。多孔载体的作用是增加膜的机械强度，其孔径一般在 10～15μm 之间，厚度为 0.5～2mm，通常由三氧化二铝、二氧化锆、碳粒、金属陶瓷以及碳化硅等材料制成；过渡层的作用是防止活性分离层制备过程中薄膜颗粒渗进载体孔内，堵塞孔道，降低渗透性，其孔径一般在 0.2～5μm 之间，过渡层每层厚度不大于 10μm；活性分离层即是膜，分离过程主要是在这层薄膜上进行的，其孔径一般在5nm～5μm 之间，厚度为 0.5～10μm。

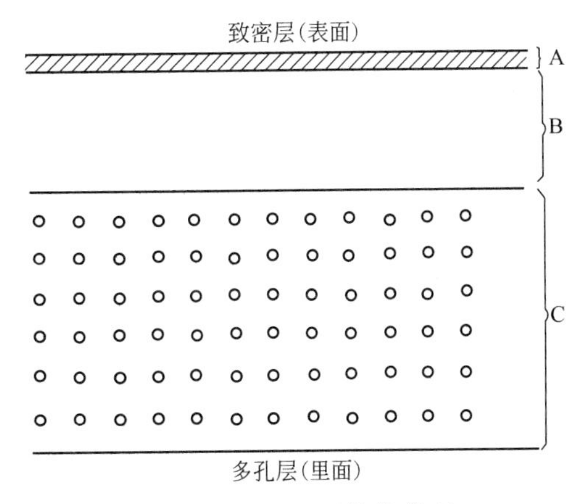

图 3-4　膜的三层结构模型

无机膜根据孔径大小大致可分为微滤膜（0.1～10μm）、超滤膜（1～100nm）、纳滤膜（0.1～10nm）等。目前已商品化的无机膜形状主要有平板式、管式和多通道蜂窝体三种，其中平板式主要用于实验室实验和小规模的工业化生产；管式膜由于具有结构简单、安装维修方便、易清洗、便于控制浓差极化和膜污染等优点，特别是在大面积膜的制备和使用上，管式膜比板式膜更方便可靠，因此是无机膜工业化应用的主要形式；为了提高管式膜的装填面积，通常将其做成多通道蜂窝状，有助于降低产品成本和能耗。

无机膜在液体过滤分离中主要采用错流过滤方式，如图 3-5 所示。错流过滤是指主体流动方向平行于过滤表面的压力推动过滤过程。与通常的终端过滤相比，错流过滤能有效地改善过滤操作，由于流体流动平行于过滤表面，产生了表面剪切作用可以带走膜表面沉积物，防止滤饼的不断积累，使之处于动态平衡，因而过滤操作可以在较长时间内连续进行。

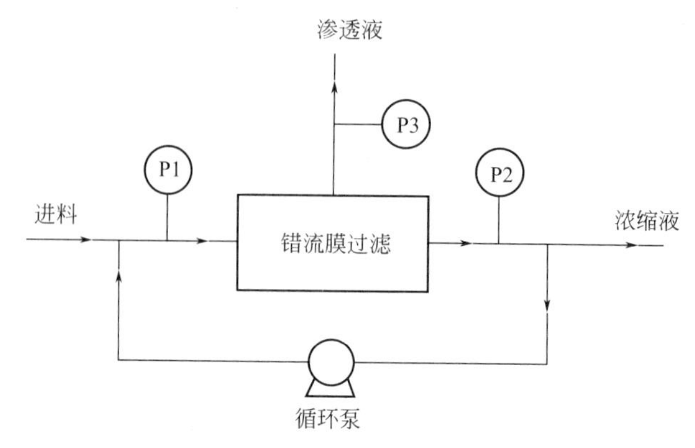

图 3-5　错流过程示意图

由于错流过滤过程中，主体流动方向与渗透液流动方向垂直，滤饼层处于动态平衡，因而过滤过程更为复杂而难以准确描述。

无机膜过滤性能由膜的截流率和膜的渗透通量表示，膜应用中希望在合适的截流率下获得最大的渗透通量，实际操作中有许多因素影响膜的过滤性能。

膜的孔径是影响膜通量及粒子截流率的重要因素。一般来说，孔径越小，对粒子或溶质的截流率越高而相应的膜通量往往越低。错流速度也是影响膜通量的重要因素之一，一般认为，高的剪切速度可以带走沉积于膜表面的颗粒、溶质等，减轻浓差极化的影响，因而可以有效地提高膜通量。对于压力推动膜过程，操作压力直接影响膜通量。原料液的温度对膜通量也有影响，温度升高，将使溶液黏度下降，提高传质速度，使膜通量增加。

三、装置和流程

无机陶瓷膜分离实验装置如图 3-6 所示。

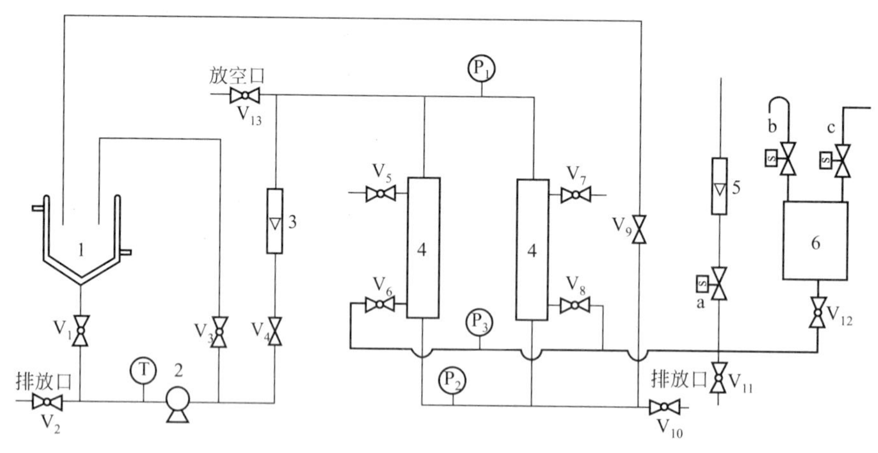

图 3-6　无机陶瓷膜分离实验装置

1—储槽；2—泵；3，5—流量计；4—膜组件；6—液体缓冲罐；P_i—压力表；V_i—球阀；a～c—电磁阀

将原料液加入料液储槽中，经离心泵加压至膜组件中进行错流过滤，渗透液由组件壳侧面出口流出，截留液循环流回储槽。流速及过滤压差由泵出口阀和组件出口阀调节。流速由流量计读数（Q）和膜截面积（A）换算而得，过滤压力由组件进口压力 P_1、出口压力 P_2

及渗透侧压力 P_3 计算而得，渗透速度（V_P）采用秒表、量筒测定一定时间内的液体体积计算而得，由渗透速度和膜面积（A_m）计算膜的渗透通量；膜的截留率通过测定渗透液浊度（C_P）和截留液浊度（C_R）来计算。有关计算公式如下。

错流速度为：

$$u=\frac{Q}{A} \tag{3-4}$$

操作压力为：

$$\Delta P_T=\frac{P_1+P_2}{2}-P_3 \tag{3-5}$$

膜渗透通量为：

$$J=\frac{V_P}{A_m} \tag{3-6}$$

膜截留率为：

$$R=1-\frac{C_P}{C_R} \tag{3-7}$$

四、实验步骤

1. 关闭排放口阀 V_2、V_{10}、V_{11} 及放空口阀 V_{13}。
2. 关闭阀 V_1，加料液（质量分数为 0.5%）至储槽中约 20L。
3. 控制外接电源，试泵的正反转。
4. 反冲控制旋钮至手动状态，然后手动打开电磁阀看是否正常。
5. 打开阀 V_1、V_3、V_4、V_9，关闭水龙头 V_5、V_7。
6. 启动泵。
7. 调节阀至所需流量。
8. 接上压缩空气，进行反冲。若自动反冲，将反冲控制旋钮旋至自动状态；若手动反冲，先关闭电磁阀 a，打开电磁阀 b，排尽反冲容器内的空气后关上，瞬间打开电磁阀 c，并立即关上。然后打开电磁阀 b，排尽空气，关闭电磁阀 b，将反冲控制旋钮旋至停止状态。

五、实验记录

1. 膜通量随时间的变化见表 3-3。

表 3-3　膜通量随时间的变化

操作时间/min	操作温度/℃	操作压力/MPa				膜面流速/(m/s)	渗透通量/[L/(m²·h)]
		P_1	P_2	P_3	ΔP		

2. 操作压力对膜通量的影响见表 3-4。

表 3-4 操作压力对膜通量的影响

操作时间/min	操作温度/℃	操作压力/MPa				膜面流速/(m/s)	渗透通量/[L/(m^2·h)]
		P_1	P_2	P_3	ΔP		

3. 错流速度对膜通量的影响见表 3-5。

表 3-5 错流速度对膜通量的影响

操作时间/min	操作温度/℃	操作压力/MPa				膜面流速/(m/s)	渗透通量/[L/(m^2·h)]
		P_1	P_2	P_3	ΔP		

4. 温度对膜通量的影响。

5. 截留效果的考察。

六、思考题

1. 微滤的分离机理是什么？哪种因素起决定性作用？
2. 影响渗透通量的因素有哪些？怎样影响渗透通量？
3. 微滤过程中操作条件不变的情况下渗透通量将随时间而衰减，为什么？怎样防止？
4. 微滤主要应用在哪些方面？有哪些问题限制其应用？

实验三 三组分液液平衡数据测定

一、实验目的

1. 深入理解液液平衡的有关概念；熟悉液液相平衡关系在三角形相图上的表示方法。
2. 了解液液平衡数据的测定方法。
3. 测绘环己烷-水-乙醇三组分体系的相图。

二、实验原理

1. 等边三角形相图

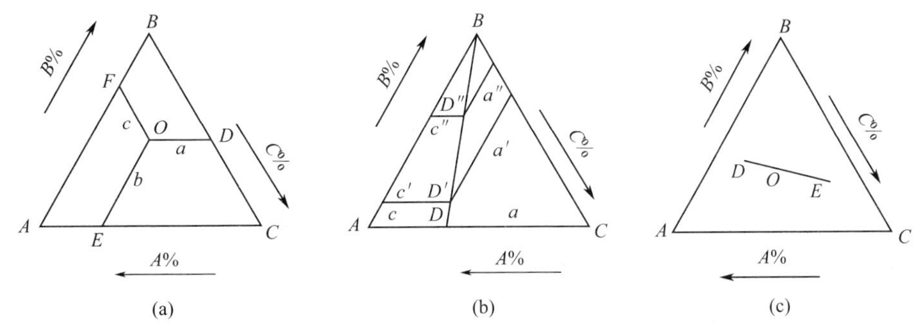

图 3-7 三角形相图

设以等边三角形的三个顶点分别代表纯组分 A、B 和 C，如图 3-7（a）所示。则 AB 边代表 $A+B$ 两组分体系，BC 边代表 $B+C$ 两组分体系，CA 边代表 $C+A$ 两组分体系，而三角形内部任意一点表示 $A+B+C$ 三组分体系。

将三角形的每一边分为 100 等分，通过三角形内任何一点 O 引平行于各边的直线，分别与边 BC 相交于点 D，令 $a=\overline{OD}$；与边 CA 相交于点 E，令 $b=\overline{OE}$；与边 AB 相交于点 F，令 $c=\overline{OF}$。根据几何原理，$a+b+c=\overline{AB}=\overline{BC}=\overline{CA}=100\%$，因此 O 点的组成可由 a、b、c 来表示，即 O 点所代表的三个组分的百分组成为：$A\%=a$，$B\%=b$，$C\%=c$。

三角形相图还有下列两个特点。

（1）如图 3-7（b）所示，通过任一顶点 B 向其对边引直线 BD，则 BD 线上的点所代表的组成中，A、C 两个组分含量的比值保持不变。即：

$$\frac{a}{c}=\frac{a'}{c'}=\frac{a''}{c''}=\frac{A\%}{C\%}=\text{常数} \tag{3-8}$$

（2）如图 3-7（c）所示，如果有两个三组分体系 D 和 E，将其混合之后其组成必位于 D、E 两点之间的连线上，例如为 O。根据杠杆规则：

$$\frac{m_D}{m_E}=\frac{\overline{OE}}{\overline{OD}} \tag{3-9}$$

2. 液液相平衡关系的测定方法

在环己烷-水-乙醇三组分体系中，环己烷和水是不互溶的，而乙醇和环己烷及乙醇和水都是互溶的，在环己烷-水体系中加入乙醇则可使环己烷与水互溶。由于乙醇在环己烷层及水层中非等量分配，因此代表两层浓度的 a、b 点的连线并不一定和底边平行（图 3-8）。设加入乙醇后体系总组成为 c，平衡共存的两相称为共轭溶液，其组成由通过 c 的连线的 a、b

两点表示。图中曲线以下区域为两相共存，其余部分为一相。

（1）液液分层曲线绘制　现有一个环己烷-水的两组分体系，其组成为 K，于其中逐渐加入乙醇，则体系总组成沿 KB 变化（环己烷-水比例保持不变），在曲线以下区域内则存在互不相混溶的两共轭相，将溶液振荡时则出现浑浊状态。继续滴加乙醇直到曲线上的 d 点，溶液振荡后出现澄清状态，体系由两相区进入单相区。继续滴加乙醇直到曲线上的 e 点后，改向体系中滴加水，液体总组成将沿 eC 变化（乙醇-环己烷比例保持不变），直到曲线上的 f 点，则由单相区进入两相区，液体开始由清澈变浑浊。继续加水至 g 点（仍为两相）。如于此体系中再改滴乙醇，至 h 点则由两相区进入单相区，液体由浑变清。如此反复进行，可获得 d、f、h、j 等位于曲线上的点，将它们连接即得单相区与两相区分界的曲线。

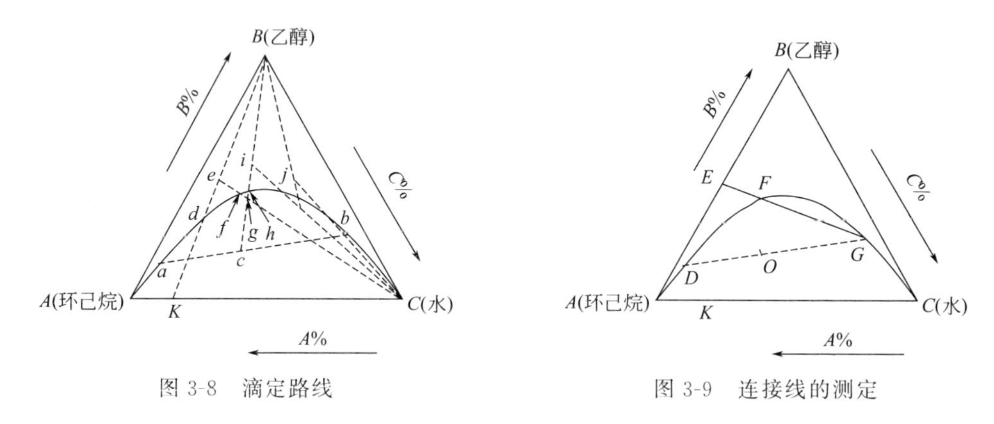

图 3-8　滴定路线　　图 3-9　连接线的测定

（2）连接线绘制

① 浊点法　如图 3-9 所示，设体系总组成点为 O。静置后其将分为共轭的两相：D（环己烷相）、G（水相）。若能将 G 点确定，则 D 易求，从而可作出一条连接线 DG。

取分层后的水相，称其质量 W_G。将组成为 E 的环己烷-乙醇混合液，滴加到组成为 G、质量为 W_G 的该水相溶液中。今先假定 G 已定，则体系总组成点将沿直线 GE 从 G 向 E 移动，当移至 F 点时，液体由浊变清（由两相变为单相），称此时水相溶液质量 W_F。根据杠杆规则，环己烷-乙醇混合物质量 $W_E=W_F-W_G$ 与水相 G 的质量 W_G 之比符合下列关系：

$$\frac{W_E}{W_G}=\frac{GF}{FE}$$

实验中，E 点位置已知，W_G、W_E 用称重法得到。过 E 作液液分层曲线的割线，反复实验，使其符合上式，则可定 G 点，连 GO 并延长使与液液分层曲线再次相交可得 D 点。

② 平衡釜法　用液-液平衡釜测定。此法可同时得到液液平衡线和平衡两液相组成点连线——连接线。

三、仪器与试剂

1. 仪器

平衡釜一台，恒温浴一台，电磁搅拌器一台，色谱仪一台，10mL 针筒三支，取样瓶两只，50mL 酸式滴定管一只，2mL 移液管一只。

2. 试剂

环己烷（化学纯）、乙醇（化学纯）、蒸馏水。

四、实验步骤

1. 浊点法测定液液分层曲线

用移液管取环己烷 2mL 放入干的 250mL 锥形瓶中，另用刻度移液管加水 0.1mL，然后用滴定管滴加乙醇，至溶液恰由浊变清时，记下所加乙醇的毫升数。于此液中再加乙醇 0.5mL，用水滴定至溶液刚由清返浊，记下所用水的毫升数。按照记录所规定数字继续入水，然后又用乙醇滴定，如此反复进行实验。滴定时必须充分振荡。实验数据记录在表 3-6 中。

表 3-6　浊点法测定结果（液液分层曲线）

室温：________　　大气压：________

编号	体积/mL					质量/g				质量分数/%			终点记录
	环己烷	水		乙醇		环己烷	水	乙醇	合计	环己烷	水	乙醇	
		每次加	合计	每次加	合计								
1	2	0.1											清
2	2			0.5									浊
3	2	0.2											清
4	2			0.9									浊
5	2	0.6											清
6	2			1.5									浊
7	2	1.5											清
8	2			3.5									浊
9	2	4.5											清
10	2			7.5									浊

2. 浊点法测定结线

在干的分液漏斗中加入环己烷 3mL、水 3mL 及乙醇 2mL，充分摇动后静置分层。放出下层（水层）1mL 于已称量的 50mL 锥形瓶中，称其质量，然后逐滴加入 50%环己烷-乙醇混合物，不断摇动，至由浊变清，再称其质量。自行设计表格记录数据。

3. 平衡釜法测定液液分层曲线及结线

向液液平衡釜中加入水 10mL、环己烷 10mL、乙醇 10mL（加前称重），调节恒温浴，将水温调整到 25℃（如室温较高，可调整到 30℃）。将恒温水通入平衡釜夹套。搅拌 20min（中间将下部放样口死角中液体放出，倒回平衡釜），静置 20min，取上层和下层样用色谱仪分析。补加乙醇 5mL 重复上述步骤，如时间许可，再补加乙醇 5min 测第三组平衡数据，将有关数据记录于表 3-7 中。

表 3-7　平衡釜法测定结果

序号	加料量/g			总组成/%			上层组成/%			下层组成/%		
	环己烷	水	乙醇	环己烷	水	乙醇	环己烷	水	乙醇	环己烷	水	乙醇
1												
2												
3												

续表

序号	加料量/g			总组成/%			上层组成/%			下层组成/%		
	环己烷	水	乙醇	环己烷	水	乙醇	环己烷	水	乙醇	环己烷	水	乙醇
4												
5												
6												
7												
8												
9												

五、数据处理

1. 将终点时溶液中各成分的体积，根据其密度换成质量，求出各终点质量百分组成，所得结果绘于三角坐标纸上。将各点连成平滑曲线，并用虚线将曲线外延到三角形两个顶点（因水与环己烷在室温下可以看成是完全不互溶的）。也可用直角三角形坐标绘图。

2. 将表3-7实验数据标入上述三角坐标中。终点应在平衡线上，各组三个实验点（水相、环己烷相组成和体系总组成）应在一条直线上。

六、思考题

1. 用相律说明，温度、压力恒定时，单相区自由度是几？

2. 用水或乙醇滴定至清浊变化以后，为什么还要加入过剩量？过剩量的多少对结果有何影响？

3. 从测量的精密度来看，体系的百分组成能用几位有效数字表示？

4. 如果滴定过程中有一次清浊变化的读数不准，是否需要立即倒掉溶液重新做实验？

七、注意事项

1. 滴定管要干燥而洁净。放水和乙醇时要快而准，但不能快到连续滴下。酸式滴定管易漏，试剂不宜久存管中。

2. 锥形瓶要干净，振荡后内壁不能挂液珠。

3. 用水（或乙醇）滴定如超过终点，则可滴几滴乙醇（或水）恢复。记下实际各溶液用量，在作最后几点时（环己烷含量较少）终点是逐渐变化，需滴至出现明显浑浊，才停止滴加。

八、附录

密度数据见表3-8。溶解度数据见表3-9。

表3-8 密度数据

温度/℃	密度/(g/cm³)		
	水	乙醇	环己烷
10	0.9997	0.7979	0.787
20	0.9882	0.7859	0.779
30	0.9957	0.7810	0.770

表 3-9　25℃乙醇-环己烷-水三元体系液液平衡溶解度数据

序号	质量分数/%		
	乙醇	环己烷	水
1	41.06	0.08	58.86
2	43.24	0.54	56.22
3	50.38	0.81	48.81
4	53.85	1.36	44.79
5	61.63	3.09	35.28
6	66.99	6.98	26.03
7	68.47	8.84	22.69
8	69.31	13.88	16.81
9	67.89	20.38	11.73
10	65.41	25.98	8.31
11	61.59	30.63	7.78
12	48.17	47.54	4.29
13	33.14	64.79	2.07
14	16.70	82.41	0.89

实验四　气升式环流反应器传递性能的测定

一、实验目的

1. 了解气升式环流反应器的类型及结构形式。
2. 掌握气升式环流反应器流体力学和传质性能的测定方法。
3. 学习半间歇气升式反应器冷模实验方法。
4. 了解利用计算机进行数模转换、数据采集的原理。

二、实验原理

环流式反应器是近年来作为化学反应器和生化反应器而发展起来的一种新型高效气液反应器。由于环流反应器是利用反应气体的喷射动能和流体的循环流动（器内升气管和降液管的密度差引起的）搅动反应物料，所以具有结构简单、造价低、易密封、能耗低，也没有机械搅拌桨破坏生物细胞等优点。环流反应器按结构形式可分为内环流和外环流两种。内环流反应器结构如图 3-10 所示。进入反应器内的气体喷射至升气管后，由于气体的喷射动能和升气管内流体的密度降低，迫使升气管流体向上而降液管流体向下作有规则的循环流动。从而形成良好的混合和反应条件。

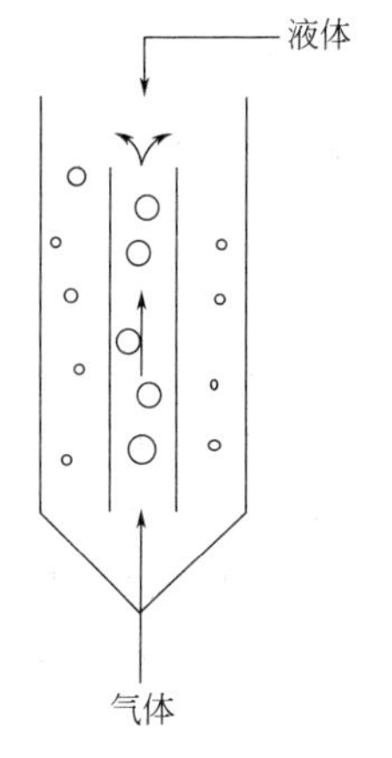

图 3-10　内环流反应器结构

在进行恰当的设计后，在环流式反应器中就能得到较好的环流流动的循环强度，有效地促进固体催化剂粒子的搅动。因而环流反应器对于反应物之间的混合、扩散、传热和传质均很有利，既适合处理量大的较高黏度物料或热敏感性的生物物质，又有利于气-液、气-液-固之间的非均相化学反应。环流式反应器特别有利于一些需要良好搅拌的高压反应，这是由于在器内可形成较好的循环，因而可以减少需要附加装置而带来的密封和安全问题。

环流反应器是作为气-液或气-液-固反应器而应用于生化反应或其他化学反应过程的。生化反应过程要求高供氧量，对其他反应体系，传质往往成为过程的控制因素。因此，能否提供良好的传质条件，对环流反应器的应用具有决定意义，其流体的力学特征（气含率 ε、液体循环速度 U_L、混合时间 t_m）及传质特性（体积传质系数 K_{La}）是衡量气升式反应器混合性能的重要指标，也是环流反应器设计和工程放大的重要参考数据。

本实验在其他参数不改变的情况下（例如反应器的尺寸，气、液的性质，循环量等），利用半间歇方式操作，即一次液体加料，气体连续输入，改变表观气速 U_g，以测定气含率 ε、混合时间 t_m、液体循环速度 U_L及体积传质系数 K_{La}，作出各参数与表观气速 U_g的关系曲线图，并采用数据回归的方法对实验中所获得的数据进行分析回归，得出有关 ε、U_L、t_m、K_{La}与 U_g的经验关联式。

各参数测定方法原理如下。

1. 平均气含率 ε

气含率是环流反应器中气相所占的体积分率，是表征环流反应器流体力学特性的基本参数之一。它直接影响着环流反应器的气液接触面积，进而影响塔内传质和反应速率，是环流反应器工程设计必不可少的重要参数之一。

气含率的测定方法很多，大致可分为体积法（又称为床层膨胀法）、重量法（主要是压差法，又称为正压差法和倒 U 形压差法）、电学法（主要有电容法、电导法、电阻抗法）、光学法（如激光法、光导纤维法、照相法等）四大类，本实验采用第一类，即床层膨胀法。利用通气前后床层高度的变化来确定床层的平均气含率 ε，其计算公式如下：

$$\varepsilon=\frac{H-H_o}{H}\times 100\% \tag{3-10}$$

式中　H——气液混合膨胀高度；

　　H_o——清液层高度。

本法由于利用目测且液面波动易引起一定误差。但此种方法测定容易，目前仍有较多使用。

2. 液体循环速度 U_L 或 U_l

液体循环速度可用两种速度表示：一种是液体在整个反应器内的流动速度 U_L；另一种为降液管内流体流动速度 U_l，它们影响反应体系的传质、传热及混合等过程，是反应器的重要性能参数之一。

本实验采用示踪剂，可测定 U_L（用单电导仪法）或 U_l（用双电导仪法）。在反应器降液管上安装两只电极。电导仪的输出通过计算机的数模转换接口转换成小于±20mV 的数字信号。利用计算机进行数据采集，在降液管上方加入示踪剂（电解质溶液，即饱和 NaCl 溶液），在显示屏上的采样点就会有脉冲信号出现。

（1）单电导仪法测定 U_L　单电导仪法测定 U_L 如图 3-11 所示。在脉冲信号曲线上测出两相邻波峰之间的时间间隔 $t_c=t_2-t_1$，因液体循环反应器一周的距离 L 是一定值：

$$L=2h_{升气管}+2\left[\frac{(r_{外}-r_{内})}{2}+r_{内}\right] \tag{3-11}$$

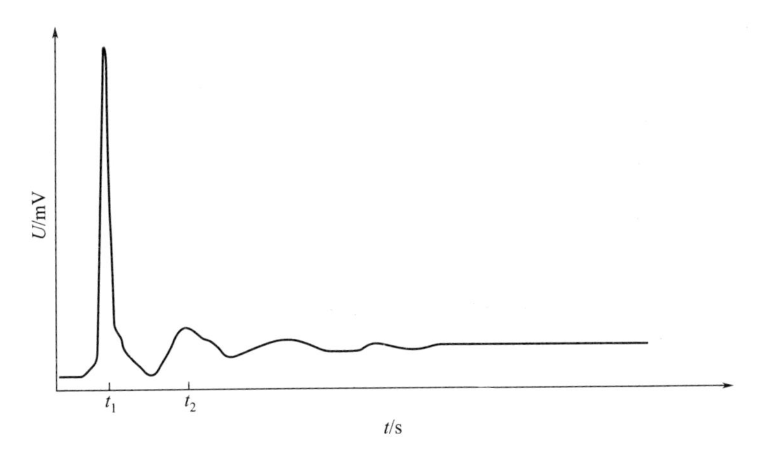

图 3-11　单电导仪法测定 U_L

因此，液体循环速度为：

$$U_L=\frac{L}{t_c}=\frac{2h_{升气管}+2[(r_{外}-r_{内})/2+r_{内}]}{t_2-t_1} \tag{3-12}$$

（2）双电导仪法测定 U_l　双电导仪法测定 U_l 如图 3-12 所示。同样在两脉冲信号曲线上测出两相邻波峰之间的时间间隔 $t_c=t_2-t_1$，而两电极测样口距离 l 是一定值。

因此，得降液管内液体循环速度：

$$U_l=\frac{l}{t_c}=\frac{l}{t_1-t_2} \tag{3-13}$$

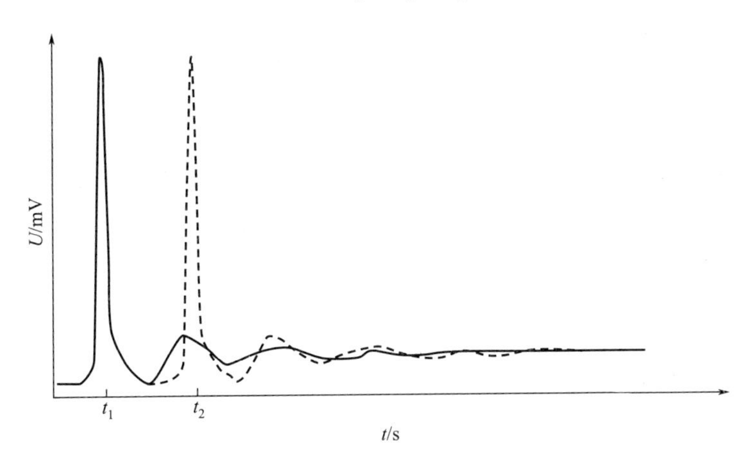

图 3-12　双电导仪法测定 U_l

3. 混合时间 t_m

混合时间是指加入示踪剂（饱和 NaCl 溶液）直到示踪剂与反应器内液体完全混合的时间，如图 3-13 所示。设在 t 时刻的峰值电压为 $U_{0,t}$，加入示踪剂后经过充分长时间电压的稳定值为 U_∞；若 $U_{0,t}$ 满足：

$$I=\frac{U_{0,t}-U_\infty}{U_\infty}\times 100\%\leqslant 5\% \tag{3-14}$$

则可认为已混合均匀，此时的 t 即为 t_m。

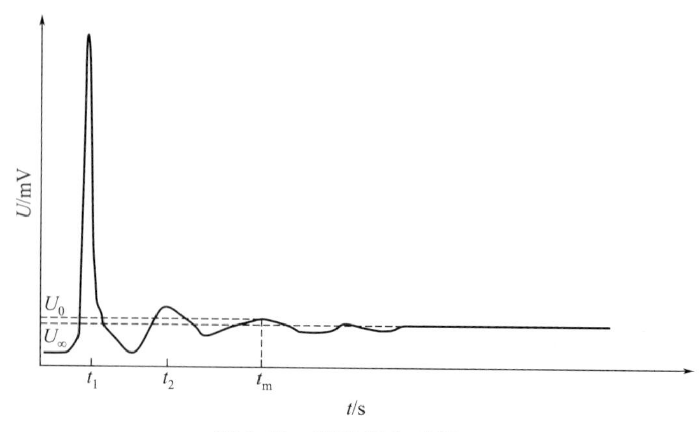

图 3-13 测定混合时间 t_m

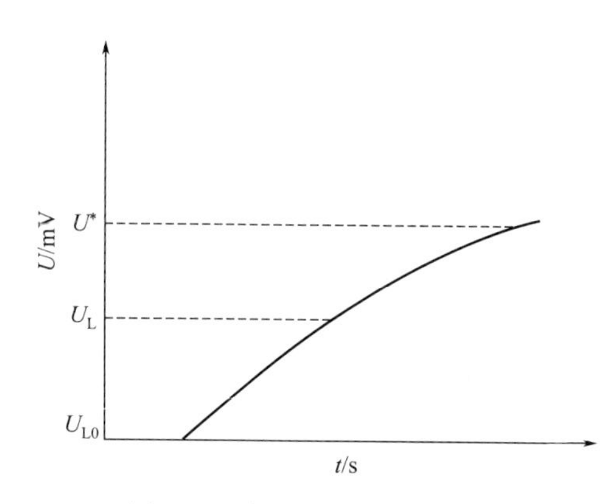

图 3-14 氧浓度随时间的变化

4．总体积传质系数 K_{La}

总体积传质系数 K_{La} 是决定反应器传质特性的主要参数之一。本实验采用动态法测定 K_{La}，用溶氧仪测定溶液中氧含量变化来确定 K_{La} 值。先鼓入氮气使溶液中的氧下降到一定程度，然后再鼓入空气测定溶液中氧含量变化曲线。溶氧仪的输出接入计算机数据采集卡（模-数转换系统），转化后的数字信号为小于±20mV 的电压信号实验后可绘出氧浓度随时间的变化图（图 3-14）。

氧吸收物料衡算式为：

$$\frac{dC_L(t)}{dt}=K_{La}[C_L^*-C_L(t)] \tag{3-15}$$

积分，并且考虑到电压信号 U 与浓度 C 成正比，得总体积传质系数 K_{La} 计算公式为：

$$K_{La}=\frac{1}{t}\ln\frac{C^*-C_{L0}}{C^*-C_L}=\frac{1}{t}\ln\frac{U^*-U_{L0}}{U^*-U_L} \tag{3-16}$$

式中 C^*——平衡氧浓度；

C_{L0}——初始氧浓度；

C_L——任意时刻的氧浓度；

U^*——平衡时电压值；

U_{L0}——初始电压值；

U_L——任意时刻的电压值。

三、装置和流程

本装置是以水和空气为介质做流体力学等特性和传质规律的冷模实验。水由上方加入，空气经风机、流量计由下方的喷嘴送入反应器与反应液混合，然后从反应器的上口排出。N_2 钢瓶利用自身的压力把 N_2 压入反应器，以驱除溶液中溶解的氧。

四、实验步骤

1．测定气含率 ε

（1）记下清液层高度 H_0。

（2）打开风机鼓气。

（3）调到规定气量（做气量 V_g 为 $1m^3/h$、$2m^3/h$、$3m^3/h$、$4m^3/h$、$5m^3/h$ 共 5 个点）。

（4）读出该气量下液面高度 H。

（5）重复（3）、（4）两步，读出 H。

（6）算出不同气量下气含率，$\varepsilon=\frac{H-H_0}{H}\times100\%$，并计算不同气量下的表观气速，$U_g=\frac{V_g}{S}$，其中，$S$ 为升气管横截面积［附：外筒外径 170mm，壁厚 5mm；内筒（升气管）外径 130mm，壁厚 3mm］。

2. 测定液体循环速度 U_L

$U_L=\frac{L}{t}$，其中，$L=2\left(h_{升}+\frac{r_{外}-r_{内}}{2}+r_{内}\right)$，$h_{升}=1500mm$，$r_{外}=170mm$，$r_{内}=130mm$，$t$ 即某一截面上的水循环一周的时间，可用示踪法确定。

由加入示踪剂（NaCl）后测得的电导率变化曲线（图 3-15）可以读出水循环一周的时间 t（即峰值间的时间差）。

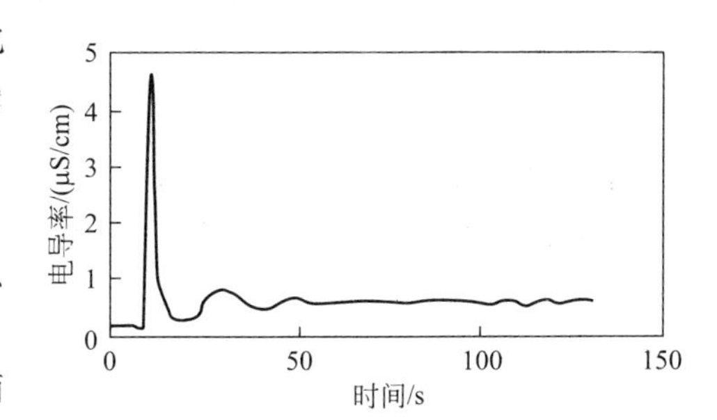

图 3-15　加入示踪剂（NaCl）后测得的电导率变化曲线

具体测定方法如下。

（1）调到规定气量（做气量 V_g 为 $1m^3/h$、$3m^3/h$、$5m^3/h$ 共 3 个点）。

（2）打开电导率仪。将电导率仪下方红白两色开关的白色旋钮右旋至水平。

（3）进入 MS-DOS 方式。键入命令：test 回车（键盘置于小写字母输入状态）。

（4）键入文件名。例如：sh01（用操作者姓名的汉语拼音加上文件序号凑成四位）。系统将产生一个叫 sh010331. ttf 的文件。其中，0331 是系统自动加上的。如实验日期为 2001 年 4 月 5 日，则系统给出的文件名为 sh010405. ttf。

（5）键入文件名后，回车。系统进入采集数据的画面。

（6）由一名同学持 50mL 饱和食盐水登上扶梯顶，准备倾倒。

（7）操作计算机的同学按键盘上的 B 键开始采样，并通知梯上同学倾倒。

（8）梯上同学迅速倒入盐水。

（9）待采样曲线基本走平，操作计算机的同学按键盘上的 B 键停止采样。

（10）按 Esc 键退出。输入文件名（如 sh010331. ttf），按“1”选择单接口板，按“g”选择产生 Word 文件。键入命令：exit 回车。打开 Excel，单击按钮。

（11）在 C:\TEST 目录下选择“所有文件”后找到刚刚产生的采样文件（如 sh010331. wrd），双击之，并按“完成”命令按钮。画图。求出时间 t（详情参见“附带说明 1”）。

3. 氧体积传质系数 K_{La} 的测定

（1）打开恒流泵。观察升气管上方白色细橡胶管口有无液滴不断、稳定滴出，管路中有无气泡。当管路中无气泡、液滴稳定滴出时，说明测氧探头表面得到较好的更新，可以进行氧体积传质系数 K_{La} 的测定。

（2）打开溶氧仪，放在 1/4 挡或 1/8 挡。

(3) 全开风机出口铜阀，启动风机，用流量调节阀将流量调到规定气量（做气量 V_g 为 $1m^3/h$、$3m^3/h$、$5m^3/h$ 共 3 个点）。关掉风机。全关风机出口铜阀。

(4) 打开 N_2 管路上的小铜考克。打开 N_2 钢瓶总阀。打开减压阀，向反应器中鼓 N_2。为节省 N_2，只需将液体循环起来即可。

(5) 进入 MS-DOS 方式。键入命令：test 回车。键入一个新的文件名，回车。按键盘上的 B 键开始采样。待曲线降 5～6 格后，按键盘上的 B 键停止采样，按键盘上的 D 键清除曲线并按 Y 确认。迅速关闭减压阀，关闭 N_2 管路上的小铜考克。开风机。全开风机出口铜阀。按键盘上的 B 键开始采样。

(6) 按键盘上的 B 键停止采样。按 Esc 退出。输入文件名（如 sh040331.ttf），按“1”选择单接口板，按“g”选择产生 Word 文件。键入命令：exit 回车。打开 Excel，作出 xy 散点图。确定 U^*（设 11.45mV）、U_{L0}（设 6.815mV）及其对应的时间 t（设 20s）。

(7) 单击 C 列对应时间 t（设 20s）处（C20）。单击 fx 按钮，找到 LN 函数，确定后输入公式：$\mathrm{LN}\dfrac{U^*-U_{L0}}{U^*-U_L}=\mathrm{LN}\dfrac{11.15-6.815}{11.45-B_{20}}$（只需输入等号右边部分）。

(8) 此时，C20＝0。单击 C20。鼠标指向其右下角的填充柄，使鼠标符号变为类似“＋”的形状，单击鼠标左键不放，拖动鼠标向下到 A、B 两列中无数据时为止。删去 C 列中负数及无意义的数。选定 C 列及 A 列中对应数据，作图。去掉图中线性不好的部分，使图线接近直线。右键单击图线，添加趋势线，选中“显示公式”和“显示 R 平方值”。如得到 $y=0.0299x-0.5721$，则 $K_{La}=0.0299$。R 平方值的大小则说明线性的优劣。

五、实验记录

数据表格见表 3-10～表 3-12。

表 3-10 ε-U_g 数据表格

室温：________ 大气压：________

$V_g/(m^3/h)$	$U_g/(cm/s)$	H_0/cm	H/cm	ε

注：V_g 为进气量；U_g 为表观气速；S 为升气管面积；$U_g=V_g/S$；H_0 为静液层高度；H 为测定膨胀高度。

表 3-11 U_L-U_g 数据表格

$V_g/(m^3/h)$	$U_g/(cm/s)$	t_c/s	$U_L/(m/s)$

表 3-12　K_{La}-U_g数据表格

V_g/(m³/h)	U_g/(cm/s)	U/mV	U_{Lo}/mV	K_{La}/(L/s)

六、数据处理

实验参数可回归成如下关联式：

$$\varepsilon = aU_g^b;\ U_L = a'U_g^{b'};\ K_{La} = a''U_g^{b''} \tag{3-17}$$

方法一：利用最小二乘法编制程序关联数据，并用幂函数形式回归，求出方差 R^2。

方法二：将数据输入 Excel 电子表格，利用图表向导功能作出曲线趋势图（散点）并用幂函数形式回归，求出方差 R^2。

本实验采用第二种方法处理数据（参见实验步骤）。

七、思考题

1. 混合时间对传质系数的影响如何？
2. 气含率如何影响 K_{La}？
3. U_L与 U 的关系如何？
4. 如何校正气体转子流量计？如何求得表观气速 U_g？

八、注意事项

1. 外环流反应器上方液面较宽，测膨胀高度时误差大，为减少误差，取最中间的膨胀高度为宜。
2. 外环流反应器用 N_2 赶氧时用气量很大，应节约用气。
3. 计算机操作应按正确的步骤进入和退出，切忌非正常关机和使用别的软盘、光盘。
4. 恒流泵开启前应检察乳胶管是否完好，是否漏液，若出现上述情况，应及时更换。
5. 测氧仪测室的进样口针尖较易碎，使用时应小心。
6. 先开空压机，再开反应器下进气阀门，由转子流量计调至所需气速。注意避免气速太大使水由塔顶泛出。
7. 利用氮气驱氧时，注意节约 N_2，不要将 N_2 开得太大，同时部分封闭塔顶，避免新鲜空气进入塔内。

实验五　反应精馏合成甲缩醛实验

一、实验目的

1. 了解反应-精馏耦合过程的技术优势、使用范围。
2. 初步掌握采用反应精馏技术进行工艺技术开发的基本方法。
3. 熟悉反应精馏过程的基本原理，熟悉进行工艺条件实验的基本思路和方法。

4. 通过采用反应精馏技术进行甲缩醛合成的实验。

5. 了解反应精馏塔的结构、塔中的温度和各组分浓度分布规律。

二、实验原理

化工过程一般由反应、分离等单元过程组合而成。对于可逆反应，反应的转化率受到平衡转化率的限制；而以中间产物为目的产物的连串反应，为了追求反应的高选择性，反应转化率需要人为控制。如果在反应的同时，将产物与反应物进行及时分离，即可打破可逆反应的化学平衡，避免连串反应的深度进行，从而得到反应的高转化率。

反应精馏的显著优点是在保证反应高选择性的前提下，提高了可逆反应和连串反应的单程转化率，同时可利用反应热进行精馏作用，降低过程能耗。反应精馏通常在同一设备中进行，它的采用可降低设备投资，简化工艺过程，方便操作。

由于反应精馏技术优势明显，已经在酯化反应中得到了运用，并从均相反应精馏发展到了催化精馏，其应用领域越来越广泛。

例如，在酸性催化剂（硫酸、分子筛、离子交换树脂等）作用下，甲醇和甲醛水溶液反应生成甲缩醛：

$$2CH_3OH+HCHO \xrightleftharpoons{\text{催化剂}} CH_3OCH_2OCH_3+H_2O$$

该反应为可逆反应，平衡转化率一般在50%以下，但采用反应精馏技术可使甲醛转化率达到99%以上，并可得到高纯度的甲缩醛产品。

在该体系中，甲缩醛的正常沸点为42℃，水的正常沸点为100℃，反应物甲醇（T_b=64.6℃）和甲醛的水溶液则介于两者之间，尤其是主产品甲缩醛很容易通过精馏从反应混合物中分离出来，从而打破化学平衡，使反应始终向生成产物的方向进行。

实验采用的反应精馏塔为填料塔，该塔分上下两段。将含有硫酸催化剂，按一定配比配制的甲醇、甲醛水溶液，从塔的中部加入塔内。在催化剂作用下，甲醇、甲醛发生缩合反应，生成产品甲缩醛和水。由于精馏作用的存在，甲缩醛向上移动，而水则向下移动，使甲醇、甲醛反应的区域内的产物浓度降低，保证反应以较快的速率向正反应进行。

三、仪器与试剂

1. 仪器

实验主要由反应精馏塔、塔顶冷凝器、塔釜、回流比控制器、甲醇与甲醛进料流量计、原料计量管、产品计量管以及仪表控制柜等组成。

在塔中、塔顶和塔釜分别安装有热电偶，测定三点的温度，判断塔的操作状态。

塔身采用电热带保温，其加热电压由变压器控制，保证塔内物料不会因为热损失导致塔内回流增加。塔釜加热采用电热包，其加热功率由变压器调节控制。

为了检测反应精馏的效果，需要分析塔顶甲缩醛和塔底水的含量。分析采用气相色谱法，其操作条件如下：色谱柱为不锈钢柱，柱长为2m，内填充GDX-401载体；柱温为120℃；气化温度为140℃；检测温度为140℃；检测器为热导池检测器；桥电流为150mA。

2. 试剂

硫酸（98%），化学纯；甲醇（99%），化学纯；甲醛（37%，含甲醇8%），化学纯。

四、实验步骤

1. 按甲醇量的2%将硫酸小心加入甲醇中，将该甲醇水溶液分别加入计量管中；在塔釜中加入500mL的水。

2. 采用电热包加热塔釜中的物料，并使其沸腾。水蒸气从塔釜逐渐上升到塔顶，经冷凝后全回流。

3. 以甲醇 50mL/h、甲醇水溶液 50mL/h 的加料速度，向塔中加料。

4. 注意观察塔顶、塔中和塔釜的温度变化，当三个温度分别稳定在 42℃、65℃、100℃ 时，视塔的操作趋于稳定。

5. 调节塔顶甲缩醛出料量为 55mL/h。

6. 通过调节塔釜加热电压，控制回流比在 5∶1。

7. 按上述条件稳定运行 1h 以上，塔釜的水视其量的多少间隙放出（一般控制釜中水量在釜容量的 1/2～2/3）。

8. 准确称量耗用的原料量和所得的产品量，用色谱法分析塔顶甲缩醛和塔釜水的组成。

9. 计算实验所得的反应转化率（以甲醇计）和甲缩醛收率。

10. 保持甲醇、甲醛的体积比不变，改变进料流量，重新进行上述实验。

五、实验记录和数据处理

1. 在该实验体系中，甲缩醛与甲醇存在一个共沸点，其温度为 41～42℃，组成为甲缩醛 92%、甲醇 8%（质量分数）。因此从塔顶得到的甲缩醛产品实质是该共沸物，其中所含甲醇需由原料带入。在实验进行以前，根据甲缩醛产品的共沸组成、反应的化学计量关系以及原料组成，计算原料配比。原料配比计算见表 3-13。

表 3-13 原料配比计算

原料组成(质量分数)/%			产品组成(质量分数)/%		原料配比(甲醇/甲醛)		
甲醇	甲醇水溶液		甲缩醛	甲醇	摩尔比	质量比	体积比
	甲醛	甲醇					

2. 根据实验分析得到的塔顶甲缩醛产品组成和塔釜排放水的组成、加入的甲醇/甲醛原料量和得到的甲缩醛产品量，计算甲醇的单程转化率、甲缩醛产品的收率。实验数据记录见表 3-14。实验结果分析见表 3-15。

表 3-14 实验数据记录

时间/min	
甲醇流量/(mL/min)	
甲醛流量/(mL/min)	
甲缩醛流量/(mL/min)	
塔顶温度/℃	
塔中温度/℃	
塔釜温度/℃	
回流比	
加热电压/V	
保温电压/V	

表 3-15　实验结果分析

加入的甲醇量/mol			
加入的甲醛量/mol			
甲缩醛产品量/g			
排出的水量/g			
产品组成	甲缩醛：	甲醇：	水：
排出水的组成/%	甲醛：	甲醇：	：
甲醇转化率/%			
甲缩醛收率/%			

3. 根据实验测得的不同进料量下的实验结果，探索该反应精馏塔用于甲缩醛合成时的最大生产能力，其依据为塔釜水中的甲醇含量应小于0.5%。

4. 利用四个组分的热力学数据，计算该反应化学平衡时的转化率，分析采用反应精馏带来的技术优势。

六、思考题

1. 与传统的反应、分离单元组合过程比较，反应精馏技术具有哪些优势？

2. 适用反应精馏的体系应具有哪些特征？

3. 影响甲缩醛合成反应精馏结果（生产能力、单程转化率和选择性）的工艺条件有哪些？如何进行调节控制？

4. 试描述反应精馏塔内温度和组成的分布规律，并分析其合理性。

5. 分析该实验装置的特点，探讨采用该装置进行其他体系反应精馏研究的可能性。

实验六　连续均相反应器停留时间分布测定

一、实验目的

掌握停留时间分布的实验测定方法及数据处理，通过脉冲示踪法测定实验反应器的停留时间分布密度 $E(t)$ 和停留时间分布函数 $F(t)$，求出其数学特征——数学期望和方差，并和轴向扩散模型关联，求出模型参数轴向 Pe。

二、实验原理

由于反应器内流体速度分布不均匀，或某些流体微元运动方向与主体流动方向相反，因此使反应器内流体流动产生不同程度的返混。在反应器设计、放大和操作时，往往需要知道反应器中返混程度的大小。停留时间分布能定量描述返混程度的大小，而且能够直接测定。因此停留时间分布测定技术在化学反应工程领域中有一定的地位。

停留时间分布可用分布函数 $F(t)$ 和分布密度 $E(t)$ 来表示，二者的关系为：

$$F(t)=\int_0^t E(t)\mathrm{d}t\ ;\ E(t)=\frac{\mathrm{d}F(t)}{\mathrm{d}t} \tag{3-18}$$

测定停留时间分布最常用的方法是阶跃示踪法和脉冲示踪法。

阶跃示踪法为：

$$F(t)=\frac{C(t)}{C_0}$$

脉冲示踪法为：

$$E(t)=\frac{U}{Q_{入}}C(t)$$

式中 $C(t)$ ——示踪剂的出口浓度；

C_0——示踪剂的入口浓度；

U——流体的流量；

$Q_{入}$——示踪剂的注入量。

由此可见，若采用阶跃示踪法，则测定出口示踪物浓度变化，即可得到 $F(t)$ 函数；而采用脉冲示踪法，则测定出口示踪物浓度变化，就可得到 $E(t)$ 函数。

三、装置和流程

本实验采用脉冲示踪法分别测定釜式反应器、管式带循环反应器、双釜串联以及滴流床反应器的停留时间分布，测定是在不存在化学反应的情况下进行的。实验装置流程如图 3-16 所示。

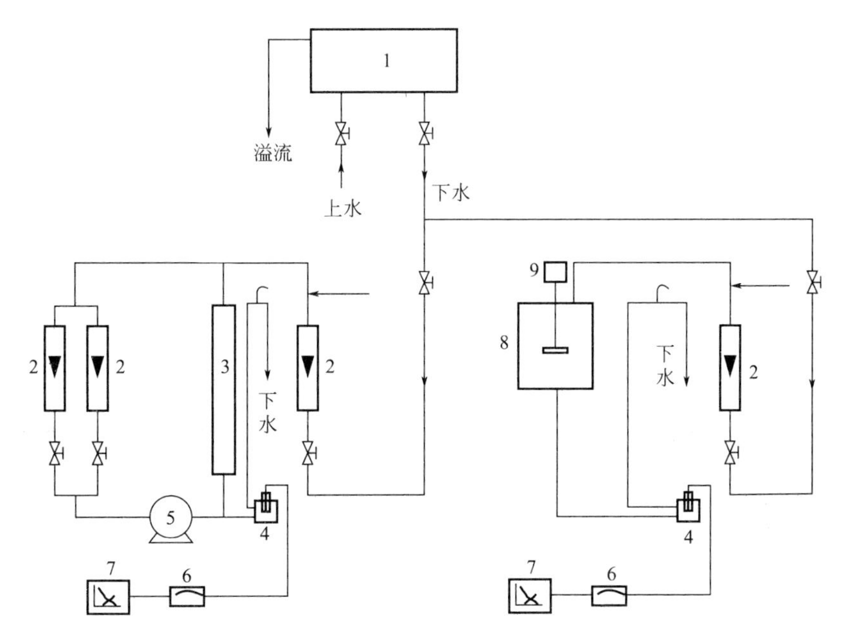

图 3-16 实验装置流程

1—高位槽；2—转子流量计；3—管式带循环反应器；4—电导电极；
5—泵；6—电导率仪；7—双笔记录仪；8—釜式反应器；9—电动搅拌机

自来水经上水阀流入高位槽 1 中，保持溢流以维持高位槽液位的恒定，从高位槽流出的水经下水阀、各分阀和转子流量计 2 后，分别流入管式带循环反应器 3、釜式反应器 8。离开反应器的水经各下水管排入下水道。两套反应器均为有机玻璃制成。釜式反应器 8 内装有桨式搅拌器。釜式反应器 8 内的搅拌器由电动搅拌机 9 直接带动，调节面板上的调压变压器的交流输出电压（此电压经整流器整流后输送给直流电机的转子）即可改变调速电机转子的直流输入电压，从而可调节搅拌器转速至需要值。管式带循环反应器为一根直立的空管，管的出口端装有一个循环泵，循环比由转子流量计 2 控制。两套反应器的出水端都装有电导电极 4，所测的电导率值在电导率仪 6 上指示，电导率仪再将信号输送给记录仪进行连续记录。

四、实验记录

开高位槽 1 的上水阀，当高位槽出现溢流后打开各分阀及转子流量计 2 上的阀，待流量稳定后再进行测定。

两套不同形式的反应器的停留时间分布测定均以氯化钾水溶液作为示踪剂。用电导率仪检测出口示踪剂的浓度，电导率仪再将测到的浓度变化信号输送给记录仪进行连续记录。

釜式反应器的停留时间分布测定开始时，先接通电源，打开 DDS-ⅡA 型电导率仪（使用方法见附录）和双笔记录仪，慢速启动电机，将速度调至所需的值，待流量、转速均稳定后，将记录仪上的记录基线调至适当位置，在时间 $t=0$ 的瞬间，用针筒在反应器的入口处快速注入 1.7mol/L 的氯化钾溶液 3mL，此时，记录仪即自动记录出口氯化钾浓度的变化曲线。

管式带循环反应器的停留时间分布测定开始时，先接通电源，打开 DDS-ⅡA 型电导率仪和双笔记录仪，待流量稳定后，将记录仪的记录基线调至适当位置。在时间 $t=0$ 的瞬间，用针筒在反应器入口处注入 1.7mol/L 的氯化钾溶液 3mL，此时，记录仪即自动记录出口氯化钾浓度的变化的曲线。

五、实验记录

实验参数记录见表 3-16。

表 3-16　实验参数记录

反应器类型	流量/(L/h)	走纸速度/(mm/min)	示踪剂注入体积/mL

注：各反应器装水体积 V，管式带循环反应器________，釜式反应器________。

六、数据处理

在一定的温度下，氯化钾水溶液的电导率 κ（S/m）取决于它的浓度 C，由实验可以确定电导率 κ（或与之对应的双笔记录仪上的毫伏数 U）与浓度 C 的对应关系，因而测定溶液的电导率（或对应的毫伏数）就可求得浓度。从我们实测的氯化钾水溶液（以自来水作为溶剂）的电导率 κ（或对应的毫伏数 U）和浓度 C 数据可以看出，当浓度很低时，在一定的温度下，它的电导率（扣除自来水电导率后的净值）较好地与浓度成正比，故在计算 $F(t)$ 和 $E(t)$ 时同样可用电导率（或对应的毫伏数）代替浓度进行计算。

1. 计算公式

① 停留时间分布函数

$$F(t)=\sum_{0}^{t}C(t)/\sum_{0}^{\infty}C(t) \tag{3-19}$$

② 停留时间分布密度

$$E(t)=C(t)/\Delta t\sum_{0}^{\infty}C(t) \tag{3-20}$$

式中，Δt 为取样时间间隔，每次取 Δt 相等。

③ 平均停留时间

$$\hat{t}=\tau=\sum_{0}^{\infty}tC(t)/\sum_{0}^{\infty}C(t) \tag{3-21}$$

④ 方差

$$\sigma_t^2=\sum_{0}^{\infty}t^2C(t)/\sum_{0}^{\infty}C(t)-\tau^2;\sigma^2=\frac{\sigma_t^2}{\tau^2} \tag{3-22}$$

⑤ 轴向扩散模型的 Pe

闭式返混较大时

$$\sigma^2=\frac{2}{Pe}-2\left(\frac{2}{Pe}\right)^2(1-e^{-Pe}) \tag{3-23}$$

闭式返混较小时

$$\sigma^2=\frac{2}{Pe} \tag{3-24}$$

2. 实验结果校核

① 示踪剂物料衡算 实验结果应符合示踪剂物料平衡，即注入反应器的示踪剂量应等于流出反应器的示踪剂量：

$$Q_{入}=Q_{出} \quad 或 \quad V_{入}C_{入}=U\Delta t\sum C$$

式中 $V_{入}$——示踪剂注入体积；

$C_{入}$——注入氯化钾溶液的浓度；

U——流体的流量；

Δt——取样时间间隔，每次取 Δt 相等。

② 平均停留时间检验 实验结果也应满足：

$$\tau=\frac{V}{U}=\sum_{0}^{\infty}tC(t)/\sum_{0}^{\infty}C(t) \tag{3-25}$$

七、思考题

1. 示踪剂的输入方法有几种？为什么脉冲示踪法应在瞬间注入示踪剂？
2. 为什么要在流量 V、转速 n 稳定一段时间后才能开始实验？
3. 如何测定氯化钾溶液浓度与电导率之间的关系？

实验七 甲苯液相氧化制苯甲酸

一、实验目的

1. 了解甲苯液相氧化制苯甲酸的实验装置和工艺流程。
2. 了解气液反应器的特点。
3. 测定甲苯、苯甲酸的浓度变化，掌握甲苯氧化的反应规律。
4. 学习气相色谱仪的使用。

二、实验原理

苯甲酸是一种应用广泛的有机化工原料，它可以与一缩二乙醇、苄醇等反应生成酯，可作为 PVC 一类塑料的助剂；苯甲酸及其钠盐可作为食品、化妆品和饮料等的防腐剂以及腐蚀抑制剂；苯甲酸还可用于金属缓蚀剂、涂料、染料载体和药物的制造。

工业上，苯甲酸一般通过甲苯氧化制得，一种是气相氧化法，如甲苯在金属氧化物催化剂上，300℃用空气进行氧化制得，另一种是液相氧化法，采用空气或氧气作氧化剂，以有机钴盐（如乙酸钴、异辛酸钴）、锰盐等为催化剂，有时添加 NaBr 等助催化剂，其反应式如下：

$$C_6H_5CH_3 + 1.5O_2 \xrightarrow{\text{催化剂}} C_6H_5COOH + H_2O$$

在反应条件下，产物中除了有 20%～45%的苯甲酸外，还有 0.5%～1%的苯甲醛和少量的苯甲酸苄酯等副产物。

本实验装置模拟工业生产中的氧化反应单元装置，采用鼓泡塔为气液反应器形式，通过实验操作，了解工业生产苯甲酸的工艺流程和工艺操作条件及气液反应器的特点。

三、装置和流程

本实验采用空气作氧化剂，有机钴盐作催化剂（含钴 12%的异辛酸钴），进行氧化反应，实验装置流程如图 3-17 所示。反应器结构如图 3-18 所示。

来自空压机 1 的压缩空气经转子流量计 3 计量后进入缓冲罐 4，然后由反应器 5 下端进入鼓泡塔进行鼓泡反应，反应中生成的水和夹带出的甲苯进入第一、第二冷凝器 8、9 进行冷凝，冷凝液合并进入油水分离器 7 进行油水分离，油相甲苯由回流管回流到反应器中部。过量的空气经尾气阀减压后放空。

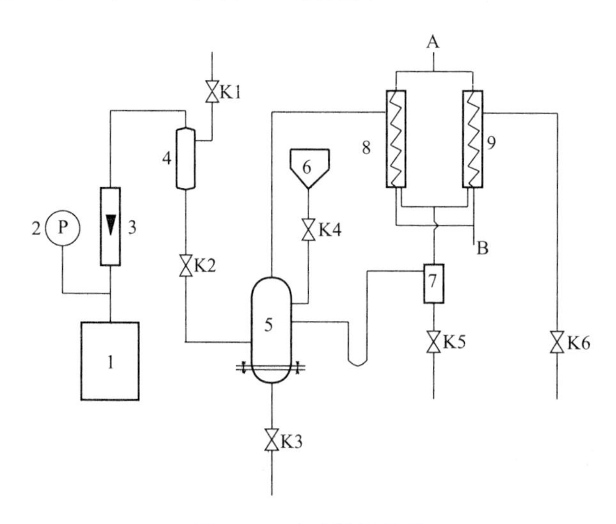

图 3-17 实验装置流程

1—空压机；2—压力表；3—转子流量计；4—缓冲罐；5—反应器；6—进料漏斗；7—油水分离器；8，9—第一、第二冷凝器；A—冷却水出口；B—冷却水进口；K1～K6—截止阀

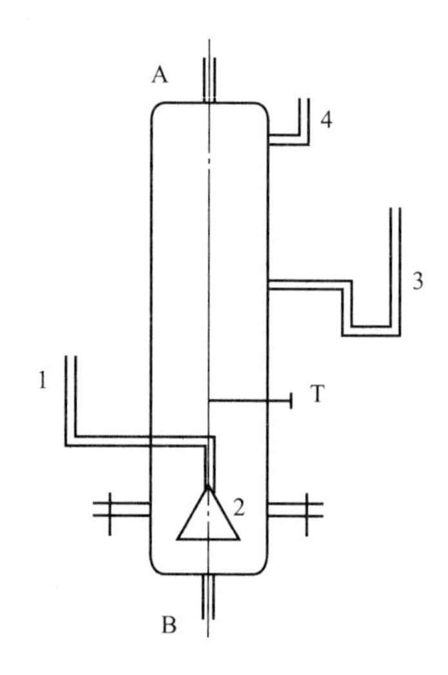

图 3-18 反应器结构示意图

1—进气口管；2—气体分布器；3—回流口管；4—加料口管；5—气体出口；B—出料口；T—测温热电阻

冷凝器为不锈钢蛇管式，冷却水走冷凝器内蛇形管内，物料走壳程。反应器为不锈钢材质，外壁缠有电热带以给反应器供热，反应器内的温度测定与控制由 XMT-100 数字式温度控制仪进行控制。

四、仪器和试剂

1. 仪器

普通天平 1 台；电子分析天平 1 台；碱式酸碱滴定装置 1 套；GC-102 气相色谱仪 1 台；

2mL针筒1个；500mL烧杯1个；玻璃棒1个；2mL移液管1个；500mL三角瓶4个；100mL量筒2个。

2. 试剂

甲苯（>99%）；异辛酸钴（11%Co）；甲醇（>99%）；蒸馏水；0.1mol/L的KOH溶液；酚酞指示剂。

五、实验步骤

1. 用烧杯称取250mL左右甲苯并称重（w_0），用2mL针筒抽取约1mL催化剂并混合均匀。
2. 完全打开尾气阀K6和进料阀K4，将物料加入反应器中，然后将K6和K4关闭。
3. 开启温控加热装置并将温度设定到90℃。
4. 当反应器内温度到达90℃时将温度设定到130～140℃，开启空压机向塔内鼓泡，当压力到达0.3MPa左右后，同时调节流量计和尾气阀K6，使反应体系的压力在0.2～0.3MPa之间，气体流量在100～150L/h之间。并记下开始时间。
5. 到一定的反应时间（约3.5h）后，调小气体流量，并将温度设定到30℃，对反应器进行降温。
6. 反应器温度到达80℃时打开K3进行出料，将反应液放到三角瓶中称，得到反应液质量（w_1）。
7. 分析滴定反应液的酸量。
8. 清洗反应装置和仪器。
9. 进行数据处理，计算粗酸得率。

六、实验记录

实验参数记录见表3-17、表3-18。

表3-17 实验参数记录1

甲苯 w_0/g	出料量 w_1/g	KOH 浓度/(mol/L)	样品量 G/g	滴定体积 /mL	酸含量 x/%	甲苯含量 x_1/%

表3-18 实验参数记录2

时间/min	压力/MPa	设定温度/℃	反应温度/℃	气体流量/(L/h)

七、数据处理

1. 酸含量的计算

$$x=\frac{122NV}{G}\times 100\% \tag{3-26}$$

式中 G——样品量，g；

N——KOH 溶液浓度，mol/L；

V——滴定所用碱液体积，mL。

2. 粗酸得率

$$y=\frac{0.7541x_1w_1}{w_0}\times 100\% \tag{3-27}$$

式中 w_0——甲苯进料量，g；

w_1——反应结束后物料的量，g；

x——酸含量，%。

3. 甲苯转化率

采用气相色谱法进行分析，可以用内标法得到甲苯含量 x_1，于是甲苯转化率为：

$$y_1=\frac{w_0-w_1x_1}{w_0}\times 100\% \tag{3-28}$$

八、思考题

1. 气液反应器有哪些？各有什么特色？
2. 工业上生产苯甲酸的工艺有几种？各有什么优缺点？
3. 你认为本实验有哪些地方可以进一步改进？

实验八　邻二甲苯气相氧化制取邻苯二甲酸酐

一、实验目的

1. 了解气相催化氧化制取含氧有机化合物的原理和方法。
2. 掌握气-固相催化反应的实验技术。
3. 认识催化作用在有机化学中的重要意义。

二、实验原理

将邻二甲苯和空气组成的混合气体，通过五氧化二钒为主的催化剂，由于邻二甲苯侧链的易氧化特性，在一定的反应条件下发生氧化反应，除生成主要产品邻苯二甲酸酐，还生成副产品，如顺丁烯二酸酐及苯甲酸等。

主反应式如下：

$$C_6H_4(CH_3)_2 \xrightarrow{O_2} C_6H_4(CO)_2O$$

三、实验流程

实验装置流程如图 3-19 所示。

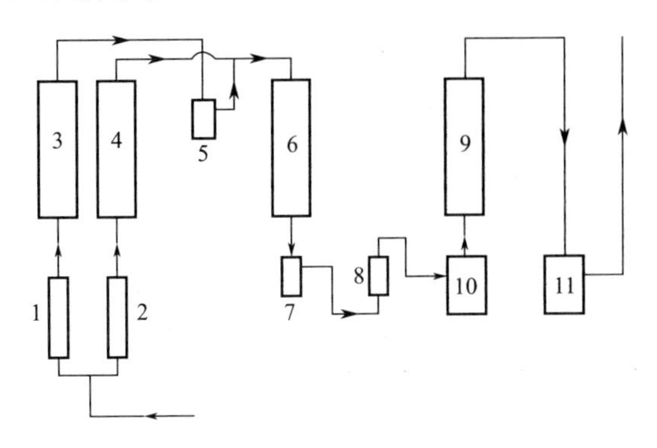

图 3-19　实验装置流程

1—一次空气流量计；2—二次空气流量计；3—一次空气预热计；4—二次空气预热计；5—邻二甲苯气化器；6—氧化反应器；7—苯酐第一捕集器；8—苯酐第二捕集器；9—水吸收器；10—冷凝器；11—湿式流量计

四、实验步骤

1. 将邻二甲苯加入气化器称量，同时称量苯酐第一捕集器及第二捕集器的空瓶质量。

2. 安装并检查各部分仪器，注意有关仪器接线是否正确；注意各橡胶管和橡胶塞的连接处是否塞紧、压紧，以防漏气。

3. 启动无油空压机，观察气流是否畅通；接通仪器电源，使装置有关部分进行加热。

4. 按照预定气流中的邻二甲苯浓度（邻二甲苯在空气中的浓度为 40～60g/m^3），旋开一次空气流量计，继而旋开二次空气流量计以提供参与反应中所需要的氧（反应空速为 2000～3000h^{-1}），一次和二次空气预热器的温度维持在 160℃左右。

5. 反应温度控制在 (430±20)℃，当催化剂床层温度达到 380℃、气化器的水温度达到 50℃时，接通气化器出口和反应器的入口，调节并稳定一次和二次空气流量计的流量（注意严防原料倒吸），严格按照规定的各种参数进行操作。

6. 在反应过程中，要仔细观察反应现象，力争在 10min 内稳定催化剂床层温度，防止催化剂产生飞温，防止反应系统堵塞或泄漏。

7. 反应过程中要密切注意各部位的温度控制是否正常，流量是否稳定，每隔 15min 按要求记录数据（实验记录表附后）。

8. 反应 1.5h 实验结束。截断反应器和气化器的接管（注意严防原料冲出）。继续用空气吹扫催化剂床层 5～10min。

9. 取下气化器并放入冷水中，使邻二甲苯冷却。取下第一和第二苯酐捕集器。

10. 称量气化器和两个捕集器的质量，可分别得出邻二甲苯的消耗量 w_1 和邻苯二甲酸酐的总质量 w_2。

五、数据处理

1. 由 w_1、w_2 求得粗产品得率

$$\text{粗产品得率}=\frac{w_2}{w_1 P}\times 100\%(P\text{ 为邻二甲苯纯度}) \tag{3-29}$$

2. 由实验记录求得空间速度

$$空间速度=\frac{U_g}{t}\times\frac{273.15}{273.15+T}\times\frac{1}{U_c} \tag{3-30}$$

式中 U_g——尾气总量，L；

t——反应时间，h；

T——室温，℃；

U_c——催化剂体积，L。

六、实验记录

实验参数记录见表 3-19。

表 3-19 实验参数记录

时间/min	转子流量计/(格/h)		温度/℃				尾气流量/L	现象
	一次	二次	一预	二预	气化	反应		

实验九 二元体系气液平衡数据测定

一、实验目的

1. 了解二元体系气液相平衡数据的测定方法，掌握改进的 Rose 平衡釜的使用方法，测定大气压力下乙醇（1)-环已烷（2）体系 T、P、x_i、y_i 数据。

2. 确定液相组分的活度系数与组成关系式中的参数，推算体系恒沸点，计算出不同液相组成下两个组分的活度系数，并进行热力学一致性检验。

3. 掌握恒温浴使用方法和用阿贝折光仪分析组成的方法。

二、实验原理

气液平衡数据实验测定是在一定温度、压力下，在已建立气液相平衡的体系中，分别取出气相和液相样品，测定其浓度。本实验采用的是广泛使用的循环法，平衡装置利用改进的 Rose 釜。所测定的体系为乙醇（1)-环已烷（2)，样品分析采用折光法。

气液平衡数据包括 T、P、x_i、y_i。对部分理想体系达到气液平衡时，有以下关系式：

$$y_iP=\gamma_ix_iP_i^s \tag{3-31}$$

将实验测得的 T、P、x_i、y_i 数据代入上式，计算出实测的 x_i 与 γ_i 数据，利用 x_i 与 γ_i 关系式（van Laar 方程或 Wilson 方程等）关联，确定方程中参数。根据所得的参数可计算不同浓度下的气液平衡数据、推算共沸点及进行热力学一致性检验。

三、仪器和试剂

实验装置如图 3-20 所示，其主体为改进的 Rose 平衡釜——气液双循环式平衡釜。

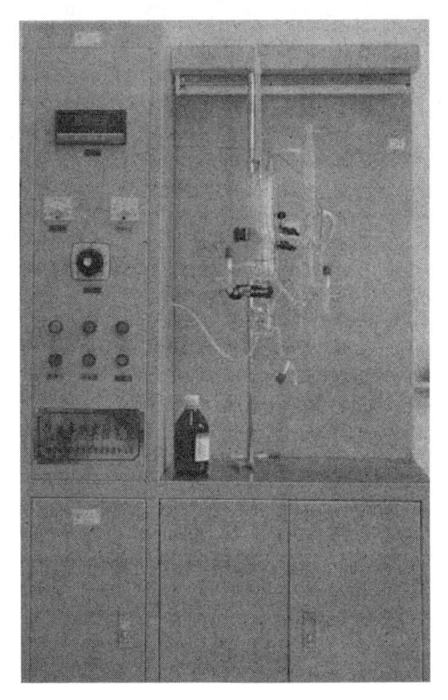

图 3-20 实验装置

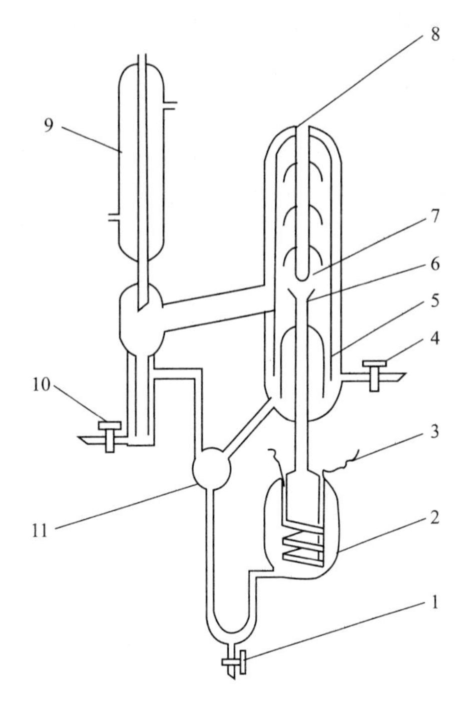

图 3-21 改进的 Rose 釜结构

1—排液口；2—沸腾器；3—内加热器；4—液相取样口；
5—气室；6—气液提升管；7—气液分离器；8—温度计套管；
9—气相冷凝管；10—气相取样口；11—混合器

根据环己烷（2）溶液在 30℃下的折射率，得到一系列 x_1-n_D数据。

改进的 Rose 平衡釜气液分离部分配有 50～100℃精密温度计或热电偶（配 XMT-3000 数显仪）测量平衡温度，沸腾器的蛇形玻璃管内插有 300W 电热丝，加热混合液，其加热量由可调变压器控制。改进的 Rose 釜结构如图 3-21 所示。

分析仪器有恒温水浴-阿贝折光仪系统、配有 CS-501 型超级恒温浴和四位数字折光仪。

试剂有无水乙醇（分析纯）、环己烷（分析纯）。

四、实验步骤

1. 制作乙醇（1）-环己烷（2）溶液折射率与组成关系工作曲线（可由教师预先准备）。

（1）配制不同浓度的乙醇（1)-环己烷（2）溶液（摩尔分率 x_1 分别为 0.1、0.2、0.3、0.4、0.5、0.6、0.7、0.8、0.9）。

（2）测量不同浓度的乙醇（1)-环己烷（2）溶液在 30℃下的折射率，得到一系列 x_1-n_D数据。

（3）将 x_1-n_D数据关联回归，得到如下方程：

$$x_1 = -0.74744 + \frac{[0.0014705 + 0.10261 \times (1.4213 - n_D)]^{0.5}}{0.051305} \tag{3-32}$$

2. 开恒温浴-折光仪系统，调节水温到（30±0.1)℃（折光仪的原理及使用方法见附录）。

3. 接通平衡釜冷凝器冷却水，关闭平衡釜下部考克。向釜中加入乙醇-环己烷溶液（加到釜的刻度线，液相口能取到样品）。

4. 接通电源，调节加热电压，注意釜内状态。当釜内液体沸腾，并稳定以后，调节加热电压使冷凝管末端流下的冷凝液在 80 滴/min 左右。

5. 当沸腾温度稳定，冷凝液流量稳定（80 滴/min 左右），并保持 30min 以后，认为气液平衡已经建立。此时沸腾温度为气液平衡温度。由于测定时平衡釜直接通大气，平衡压力为实验时的大气压。用福廷式水银压力计读取大气压（见附录）。

6. 同时从气相口和液相口取气液两相样品，取样前应先放掉少量残留在取样考克中的试剂，取样后要盖紧瓶盖，防止样品挥发。

7. 测量样品的折射率，每个样品测量两次，每次读数两次，四个数据的平均偏差应小于 0.0002，按四个数据的平均值计算气相或液相样品的组成。

8. 改变釜中溶液组成（添加纯乙醇或纯环己烷），重复步骤 4～8，进行第二组数据测定。

五、实验数据记录

1. 平衡釜操作记录

改进的 Rose 釜操作记录见表 3-20。

表 3-20　改进的 Rose 釜操作记录

日期：________　室温：________　大气压：________

实验序号	投料量/mL	时间/min	加热电压/V	平衡釜温度/℃	环境温度/℃	露茎高度/mm	冷凝液滴速/(滴/min)	现象
1	混合液							
2	补加							

2. 折射率测定及平衡数据计算结果

折射率 n_D 测定结果和气液相平衡组成计算结果见表 3-21。

表 3-21　折射率 n_D 测定结果和气液相平衡组成计算结果

测量温度：30.0℃

实验序号	液相样品折射率 n_D					气相样品折射率 n_D					平衡组成	
	1	2	3	4	平均	1	2	3	4	平均	液相	气相
1												
2												

六、实验数据处理

1. 平衡温度和平衡压力的校正（参见附录）。

2. 由所测的折射率计算平衡液相和气相的组成，并与附录文献数据相比较，计算平衡温度实验值与文献值的偏差和气相组成实验值与文献值的偏差。

3. 计算活度系数 γ_1、γ_2。

运用部分理想体系气液平衡关系式可得到：

$$\gamma_1=\frac{y_1P}{x_1P_1^s} \quad 和 \quad \gamma_2=\frac{y_2P}{x_2P_2^s}$$

式中 P_1^s 和 P_2^s 由 Antoine 方程计算，其形式为：

$$\lg P_1^s=8.1120-\frac{1592.864}{T+226.184} \tag{3-33}$$

$$\lg P_2^s=6.85146-\frac{1206.470}{T+223.136} \tag{3-34}$$

P_1^s 和 P_2^s 的单位为 mmHg，T 的单位为℃。

4. 由得到的活度系数 γ_1 和 γ_2 计算 van Laar 方程或 Wilson 方程中参数 。van Laar 方程参数如下：

$$A_{12}=\ln\gamma_1\left(1+\frac{x_2\ln\gamma_2}{x_1\ln\gamma_1}\right)^2 \tag{3-35}$$

$$A_{21}=\ln\gamma_2\left(1+\frac{x_1\ln\gamma_1}{x_2\ln\gamma_2}\right)^2 \tag{3-36}$$

5. 用 van Laar 方程或 Wilson 方程计算一系列的 x_1-γ_1,γ_2 数据，计算 $\ln\gamma_1$-x_1、$\ln\gamma_2$-x_1 和 $\ln\frac{\gamma_1}{\gamma_2}$-$x_1$ 数据，绘出 $\ln\frac{\gamma_1}{\gamma_2}$-$x_1$ 曲线，用 Gibbs-Duhem 方程对所得数据进行热力学一致性检验。其中 van Laar 方程形式如下：

$$\ln\gamma_1=\frac{A_{12}}{\left(1+\frac{A_{12}x_1}{A_{21}x_2}\right)^2}, \quad \ln\gamma_2=\frac{A_{21}}{\left(1+\frac{A_{21}x_2}{A_{12}x_1}\right)^2}(选做) \tag{3-37}$$

6. 计算 0.1013MPa 压力下的恒沸数据或 35℃下的恒沸数据，并与文献值相比较（选做）。

7. 计算示例。

某次实验记录列于表 3-22 和表 3-23。

表 3-22 改进的 Rose 釜操作记录

实验日期： 室温：25℃ 大气压：758.2mmHg

实验序号	投料量/mL	时间/min	加热电压/V	平衡釜温度/℃		环境温度/℃	露茎高度/mm	冷凝液滴速/(滴/min)	现象
				热电偶	水银温度计				
1	混合液 180	500	60	20		25		0	开始加热
		525	60	40		26		0	沸腾
		535	58	59.2	59.10	30	0.8	40	有回流
		543	58	65.0	64.92	31	6.6	78	回流
		555	58	65.0	64.94	31	6.6	81	回流稳定
		590	56	65.1	64.95	31	6.6	79	回流稳定
		592							取样

表 3-23 折射率测定及平衡数据计算结果

测量温度：30.0℃

序号	液相样品折射率 n_D					气相样品折射率 n_D					平衡组成	
	1	2	3	4	平均	1	2	3	4	平均	液相	气相
1	1.3835	1.3835	1.3836	1.3835	1.3835	1.3972	1.3971	1.3972	1.3973	1.3972	0.6781	0.4797

（1）温度及压力的校正。

① 露茎校正，按附录：

$$\Delta T_{露茎}=kn(T-T_{环})=0.00016\times 6.6\times(64.95-31.0)=0.036℃ \tag{3-38}$$

$$T_{真实}=T+\Delta T_{露茎}=64.95+0.04=64.99℃ \tag{3-39}$$

② 压力校正，将测量的平衡压力 758.2mmHg 下的平衡温度折算到平衡压力为 760mmHg 的平衡温度，按附录：

$$温度校正值\ \Delta T=\frac{T_{真实}+273.15}{10}\times\frac{760-P_0}{760}=0.08℃ \tag{3-40}$$

$$T(760mmHg 平衡温度)=64.99+0.08=65.07℃ \tag{3-41}$$

（2）由附录，查得，$x_1=0.6781$ 时，文献数据 $y_1=0.4750$，$T=65.25℃$。

实验值与文献值偏差：

$$|\Delta y_1|=0.4797-0.4750=0.0047 \tag{3-42}$$

$$|\Delta T|=65.25-65.07=0.19 \tag{3-43}$$

（3）计算实验条件下的活度系数 γ_1、γ_2。

$$\gamma_1=\frac{0.4797}{0.6781}\times\frac{760}{439.37}=1.2237$$

$$\gamma_2=\frac{0.5203}{0.3219}\times\frac{760}{462.57}=2.6556 \tag{3-44}$$

（4）计算 van Laar 方程中参数。

$$A_{12}=\ln\gamma_1\left(1+\frac{x_2\ln\gamma_2}{x_1\ln\gamma_1}\right)^2=2.19412$$

$$A_{21}=\ln\gamma_2\left(1+\frac{x_1\ln\gamma_1}{x_2\ln\gamma_2}\right)^2=2.01215 \tag{3-45}$$

（5）用 van Laar 方程计算 x-γ 数据，列于表 3-24。

表 3-24 用 van Laar 方程计算 x-γ 数据结果

x_1	0.05	0.1	0.2	0.3	0.4	0.5	0.6	0.7	0.8	0.9	0.95
$\ln\gamma_1$	1.9624	1.7455	1.3548	1.0192	0.7357	0.5021	0.3159	0.1747	0.0763	0.0188	0.0047
$\ln\gamma_2$	0.0059	0.0235	0.0923	0.2041	0.3565	0.5475	0.7749	1.0369	1.3316	1.6572	1.8311
$\ln(\gamma_1/\gamma_2)$	1.9565	1.7220	1.2625	0.8150	0.3792	−0.0454	−0.4590	−0.8620	−1.255	−1.6384	−1.826

经计算得到 $D<J$，符合热力学一致性。

（6）估算 $P=760$mmHg 下恒沸点温度和恒沸组成。

可列出以下联立方程组：

$$\ln\frac{P}{P_1^s}=\frac{A_{12}}{\left(1+\frac{A_{12}x_1}{A_{21}x_2}\right)^2} \tag{3-46}$$

$$\ln\frac{P}{P_2^s}=\frac{A_{21}}{\left(1+\frac{A_{21}x_2}{A_{12}x_1}\right)^2} \tag{3-47}$$

$$\lg P_1^s=8.1120-\frac{1592.864}{T+226.184} \tag{3-48}$$

$$\lg P_2^s=6.85146-\frac{1206.470}{T+223.136} \tag{3-49}$$

$$x_1+x_2=1 \tag{3-50}$$

代入相关数据，经试差计算得，恒沸点温度 $T=65.0$℃，恒沸组成 $x_1=0.477$，与附录文献数据基本符合。

七、实验结果和讨论

1. 实验结果

给出 $P=760$mmHg 下平衡温度 T、乙醇液相组成 x_1 和相应的气相组成 y_1 数据，与附录文献数据相比较，分析数据精确度。

2. 讨论

（1）实验测量误差及引起误差的原因。

（2）对实验装置及其操作提出改进建议。

（3）对热力学一致性检验和恒沸数据推算结果进行评议。

八、思考题

1. 实验中你是怎样确定气液两相达到平衡的？
2. 影响气液平衡数据测定的精确度的因素有哪些？
3. 试举出气液平衡数据应用的例子。

九、注意事项

1. 平衡釜开始加热时电压不宜过大，以防物料冲出。

2. 平衡时间应足够。气液相取样瓶在取样前要检查是否干燥，装样后要保持密封，因为乙醇和环己烷都较易挥发。

3. 测量折射率时，应注意使液体铺满毛玻璃板，并防止挥发。取样分析前应注意检查滴管、取样瓶和折光仪毛玻璃板是否干燥。

实验十 液固催化反应动力学测定

一、实验目的

1. 了解甲醇和甲醛合成原理。
2. 掌握反应动力学模型测定的基本原理和方法。
3. 掌握可逆反应中动力学数据的处理方法及动力学方程参数的求取。
4. 掌握测温法在反应动力学研究中的基本原理。

二、实验原理

甲缩醛合成的基本原理是：甲缩醛是合成高浓度（>80%）甲醛的关键原料，20世纪80年代中期，日本旭化成公司以硅酸铝固体酸为催化剂，采用反应精馏技术，建成工业规模甲缩醛生产装置，不但与高浓度甲醛新工艺配套，也代表了甲缩醛生产的先进水平。

在酸性催化剂（如酸性阳离子交换树脂、分子筛等）作用下，由甲醇和稀甲醛合成高纯度甲缩醛，是甲缩醛氧化直接生产高浓度甲醛新工艺的关键步骤之一，其反应式为：

$$2CH_3OH + HCHO \xrightarrow{\text{催化剂}} CH_3OCH_2OCH_3 + H_2O$$

甲缩醛合成反应为可逆反应，平衡转化率一般在50%以下。由于受化学平衡的限制，反应体系中存在甲醇、甲醛、甲缩醛和水等组分。采用反应精馏技术，将甲缩醛产品不断从反应体系中移出，可使甲醇转化率达99%以上，并在塔顶得到高纯度的甲缩醛。与普通精馏不同，反应精馏既存在物理分离过程又存在化学反应过程。因此反应精馏塔的设计不仅需要气液平衡关系和传质模型，而且需要化学反应动力学模型。

测温法的基本原理如下：在反应精馏塔中进行的催化反应，反应体系始终处于沸腾状态，因此只有在沸腾状态下测得的反应动力学才完全适用于反应精馏塔的设计，而不需要外推。甲缩醛合成反应属液固催化反应，由于所采用的固体酸催化剂具有良好的选择性（99%以上），反应可近似被看成为简单反应。当反应间歇进行，反应体系又处于沸腾状态时，由于反应速率很快，一般在10min左右反应就已接近化学平衡，欲采用常规取样分析组成的方法来准确测定该反应的动力学规律是困难的。由于产品甲缩醛沸点较低（42℃），而原料甲醇、甲醛溶液沸点相对较高，因此在甲缩醛合成反应过程中。随着反应的不断进行，甲缩醛不断生成，甲醇、甲醛不断消耗，必然导致反应混合物泡点温度不断下降，直至达到化学平衡。对于甲缩醛合成这样的简单反应，随着反应的进行，反应混合物泡点温度不断下降，这一现象直观地反映了反应转化率的增加，也就反映了反应的动力学规律。这种反应混合物泡点温度变化速率与反应速率的一致性，使得以测量温度代替分析组成获得动力学数据成为可能。

根据文献实测的反应混合物泡点温度 T 与转化率 x_M 的关系曲线（即标准曲线），可拟合得到下列关系式：

$$x_M = a + b/T + cT \tag{3-51}$$

式中，a、b、c 为常数。

动力学方程参数的求取如下。

对于甲缩醛合成反应：

$$\underset{(M)}{2CH_3OH} + \underset{(F)}{HCHO} \xrightarrow{\text{催化剂}} \underset{(D)}{CH_3OCH_2OCH_3} + \underset{(W)}{H_2O}$$

研究表明，其反应动力学为二级反应，反应式为：

$$-r_M = k_1 C_M C_F - k_2 C_D C_W \tag{3-52}$$

在高速搅拌时，反应器可视为CSTR，则反应速率表达为：

$$-r_M = \frac{n_{M0}}{W} \times \frac{dx_M}{dt} = \frac{Q_0 C_{M0} x_M}{W} \tag{3-53}$$

各项浓度 C_M、C_F、C_D 和 C_W 均可写成转化率 x_M 的表达式：

$$C_M = C_{M0}(1 - x_M) \tag{3-54}$$

$$C_F = C_{M0}\left(\frac{1}{\beta} - \frac{x_M}{2}\right) \tag{3-55}$$

$$C_D = C_{M0} x_M / 2 \tag{3-56}$$

$$C_W = C_{M0}\left(\frac{1}{\gamma} - \frac{x_M}{2}\right) \tag{3-57}$$

由于该反应的热效应极小，近似为零，即 $E^+ = E^- = E$，因而平衡转化率不受温度的影响，因此可在间歇条件下测得平衡常数 K。则有：

$$K = \frac{k_1}{k_2} = \frac{C_{De} C_{We}}{C_{Me} C_{Fe}} \tag{3-58}$$

因此式（3-51）可转化为：

$$-r_M = k_1\left(C_M C_F - \frac{1}{K} C_D C_W\right) \tag{3-59}$$

结合式（3-53）、式（3-58）和式（3-59）可求得不同温度下的 k_1，根据 Arrhenius 方程，由 $\ln k_1$ 与 $1/T$ 作图求得反应活化能 E 和指前因子 k_0。

三、实验装置流程及试剂

实验装置实物图如图 3-22 所示。图 3-23 为实验流程，按一定比例混合好的甲醇、甲醛和水由高位槽 1 经进料总阀 2 到转子流量计 3 进行流量调节，物料再进入反应器 4，该反应器为一个体积为 100mL 的夹套式搅拌釜，物料和催化剂在釜内进行反应，调节磁力搅拌器 5 的转速来控制釜内物料混合搅拌状况，反应液的泡点温度由热电阻 6 测定，温度值显示在 XMT-3000 显示仪表 7 上。调压器 8 为反应器加热装置 9 的电压控制器。反应过程中，上升的气相经冷凝器 10 冷凝回流至反应器内，出料由带小孔的溢流管 11 流出。

反应原料为工业甲醇、工业甲醛和水，催化剂为大孔酸性阳离子交换树脂。

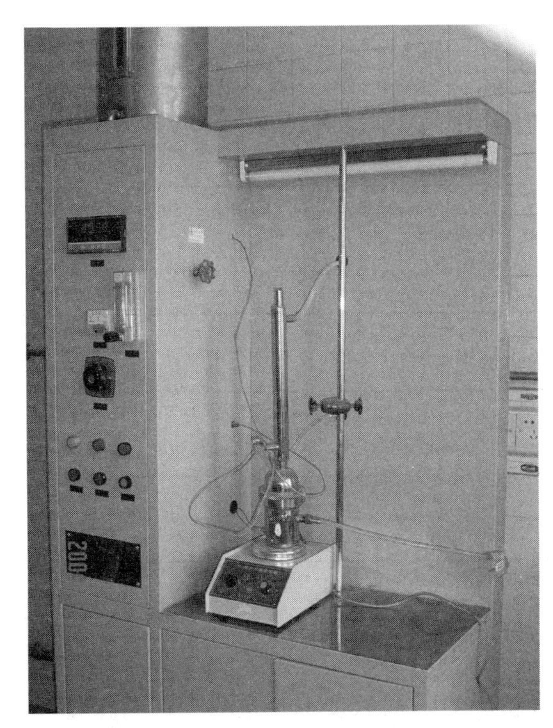

图 3-22　实验装置实物图

四、实验步骤

1. 配制一定浓度的甲醇和甲醛溶液，倒入高位槽中备用（由教师准备）。

2. 准确称量 2～5g 的酸性催化剂，由反应器口放入。

3. 装配好反应装置，开启总电源、电机电源和加热电源，调节加热电压在 150V 左右。同时开启冷凝水。

4. 开启进料总阀进料，直至溢流口有液体流出，调节搅拌转速在 4～5 挡。

5. 稳定进料流量 Q，观察反应状态，当物料出现沸腾时，观察反应液的泡点温度，维持反应一段时间，其长短根据连续反应时确定条件下可能达到的转化率而定。当该温度稳定在 ±0.2℃ 范围内时，视反应达到稳态，记录反应器内温度。

6. 改变反应进料量，重复上一步，测定另一个条件下的泡点温度。此步骤重复 3～5 次。

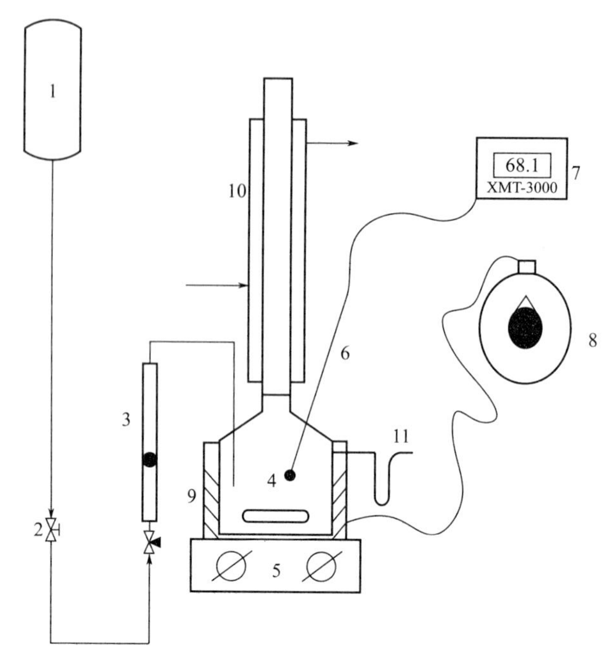

图 3-23　连续搅拌釜动力学实验流程

1—高位槽；2—进料总阀；3—转子流量计；4—反应器；5—磁力搅拌器；6—热电阻；
7—XMT-3000 显示仪表；8—调压器；9—加热装置；10—冷凝器；11—溢流管

7. 关闭进料阀，在间歇条件下测定其平衡时的泡点温度。

8. 实验结束，关闭电源，关闭冷凝水，并将物料从反应器倒至废液桶中，回收催化剂，洗净反应器待用。

五、数据记录

实验条件见表 3-25。泡点温度见表 3-26。

表 3-25　实验条件

实验日期：__________　气温：______℃　大气压：__________ MPa

催化剂量/g	加热电压/V	搅拌转速/挡	甲醇初浓度/(mol/L)	甲醛初浓度/(mol/L)	水初浓度/(mol/L)	甲缩醛初浓度/(mol/L)

表 3-26　泡点温度

项目	1	2	3	4	5	6	平衡
进料流量 Q_0/(L/h)							
进料流量校核值 Q_0/(L/h)							
泡点温度 T/K							

六、数据处理

1. 转化率浓度的求取

根据实验数据和转化率泡点的关系式求出相应的不同浓度下反应物、产物浓度，见表 3-27。

表 3-27 转化率、浓度组成和反应速率

项目	1	2	3	4	5	6	平衡
Q_0/(L/h)							
X_M							
C_M/(mol/L)							
C_F/(mol/L)							
C_D/(mol/L)							
C_W/(mol/L)							
反应速率($-r_M$)/[mol/(L·h)]							

2. K、k_1、E 的求取

由平衡浓度计算出相应的 K，并由表 3-28 可得不同温度下的 k_1。

表 3-28 不同温度下的 k_1 和 E 值

项目	平衡	1	2	3	4	5	6
T/K							
k_1/[L/(mol·h)]							
$1/T$/K^{-1}							
$\ln k_1$							

由表 3-28 结果，将 $\ln k_1$ 与 $1/T$ 进行作图，由线性回归求得 E 和 k_0。

七、实验结果与讨论

1. 实验结果

给出实验数据处理的主要结果，并进行说明。

2. 分析

分析实验中的误差。

3. 思考题

(1) 反应动力学方程求取的实验方法有几种？各有何优缺点？

(2) 在此实验中，为何用测温法来测动力学数据？其适用条件是什么？

(3) 如采用间歇反应测定该动力学，如何进行？

(4) 在实验中如何排除内、外扩散的影响？

(5) 该反应为何要测定泡点下的动力学？

(6) 通过实验，你认为该实验过程有何进一步的改进？

八、实验注意事项

1. 实验中应注意流量的稳定，调节时应细心。
2. 热电阻应在液面下少许，不宜太低。
3. 反应器装配中，应保证搅拌顺畅，加热电压不宜过高，以防止液体的蒸发量过大。
4. 反应过程中，一定要观察到液体沸腾，方可进行测温。
5. 溢流时要保持流体的流动通畅，以防液面上升过高。
6. 注意催化剂的集中回收。

附录

配制一定甲醇、甲醛初始浓度下各虚拟转化率对应的反应混合物，在与实际反应相同的操作条件下，测出混合物的泡点温度，得到该温度与转化率的关系曲线 T-x 标准曲线，根据实验数据回归出相应的方程（$X_M=a+b/T+cT$），参数见表 3-29。

表 3-29　甲醇转化率 X_M 与泡点回归系数

初始组成		回归系数		
$\beta(C_{M0}/C_{F0})$	$\gamma(C_{M0}/C_{W0})$	a	b	c
2.0	0.70	−42.30	8.276×10^3	5.356×10^{-2}
2.0	0.41	−26.02	5.502×10^3	2.976×10^{-2}
2.0	0.27	−54.62	10.46×10^3	7.102×10^{-2}
1.5	0.31	−32.14	6.605×10^3	3.835×10^{-2}
2.5	0.51	−35.99	7.217×10^3	4.410×10^{-2}

实验十一　鼓泡反应器中气泡比表面积及气含率的测定

一、实验目的

1. 掌握静压法测定气含率的原理与方法。
2. 掌握气液鼓泡反应器的操作方法。
3. 了解气液比表面积的确定方法。

二、实验原理

1. 气含率

气含率是表征气液鼓泡反应器流体力学特性的基本参数之一。它直接影响反应器内气液接触面积，从而影响传质速率与宏观反应速率，是气液鼓泡反应器的重要设计参数。测定气含率的方法很多，静压法是较精确的一种，基本原理由反应器内柏努利方程而来，可测定各段平均气含率，也可测定某一水平位置的局部气含率。根据柏努利方程有：

$$\varepsilon_G=1+\left(\frac{g_c}{\rho_L g}\right)\left(\frac{dp}{dH}\right) \tag{3-60}$$

采用 U 形压差计测量时，两测压点平均气含率为：

$$\varepsilon_G=\frac{\Delta h}{H} \tag{3-61}$$

当气液鼓泡反应器空塔气速改变时，气含率 ε_G 会做相应变化，一般有如下关系：

$$\varepsilon_G \propto u_G^n \tag{3-62}$$

n 取决于流动状况。对安静鼓泡流，n 值在 0.7～1.2 之间；在湍动鼓泡流或过渡流区，u_G 影响较小，n 在 0.4～0.7 范围内。假设：

$$\varepsilon_G=ku_G^n \tag{3-63}$$

则

$$\lg\varepsilon_G=\lg k+n\lg u_G \tag{3-64}$$

根据不同气速下的气含率数据，以 $\lg\varepsilon_G$ 对 $n\lg u_G$ 作图，或用最小二乘法进行数据拟合，即可得到关系式中参数 k 和 n 值。

2. 气泡比表面积

气泡比表面积是单位体积液体的相界面积，也称为气液接触面积、比相界面积，也是气液鼓泡反应器很重要的参数之一。许多学者进行了这方面的研究工作，如光透法、光反射法、照相技术、化学吸收法和探针技术等，每一种测试技术都存在着一定的局限性。

气泡比表面积 a 可由平均气泡直径 d_{us} 与相应的气含率 ε_G 计算：

$$a=\frac{6\varepsilon_G}{d_{us}} \tag{3-65}$$

Gestrich 对其他学者发现的 a 与其他物理量的计算关系进行整理比较，得到了计算 a 值的公式：

$$a=26.0\left(\frac{H_0}{D}\right)^{0.3}K^{0.003}\varepsilon_G \tag{3-66}$$

其中液体模数为：

$$K=\frac{\rho_L\sigma_L}{g\mu_L}$$

方程的适用范围是：

$$u_G\leqslant 0.60\ \text{m/s};\quad 2.2\leqslant\frac{H_0}{D}\leqslant 24;\quad 5.7\times10^5\leqslant K<10^{11}$$

因此在固定气速 u_G 下，测定反应器的气含率 ε_G 数据，就可以间接得到气液化表面 a。Gestrich 经大量数据比较后确认式（7）的计算偏差在±15%之内。

三、装置和流程

实验装置如图 3-24 所示。

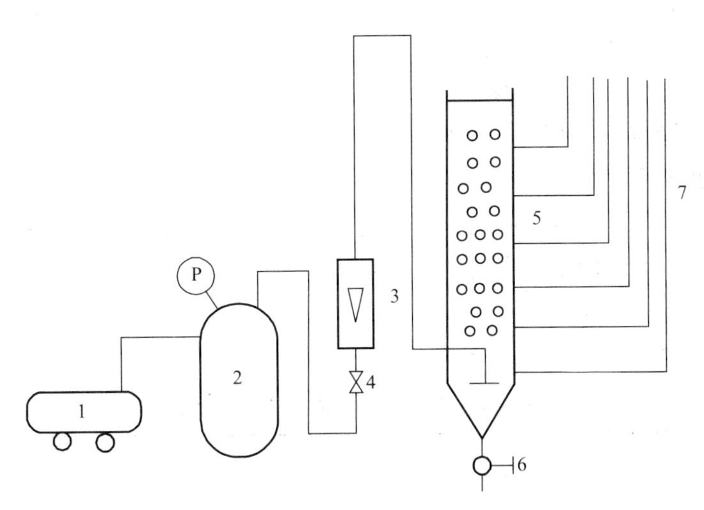

图 3-24　鼓泡反应器气泡比表面积及气含率测定实验装置

1—空压机；2—缓冲罐（在空压机上）；3—流量计；4—调节阀；
5—反应器；6—放料口；7—压差计

反应器为一个有机玻璃塔，塔径为 100mm，塔高为 140mm，塔下方有一个气体分布器。气体分布器是以聚丙烯为材料，在其上均匀打孔，孔径为 5mm。塔的下方有一个法兰，用于拆装分布器。塔的右侧有玻璃测压管，可测出塔不同高度的压差。空气压缩机为气源，以转子流量计调节空气流速。

实验通过调节转子流量计调节气体的流量，测定玻璃压差计的压差，获得在不同气体流速下鼓泡反应器中的气含率。实验设备紧凑，实验现象直观，用简单的操作研究复杂的过程。实验以水为体系，既经济又环保。

仪表屏钢制，长×宽×高为1000mm×600mm×1800mm，下方装有四个轮子，可以方便转变方向。流量计、鼓泡反应器、测压管等均固定在此仪表屏上。

1. 空气压缩机

排气量约0.2m³/min，排气压力为1.0MPa，功率为2kW，电压为380V。

2. 流量计

型号为G10-15，流量为0.3～3m³/h。

3. 鼓泡反应器

有机玻璃制，高约1400mm，内径为100mm，下方接有聚丙烯空气分布器，右侧接有测压管。

4. 测压管

玻璃制，一端与鼓泡反应器相连，另一端与大气相通，靠下方有一段U形管，阻止气泡进入测压管。

四、实验步骤

1. 将清水从鼓泡反应器的上方加入反应器中，至一定刻度；关闭稳压阀，开启空气压缩机。
2. 检查U形压力计中液位在一个水平面上，防止有气泡存在；若有气泡，可用洗耳球压去空气。测定从鼓泡反应器下方法兰至反应器中液面的高度，测定相邻测压管间的垂直距离。
3. 打开稳压阀，控制稳压阀输出压力约0.2MPa，并逐渐调节流量计流量，开始鼓泡。
4. 观察床层气液两相流动状态。
5. 稳定后记录各点U形压力计刻度值。
6. 改变气体流量，重复上述操作（可做5～8个条件）。
7. 关闭气源，将反应器内清水放尽。

五、实验数据处理

选取8～10个不同气体流量的实验点。记录下每组实验点的气速、各测压点读数，并计算每两点间的气含率，从而求出全塔平均气含率。

1. 原始数据

不同气速对应的压差计读数见表3-30。

表3-30 不同气速对应的压差计读数

气体流量/(m³/h)	压差计读数/cm	
	H_1	H_2

2. 分析结果

气含率及气泡比表面积的计算见表 3-31。

表 3-31　气含率及气泡比表面积的计算

u_G	$\lg u_G$	$\Delta h/\mathrm{m}$	ε_G	$\lg\varepsilon_G$	$A/(\mathrm{m}^2/\mathrm{m}^3)$	$\lg a$

3. 计算结果

(1) 气含率的计算

① 计算同一气速下鼓泡塔相邻测压点的气含率。

有公式：

$$\varepsilon_G=\frac{\Delta h}{H}$$

② 计算此气速下的平均气含率。

③ 计算不同气速的气含率及平均气含率。

④ 关联参数。

由 $\varepsilon_G=ku_G^n$ 得：

$$\lg\varepsilon_G=\lg k+n\lg u_G$$

根据不同气速下的气含率数据，以 $\lg\varepsilon_G$ 对 $\lg u_G$ 作图，或用最小二乘法进行数据拟合，即可得到关系式中参数 k 和 n 值。

注意：转子流量计测得的是流量，计算时应将流量转化成流速。

(2) 气泡比表面积的计算

$$a=2600\left(\frac{H_0}{D}\right)^{0.3}K^{0.003}\varepsilon_G$$

式中，D 为塔直径；H_0 为静液层高度；$K=\frac{\rho\sigma^3}{g\mu^4}$；$\rho$ 为液体密度；μ 为液体黏度；σ 为液体表面张力；g 为重力加速度。

计算不同气速 u_G 下的气泡比表面积 a，并在双对数坐标纸上绘出 a 和 u_G 的关系曲线。

六、实验结果和讨论

1. 分析气液鼓泡反应器内流动状态的变化。
2. 根据实验结果讨论 ε_G 与 u_G 的关系，并分析实验误差。
3. 根据计算结果分析气泡比表面积与 u_G 的关系。

七、思考题

1. 气含率与哪些因素有关？

2. 气液鼓泡反应区内流动区域是如何区分的？

实验十二　乙苯脱氢制苯乙烯实验

一、实验目的

1. 了解以乙苯为原料，氧化铁系为催化剂，在固定床单管反应器中制备苯乙烯的过程。

2. 学会稳定工艺操作条件的方法。

二、实验原理

本实验是以乙苯为原料，氧化铁系为催化剂，在固定床单管反应器中制备苯乙烯的过程，其主副反应分别为：

主反应

$$C_6H_5-CH_2-CH_3 \longrightarrow C_6H_5-CH=CH_2 + H_2 \quad 117.8kJ/mol$$

副反应：

$$C_6H_5-C_2H_5 \longrightarrow C_6H_6 + C_2H_4 \quad 105kJ/mol$$

$$C_6H_5-C_2H_5 + H_2 \longrightarrow C_6H_6 + C_2H_6 \quad -31.5kJ/mol$$

$$C_6H_5-C_2H_5 + H_2 \longrightarrow C_6H_5-CH_3 + CH_4 \quad -54.4kJ/mol$$

在水蒸气存在的条件下，还可能发生下列反应：

$$C_6H_5-C_2H_5 + 2H_2O \longrightarrow C_6H_5-CH_3 + CO_2 + 3H_2$$

此外，还有芳香烃脱氢缩合及苯乙烯聚合生成焦油和焦等。这些连串副反应的发生不仅使反应的选择性下降，而且极易使催化剂表面结焦进而活性下降。

1. 影响反应的因素

(1) 温度的影响　乙苯脱氢反应为吸热反应，$\Delta H^{\ominus}>0$，从平衡常数与温度的关系式 $\left(\frac{\partial \ln K_p}{\partial T}\right)_p=\frac{\Delta H^{\ominus}}{RT^2}$ 可知，提高温度可增大平衡常数，从而提高脱氢反应的平衡转化率。但是温度过高则副反应增加，使苯乙烯选择性下降，能耗增大，设备材质要求增加，故应控制适宜的反应温度。本实验的反应温度为540～600℃。

(2) 压力的影响　乙苯脱氢为体积增加的反应，从平衡常数与压力的关系式 $K_p=K_n\left(\frac{p_{总}}{\sum n_i}\right)^{\Delta\gamma}$ 可知，当 $\Delta\gamma>0$ 时，降低总压 $p_{总}$ 可使 K_n 增大，从而增加了反应的平衡转化率，故降低压力有利于平衡向脱氢方向移动。本实验加水蒸气的目的是降低乙苯的分压，以提高平衡转化率。较适宜的水蒸气用量为水：乙苯＝1.5：1（体积比）＝8：1（摩尔比）。

(3) 空速的影响　乙苯脱氢反应系统中有平衡副反应和连串副反应，随着接触时间的增加，副反应也增加，苯乙烯的选择性可能下降，适宜的空速与催化剂的活性及反应温度有关，实验乙苯的液时空速以 $0.6h^{-1}$ 为宜。

2. 催化剂

本实验采用氧化铁系催化剂，其组成为 Fe_2O_3-CuO-K_2O-CeO_2。

三、实验装置流程及试剂

乙苯脱氢制苯乙烯工艺实验流程如图 3-25 所示。

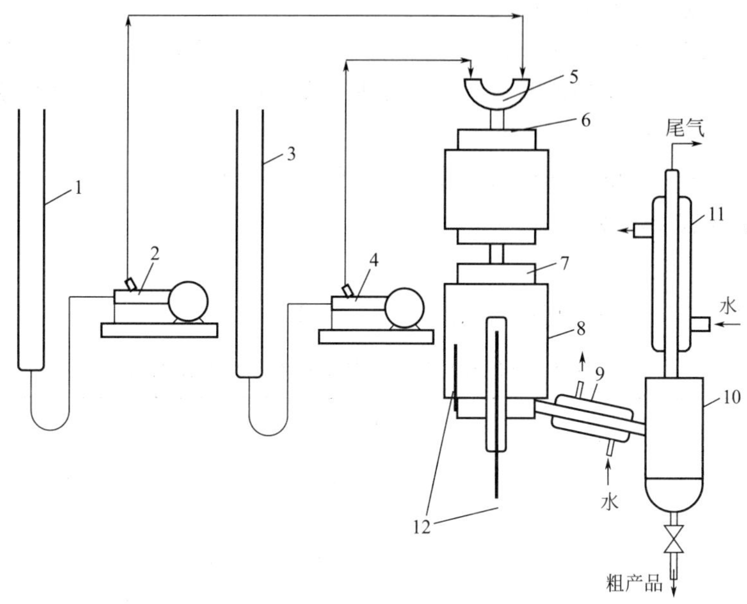

图 3-25 乙苯脱氢制苯乙烯工艺实验流程

1—乙苯计量管；2，4—加料泵；3—水计量管；5—混合器；6—气化器；7—反应器；8—电热夹套；9，11—冷凝器；10—分离器；12—热电偶

1. 试剂

乙苯（化学纯），蒸馏水 1 桶。

2. 器具

天平 1 台，秒表 1 只，量筒 1 只，烧杯 1 只，色谱分析取样瓶若干只。

四、实验步骤及方法

1. 反应条件控制

在气化温度为 300℃、脱氢反应温度为 540～600℃、水∶乙苯为 1.5∶1（体积比）、相当于乙苯加料 0.5mL/min、蒸馏水 0.75mL/min（50mL 催化剂）的条件下，考察不同温度对乙苯的转化率、苯乙烯的选择性、收率的影响。

2. 操作步骤

（1）了解并熟悉实验装置及流程，搞清物料走向及加料、出料方法。

（2）开启总电源，然后按下气化器及反应器加热电源按钮，使气化器、反应器分别逐步升温至预定的温度（设定气化器温度为 300℃，反应器温度为 540℃），同时打开冷却水。

（3）将乙苯加入乙苯计量管中，水加入水计量管中，校正蒸馏水和乙苯的流量（0.75mL/min 和 0.5mL/min）。

（4）当气化器温度达到 300℃后，反应器温度达 400℃左右，开始加入已校正好流量的蒸馏水。当反应器温度升至 500℃左右，加入已校正好流量的乙苯，继续升温至 540℃使之稳定半小时。

（5）反应开始每隔 10～20min 取一次数据，每个温度至少取两个数据，粗产品从分离器中放入量筒内。取某个温度点的数据时，先将接受器内的料排空，同时计时，分别读取乙苯、水计量管初刻度，关闭接受器放料阀；15min 后，再分别读取乙苯、水计量管末刻度，同时将接受器中的料放出，倒入量筒中。共测 4 个反应温度点（540℃、560℃、580℃、600℃），然后用分液漏斗分去水层，称出烃层液质量（或者烃层液的质量＝总质量－空量筒质量－量筒中水的刻度×水的密度）。

（6）取少量烃层液样品，用气相色谱分析其组成，并计算出各组分的百分含量。

（7）反应结束后，停止加乙苯。反应温度维持在 500℃左右，继续通水蒸气，进行催化剂的清焦再生，约半小时后停止通水，并降温。

（8）关闭加料泵、各电加热按钮、冷却水阀门及总电源。

五、数据记录及计算处理

1. 原始记录

不同反应温度原料消耗量和粗产品的量见表 3-32。

表 3-32　不同反应温度原料消耗量和粗产品的量

时间/min	温度/℃		原料乙苯消耗量/mL				粗产品/g	
	气化器	反应器	乙苯		水		烃层液	水层
			始	终	始	终		

2. 粗产品分析结果

粗产品分析结果见表 3-33。

表 3-33　粗产品分析结果

温度/℃	乙苯消耗量/g	烃层液/g	粗产品							
			苯		甲苯		乙苯		苯乙烯	
			含量/%	质量/g	含量/%	质量/g	含量/%	质量/g	含量/%	质量/g

3. 计算结果

乙苯的转化率为：

$$\alpha=\frac{\mathrm{RF}}{\mathrm{FF}}\times 100\%$$

苯乙烯的选择性为：

$$S=\frac{P/M_1}{\mathrm{RF}/M_0}\times 100\%$$

苯乙烯的收率为：

$$Y=\alpha S\times 100\%$$

式中，α 为原料乙苯的转化率，%；S 为目的产物苯乙烯的选择性，%；Y 为目的产物苯乙烯的收率，%；RF 为原料乙苯的消耗量，g；FF 为原料乙苯的加入量，g；P 为生成目的产物苯乙烯的量，g；M_0为乙苯分子量；M_1 为苯乙烯分子量。

六、实验结果和讨论

对以上的实验数据进行处理，分别将转化率、选择性及收率对反应温度作出图表，找出最适宜的反应温度区域，并对所得实验结果进行讨论（包括曲线图趋势的合理性误差分析、成败原因等）。

七、思考题

1. 乙苯脱氢生成苯乙烯反应是吸热反应还是放热反应？如何判断？如果是吸热反应，则反应温度为多少？实验室是如何来实现的？工业上又是如何来实现的？
2. 对本反应而言是体积增大还是减小？为什么加入水蒸气可以降低烃分压？
3. 在本实验中有哪几种液体产生？有哪几种气体产物产生？如何分析？

实验十三 液膜分离法脱除废水中的污染物

一、实验目的

1. 掌握液膜分离技术的操作过程。
2. 了解两种不同的液膜传质机理。
3. 用液膜分离技术脱除废水中的污染物。

二、实验原理

液膜分离技术是近三十年来开发的技术，集萃取与反萃取于一个过程中，可以分离浓度比较低的液相体系。此技术已在湿法冶金提取稀土金属、石油化工、生物制品、“三废”处理等领域得到应用。

液膜分离是将第三种液体展成膜状以分隔另外两相液体，由于液膜的选择性透过，故第一种液体（料液）中的某些成分透过液膜进入第二种液体（接受相），然后将三相各自分开，实现料液中组分的分离。

所谓液膜，即是分隔两液相的第三种液体，它与其余被分隔的两种液体必须完全不互溶或溶解度很小。因此，根据被处理料液为水溶性或油溶性可分别选择油或水溶液作为液膜。根据液膜的形状，可分为乳状液膜和支撑型液膜，本实验为乳状液膜分离乙酸-水溶液。

由于处理的是乙酸废水溶液体系，所以可选用与之不互溶的油性液膜，并选用 NaOH 水溶液作为接受相。这样，先将液膜相与接受相（也称为内相）在一定条件下乳化，使之成为稳定的油包水（W/O）型乳状液，然后将此乳状液分散于含乙酸的水溶液中（此处称为外相）。这样，外相中乙酸以一定的方式透过液膜向内相迁移，并与内相 NaOH 反应生成 NaAc 而被保留在内相，然后乳液与外相分离，经过破乳，得到内相中高浓度的 NaAc，而液膜则可以重复使用。

为了制备稳定的乳状液膜，需要在膜中加入乳化剂，乳化剂的选择可以根据亲水亲油平衡值（HLB）来决定，一般对于 W/O 型乳状液，选择 HLB 值为 3～6 的乳化剂。有时，为了提高液膜强度，也可在膜相中加入一些膜增强剂（一般是黏度较高的液体）。

溶质透过液膜的迁移过程，可以根据膜相中是否加入流动载体而分为促进迁移Ⅰ型传质或促进迁移Ⅱ型传质。

促进迁移Ⅰ型传质，是利用液膜本身对溶质有一定的溶解度，选择性地传递溶质（图3-26）。

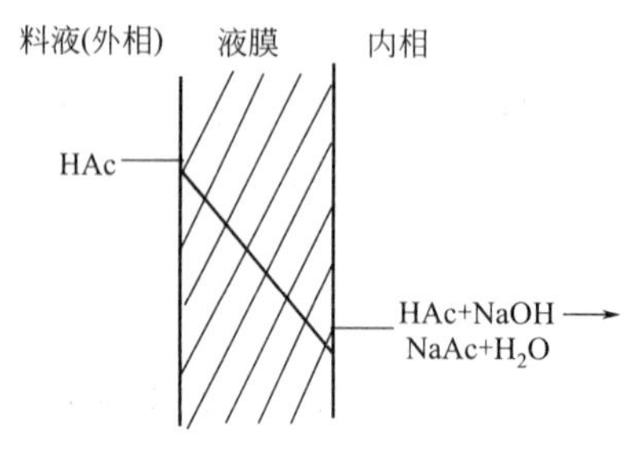

图3-26 促进迁移Ⅰ型传质示意图

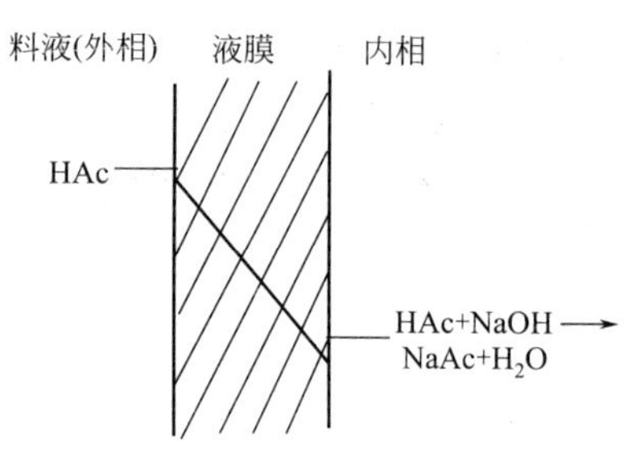

图3-27 促进迁移Ⅱ型传质示意图

促进迁移Ⅱ型传质，是在液膜中加入一定的流动载体（通常为此溶质的萃取剂），选择性地与溶质在界面处形成配合物，然后此配合物在浓度梯度的作用下向内相扩散，至内相界面处被内相试剂解配（反萃），解离出溶质载体，溶质进入内相而载体则扩散至外相界面处再与溶质配合。这种形式，更大地提高了液膜的选择性及应用范围（图3-27）。

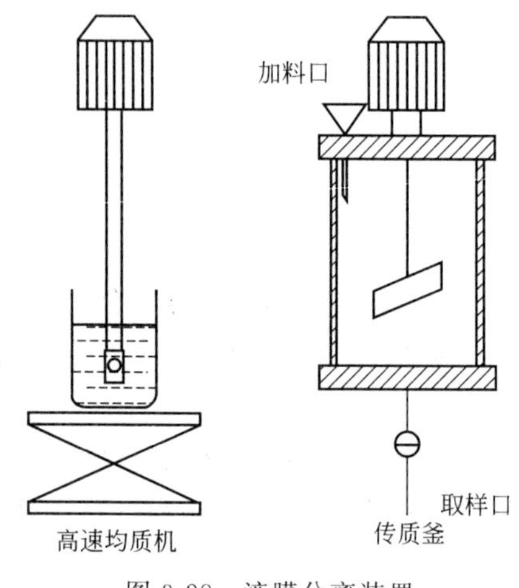

图3-28 液膜分离装置

综合上述两种传质机理，可以看出，液膜传质过程实际上相当于萃取与反萃取两步过程同时进行：液膜将料液中的溶质萃入膜相，然后扩散至内相界面处，被内相试剂反萃至内相（接受相）。因此，萃取过程中的一些操作条件（如相比等）在此也同样影响液膜传质速率。

三、实验装置与流程

本设备包括1台高速分散均质机、1台可控硅直流调速搅拌釜，可实现制乳、传质操作，实现液膜制备、传质分离过程。实验中，将煤油乳化为液膜，分离稀乙酸-水溶液，用NaOH水溶液作为内相。

液膜分离装置如图3-28所示。乳状液膜分离的工艺流程如图3-29所示。

1. 药品

表面活性剂约10g、冰醋酸、TBP（磷酸三丁酯）、煤油、乳化剂、氢氧化钠、去离子水、酚酞指示剂。

2. 器具

台秤1台、洗耳球、电光天平、锥形瓶3只、秒表1只、500mL量筒1个、250mL量筒1个、100mL量筒2个、5mL碱式精密滴定管1个、1000mL容量瓶2个、2mL移液管2只。

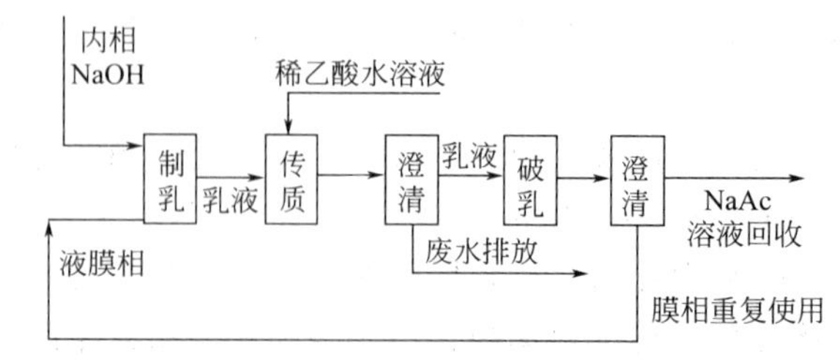

图3-29 乳状液膜分离的工艺流程

四、实验步骤及方法

1. 实验步骤

本实验为乳状液膜法脱除水溶液中的乙酸，首先需制备液膜。

液膜组成已于实验前配好，分别为以下两种液膜：液膜 1#，煤油，95%，乳化剂 E644，5%；液膜 2#，煤油，90%，乳化剂 E644，5%，TBP（载体），5%。

内相用 2mol/L 的 NaOH 水溶液。采用 HAc 水溶液作为料液进行传质实验，外相 HAc 的初始浓度在实验时测定。

（1）在制乳搅拌釜中先加入液膜 1# 70mL，然后在 1600r/min 的转速下滴加内相 NaOH 水溶液 70mL（约 1min 加完），在此转速下搅拌 15min，待成为稳定乳状液后停止搅拌，待用。

（2）在传质釜中加入待处理的料液 450mL，在约 400r/min 的搅拌速度下加入上述乳液 90mL，进行传质实验，在一定时间下取少量料液进行分析，测定外相 HAc 浓度随时间的变化（取样时间为 2min、5min、8min、12min、16min、20min、25min），并作出外相 HAc 浓度与时间的关系曲线。待外相中所有 HAc 均进入内相后，停止搅拌。放出釜中液体，洗净待用。

（3）在传质釜中加入 450mL 料液，在搅拌下［与步骤（2）同样转速］加入小釜中剩余的乳状液（应计量），重复步骤（2）。

（4）比较步骤（2）、（3）的实验结果，说明在不同料液与乳液体积比下传质速率的差别，并分析其原因。

（5）用液膜 2# 膜相，重复上述步骤（1）～（4）。注意，两次传质的乳液量应分别与步骤（2）、（3）的用量相同。

（6）分析比较不同液膜组成的传质速率，并分析其原因。

（7）收集经沉降澄清后的上层乳液，采用砂芯漏斗抽滤破乳，破乳得到的膜相返回至制乳工序，内相 NaAc 进一步精制回收。

2. 分析方法

本实验采用酸碱滴定法测定外相中的 HAc 浓度，以酚酞作为指示剂显示滴定终点。

五、实验数据处理

1. 设备运行数据记录

HAc 溶液初始浓度滴定见表 3-34。1# 液膜、2# 液膜数据见表 3-35、表 3-36。

实验条件：

表 3-35 HAc 溶液初始浓度滴定

项目	第一次分析	第二次分析
HAc 溶液体积/mL		
NaOH 初读数/mL		
NaOH 末读数/mL		
NaOH 体积/mL		
HAc 浓度/(mol/L)		

表 3-35　1# 液膜（Ⅰ型传质分析）

项目	2min	5min	8min	12min	16min	20min	25min
HAc 体积/mL							
NaOH 初读数/mL							
NaOH 末读数/mL							
NaOH 体积/mL							
HAc 浓度/(mol/L)							

表 3-36　2# 液膜（Ⅱ型传质分析）

项目	2min	5min	8min	12min	16min	20min	25min
HAc 体积/mL							
NaOH 初读数/mL							
NaOH 末读数/mL							
NaOH 体积/mL							
HAc 浓度/(mol/L)							

2. 结果计算

外相中 HAc 浓度 C_{HAc} 为：

$$C_{HAc}=\frac{C_{NaOH}V_{NaOH}}{V_{HAc}}$$

式中，C_{NaOH} 为标准 NaOH 溶液的浓度，mol/L；V_{NaOH} 为标准 NaOH 溶液滴定毫升数，mL；V_{HAc} 为外相料液取样量，mL。

HAc 脱除率 η 为：

$$\eta=\frac{C_0-C_t}{C_0}\times100\%$$

式中，C 为外相 HAc 浓度，下标 0、t 分别代表初始值及瞬时值。

六、思考题

1. 液膜分离与液液萃取有什么异同？液膜分离操作主要有哪几步？各步的作用是什么？
2. 液膜传质机理有哪几种形式？主要区别在何处？
3. 液膜分离中乳化剂的作用是什么？其选择依据是什么？
4. 如何提高乳状液膜的稳定性？如何提高乳状液膜传质的分离效果？

七、注意事项

1. 为了制备稳定的乳状液膜，需要在膜中加入乳化剂，乳化剂的选择可以根据亲水亲油平衡值（HLB）来决定，一般对于 W/O 型乳状液，选择 HLB 值为 3～6 的乳化剂。

2. 在制乳过程中应注意油相和水相的加料次序和加入速度，并控制好制乳时间。

3. 在传质过程中，要控制好搅拌转速，既要确保乳液的稳定性，又要保证水乳两相能较好地分散。

4. 在料液取样的过程中，应遵循先密后疏的取样次序，并保证取样液体一定的分层静置时间。

实验十四 液液传质系数的测定

一、实验目的

1. 掌握用刘易斯池测定液液传质系数的实验方法。

2. 测定乙酸在水与乙酸乙酯中的传质系数。

3. 探讨流动情况、物系性质对液液界面传质的影响机理。

二、实验原理

实际萃取设备效率的高低，以及怎样才能提高其效率，是人们十分关心的问题。为了解决这些问题，必须研究影响传质速率的因素和规律，以及探讨传质过程的机理。

近几十年来，人们虽已对两相接触界面的动力学状态、物质通过界面的传递机理和相界面对传递过程的阻力等问题进行了研究，但由于液液间传质过程的复杂性，许多问题还没有得到令人满意的解答，有些工程问题不得不借助于实验的方法或凭经验进行处理。

工业设备中，常将一种液相以滴状分散于另一种液相中进行萃取。但当流体流经填料、筛板等内部构件时，会引起两相高度的分散和强烈的湍动，传质过程和分子扩散变得复杂，再加上液滴的凝聚与分散、流体的轴向返混等问题，影响传质速率的主要因素，如两相实际接触面积、传质推动力都难以确定。因此，在实验研究中，常将过程进行分解，采用理想化和模拟的方法进行处理。1954 年刘易斯（Lewis）提出用一个恒定界面的容器，研究液液传质的方法，它能在给定界面面积的情况下，分别控制两相的搅拌强度，以造成一个相内全混、界面无返混的理想流动状况，因而不仅明显地改善了设备内流体力学条件及相际接触状况，而且不存在因液滴的形成与凝聚而造成端效应的麻烦。本实验即采用改进型的刘易斯池进行实验。由于刘易斯池具有恒定界面的特点，当实验在给定搅拌速度及恒定的温度下，测定两相浓度随时间的变化关系，就可借助物料衡算及速率方程获得传质系数。

$$-\frac{V_w}{A}\times\frac{dC_w}{dt}=K_w(C_w-C_w^*) \tag{3-67}$$

$$\frac{V_o}{A}\times\frac{dC_o}{dt}=K_o(C_o^*-C_o) \tag{3-68}$$

若溶质在两相的平衡分配系数 m 可近似地取为常数，则：

$$C_w^*=\frac{C_o}{m},C_o^*=mC_w \tag{3-69}$$

式（1）、式（2）中的$\frac{dC}{dt}$值可将实验数据进行曲线拟合，然后求导数取得。

若将实验系统达平衡时的水相浓度 C_w^e 和有机相浓度 C_o^e 替换式（1）、式（2）中的 C_w^* 和 C_o^*，则对上两式积分可推出下面的积分式：

$$K_w=\frac{V_w}{At}\int_{C_w(0)}^{C_w(t)}\frac{dC_w}{C_w^e-C_w}=\frac{V_w}{At}\ln\frac{C_w^e-C_w(t)}{C_w^e-C_w(0)} \tag{3-70}$$

$$K_o=\frac{V_o}{At}\int_{C_o(0)}^{C_o(t)}\frac{dC_o}{C_o^e-C_o}=\frac{V_o}{At}\ln\frac{C_o^e-C_o(t)}{C_o^e-C_o(0)} \tag{3-71}$$

以 $\ln\frac{C^e-C(t)}{C^e-C(0)}$对 t 作图，从斜率也可获得传质系数。

求得传质系数后，就可讨论流动情况、物系性质等对传质速率的影响。由于液液相际的传质远比气液相际的传质复杂，若用双膜模型处理液液相的传质，可假定：界面是静止不动的，在相界面上没有传质阻力，而且两相呈平衡状态；紧靠界面两侧是两层滞流液膜；传质阻力是由界面两侧的两层阻力叠加而成；溶质靠分子扩散进行传递。但结果常出现较大的偏差，这是由于实际上相界面往往是不平静的，除了主流体中的旋涡分量时常会冲到界面上外，有时还因为流体流动的不稳定，界面本身也会产生骚动而使传质速率增加好多倍。另外，有微量的表面活性物质的存在又可使传质速率减小。关于产生界面现象和界面不稳定的原因有关文献已有报道。

1. 界面张力梯度导致的不稳定性

在相界面上由于浓度的不完全均匀，因此界面张力也有差异。这样，界面附近的流体就开始从张力低的区域向张力较高的区域运动，正是界面附近界面张力的随机变化导致相界面上出现强烈的旋涡现象。这种现象称为 Marangoni 效应。根据物系的性质和操作条件的不同，又可分为规则型界面运动和不规则型界面运动。前者是与静止的液体性质有关，又称为 Marangoni 不稳定性。后者与液体的流动或强制对流有关，又称为瞬时骚动。

2. 密度梯度引起的不稳定性

除了界面张力会导致流体的不稳定性外，一定条件下密度梯度的存在，界面处的流体在重力场的作用下也会产生不稳定，即所谓的 Taylar 不稳定。这种现象对界面张力导致的界面对流有很大的影响。稳定的密度梯度会把界面对流限制在界面附近的区域。而不稳定的密度梯度会产生离开界面的旋涡，并且使它渗入到主体相中去。

3. 表面活性剂的作用

表面活性剂是降低液体界面张力的物质，只要很低的浓度，它就会积聚在相界面上，使界面张力下降，造成物系的界面张力与溶质浓度的关系比较小，或者几乎没有什么关系，这样就可抑制界面不稳定性的发展，制止界面湍动。另外，表面活性剂在界面处形成吸附层时，有时会产生附加的传质阻力，减小了传质系数。

三、实验装置及流程

实验所用的刘易斯池，如图 3-30 所示。它是由一段内径为 0.1m、高为 0.12m、壁厚为 8×10^{-3} m 的玻璃圆筒构成的。池内体积约为 900mL，用一块聚四氟乙烯制成的界面环（环上每个小孔的面积为 3.8cm^2），把池隔成大致等体积的两隔室。每隔室的中间部位装有互相

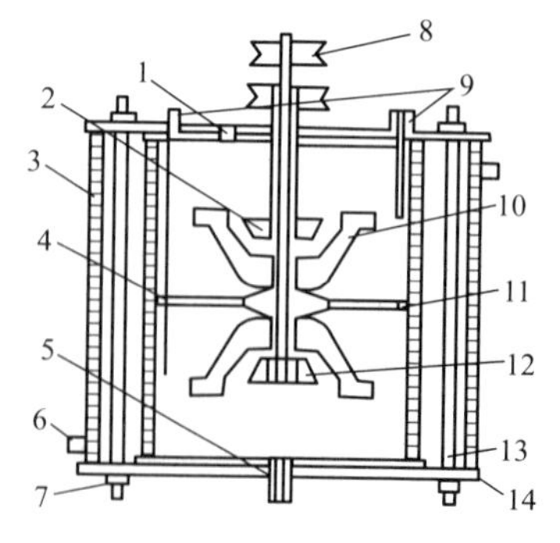

图 3-30　刘易斯池

1—进料口；2—上搅拌桨；3—夹套；4—玻璃筒；5—出料口；6—恒温水接口；7—衬垫；8—皮带轮；9—取样口；10—垂直挡板；11—界面杯；12—下搅拌桨；13—拉杆；14—法兰

独立的六叶搅拌桨，在搅拌桨的四周各装设六叶垂直挡板，其作用在于防止在较高的搅拌强度下造成界面的扰动。两搅拌桨由一个直流伺服电机通过皮带轮驱动。一个光电传感器监测着搅拌桨的转速，并装有可控硅调速装置，可方便地调整转速。两液相的加料经高位槽注入池内，取样通过上法兰的取样口进行。另设恒温夹套，以调节和控制池内两相的温度，为防止取样后实际传质界面发生变化，在池的下端配有一个升降台，以随时调节液液界面处于界面环中线处。

实验流程如图 3-31 所示。

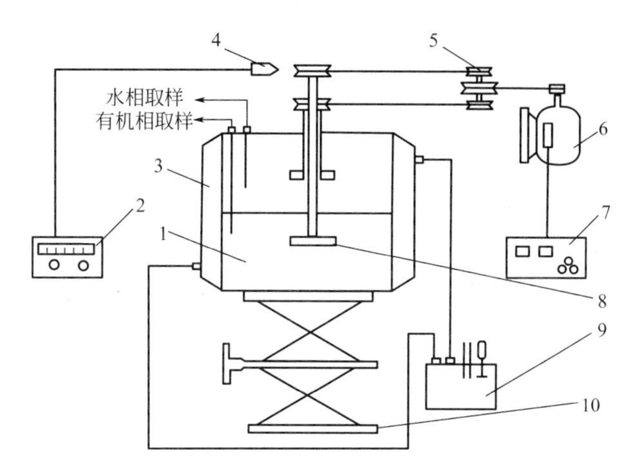

图 3-31 液液传质系数实验流程

1—刘易斯池；2—测速仪；3—恒温夹套；4—光电传感器；5—传动装置；6—直流电机；7—调速器；8—搅拌桨；9—恒温槽；10—升降台

1. 药品

乙酸乙酯 1 瓶（CP 级）、乙酸 1 瓶（CP 级）、去离子水、酚酞指示剂。

2. 器具

500mL 量筒 2 个、1mL 针筒 20 支、7 号短针头 20 个、250mL 锥形烧杯 20 个、分析取样瓶 20 个、碱式滴定管和架 1 副、0.1mg 电子天平 1 台。

四、实验步骤与方法（包括分析方法）

本实验所用的物系为水-乙酸-乙酸乙酯。有关该系统的物理性质和平衡浓度列于表 3-37、表 3-38。

表 3-37 物理性质

物系	μ/Pa·s	σ/(N/m)	ρ/(kg/m^3)	D/(m^2/s)
水	100.42×10^{-5}	72.67	997.1	1.346×10^{-9}
乙酸	130.0×10^{-5}	23.90	1049	
乙酸乙酯	48.0×10^{-5}	24.18	901	3.69×10^{-9}

表 3-38 25℃乙酸在水相与酯相中的平衡浓度（质量分数）

酯相浓度/%	0.0	2.50	5.77	7.63	10.17	14.26	17.73
水相浓度/%	0.0	2.90	6.12	7.95	10.13	13.82	17.25

1. 装置在安装前，先用丙酮清洗池内各个部位，以防表面活性剂污染了系统。

2. 将恒温槽温度调整到实验所需的温度。

3. 加料时，不要将两相的位置颠倒，即较重的一相先加入，然后调节界面环中心线的位置与液面重合，再加入第二相。第二相加入时应避免产生界面骚动。

4. 启动搅拌桨约 30min，使两相互相饱和，然后由高位槽加入一定量的乙酸。因溶质传递是从不平衡到平衡的过程，所以当溶质加完后就应开始计时。

5. 溶质加入前，应预先调节好实验所需的转速，以保证整个过程处于同一流动条件下。

6. 各相浓度按一定的时间间隔同时取样分析。开始应 3～5min 取样一次，以后可逐渐地延长时间间隔，当取了 8～10 个点的实验数据以后，实验结束，停止搅拌，放出池中液体，洗净待用。

7. 实验中各相浓度，可用 NaOH 标准溶液分析滴定乙酸含量。

以乙酸为溶质，由一相向另一相传递的萃取实验可进行以下内容。

(1) 测定各相浓度随时间的变化关系，求取传质系数。

(2) 改变搅拌强度，测定传质系数，关联搅拌速度与传质系数的关系。

(3) 进行系统污染前后传质系数的测定，并对污染前后实验数据进行比较，解释系统污染对传质的影响。

(4) 改变传质方向，探讨界面湍动对传质系数的影响程度。

(5) 改变相应的实验参数或条件，重复以上 (2)、(3)、(4) 的实验步骤。

五、实验数据记录及计算处理

1. 原始数据

原始数据记录见表 3-39。

表 3-39　酯相和水相的原始数据记录

气压：　　kPa　　室温：　　℃　　$V_{乙酸乙酯}$：　　mL

C_{NaOH}：　　mol/L　　转速：　　r/min　　$V_{乙酸}$：　　mL

序号	时间 t/min	酯相		水相	
		质量/g	标定体积/mL	质量/g	标定体积/mL
1					
2					
3					
4					
5					
6					
7					
8					
9					
10					

2. 计算过程

(1) 将实验结果列于表 3-40，并标绘 C_0、C_W对 t 的关系图。

表 3-40　酯相和水相数群对数计算值

序号	时间 t/min	酯相			水相		
		C_o /%	C_o^e /%	$\ln\dfrac{C_o^e-C_o(t)}{C_o^e-C_o(0)}$	C_w /%	C_w^e /%	$\ln\dfrac{C_w^e-C_w(t)}{C_w^e-C_w(0)}$
1							
2							
3							
4							
5							
6							
7							
8							
9							
10							

（2）根据实验测定的数据，计算传质系数 K_w、K_0。

（3）将传质系数 K_w或 K_0 对 t 作图。

六、结果与讨论

1. 讨论测定液液传质系数的意义。
2. 讨论搅拌速度与传质系数的关系。
3. 分析实验误差的来源。

实验十五　纳米 ZnO 光催化降解亚甲基蓝实验

一、实验目的

1. 了解纳米材料的概念、性质及常用的制备方法。
2. 了解光催化降解处理有机废水的基本原理。
3. 了解影响光催化活性的因素。
4. 掌握光催化活性的考察方法。

二、光催化降解机理

ZnO 之所以是优良的光催化剂，是由其自身的光电特性决定的。光催化机理如图 3-32 所示。首先，ZnO 是一种 N 型半导体，它的能带结构是不连续的，是由充满电子的低能价带（VB）和空的高能导带（CB）构成的，之间由禁带分开。ZnO 的禁带宽度带隙能 E_g 为 3.3eV，当用能量大于或等于 3.3eV 的光波辐照 ZnO 时，ZnO 就会通过吸收光子，使价带上的电子激发，并越过禁带进入导带，同时在价带上产生相应的空穴 h^+，h^+ 具有强氧化性，在表面形成氧化还原体系。当 ZnO 表面处于水溶液中时，h^+ 可把催化剂表面吸附的 OH^-、H_2O 分子氧化生成氢氧自由基·OH，缔合在表面的·OH 为强氧化剂，可以氧化相邻的有机物，而气相可以扩散到液相中氧化有机物，能将难降解的有机物最终氧化为无毒的 CO_2 和 H_2O。ZnO 也能氧化去除水中几乎所有的有机污染，包括其他水处理技术很难除

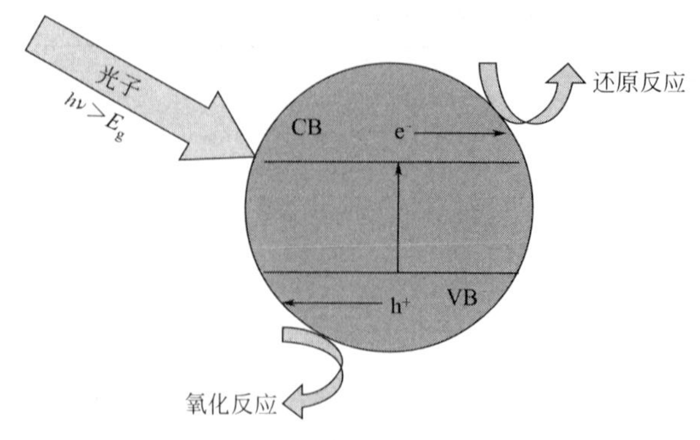

图 3-32　光催化机理示意图

去的三氯甲烷、四氯化碳和三氯乙烯等小分子有机物，其导带上的电子具有适中的还原能力，能将水中的重金属离子还原，而不会去除水中对人体有益的矿物质元素，同时光催化剂还具有比紫外线更强的杀菌能力。具体的机理如下：

$$ZnO + h\nu \longrightarrow ZnO(h^+ + e^-)$$

$$h^+ + OH^- \longrightarrow \cdot OH$$

$$\cdot OH + dye \longrightarrow H_2O + CO_2$$

三、仪器与试剂

1. 仪器设备

磁力搅拌器一台，紫外灯管一个，紫外分光光度计一台，分析天平一台，离心机一台，1000mL 容量瓶一个，100mL 烧杯一只，离心管四个，针管一个，比色皿两只。

2. 药品试剂

商业用纳米 ZnO、亚甲基蓝、蒸馏水。

四、实验步骤

1. 亚甲基蓝溶液的配制

本实验选用亚甲基蓝作为模拟被降解物。准确称取 10mg 亚甲基蓝溶于一定量的蒸馏水中，将溶液转移至 1000mL 容量瓶中，并准确定容。

2. 光催化实验

(1) 光照时间的考察　量取 100mL 所配亚甲基蓝溶液加入烧杯中，放入磁子，准确称取 80mg 纳米 ZnO 光催化剂加入亚甲基蓝溶液中。在开紫外灯之前，烧杯中溶液在暗箱中磁力搅拌 30min 使催化剂和亚甲基蓝溶液达到吸脱附平衡。暗吸附脱附 30min 后开灯，开始计时。分别在 0、20min、40min、60min、80min、100min、120min 取样。每次吸取大概 6mL 溶液于离心管中，5000r/min 下离心 2min 除去催化剂。上层溶液转移至比色皿，于亚甲基蓝的最大吸收波长 663nm 下测定吸光度，记录每个时间点下的吸光度值。

(2) 催化剂用量的考察　量取 100mL 所配亚甲基蓝溶液加入烧杯中，放入磁子，准确称取一定量纳米 ZnO 光催化剂加入亚甲基蓝溶液中。在开紫外灯之前，烧杯中溶液在暗箱中磁力搅拌 30min 使催化剂和亚甲基蓝溶液达到吸脱附平衡。暗吸附脱附 30min 后开灯，开始计时。取样时间点定为 0、20min、40min、60min、80min。催化剂的用量分别为 50mg、80mg（见上时间的考察）、110mg、140mg。

五、实验数据记录及计算处理

1. 原始数据

光照时间的考察见表3-41。催化剂用量的考察见表3-42。

表3-41 光照时间的考察

催化剂用量：________ 亚甲基蓝浓度：________ 起始吸光度：________

光照时间	0	20min	40min	60min	80min	100min	120min
吸光度							

表3-42 催化剂用量的考察

催化剂用量：________

光照时间	0	20min	40min	60min	80min
吸光度					

催化剂用量：________

光照时间	0	20min	40min	60min	80min
吸光度					

催化剂用量：________

光照时间	0	20min	40min	60min	80min
吸光度					

催化剂用量：________

光照时间	0	20min	40min	60min	80min
吸光度					

2. 数据处理

(1) 考察时间部分的数据处理。以光照时间为横坐标，每个时间点亚甲基蓝浓度和起始浓度的比值（C/C_0）为纵坐标，用Origin软件作图或者在坐标纸上画出图形（先画出各个点的坐标，然后用平滑的曲线连起来）。

(2) 考察催化剂用量部分的数据处理。对每个催化剂的用量而言，作图方法同上，然后将四个不同催化剂用量下所作图形绘到同一幅图中。

六、思考题

1. 纳米半导体光催化处理废水的机理怎么解释？

2. 为什么开灯之前需要进行30min的吸脱附平衡处理，不处理的话对实验有何影响？

3. C/C_0 对光照时间所作的图的变化趋势说明什么？

七、实验注意事项

1. 紫外灯对人体有伤害，实验时注意不要直视灯管。

2. 每次测吸光度时需将催化剂离心干净，以免干扰测定。

3. 进实验室保持实验室整洁，做完实验需将所用仪器洗净放回原处。

实验十六　掺银氧化锌的合成及光催化性能测定

一、实验目的

1. 了解纳米复合材料的制备方法。

2. 了解贵金属掺杂对光催化活性的影响。

3. 能根据实验现象对复合光催化剂的催化机理做一定的解释。

二、实验原理

由于单一型半导体光催化剂的活性较低，所以近来有很多方法被用来提高半导体的光催化活性。其中制备贵金属掺杂复合型光催化剂是很有前景、很有效的途径之一。根据之前纳米 ZnO 光催化降解亚甲基蓝的实验，我们了解了半导体光催化的一般机理，即要在光反应过程中产生足够多的羟基自由基。由于光生电子空穴对（$e^- + h^+$）在单一型半导体中很容易复合（recombination），导致催化活性的降低。当我们在单一型光催化剂中引入贵金属之后，贵金属在其中会起到电子捕获剂的作用，将光生电子迁移走，从而提高了光生电子空穴对的分离效率，进而大大提高了光催化活性。

三、仪器与试剂

1. 仪器设备

磁力搅拌器一台，紫外灯管一个，烘箱一台，马弗炉一台，紫外分光光度计一台，分析天平一台，离心机一台，1000mL 容量瓶一个，100mL 烧杯一只，离心管四个，针管一个，比色皿两只，250mL 四口烧瓶一只，水浴锅一台，冷凝管一只，恒压漏斗一只，培养皿三个。

2. 药品试剂

$AgNO_3$（分析纯）、乙酸锌（分析纯）、草酸（分析纯）、亚甲基蓝、蒸馏水。

四、实验步骤

1. Ag/ZnO 复合光催化剂的合成

将 2.2g（10mmol）乙酸锌加入 250mL 四口烧瓶中，再加入 100mL 无水乙醇，水浴锅温度调到 60℃，搅拌溶解，形成溶液 1。将 2.51g（20mmol）草酸溶于 40mL 乙醇中，配成溶液 2。将溶液 2 用恒压漏斗慢慢滴加到溶液 1 中，再加入 20mL 溶有一定量 $AgNO_3$ 的乙醇溶液（Ag 与 ZnO 的理论摩尔比分别定为 0∶1、0.01∶1、0.03∶1、0.05∶1、0.07∶1、0.09∶1、0.11∶1、0.13∶1，据此计算 $AgNO_3$ 的用量）。在 60℃下回流搅拌反应 2h。反应结束后将产品转移到表面皿中，在烘箱中于 60℃烘干（隔夜）。烘干后的产品在马弗炉中于 450℃煅烧 2h，得 Ag/ZnO 复合光催化剂。

2. 光催化实验

光催化过程见前一个实验“纳米 ZnO 光催化降解亚甲基蓝实验”。取样时间点分别定为 0、15min、30min、45min、60min、75min、90min。催化剂用量为 80mg，亚甲基蓝用量为 100mL，浓度为 10mg/mL。

五、实验数据记录及计算处理

1. 数据记录

不同 Ag 掺杂量的考察见表 3-43。

表 3-43 不同 Ag 掺杂量的考察

Ag 与 ZnO 的摩尔比：________

光照时间	0	15min	30min	45min	60min	75min	90min
吸光度							

Ag 与 ZnO 的摩尔比：________

光照时间	0	15min	30min	45min	60min	75min	90min
吸光度							

Ag 与 ZnO 的摩尔比：________

光照时间	0	15min	30min	45min	60min	75min	90min
吸光度							

Ag 与 ZnO 的摩尔比：________

光照时间	0	15min	30min	45min	60min	75min	90min
吸光度							

Ag 与 ZnO 的摩尔比：________

光照时间	0	15min	30min	45min	60min	75min	90min
吸光度							

Ag 与 ZnO 的摩尔比：________

光照时间	0	15min	30min	45min	60min	75min	90min
吸光度							

Ag 与 ZnO 的摩尔比：________

光照时间	0	15min	30min	45min	60min	75min	90min
吸光度							

Ag 与 ZnO 的摩尔比：________

光照时间	0	15min	30min	45min	60min	75min	90min
吸光度							

2. 数据处理

(1) 考察时间部分的数据处理。以光照时间为横坐标，每个时间点亚甲基蓝浓度和起始浓度的比值（C/C_0）为纵坐标，用 Origin 软件作图或者在坐标纸上画出图形（先画出各个点的坐标，然后用平滑的曲线连起来）。

（2）考察催化剂用量部分的数据处理。对每个催化剂的用量而言，作图方法同上，把不同 Ag 与 ZnO 摩尔比下作的图画到同一幅图中。

六、思考题

1. 解释 Ag 在 Ag/ZnO 复合光催化剂中的作用。

2. 由贵金属掺杂 ZnO 复合光催化剂的机理联想其他还有什么途径能提高单一半导体光催化剂的催化活性。

3. 光催化技术和其他水处理技术相比有何优势？

第四章 精细化工专业实验

实验一 酸性橙Ⅱ的合成

一、实验目的

1. 掌握重氮化反应、偶合（偶联）反应的基本原理。

2. 掌握偶氮染料酸性橙Ⅱ的合成机理、方法。

二、实验原理

1. 重氮化

伯芳胺在低温及强酸（主要是盐酸或硫酸）水溶液中，与亚硝酸（亚硝酸钠＋盐酸）作用生成重氮盐的反应称为重氮化反应。

氨基磺酸芳胺（如对氨基苯磺酸）呈分子内盐形式，难溶于水，一般先制成钠盐溶液，再进行反式重氮化反应，即先把亚硝酸钠加入芳胺盐（如对氨基苯磺酸）的溶液中混合，再将此溶液加入酸中进行反式重氮化（顺式重氮化方法，一般是将亚硝酸钠溶液加入芳胺的酸液中）。

$$2HO_3S-C_6H_4-NH_2 + Na_2CO_3 \longrightarrow 2NaO_3S-C_6H_4-NH_2 + H_2CO_3$$

$$NaO_3S-C_6H_4-NH_2 + 2HCl + NaNO_2 \longrightarrow {}^-O_3S-C_6H_4-N^+\equiv N + 2NaCl + 2H_2O$$

影响重氮化反应速率的因素很多，如芳胺的碱性、反应温度、无机酸浓度、加料方式等，主要影响因素是芳胺的碱性和反应温度，一般来说，芳胺的碱性越强，反应温度越高，重氮化反应速率越大。但温度过高会影响到重氮盐的稳定性（不同的重氮盐的稳定性也不同，取代基为磺酸基、卤基和硝基的重氮盐的稳定性较好）。因此不同的芳胺需要在不同的温度和酸度条件下进行重氮化反应。

在重氮化反应时，酸的用量要过量，一般用量在2.5～3.0mol之间，其中1mol是用来和亚硝酸钠作用产生亚硝酸，1mol是用来和产物结合，多下来的酸是使溶液保持一定的酸度，以避免生成的重氮盐与未起反应的芳胺发生偶合反应。亚硝酸不能过量，因为它的存在会加速重氮盐本身的分解。当反应混合物使淀粉-碘化钾试纸呈蓝色时即为反应终点。过量的亚硝酸可以加入尿素来除去。

2. 偶合反应

重氮盐与酚或芳胺作用，此处重氮正离子为弱亲电试剂，对苯环上进行亲电取代反应，由偶氮基将两个分子偶联起来，生成有色的偶氮化合物，这个反应称为偶合反应或偶联反应。偶合反应是制备偶氮染料（如酸性橙Ⅱ、甲基橙、对位红、刚果红等）的基本反应。

重氮盐与β-萘酚偶合时，反应在1位上进行，若1位被占据，则不发生反应。β-萘酚在反应前必须先溶解于氢氧化钠溶液中，再调节酸度在8～10下与重氮盐发生偶合反应。

$$C_{10}H_7-OH + NaOH \longrightarrow C_{10}H_7-ONa + 2H_2O$$

$$^{-}O_3S-C_6H_4-N^{+}\equiv N + C_{10}H_7-ONa \longrightarrow NaO_3S-C_6H_4-N=N-C_{10}H_6-OH \text{（橙色）}$$

三、仪器设备及化学试剂

1. 仪器设备

150mL、250mL、400mL烧杯各1只、电子天平（精确到0.1g）、电动搅拌器、循环水真空泵（含抽滤瓶及布氏漏斗）

2. 化学试剂

对氨基苯磺酸、无水碳酸钠、亚硝酸钠、盐酸、乙萘酚（β-萘酚）、氢氧化钠、氯化钠、pH试纸、淀粉-碘化钾试纸。

四、实验步骤

1. 重氮化

（1）在150mL烧杯中，加入55mL水、8.7g对氨基苯磺酸、5.7g碳酸钠，加热使其全部溶解，冷却至室温，再将3.5g亚硝酸钠加入8mL水中，搅拌均匀，配成无色透明溶液，备用。

（2）在250mL烧杯中，加入40mL水，边搅拌边慢慢匀速加入16mL 30%的盐酸，用冰水浴冷却，温度控制在10～15℃，将步骤（1）中的混合液于10～15min内均匀加入酸中（维持温度基本不变），加完后在此温度下继续搅拌30min，得白色悬浮状重氮盐液。

附：终点测定方法

淀粉-碘化钾试纸呈蓝色即为终点，过量的亚硝酸钠可加少量尿素来除去。

2. 偶合

在400mL烧杯中加入60mL水、7.3g乙萘酚，开动搅拌，加入30%的氢氧化钠6mL，稍稍加热使其全部溶解，然后冷却至8℃，加氯化钠2g，快速加入重氮盐全量的1/2，此时pH值应在8～10之间，再加氯化钠3g，然后余下的重氮盐控制在10min内均匀加入（加入过程中应不断搅拌，控制温度不变），并随时用碱液调pH值在8左右，加完重氮盐后继续搅拌30min，用30%的HCl调节pH值为7，静置直至染料完全析出，过滤，滤饼烘干，即得橙红色粉末，称重，计算产率。

五、实验数据记录及处理

1. 原始数据记录

原始数据记录含实验现象及实际产量记录。

2. 数据处理

产率的计算公式为：

$$产率=\frac{实际产量}{理论产量}\times 100\%$$

六、思考题及讨论

1. 对氨基苯磺酸属于何类芳胺？应该怎样进行重氮化？

2. 重氮化反应中酸的用量为何要过量？

3. 重氮化反应的终点如何来控制？为何淀粉-碘化钾试纸遇过量的亚硝酸钠会呈蓝色？

4. 偶合反应在何条件下进行？偶合反应中为何要加入氯化钠？

实验二 酸性橙Ⅱ的染色实验

一、实验目的

1. 了解染色的机理。

2. 掌握强酸性染料的染色方法，检验学生在实验一中合成的染料。

二、实验原理

酸性染料与蛋白质纤维在酸的促进下通过生成盐键使染料上染。

三、仪器设备及化学试剂

1. 仪器设备

烧杯（100mL）、容量瓶（100mL）、移液管、电子天平（精确到0.1g）、电炉。

2. 化学试剂

染料（酸性橙Ⅱ）、无水硫酸钠、碳酸钠、硫酸、十二烷基硫酸钠、羊毛织物。

四、实验步骤

1. 羊毛预处理

在100mL烧杯中，加入2g十二烷基硫酸钠、0.2g硫酸钠和1g碳酸钠，加入50mL水，在40～50℃温度下溶解后，加入羊毛织物2g，处理20min，然后取出羊毛织物用水充分洗涤，备用。

2. 染浴配制

称1g染料放入100mL烧杯中，加入少量蒸馏水，调成浆状，加入沸腾水50mL并搅拌，使之全部溶解（必要时可以加热溶解），移入100mL容量瓶中，烧杯用蒸馏水洗涤两次，洗后液一并倒入容量瓶，冷却至室温后用冷蒸馏水稀释至刻度，得1%的染料溶液。吸取上述溶液60mL，加入2%的硫酸钠10mL、10%的硫酸7mL，加蒸馏水至100mL，即得染浴。

3. 染色过程

染浴加热到40～50℃，将羊毛入浴，于30min内均匀升温至沸腾，继续沸染45min。染色过程中不断搅拌，以使上色均匀，并维持浴比不变。如果染料尚未吸尽，可酌情补加1%的硫酸数毫升，再沸染20～30min，然后冷却至室温，取出洗涤，晾干即可。

五、实验数据记录及处理

记录实验现象。

六、思考题及讨论

1. 染色过程中酸的作用是什么？

2. 为何要煮沸染色？

3. 硫酸钠在染浴中起什么作用？

实验三　表面活性剂十二烷基硫酸钠的合成

一、实验目的

1. 掌握酯化反应的作用机理。

2. 掌握由烷醇与氨基磺酸直接酯化合成相应的硫酸酯的方法。

二、实验原理

十二烷基硫酸钠又名椰子油脂肪醇硫酸钠，属于阴离子型表面活性剂。有可燃性，溶于水为半透明液体，对酸碱、硬水均稳定，在120℃以上易分解，无毒。发泡力强，泡沫细密、洁白，低温洗涤效果好。主要用于润滑牙膏、洗发香波以及牙膏发泡剂、棉麻织物洗涤剂中。它通常是由十二烷醇（月桂醇）直接硫酸酯化而得，常用的硫酸酯化试剂有氯磺酸、氨基磺酸和发烟硫酸等，其中氯磺酸和氨基磺酸与十二烷醇的反应式如下。

（1）用氯磺酸硫酸化

$$C_{12}H_{25}OH + ClSO_3H \longrightarrow C_{12}H_{25}OSO_3H + HCl\uparrow$$

$$C_{12}H_{25}OSO_3H + NaOH \longrightarrow C_{12}H_{25}OSO_3Na + H_2O$$

反应过程中释放出大量的氯化氢气体，因此反应器排空口必须连接氯化氢吸收装置，操作时应绝对防止因气体吸收造成负压而导致吸收液倒吸入反应瓶的现象。

由于十二烷基硫酸钠不耐酸碱，因此在合成中既要使反应完全进行，又要注意不能使之分解。影响反应和产品质量的因素主要有：反应物必须充分混合并保持一定的反应时间；反应为放热反应，必须严格控制反应温度；防止中和时碱性过强，温度过高。

（2）用氨基磺酸硫酸化

$$C_{12}H_{25}OH + NH_2SO_3H \longrightarrow C_{12}H_{25}OSO_3NH_4$$

$$C_{12}H_{25}OSO_3NH_4 + NaOH \longrightarrow C_{12}H_{25}OSO_3Na + NH_3\uparrow + H_2O$$

三、仪器设备及化学试剂

1. 仪器设备

烧杯（100mL）、量筒（10mL）、电子天平（精确到0.1g）、电动搅拌器、水浴锅、三口瓶、滴液漏斗、HCl吸收装置。

2. 化学试剂

十二烷醇、氯磺酸、氨基磺酸、尿素、氢氧化钠、双氧水、pH试纸。

四、实验步骤

1. 用氯磺酸硫酸化

（1）酯化　先将固体十二烷醇（熔点为25℃）连瓶在水浴中加热熔解，趁热称取18.6g加入250mL三口瓶中，安装上电动搅拌器、滴液漏斗及HCl吸收装置，在通风橱中量取20g氨基磺酸，在20min内滴加氯磺酸，反应放热，控制滴加速度使反应物呈液态，且温度不超过40℃（必要时可用冷水浴冷却三口瓶外部）。滴加完后，继续搅拌30min以上直至HCl气体全部逸出。

（2）中和　称取4.8g固体氢氧化钠溶于45mL水中配制成浓度约10%的碱溶液，将此碱溶液慢慢加入第一步的酯化产物中，并不断地搅拌，保持在50℃以下，加完后调节pH值至7.0～8.5，得一种乳白色膏状物，即为十二烷醇硫酸钠。若色深，可加入3～5mL双氧水充分搅拌，漂白。

2. 用氨基磺酸硫酸化

在装有电动搅拌器、温度计的250mL三口瓶中加入74g十二烷醇，称取40g氨基磺酸和8g尿素放入研钵中研细，混合均匀。在30～40℃时将研细的混合物分多次加入三口瓶中，同时充分搅拌，使混合物分散均匀，加完后升温至105～110℃，反应1.5～2.0 h。

反应结束后，加入150mL水，搅拌均匀。趁热倒出，在搅拌下用质量分数为30%的氢氧化钠溶液中和至pH值为7.0～8.5。

五、实验数据记录及处理

1. 原始数据记录

原始数据记录含实验现象及实际产量记录。

2. 数据处理

产率的计算公式为：

$$产率=\frac{实际产量}{理论产量}\times 100\%$$

六、思考题及讨论

1. 以十二烷醇为硫酸化试剂时，反应所用玻璃仪器为什么要干燥？

2. 以十二烷醇为硫酸化试剂时，酯化反应为什么要在低于40℃以下进行？中和反应时要注意哪些事项？

3. 硫酸酯盐型阴离子型表面活性剂有哪几种？写出结构式。

4. 高级醇硫酸酯盐有哪些特性和用途？

5. 产品的pH值为什么控制在7.0～8.5？

实验四 洗发香波的配制

一、实验目的

1. 了解洗发香波的组成。

2. 通过实验掌握膏体和液体香波的配制方法。

3. 掌握测定香波发泡能力的简易方法。

二、实验原理

洗发香波是清洁人的头发并使头发保持美观和使人感觉舒适的化妆品，因此洗净力是必要的，但不可过多地去除头发上自然的皮脂，即它既是去污剂，又是能使头发有光泽、美观及易梳理的化妆品。在洗发过程中不但去油污、去头屑，不损伤头发、不刺激头皮、不脱脂，而且洗后头发光亮、美观、柔软、易梳理。

在配方设计时，除应遵循上述原则外，还应注意选择表面活性剂，并考虑其配伍性良好。主要原料要求：能提供泡沫和去污作用的表面活性剂，其中以阴离子型表面活性剂为主；能增进去污力和促进泡沫稳定性，改善头发梳理性的辅助表面活性剂，其中包括阴离子型、非离子型、两性离子型表面活性剂；赋予香波特殊效果的各种添加剂，人去头屑药物、固色剂、稀释剂、螯合剂、增溶剂、营养剂、防腐剂、色素和香精等。

洗发香波按剂型分为五大类：液体、胶体、乳液、膏状和粉状。本实验是配制液体和膏体两种剂型的洗发香波。阳离子型、非离子型和两性离子型表面活性剂都可以作为香波中的活性成分。

烷基（芳基）磺酸盐去污力较强，碱性也较强，易伤头发和过多地去除皮脂使得毛发损伤，手感也不好，烷基醇硫酸盐显中性，洗净力也强，泡沫丰富，洗后手感好，是香波中常用的活性成分之一。两性离子型表面活性剂或非离子型表面活性剂也常与阴离子型表面活性剂合用，降低刺激性。

三、仪器设备及化学试剂

1. 仪器设备

烧杯（150mL、250mL、400mL）3 只、电子天平（精确到 0.1g）。

2. 化学试剂

膏体剂型香波的配方见表 4-1。

表 4-1 膏体剂型香波的配方

化学试剂名称	配方一/g	配方二/g	化学试剂名称	配方一/g	配方二/g
硬脂酸	8	6	30%氢氧化钾水溶液	5	0.8
羊毛脂	适量	适量	羧甲基纤维素	0.5	0.5
甘油	8	8	去离子水	63	62.7
十二烷醇硫酸钠	10	8	香精	适量	适量
小苏打	5	5	防腐剂苯甲酸钠	1.0	1.0
十二烷醇苯磺酸钠		10	色素	适量	适量

四、实验步骤

1. 膏体剂型香波配制方法

将油相原料和水相原料分别加热到 80℃，使之成为液体，再将油相在搅拌下慢慢加到水相中进行混合和乳化，在 60℃以下加入香精、防腐剂及色素，55℃停止搅拌，趁热出料，冷却至室温（注意勿使两相分层）。

2. 发泡力测定方法

取配制好的香波 1g 放入小烧杯中，加入 100mL 水，搅拌溶解后，放入温水浴中加热至所需温度。将 20mL 溶液倒入 100mL 量筒中。用手捂住量筒口，上下用力振动几次，静置后观察泡沫高度。分别测量 30℃、50℃及 70℃下香波溶液的泡沫高度。

五、实验数据记录及处理

1. 原始数据记录

原始数据记录含实验现象及实际产量记录。

2. 数据处理

产率的计算公式为：

$$产率=\frac{实际产量}{理论产量}\times 100\%$$

六、思考题及讨论

1. 做实验前请考虑一下哪些原料属于油相，哪些原料属于水相？
2. 十二烷基苯磺酸盐与十二烷基硫酸盐的去污力有何异同？
3. 洗涤剂的发泡力大是否意味着其去污力就强？

实验五 杀菌剂“代森锌”的合成

一、实验目的

1. 掌握“代森锌”盐类的性质、合成机理及方法。

2. 掌握抽滤操作。

二、实验原理

代森锌，全名亚乙基双二硫代氨基甲酸锌，分子式为（$C_4H_6N_2S_4Zn)_n$，分子量为 275.68n。纯品为白色粉末，原药为黄色或灰白色粉末，含量在 90%以上，有臭鸡蛋气味，熔点前分解，闪点为 280～290℉（138～143℃），难溶于水，不溶于大多数有机溶剂，但能溶于吡啶，对光、热、湿气不稳定，容易分解，放出二硫化碳，遇碱性物质或铜、汞等物质，均易分解，放出二硫化碳而减效，挥发性小。它是一种非内吸性、广谱保护性杀菌剂，一种叶面喷洒使用的保护性杀菌剂，对植物安全，可防治麦类、蔬菜、瓜果、棉花、烟草、花生、药材、花卉等植物上发生的多种病害，对柑橘锈病、茶叶螨也有防治效果。

“代森锌”的制备是在强碱性条件下由乙二胺与二硫化碳低温加成后生成二硫代氨基甲酸钠盐（又名代森钠，此盐溶于水），然后用氯化锌或硫酸锌盐置换钠盐而成，“代森锌”微溶于水，利用此性质把它从溶液中分离出来，其反应式如下：

$$\begin{array}{l} CH_2-NH_2 \\ | \\ CH_2-NH_2 \end{array} + 2CS_2 + 2NaOH \longrightarrow \begin{array}{l} CH_2-\underset{H}{N}-\overset{S}{\overset{\|}{C}}-SNa \\ | \\ CH_2-\overset{H}{N}-\underset{S}{\underset{\|}{C}}-SNa \end{array}$$

$$\begin{array}{l} CH_2-\underset{H}{N}-\overset{S}{\overset{\|}{C}}-SNa \\ | \\ CH_2-\overset{H}{N}-\underset{S}{\underset{\|}{C}}-SNa \end{array} + ZnCl_2 \longrightarrow \begin{array}{l} CH_2-\underset{H}{N}-\overset{S}{\overset{\|}{C}}-S \\ | \qquad\qquad\qquad\quad \rangle Zn \\ CH_2-\overset{H}{N}-\underset{S}{\underset{\|}{C}}-S \end{array} + 2NaCl$$

三、仪器设备及化学试剂

1. 仪器设备

烧杯（150mL）、量筒（100mL）、电子天平（精确到 0.1g）、三口瓶（250mL）、电动搅拌器、回流冷凝管、滴液漏斗、温度计、循环水真空泵（含抽滤瓶及布氏漏斗）、pH 试纸。

2. 化学试剂

乙二胺、二硫化碳、氢氧化钠、氯化锌、盐酸。

四、实验步骤

1. “代森钠”的合成

在 250mL 三口烧瓶上安装搅拌器、回流冷凝管和滴液漏斗，在烧瓶中加入 6mL 乙二胺和 20mL 水，在搅拌下慢慢滴加 10mL 二硫化碳，控制反应温度在 30℃左右，加完二硫化碳后，再滴加 20%的氢氧化钠溶液约 30mL，滴加氢氧化钠溶液时要不断检测反应液的 pH 值，控制在 9～10，控制反应温度不变，加完后再搅拌 20min，反应到达终点，此时反应产物（代森钠）溶于水中无油珠。

2.“代森锌”的合成

用浓盐酸调pH值至6，缓缓加入10%的氯化锌溶液22mL（注意该溶液应如何配制），控制反应温度不超过50℃，加完后再搅拌10min，即生成悬浮液，抽滤，滤饼用水洗至中性，抽干，即得“代森锌”，观察颜色，称重，计算产率。

五、实验数据记录及处理

1. 原始数据记录

原始数据记录含实验现象及实际产量记录。

2. 数据处理

产率的计算公式为：

$$产率=\frac{实际产量}{理论产量}\times 100\%$$

六、思考题及讨论

1. 反应开始为何温度不能高？如何控制？
2. 如何确定“代森钠”合成反应的终点？为什么？
3. 在使用“代森锌”来杀菌时常用什么剂型？为什么？

实验六　香料乙酸异戊酯的合成

一、实验目的

1. 了解香料的基本知识。
2. 了解磺酸型阳离子交换树脂的特性及作用。
3. 掌握恒沸蒸馏制备乙酸异戊酯的方法。

二、实验原理

乙酸异戊酯是无色透明液体，常称香蕉油，具有水果香气。它是香蕉、苹果等果实的芳香成分，也存在于酒等饮料和酱油等调味品中。在香精调配中，在许多水果型特别是梨香型香精中，大量使用乙酸异戊酯。乙酸异戊酯的分子式为$C_7H_{14}O_2$，分子量为130.19，沸点为142℃，d_4^{20}为0.8670，n_D^{20}为1.4000。它更大量的应用是在涂料、皮革等工业中作为溶剂使用。

酯类化合物的合成条件和方法，因羧酸和醇的结构而异。在工业生产中，多数在催化剂的作用下通过酯化反应来完成。常用的催化剂是无机强酸、有机磺酸或强酸性阳离子交换树脂，亦可用其他固态或液态的酸性催化剂。由于酯化反应为可逆反应，当原料与产物的沸点适当时，可简便地用恒沸蒸馏法除去反应生成的水，使平衡右移以提高收率。本法以732#树脂作催化剂，用恒沸蒸馏法和回流分水装置除水。

732#树脂是强酸性苯乙烯系阳离子交换树脂，是以苯乙烯和二乙烯苯共聚珠体制得的具有磺酸基的高分子化合物，属于磺酸型阳离子交换树脂。在有机合成反应中，用作水解酯化反应中的酸性催化剂等。市售的“钠型”树脂（732#树脂）经酸液浸泡、洗涤，烘干后形成含—SO_3H基团的“氢型”树脂，“氢型”树脂能催化酯化反应是通过磺酸基团提供质子及聚合物洞穴结构帮助醇、酸酯化脱水，与常用的催化剂——硫酸相比，应用该树脂催化剂可使酯化反应收率高，操作方便、迅速，减少腐蚀与污染。

本实验通过催化剂与脱水装置（分水器）共同使用使产率比老工艺（硫酸催化法）有很大提高，其反应原理如下：

$$CH_3COOH + CH_3\underset{\displaystyle CH_3}{\underset{|}{C}}HCH_2CH_2OH \xrightarrow{\text{催化剂}} CH_3\overset{\displaystyle O}{\overset{\|}{C}}OCH_2CH_2CH(CH_3)_2 + H_2O$$

三、仪器设备及化学试剂

1. 仪器设备

圆底烧瓶、回流冷凝管、直形冷凝管、尾接管、分水器、温度计、电子天平（精确到0.1g）、电炉、折射率测定仪。

2. 化学试剂

异戊醇、冰醋酸、732#树脂、无水碳酸钠、无水氯化钙、氯化钠、无水硫酸镁。

四、实验步骤

1. 酯化

在干燥的圆底烧瓶中，加入22mL异戊醇、17mL冰醋酸和3g处理过的732#树脂，放入数小粒沸石。装上回流冷凝管，加热回流20min，然后稍冷，改装成带分水器的回流装置，分水器中事先放入分水器中可存水的体积的水，控制回流速度不宜快，当脱出近4mL水后，反应结束。反应时间约需2h。从反应液中滤出树脂后，将反应液转移至分液漏斗中，用15～20mL水洗涤，再用10%的碳酸钠溶液洗至弱碱性。然后用等体积的饱和氯化钙溶液洗涤，用饱和食盐水洗至中性。有机层倒入干燥的锥形瓶中，加无水硫酸镁干燥。

2. 蒸馏

将干燥过的有机层滤入圆底烧瓶中，加数小粒沸石后，进行常压蒸馏，收集138～142℃的馏分，得到无色透明液体的乙酸异戊酯16～20g，测折射率，称重，回收产品，计算产率，产率为61%～77%。

五、实验数据记录及处理

1. 原始数据记录

原始数据记录含实验现象及实际产量记录。

2. 数据处理

产率的计算公式为：

$$产率=\frac{实际产量}{理论产量}\times 100\%$$

六、思考题及讨论

1. 酯化反应通过什么原理使反应完全？
2. 使用饱和食盐水洗涤的目的是什么？
3. 与硫酸作催化剂相比，树脂催化有哪些优缺点？

实验七　食品防腐剂山梨酸钾的制备

一、实验目的

1. 学习山梨酸钾的性质和用途。
2. 掌握山梨酸钾制备的原理和方法。

二、实验原理

1. 主要性质和用途

山梨酸钾（potassium sorbate），学名 2,4-己二烯酸钾，结构式为 $CH_3—CH═CH—CH═CH—COOK$，分子式为 $C_6H_7KO_2$，是一种不饱和的单羧基脂肪酸，呈无色或白色鳞片状结晶或粉末。在空气中不稳定，能被氧化着色，有吸湿性，约 270℃熔化分解。易溶于水，溶于乙醇。

用作食品防腐剂，用于肉、鱼、蛋、禽类制品，果蔬类保鲜，饮料、果冻、软糖、糕点等。我国规定最大使用量为 0.5～2g/kg。

2. 制备原理

山梨酸的合成工艺路线有四种。

（1）以丁烯醛（巴豆醛）和乙烯酮为原料

$$CH_3CH═CHCHO + CH_2═C \longrightarrow CH_3CH═CHCH═CHCOOH$$

（2）以巴豆醛和丙二酸为原料

$$CH_3CH═CHCHO + CH_2(COOH)_2 \xrightarrow[90\sim100℃]{\text{吡啶}} CH_3CH═CHCH═CHCOOH$$

（3）以巴豆醛与丙酮为原料

$$CH_3CH═CHCHO + CH_3—\underset{\underset{O}{\|}}{C}—CH_3 \xrightarrow[\text{催化剂 } Ba(OH)_2 \cdot 8H_2O]{\text{缩合}}$$

$$CH_3\text{-}(CH═CH)_2\text{-}\overset{\overset{O}{\|}}{C}—CH_3 \xrightarrow[NaOCl]{\text{氧化}} CH_3\text{-}(CH═CH)_2\text{-}\overset{\overset{O}{\|}}{C}—OH \xrightarrow{NaOH}$$

$$CH_3—(CH═CH_2)—\overset{\overset{O}{\|}}{C}—ONa \xrightarrow{H_2SO_4} CH_3—CH═CH—CH═CH—COOK$$

（4）以山梨醛为原料

$$CH_3CH—CH—CH═CHCHO \xrightarrow[\text{催化剂 } Ag_2O,\ O_2]{\text{氧化}} CH_3CH═CH—CH═CHCOOH$$

实验室采用路线（2），制得的山梨酸再与氢氧化钾反应，制得山梨酸钾：

$$CH_3═CHCH═CHCOOH + KOH \longrightarrow CH_3═CHCH═CHCOOK + H_2O$$

三、仪器设备和化学试剂

1. 仪器设备

四口烧瓶（250mL）、烧杯（200mL、500mL）、球形冷凝管、抽滤瓶（500mL）、温度计（0～100℃）、量筒（10mL、100mL）、电动搅拌机、真空泵。

2. 化学试剂

巴豆醛（化学纯）、丙二酸（化学纯）、吡啶（化学纯）、硫酸（化学纯）、乙醇（化学纯）、氢氧化钾（化学纯）、甲缩醛（色谱纯）、精密 pH 试纸、滤纸等。

四、实验步骤

向四口烧瓶中依次加入 35g 巴豆醛、50g 丙二酸和 5g 吡啶，室温搅拌 20min，待丙二酸溶解后，缓慢升温至 90℃，保温 90～100℃，反应 3～4 h。

用冰水浴降温至 10℃以下，缓慢加入质量分数为 10%的稀硫酸，控温低于 70℃，至反应物 pH 值为 4～5 止，冷冻过夜，抽滤，结晶用冰水 50mL 分两次洗涤结晶，得山梨酸粗品。

将粗品山梨酸倒入烧杯中，用3～4倍量的质量分数为60%的乙醇重结晶，抽滤得精品山梨酸。

将山梨酸倒入烧杯中，加入等物质的量的氢氧化钾和少量水，搅拌30min，产物浓缩，在95℃烘干，得白色山梨酸钾结晶。

检测时，以甲缩醛（色谱纯）为内标，进行定量分析。

五、实验数据记录及处理

1. 原始数据记录（含实验现象及实际产量记录）。

2. 数据处理。

六、思考题

1. 制备山梨酸精品时，加入吡啶的目的是什么？

2. 制备山梨酸精品时，产物为什么要调整pH值？产物为什么要冷冻过夜？

七、注意事项

1. 用稀硫酸调pH值时注意控温。

2. 山梨酸精品结晶时温度一定要控制在0～5℃。

实验八　2,6-吡啶二甲醛的制备及结构表征

一、实验目的

1. 学习酯化反应、酯的还原及醇氧化成醛的方法。

2. 学习查阅文献，并参考文献进行多步合成。

3. 学习液-液连续提取化合物的方法。

4. 学习薄层色谱在有机合成中的应用——TLC跟踪反应。

5. 学习柱色谱分离纯化化合物的方法。

二、实验原理

1. 2,6-吡啶二甲酸甲酯的制备

由羧酸先转化为酰氯，再经过酰氯的醇解得到相应的羧酸酯。此方法虽然是两步，但酰氯往往不用分离而直接进行醇解，产率可高达95%以上。

HOOC–(2,6-吡啶)–COOH + $SOCl_2$ ⟶ ClOC–(2,6-吡啶)–COCl

ClOC–(2,6-吡啶)–COCl + CH_3OH ⟶ H_3COOC–(2,6-吡啶)–$COOCH_3$

2. 2,6-双（羟甲基）吡啶的制备

在一般情况下$NaBH_4$不能将酯还原，但2,6-吡啶二甲酸甲酯很容易被$NaBH_4$还原为相应的醇。

H_3COOC–(2,6-吡啶)–$COOCH_3$ $\xrightarrow[EtOH]{NaBH_4}$ HOH_2C–(2,6-吡啶)–CH_2OH

3. 2,6-吡啶二甲醛的制备

由伯醇氧化为相应的醛常用PCC为氧化剂。但该实验用PCC为氧化剂则不成功。据文

献报道，用活性 MnO_2 氧化 2,6-双（羟甲基）吡啶为相应的二醛，产率为 54%。

$$\text{HOCH}_2\text{–C}_5\text{H}_3\text{N–CH}_2\text{OH} \xrightarrow[\text{CH}_3\text{Cl}]{\text{MnO}_2} \text{OHC–C}_5\text{H}_3\text{N–CHO}$$

三、仪器设备及化学试剂

1. 仪器设备

常规合成用磨口玻璃仪器一套、旋转蒸发仪、循环水泵、三用紫外分析仪、熔点仪等。

2. 化学试剂

2,6-吡啶二甲酸、硼氢化钠、高锰酸钾、硫酸锰、碳酸钾、硅胶（200～300 目）、硅胶 GF254、硅藻土、石英砂、亚硫酰氯、无水甲醇、无水乙醇、丙酮、氯仿、二氯甲烷、石油醚、乙酸乙酯。

四、实验步骤

1. 2,6-吡啶二甲酸甲酯的制备

称取 3.34g（20mmol）2,6-吡啶二甲酸，小心加入 5mL $SOCl_2$，装上带干燥管的回流冷凝管，搅拌回流 2h，冷却后冰水浴搅拌下缓缓滴加 25mL 无水甲醇（注意：开始时应极缓慢滴加，避免反应过分剧烈），加热回流 0.5h，在蒸馏装置蒸出甲醇，析出固体。冰水浴冷却后，加入少量 0℃ 甲醇，抽滤，用 0℃ 甲醇洗涤，得白色晶体，红外灯下干燥，称重，计算产率（文献产率 96%）。

2. 2,6-双（羟甲基）吡啶的制备

将以上所得的 2,6-吡啶二甲酸甲酯，加入 50mL 无水乙醇，冰浴搅拌下分批加入 3 倍物质的量的 $NaBH_4$，30min 后撤去冰浴，室温搅拌 30min 后缓缓回流，TLC 跟踪至原料完全消失，停止反应。旋蒸除去乙醇，加入 12mL 丙酮，再旋蒸除去丙酮，加入 12mL 饱和 K_2CO_3 溶液，加热缓缓回流 1h，旋蒸除去水。剩余物加入水使之溶解，用有机溶剂抽提（见实验讨论），TLC 检查水相抽提完全。若瓶底有少量不溶物，稍冷将溶液转移至茄形烧瓶中，水浴加热蒸出大部分溶剂（回收可再用），冷却析出固体，抽滤，得白色针状晶体，红外灯下干燥，称重，计算产率（文献产率 97%）。测熔点（文献值 114～115℃）。

3. 活性二氧化锰的制备

称取 8g $KMnO_4$，加水 50mL，沸水浴中加热使 $KMnO_4$ 溶解，称取 13g $MnSO_4 \cdot H_2O$ 溶于 5mL 水中，搅拌下加到热 $KMnO_4$ 溶液中，在沸水浴下继续搅拌 15min，冷却，抽滤。用热水洗涤，抽干。在 110～120℃ 烘 1～2 h，研细再烘 3 h。称重，立刻用于氧化反应。

4. 2,6-吡啶二甲醛的制备

将 1.39g（10mmol）2,6-双（羟甲基）吡啶溶于 90mL 氯仿中，室温搅拌下加入活性 MnO_2（见附录），搅拌回流，TLC 跟踪反应，直到原料完全消失（约 1h），停止反应。经硅藻土过滤 MnO_2，用 50mL 氯仿洗涤 MnO_2，合并氯仿液，水浴加热蒸出大部分氯仿（回收可再用），得 2,6-吡啶二甲醛粗产物，TLC 检验纯度。柱色谱纯化，洗脱剂为石油醚∶二氯甲烷∶丙酮（50∶50∶10），收集合并纯组分，蒸出二氯甲烷和大部分石油醚后析出白色针状晶体，产率 30%～50%（文献产率 54%）。做红外光谱分析。

五、实验讨论

本实验制备的 2,6-双（羟甲基）吡啶在有机溶剂中溶解度小而在水中溶解度大，用一般的萃取方法不能将其萃取出来。图 4-1 分别是提取有机化合物的特殊装置，请同学们参考

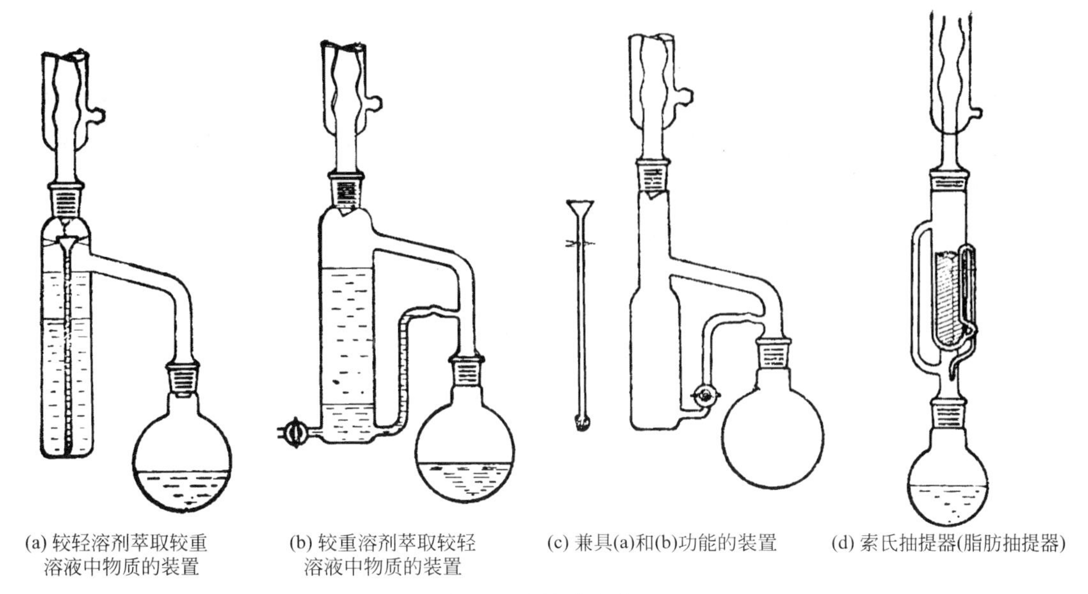

图 4-1 连续萃取装置

这些装置，利用现有的实验仪器（提示：可利用恒压滴液漏斗、分水器等），设计提取方案，溶剂为氯仿或乙酸乙酯，并在小组里分别进行实验，然后总结不同方法的优缺点。

六、思考题

1. 柱色谱中为什么极性大的组分要用极性较大的溶剂洗脱？

2. 以下是一个同学的部分实验记录。此实验的原料极其昂贵，但反应不能进行彻底。该同学柱色谱分离反应混合物一共接收了 16 管，但他没有完成该实验，你如何继续完成该实验？

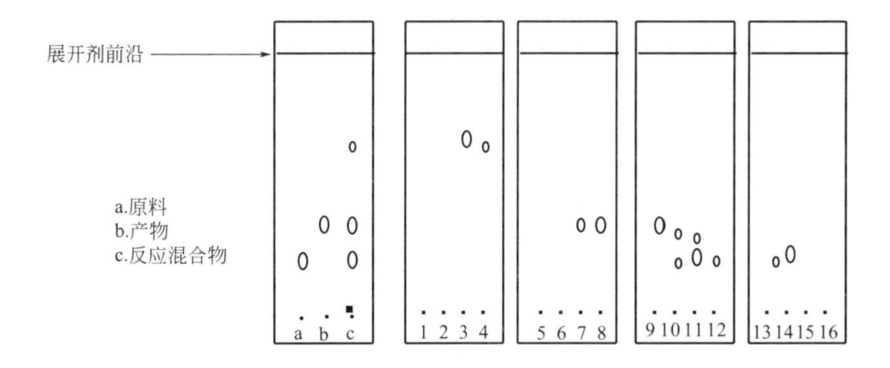

实验九 薄层色谱实验

一、实验目的

1. 了解薄层色谱的基本原理和应用。

2. 掌握薄层色谱的操作技术。

二、实验原理

1. 原理

薄层色谱（thin layer chromatography）常用 TLC 表示，又称为薄层层析，属于固-液吸附色谱。样品在薄层板上的吸附剂（固定相）和溶剂（移动相）之间进行分离。由于各种化合物的吸附能力各不相同，在展开剂上移时，它们进行不同程度的解吸，从而达到分离的目的。薄层板在不同的展开缸中展开的方式如图 4-2 所示。

图 4-2　薄层板在不同的展开缸中展开的方式

2. 薄层色谱的用途

（1）化合物的定性检验（通过与已知标准物对比的方法进行未知物的鉴定）。

在条件完全一致的情况下，纯粹的化合物在薄层色谱中呈现一定的移动距离，称为比移值（R_f值），所以利用薄层色谱法可以鉴定化合物的纯度或确定两种性质相似的化合物是否为同一物质。但影响比移值的因素很多，如薄层的厚度、吸附剂颗粒的大小、酸碱性、活性等级、外界温度和展开剂纯度、组成、挥发性等。所以，要获得重现的比移值就比较困难。为此，在测定某一试样时，最好用已知样品进行对照。

$$R_f=\frac{\text{溶质量高浓度中心至原点中心的距离}}{\text{溶剂前沿至原点中心的距离}}$$

（2）快速分离少量物质（几微克到几十微克，甚至 0.01μg）。

（3）跟踪反应进程。在进行化学反应时，常利用薄层色谱观察原料斑点的逐步消失，来判断反应是否完成。

（4）化合物纯度的检验（只出现一个斑点，且无拖尾现象，为纯物质）。

此法特别适用于挥发性较小或在较高温度易发生变化而不能用气相色谱分析的物质。

三、实验装置

1. 仪器设备

薄层涂布器、薄层板展开缸、烧杯、干燥器、烘箱毛细管、三用紫外灯。

2. 化学试剂

薄层色谱用硅胶 G、羧甲基纤维素钠。

四、实验操作步骤

1. 吸附剂的选择

薄层色谱的吸附剂最常用的是氧化铝和硅胶。

本实验选择的吸附剂为薄层色谱用硅胶 G。

2. 薄层板的制备（湿板的制备）

薄层板制备的好坏直接影响色谱的结果。薄层应尽量均匀且厚度要固定。否则，在展开时前沿不齐，色谱结果也不易重复。在烧杯中放入2g硅胶G，加入5～6mL 0.5%的羧甲基纤维素钠水溶液，调成糊状。将配制好的浆料倾注到清洁干燥的载玻片上，拿在手中轻轻地左右摇晃，使其表面均匀平滑，在室温下晾干后进行活化。本实验用此法制备薄层板4片。

3. 薄层板的活化

将涂布好的薄层板置于室温晾干后，放在烘箱内加热活化，活化条件根据需要而定。硅胶板一般在烘箱中渐渐升温，维持105～110℃活化30min。氧化铝板在200℃烘4 h可得到活性为Ⅱ级的薄板，在150～160℃烘4h可得活性为Ⅲ～Ⅳ级的薄板。活化后的薄层板放在干燥器内保存待用。

4. 点样

先用铅笔在距薄层板一端1cm处轻轻划一横线作为起始线，然后用毛细管吸取样品，在起始线上小心点样，斑点直径一般不超过2mm。若因样品溶液太稀，可重复点样，但应待前次点样的溶剂挥发后方可重新点样，以防样点过大，造成拖尾、扩散等现象，而影响分离效果。若在同一板上点几个样，样点间距离应为1cm。点样要轻，不可刺破薄层。

5. 展开

薄层色谱的展开，需要在密闭容器中进行。为使溶剂蒸气迅速达到平衡，可在展开缸内衬一滤纸。在展开缸中加入配好的展开溶剂，使其高度不超过1cm。将点好的薄层板小心放入展开缸中，点样一端朝下，浸入展开剂中。盖好瓶盖，观察展开剂前沿上升到一定高度时取出，尽快在板上标上展开剂前沿位置。晾干，观察斑点位置，计算R_f值。

6. 显色

被分离物质如果是有色组分，展开后薄层色谱板上即呈现出有色斑点。

如果化合物本身无色，则可用碘蒸气熏的方法显色。还可使用腐蚀性的显色剂如浓硫酸、浓盐酸和浓磷酸等。

对于含有荧光剂的薄层板在紫外线下观察，展开后的有机化合物在亮的荧光背景上呈暗色斑点。

本实验样品本身具有颜色，不必在荧光灯下观察。

五、实验数据记录及处理

1. 检验甲基橙的纯度

实验样品：甲基橙粗品（自制）、甲基橙纯品。

溶剂：乙醇∶水＝1∶1。

展开剂：丁醇∶乙醇∶水＝10∶1∶1。

记录实验现象，计算R_f值。

2. 混合物的分离

实验样品：圆珠笔芯油。

溶剂：95%乙醇。

展开剂：丁醇∶乙醇∶水＝9∶3∶1（体积比）。

记录实验现象，计算R_f值。

六、思考题

1. 如何利用R_f值来鉴定化合物？

2. 薄层色谱法点样应注意些什么？

3. 常用的薄层色谱的显色剂是什么？

七、注意事项

1. 载玻片应干净且不被手污染，吸附剂在载玻片上应均匀平整。

2. 点样不能戳破薄层板面，各样点间距 1～1.5cm，样点直径应不超过 2mm。

3. 展开时，不要让展开剂前沿上升至底线。否则，无法确定展开剂上升高度，即无法求得 R_f 值和准确判断粗产物中各组分在薄层板上的相对位置。

实验十　乙酰水杨酸（阿司匹林）的合成

一、实验目的

1. 通过本实验了解乙酰水杨酸（阿斯匹林）的制备原理和方法。

2. 进一步熟悉重结晶、熔点测定、抽滤等基本操作。

3. 了解乙酰水杨酸的应用价值。

二、实验原理

乙酰水杨酸即阿斯匹林（aspirin），是 19 世纪末合成成功的，作为一个有效的解热止痛、治疗感冒的药物，至今仍广泛使用，有关报道表明，人们正在发现它的某些新功能。水杨酸可以止痛，常用于治疗风湿病和关节炎。它是一种具有双官能团的化合物，一个是酚羟基，一个是羧基，羧基和羟基都可以发生酯化，而且还可以形成分子内氢键，阻碍酰化和酯化反应的发生。

阿司匹林是由水杨酸（邻羟基苯甲酸）与乙酸酐进行酯化反应而得的。水杨酸可由水杨酸甲酯即冬青油（由冬青树提取而得）水解制得。本实验就是用邻羟基苯甲酸（水杨酸）与乙酸酐反应制备乙酰水杨酸。反应式为：

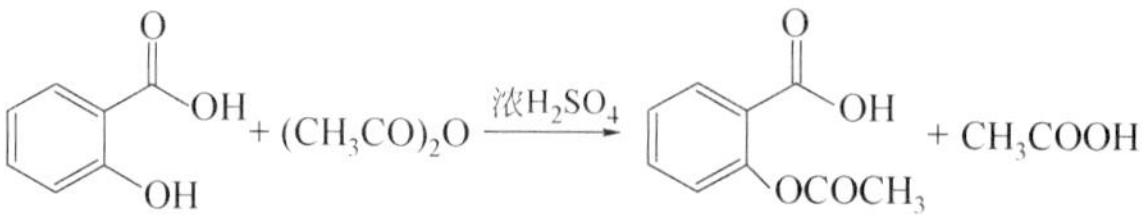

$$\text{(水杨酸：C(=O)OH, OH)} + (CH_3CO)_2O \xrightarrow{\text{浓}H_2SO_4} \text{(乙酰水杨酸：C(=O)OH, OCOCH}_3\text{)} + CH_3COOH$$

副反应为：

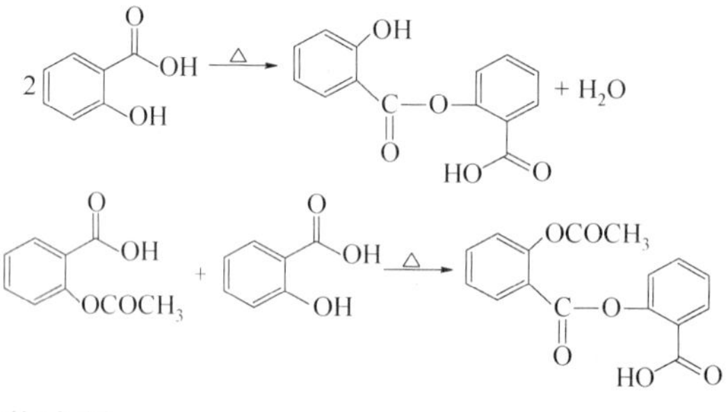

$$2\,\text{(水杨酸：C(=O)OH, OH)} \xrightarrow{\triangle} \text{(OH; C(=O)–O; HO–C=O)} + H_2O$$

$$\text{(乙酰水杨酸：C(=O)OH, OCOCH}_3\text{)} + \text{(水杨酸：C(=O)OH, OH)} \xrightarrow{\triangle} \text{(OCOCH}_3\text{; C(=O)–O; HO–C=O)}$$

三、仪器设备及化学试剂

1. 仪器设备

圆底烧瓶、回流装置、傅里叶变换红外光谱仪。

2. 化学试剂

水杨酸、乙酸酐、浓硫酸、乙酸乙酯、沸石。

四、实验步骤

1. 制备

在50mL圆底烧瓶中，加入干燥的水杨酸7.0g（0.050mol）和新蒸的乙酸酐10mL（0.100mol），再加10滴浓硫酸作催化剂，充分摇动。水浴加热，水杨酸全部溶解，保持瓶内温度在70℃左右，维持20min，并经常摇动。稍冷后，在不断搅拌下倒入100mL冷水中，并用冰水浴冷却15min，抽滤，冰水洗涤，得乙酰水杨酸粗产品。水杨酸的实验流程如图4-3所示。

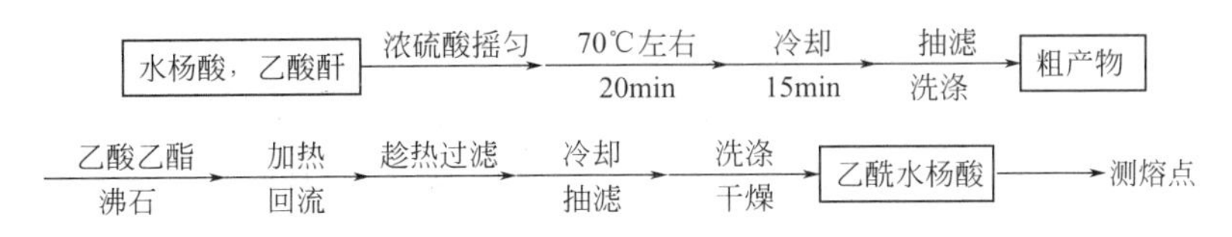

图4-3 水杨酸的实验流程

将粗产品转至250mL圆底烧瓶中，装好回流装置，向烧瓶内加入100mL乙酸乙酯和2粒沸石，加热回流，进行热溶解。然后趁热过滤，冷却至室温，抽滤，用少许乙酸乙酯洗涤，干燥，得无色晶体状乙酰水杨酸，称重，计算产率。

2. 鉴定

（1）外观及熔点 纯乙酰水杨酸为白色针状或片状晶体，熔点为135～136℃，但由于它受热易分解，因此熔点难测准。

（2）红外光谱图 乙酰水杨酸的红外光谱图如图4-4所示。

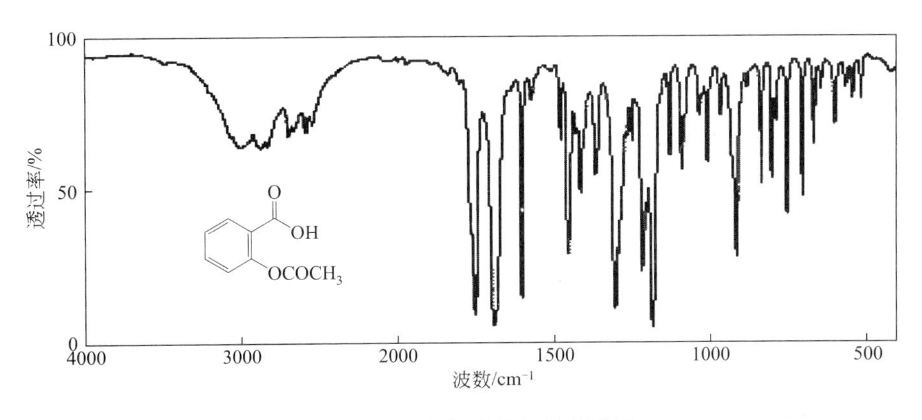

图4-4 乙酰水杨酸的红外光谱图

五、实验数据记录及处理

记录实验现象及产量和鉴定谱图。

六、思考题及讨论

1. 为什么使用新蒸馏的乙酸酐？
2. 为什么控制反应温度在70℃左右？
3. 怎样洗涤产品？
4. 乙酰水杨酸还可以使用溶剂进行重结晶？重结晶时需要注意什么？
5. 熔点测定时需要注意什么问题？

实验十一　十二烷基二甲基甜菜碱的合成

一、实验目的

1. 掌握甜菜碱型两性离子表面活性剂的合成原理和合成方法。

2. 了解甜菜碱型两性离子表面活性剂的性质和用途。

二、实验原理

两性离子表面活性剂是指同时携带正负两种离子的表面活性剂，它的表面活性剂离子的亲水基既具有阴离子部分又具有阳离子部分，是两者结合在一起的表面活性剂。

十二烷基二甲基甜菜碱又名 BS-12，为无色或淡黄色透明黏稠液体，有良好的去污、气泡渗透和抗静电性能，杀菌作用温和，刺激性小。在碱性、酸性和中性条件下均溶于水，即使在等电点也无沉淀，不溶于乙醇等极性溶剂，任何 pH 值下均可使用，属于两性离子表面活性剂。

十二烷基二甲基甜菜碱是用 *N*,*N*-二甲基十二烷胺和氯乙酸钠反应合成的，反应式为：

$$C_{12}H_{25}-N(CH_3)_2 + CH_2(Cl)-C(=O)-O^- Na^+ \longrightarrow C_{12}H_{25}-N^+(CH_3)_2-CH_2COO^- + NaCl$$

十二烷基二甲基甜菜碱适用于制造无刺激的调理香波、纤维柔软剂、抗静电剂、匀染剂、防锈剂、金属表面加工助剂和杀菌剂。

三、主要试剂和仪器

1. 仪器设备

电动搅拌器、电热套、三口烧瓶（250mL）、球形冷凝管、玻璃漏斗（90mm）、温度计（0～100℃）、界面张力仪、泡沫测定仪。

2. 化学试剂

N,*N*-二甲基十二烷胺、氯乙酸钠、乙醇、盐酸、乙醚。

四、实验步骤

将三口烧瓶、温度计、电动搅拌器、球形冷凝管安装好，称取 10.7g *N*,*N*-二甲基十二烷胺，放入三口烧瓶中，再称取 5.8g 氯乙酸钠和 30mL 50%的乙醇溶液，倒入三口烧瓶中，在水浴中加热至 60～80℃，并在此温度下回流至反应液变成透明为止。

冷却反应液，在搅拌情况下滴加浓盐酸，直至出现乳状液不再消失为止，放置过夜。第二天，十二烷基二甲基甜菜碱盐酸盐结晶析出，过滤。每次用 10mL 乙醇和水（1∶1）的混合溶液洗涤两次，然后干燥滤饼。粗产品用乙醚∶乙醇＝2∶1 溶液重结晶，得精制的十二烷基二甲基甜菜碱。

测定其表面张力和泡沫性能。用不同的表面活性剂来制备洗洁精或者肥皂。

五、实验数据记录及处理

记录实验现象并计算产率。

六、思考题

1. 两性表面活性剂有哪几类？其在工业和日用化工方面有哪些用途？

2. 甜菜碱型与氨基酸型两性表面活性剂相比，其性质的最大差别是什么？

七、实验注意事项

1. 所用的玻璃仪器必须干燥。

2. 滴加浓盐酸不要太多，至乳状液不再消失即可。

3. 洗涤滤饼时，洗涤溶剂要用规定的浓度及剂量，不宜太多。

实验十二 从红辣椒中提取、分离辣椒红色素

一、实验目的

1. 通过从红辣椒中提取红色素，了解提取天然产物的原理和实验方法。

2. 进一步掌握薄层色谱和柱色谱技术。

3. 培养学生综合运用所学课程知识，学会观察、思考和分析实验过程的能力，为今后从事科学研究工作打下基础。

二、实验原理

辣椒红色素别名辣椒红、辣椒色素、椒红素、辣红素，是一种存在于成熟红辣椒果实中的四萜类橙红色色素，属于类胡萝卜素类色素。辣椒红色素是辣椒的主要显色物质，其中主要含辣椒红素和辣椒玉红素，是具有辣椒香气味的深红色黏性油状液体，色泽鲜艳，着色力强，耐光、热、酸、碱，且不受金属离子影响，溶于油脂和乙醇。

纯的辣椒红色素是有光泽的深红色针状结晶，呈橙红、橙黄色调，属于类胡萝卜素类色素，主要成分及含量为：辣椒红素约50%，辣椒玉红素约8.3%，玉米黄质约14%，β-胡萝卜素约13.9%，隐辣椒质约5.5%，此外，还有辣椒黄素、辣椒色素脂肪酸酯、辣椒红素乙二酸酯、辣椒红素二软脂酸酯等，可用作食用红色色素，未酯化辣椒红素的生物利用率高于酯化辣椒红素。辣椒果实在成熟过程的不同时期，各种类胡萝卜素（β-胡萝卜素、叶黄素、玉米黄质、辣椒红素）含量不同，其中在其生长过程的第9周时（自开花起计算），辣椒红素的含量为19000μg/100g，占总类胡萝卜素的60%。纯的辣椒红色素熔点在175℃左右，易溶于极性大的有机溶剂，如丙酮、二氯甲烷、植物油、乙醚，溶于乙醇，不溶于甘油和水。与浓无机酸作用显蓝色。具有较好的分散性，在pH值为3～12、温度为25～70℃较为稳定，在糖类溶液中稳定性较好，耐还原性好，耐氧化性差，金属离子K^+、Ca^{2+}、Na^+、Mg^{2+}、Zn^{2+}对其无影响，可以与这些添加剂一起使用，而Al^{3+}、Fe^{3+}对其影响不大，Cu^{2+}、Fe^{2+}对其有显著影响，使用时应注意避免。辣椒红素耐光性差，暴露于室外强光下易褪色。辣椒红色素各成分的分子结构式如下：

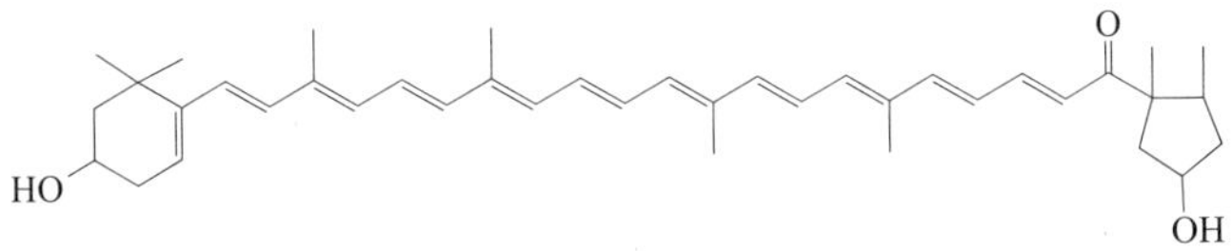

HO　　O　　OH

辣椒红素

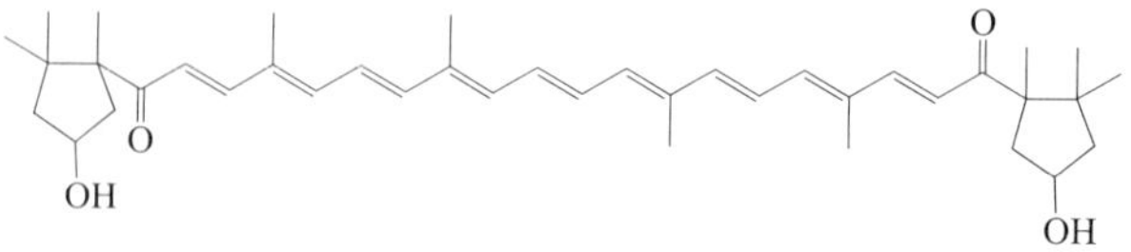

辣椒玉红素

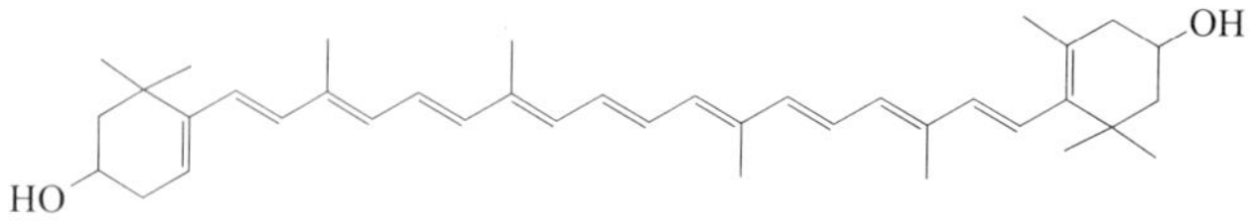

玉米黄质

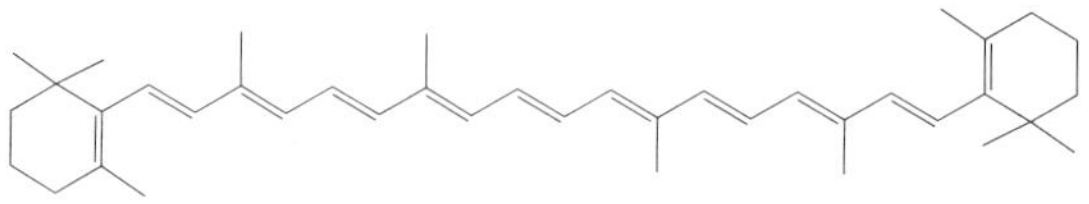

β-胡萝卜素

国内外辣椒红色素的生产方法主要有油溶法、超临界萃取法和有机溶剂法三种。本实验是以二氯甲烷为萃取溶剂，从红辣椒中只萃取出色素。然后采用薄层色谱分析，确定各组分的 R_f，再经柱色谱分离，分段接收并蒸除溶剂，即可获得各个单组分。

三、实验仪器及药品

1. 仪器设备

250mL 圆底烧瓶、布氏漏斗、吸滤瓶、广口瓶、硅胶薄层板、点样毛细管、色谱柱、球形冷凝管、直形冷凝管、玻璃棒、胶头滴管、量筒、广口瓶。

2. 化学试剂

干燥红辣椒（辣椒尽量研细，提高提取效率）、薄层色谱板、沸石、石油醚、二氯甲烷、硅胶 G 吸附剂。

四、实验步骤

1. 色素的萃取和浓缩

将干的红辣椒剪碎研细，称取 2g 置于 250mL 圆底烧瓶中，加入 100mL 二氯甲烷和少许沸石（两三粒），采用索氏提取法常压回流提取，虹吸 5～6 次之后，将产品用旋转蒸发仪浓缩回收二氯甲烷。

2. 浓缩液与色带的薄层检测

以 200mL 广口瓶作薄板色谱槽、二氯甲烷与石油醚的混合液（3∶1）作展开剂。取极少量色素粗品置于小烧杯中，滴入 2～3 滴二氯甲烷使之溶解，并在一块硅胶 G 薄板上点样（铺板、活化、点样），然后置入色谱槽进行色谱分离。计算各种色素的 R_f 值。

3. 柱层分析

在 1.0cm 的色谱柱中，装入硅胶 G 吸附剂，用配好的展开剂作洗脱剂，将色素粗品进行柱色谱分离，收集各组分流出液，浓缩各组分，得到各组分产品。观察色带的颜色，辨别辣椒红素、辣椒玉红素、玉米黄质。

五、实验现象及数据处理

观察实验现象，如样品经色谱柱分离后产生的色带的颜色。

测量不同色素的 R_f 值。

六、思考题

1. 目前国内辣椒红素的提取主要有哪些?

2. 用有机溶剂提取辣椒红素的原理是什么?

七、注意事项

1. 进行索氏提取前，应将提取物研磨得足够细并用纸包好，不能够有撒漏。

2. 在索氏提取器内加入的二氯甲烷不能超过容量的一半。

3. 浓缩液收集瓶必须保证干净。

4. 在进行毛细点样时，样品不要点得过大；在进行展开时，展开液需符合 3∶1 的比例。

实验十三 从植物中提取天然香料

一、实验目的

1. 学习香料的基本知识。

2. 学习了解水蒸气蒸馏法制取植物精油的方法、原理及装置。

二、实验原理

1. 蒸馏法

芳香成分多数具有挥发性，可以随水蒸气逸出，而且冷凝后因其水溶性很低而易与水分离。因此水蒸气蒸馏是提取植物香料应用最广的方法。

2. 压榨法

蒸馏法提取温度较高，而用压榨法可从果实（例如柠檬、柑橙等）中提取芳香油。此类果实的香味成分包藏在油囊中，用压榨机械将其压破即可将芳香油挤出，经分离和澄清可得到压榨油。压榨加工通常在常温下进行，精油中的成分很少被破坏，因而可以保持天然香味。但制得的油常带颜色，而且含有蜡质。

3. 浸提法（萃取法）

适用于芳香组分易受热破坏和易溶于萃取溶剂的香料。目前主要用于从鲜花中提取浸膏和精油。通常是将鲜花置于密封容器内，用有机溶剂冷浸一段时间，然后将溶剂在适当减压下蒸馏回收，得到鲜花浸膏。这样得到的香料，其香气成分一般比较齐全，留香持久。但也含色素和蜡质，并且水溶性较差。必要时，萃取可在适当加热的条件下进行。

三、仪器与药品

所需药品取决于所选的实验内容，可根据实验确定。

四、实验操作

1. 蒸馏法提取姜油

称取生姜 50g，洗净后先切成薄片，再切成小颗粒，放入 250mL 圆底烧瓶中，加水 50mL 和沸石 2～3 粒。在瓶上装有恒压滴液漏斗，漏斗上装接回流冷凝管。将漏斗下端旋塞关闭，加热使烧瓶内的水保持较猛烈的沸腾，于是水蒸气夹带着姜油蒸气沿着恒压漏斗的支管上升进入冷凝管。从冷凝管回流下来的冷凝水和姜油落下，被收集在恒压漏斗中，冷凝液在漏斗中分离成油、水两相。每隔适当的时间将漏斗下端旋塞拧开，把下层的水排入烧瓶中，姜油则总是留在漏斗中。如此重复操作多次，约经 2.5h 后，降温，将漏斗内下层的水尽量分离出来，余下的姜油则作为产物移入回收瓶中保存。

用松针、香茅草、胡椒、柠檬叶、桉叶等代替生姜，可得到相应的精油，只是收率各不相同。

2. 冷榨法提取橙油

将新鲜的柑橘皮的里层朝外，晒干或晾干（1～2 天）备用。取干柑橘皮 200g，切成小颗粒，放入研钵中研烂，尽量将油水挤出（有条件的可用小型压榨机）。将榨出物用布氏漏斗抽滤，滤渣用少量水冲洗 1～2 次，抽滤至干。合并所有的油水混合物并将之移入试管中，用高速离心机进行离心分离。5min 后停机，将橙黄的油层用吸管吸出。残液在适当加水搅拌后，再重复上述操作，离心分离一次。将两次得到的橙油合并，得到粗橙油。将粗橙油中所含上层清油吸出，得到质量较好的冷榨橙油。

3. 浸提法提取茉莉花浸膏

取新采摘的茉莉花在平面上铺开，风干一天备用。称取 300g 茉莉花干花，装入 500mL 的三角瓶中，加入约 400mL 沸程为 30～60℃的石油醚至浸没全部茉莉花为止。塞好后静置 24h 以上，然后将浸提液移入圆底烧瓶中，水浴加热回收溶剂。为降低蒸馏温度，可使用水流喷射泵适度减压进行蒸馏（最好在旋转蒸发器中蒸馏）赶走大部分溶剂后，降温，将残余物移入小烧瓶内，继续用水浴加热将溶剂完全蒸除。冷却后可得到油状或软膏状产物。

新采摘的鲜花不经风干同样可用于浸提，但带入更多的水分。

实验时间为 3～4h（不含静置浸提时间）。

五、实验记录与数据处理

记录得到的香料的性状、pH 值和产量。

六、思考题

1. 除用水以蒸馏法提取有机组分外，还可以用哪些溶剂对有机组分进行提取？有何要求？
2. 举一个姜油的应用实例。
3. 植物天然香料通常有几种提取方法？
4. 如何提高天然香料的产率？

七、实验注意事项

姜粒不要加入过多，以免沸腾时姜粒堵塞回流管颈。

实验十四　固体酒精的制备

一、实验目的

掌握固体酒精的配制原理和实验方法。

二、实验原理

硬脂酸钠受热软化，冷却后又重新固化，将液态酒精与硬脂酸钠搅拌共热，冷却后硬脂酸钠将酒精包含在其中，成为块状产品。

在配方中加入虫胶、石蜡作为黏结剂，可得到质地更加结实的固体酒精。同时可以助燃，使其燃烧得更加持久，并释放更多的热量。

三、实验仪器与试剂

1. 实验仪器

电炉子、水浴锅、球形冷凝管、250mL 三口烧瓶、温度计、秒表、烧杯、玻璃模具（可用展开缸替代）。

2. 化学试剂

工业酒精（酒精含量≥95%）、硬脂酸钠（AR）、虫胶片（工业级）、固体石蜡（AR）、氢氧化钠（AR）、沸石。

四、实验步骤

1. 方法一

（1）称取 0.8g 氢氧化钠，迅速研碎成小颗粒，加入 250mL 烧瓶中，再加入 1g 虫胶片、80mL 酒精和数粒小沸石，装置回流冷凝管，水浴加热回流至固体全部溶解为止。

（2）在 100mL 烧杯中加入 5g 硬脂酸和 20mL 酒精，在水浴上温热则硬脂酸全部溶解，然后从冷凝管上端将烧杯中的物料加入含有氢氧化钠、虫胶片和酒精的三口烧瓶中，摇动使其混合均匀，回流不同时间后移去水浴，反应混合物自然冷却，待降温到 50℃时倒入模具中，加盖以避免酒精挥发，冷却至室温后完全固化，从模具中取出即得到成品。

2. 方法二

（1）向 250mL 三口烧瓶中加入 9g 硬脂酸、2g 石蜡、50mL 酒精和数粒小沸石，装置回流冷凝管，摇匀，在水浴上加热约 60℃并保温至固体全部溶解为止。

（2）将 1.5g 氢氧化钠和 13.5g 水加入 100mL 烧杯中，搅拌溶解后再加入 25mL 酒精，搅匀。

（3）将碱液加进含硬脂酸、石蜡、酒精的三口烧瓶中，在水浴上加热回流 15min 使反应完全，移去水浴，待物料稍冷而停止回流时，趁热倒入模具，冷却后取出成品。

五、实验数据记录及处理

记录实验现象。

六、思考题及讨论

1. 虫胶片、石蜡的作用是什么？

2. 固体酒精的配制原理是什么？

实验十五 腐殖酸钾的制备

一、实验目的

1. 了解腐殖酸钾制备的反应机理。

2. 掌握实验室制备腐殖酸钾的方法。

3. 掌握容量法测定总腐殖酸含量的方法。

二、实验原理

1. 主要性质和用途

腐殖酸是自然界中广泛存在的大分子有机物质，广泛应用于农林牧、石油、化工、建材、医药卫生、环保等各个领域，横跨几十个行业。特别是当前提倡生态农业建设、无公害农业生产、绿色食品、无污染环保产品等，更使腐殖酸备受推崇。事实证明，人类的生活和生存离不开腐殖酸，腐殖酸工业的确是发展中的有希望的朝阳产业，属于新型的特殊行业。

腐殖酸钾是一种高效有机钾肥，因为其中的腐殖酸是一种生物活性制剂，可提高土壤速效钾含量，减少钾的损失，增加作物对钾的吸收和利用率，也具有改良土壤、促进作物生长、提高作物抗逆能力、改善作物品质、保护农业生态环境等功能；它与尿素、磷肥、钾肥、微量元素等混合后，可制成高效多功能复混肥料；此外，腐殖酸钾还可用作石油钻井液的处理剂，主要起防止井壁坍塌的作用。

2. 制备原理

泥炭、褐煤、风化煤的腐殖酸中都含有羧基、酚羟基等酸性基团。它们能与碱反应生成易溶于水的盐而和其他物质分离。因此，生产 KHm 可用适当浓度的氢氧化钾溶液抽提煤中的腐殖酸。

在一定的条件下反应可以进行完全。当反应完成后，KHm 完全溶于水中，将抽提液与残渣分离，蒸发干燥就得到产品 KHm。需要指出的是，用含 Ca^{2+}、Mg^{2+} 高的风化煤抽提腐殖酸时，需要先用盐酸进行脱钙镁离子的预处理。

三、主要仪器和药品

1. 仪器设备

托盘天平、水浴锅、三口烧瓶、电动搅拌器、球形冷凝管、温度计、量筒、吸滤瓶、布氏漏斗、玻璃水泵、电热干燥箱、电动离心机、碱式滴定管、称量瓶、小漏斗、移液管、锥形瓶。

2. 化学试剂

风化煤（≤40 目）、氢氧化钾（分析纯）、重铬酸钾（分析纯）、硫酸亚铁铵（分析纯）、硫酸亚铁（分析纯）、硫酸（分析纯）、邻菲咯啉（分析纯）、重铬酸钾（0.1mol/L）。

四、实验步骤

1. 指示剂的制备

（1）0.4mol/L 重铬酸钾溶液　取 20g 重铬酸钾溶于 1000mL 蒸馏水中。

（2）0.1mol/L 重铬酸钾标准溶液　将重铬酸钾在 130℃下烘 3h 置于干燥器中冷却至室温，然后称取 4.9036g 于烧杯中，加水溶解，再转入 1000mL 容量瓶中，用水稀释至刻度，摇匀。

（3）邻菲咯啉指示剂　1.5g 邻菲咯啉和 1g 硫酸亚铁铵溶于 100mL 蒸馏水中，保存在棕色瓶中。

（4）0.1mol/L 硫酸亚铁铵标准溶液　称取 40g 硫酸亚铁铵溶于 1000mL 水中，加入 20mL 浓硫酸，混匀后移入棕色瓶中储存。

2. 指示剂的标定

由于硫酸亚铁铵溶液的浓度易改变，使用之前须重新标定，标定方法如下：用移液管吸取 25mL 0.1mol/L 重铬酸钾标准溶液于 250mL 锥形瓶中，加入 70～80mL 水和 10mL 浓硫酸，冷却后，加 3 滴邻菲咯啉指示剂，用待标定的硫酸亚铁铵溶液滴定，直到溶液变为砖红色即为终点。

硫酸亚铁铵标准溶液的当量浓度按下式计算：

$$N=\frac{25}{V}\times 0.1$$

式中　V——滴定所消耗的硫酸亚铁铵溶液的体积，mL。

3. 腐殖酸钾的制备

将风化煤样品用粉碎机粉碎，过 40 目筛，筛下物不少于 100g，备用。用量筒量取 100mL 蒸馏水，倒入三口烧瓶中，用烧杯称 3.5g 氢氧化钾，并用 46mL 蒸馏水溶解，在用 25mL 蒸馏水冲洗烧杯后一并倒入三口烧瓶中加热。当三口烧瓶中水温达到 40℃时，开动搅拌器，边搅拌边缓缓加入 50g 风化煤。当水温升到 85℃时开始计时，水浴加热 60min 后停止加热。冷却后用离心机将溶液和沉淀分离，溶液即为 KHm 溶液，沉淀用 200mL 水洗涤两次，并合并滤液和洗液。将 KHm 溶液加热浓缩至有固形物时，放入恒温在 90℃的干燥箱中烘干 2h，称重，并计算产率。

4. 腐殖酸含量的测定

(1) 重量法（仲裁法）　称取试样 1g（准确至 0.0002g）于 250mL 锥形瓶中，加入蒸馏水 100mL，于瓶口插入小玻璃漏斗，置于沸水浴中加热抽提 30min（经常摇动）。取出冷却后将抽提液及残渣全部转入离心杯中，进行离心分离（转速为 2500～30000r/min）30min。如此至溶液近乎无色。然后用少量蒸馏水将残渣移至 105～110℃恒重过的定量滤纸（放在直径 60mm 称量瓶内）上。于 105～110℃的干燥箱中干燥恒重。该质量为水不溶物残渣的质量。滤纸连同残渣一起转入已于 800℃恒重过的坩埚内。放入马弗炉中，开始先于低温（200～250℃）灰化，然后将炉温升到（800±20)℃灼烧半小时，取出坩埚。稍冷后放入干燥器中冷却至室温后称量，该质量为水不溶物的灰分的质量。另外需分别测定试样的水分和灰分。

干基水溶性腐殖酸含量（X_2^g）按下式计算：

$$X_2^g=\frac{(G-G_1-G_2)\times 100}{G}-W_f-A_f\,\frac{100}{100-W_f}$$

式中　G——样品质量，g；

G_1——水不溶物质量，g；

G_2——水不溶物灰分质量，g；

W_f——样品分析基水分，%；

A_f——样品分析基灰分，%。

(2) 容量法　称取 0.2g（准确至 0.0002g）试样于 250mL 锥形瓶中，加 70mL 蒸馏水。并于瓶口插入小玻璃漏斗，置于沸水浴中加热抽提 30min，并经常摇动，取出锥形瓶，冷却后将抽提液及残渣全部移入 100mL 容量瓶中，用水稀释至刻度，摇匀，用中速滤纸干过滤，并弃去最初滤出部分滤液。

用移液管吸取 5mL 滤液于 250mL 锥形瓶中，用移液管准确加入 0.4mol/L 重铬酸钾溶液 5mL，加入浓硫酸 15mL，于沸水浴中加热氧化 30min，取下冷却至室温，加水 80mL 左右。冷却后加入 3 滴邻菲咯啉指示剂。用 0.1mol/L 硫酸亚铁铵标准溶液滴至砖红色即为终点。

按照上述过程进行空白实验。

干基水溶性腐殖酸含量（X_3^g）按下式计算：

$$X_3^g=\frac{0.003\times(V_0-V)N}{C\times G}\times 100\times\frac{100}{100-W_f}$$

式中　V_0——空白所消耗的硫酸亚铁铵标准溶液的体积，mL；

V——测定所消耗的硫酸亚铁铵标准溶液的体积，mL；

N——硫酸亚铁铵标准溶液的当量浓度，mol/L；

C——腐殖酸的含碳比（风化煤为0.62，褐煤为0.59）；

W_f——分析基水分，%；

G——样品质量，g；

0.003——每毫克当量碳的克数。

腐殖酸钾的质量指标见表4-2。

表4-2　腐殖酸钾的质量指标

项目	指标		
	一级品	二级品	三级品
水溶性腐殖酸(干基,质量分数)/%	55±2	45±2	40±2
水分(质量分数)/%	12±2	12±2	12±2
粒度(通过40目,质量分数)/%	100	100	100
钾(干基,质量分数)/%	10±1	10±1	10±1
pH值	9～10	9～10	9～10

五、实验数据记录及处理

记录实验现象及得到的腐殖酸的质量指标并判定符合几级品。

六、思考题及讨论

1. 怎样通过加入氢氧化钾来保证产物中只有少量游离钾离子？
2. 为什么在加入风化煤前开动搅拌器？
3. 腐殖酸的含碳比的意义是什么？为什么泥炭、褐煤、风化煤的含碳比不同？

七、注意事项

1. 装置要安装合适，特别是搅拌部分。
2. 本实验产品不需要蒸干，只要溶液。

第五章　化工设计性实验

设计性实验是一种较高层次的实验训练，它要求对实验方法、实验装置等进行设计，或对实验过程、实验结果进行分析、研究和改进。是一种自主、独立进行的实验，可以进一步发挥学生的学习主动性，巩固学过的基础知识和操作技术，使学生在查阅文献能力、解决问题和分析问题能力以及动手能力等诸方面得到锻炼与提高，比传统的演示性、验证性实验更有利于激发创造性思维，培养独立从事科学研究工作的能力。

设计性实验需要追根寻源具有原创性的研究设计实验内容，要求学生独立自主对实验方法或实验装置进行设计、对实验过程和结果进行分析和研究。学生选择该实验项目后，需预先查阅资料、制定和提交实验方案，经指导教师审阅批准后，准备实验仪器设备、试剂材料进行实验。

在此基础上，同学之间在实验讨论课上交流各自设计的实验，并展开讨论，讨论内容包括：解决某具体测定对象的各种分析方法、原理，并比较它们的优缺点；实验步骤；误差来源及消除；结果处理；注意事项；特殊试剂的配制。

设计性实验的核心是设计、选择实验方案，并在实验中检验方案的正确性与合理性。设计时一般包括：根据研究的要求、实验精度的要求以及现有的主要仪器确定应用原理，选择实验方法与测量方法，选择测量条件与配套仪器以及测量数据的合理处理等。要求实验方法、测量测试方案、实验仪器、试剂、材料等至少有一项是独立自主设计完成。

希望同学们通过选定的设计实验实践积累和总结，培养进行科学实验的能力和提高进行科学实验的素质。

1. 设计性实验的教学目的

提高学生实验素质和科学研究能力，进行创造性能力的培养。

2. 设计性实验的特点

教师提出实验课题和研究项目，实验室提供条件。同学自行推证有关理论，自行确定实验方法，自行选择和组合配套仪器设备，自行拟定实验程序和注意事项等。做出具有一定精度的定量的测试结果。写出完整的实验报告。

3. 设计性实验的教学要求

在完成设计性实验的整个过程中，充分反映自己的实际水平与能力，力求有所创新。

4. 科学实验设计的原则

（1）实验方案的选择——最优化原则。

（2）测量方法的选择——误差最小原则。

（3）测量仪器的选择——误差均分原则。

（4）测量条件的选择——最有利原则。

5. 设计性实验的程序

(1) 通常分两次完成。

(2) 第一次实验，学生学习实验室提供的电子资料和文字资料，熟悉实验仪器，选定实验内容，拟定实验方案。

(3) 在第一次与第二次实验间，学生可利用业余时间充分酝酿实验方案。

(4) 第二次实验，各显神通，全面开展实验。

然后在老师指导下，各同学确定具体的实验方法。实验时，根据各自设计的实验，从试剂的配制到最后写出实验报告，都由每一位学生独立完成。

实验一　酸碱混合物测定的方法设计

一、实验目的

1. 通过自拟分析方案，巩固所学酸碱滴定知识。

2. 学习拟定分析方案的方法。

二、设计要求

根据所学知识，查阅有关资料（教科书或参考书等），分四组说明分别测定下面体系各组分含量的理论依据。

(1) NaH_2PO_4-Na_2HPO_4 混合液。

(2) $NaOH$-Na_3PO_4 混合液。

(3) HCl-NH_4Cl 混合液。

(4) Na_2CO_3-$NaHCO_3$ 混合液。

注：每班1～9号设计体系（1），10～18号设计体系（2），19～27号设计体系（3），28～37（38）号设计体系（4）。

三、仪器及试剂

1. 主要可选药品

NaH_2PO_4、Na_2HPO_4、Na_3PO_4、NH_4Cl 、$NaHCO_3$、NaOH、HCl、甲醛、乙醇、Na_2CO_3、邻苯二甲酸氢钾（GR）、酚酞、甲基红、甲基橙、蒸馏水。

2. 实验仪器

定性滤纸、卷纸。

四、实验方案

根据测定原理，写出测定的详尽步骤，特别是要把取样量、加入试剂量、终点颜色、实验数据等写清楚。

在酸碱混合物测定的方法设计中，主要考虑以下问题。

(1) 试样中各组分能否准确滴定？

(2) 实际方法的原理是什么？有哪几种可行的滴定方法？

(3) 采用何种滴定剂？如何配制和标定？

(4) 滴定结束时产物是什么？这时产物溶液pH值为多少？应选用何种指示剂？

(5) 酸碱滴定时，滴定剂和被滴定物的浓度假定在0.1mol/L左右，如何据此决定它们的溶液取样量？

（6）各组分含量的计算公式是什么？计量比应为多少？含量以什么单位表示？计算时应查哪些常数？

五、结果和数据处理

按照化学实验的结果和数据处理要求格式表示。

六、思考题

通过自拟分析方案，你有什么收获？

实验二　聚铁类高分子絮凝剂的制备方法设计

一、实验目的

1. 了解无机高分子絮凝剂的絮凝机理和研究进展。

2. 设计聚铁类无机高分子絮凝剂制备过程，巩固所学无机化学及分析化学知识。

二、设计要求

根据所学知识，查阅有关资料（教科书或参考书等），分四组分别制备聚铁类无机高分子絮凝剂。初步拟定以下方法供选择参考。

（1）以 $FeSO_4 \cdot 7\ H_2O$ 为原料、$KClO_3$ 为氧化剂制备聚合硫酸铁。

（2）以 $FeSO_4 \cdot 7\ H_2O$ 为原料、H_2O_2 为氧化剂制备聚合硫酸铁。

（3）以 $FeSO_4 \cdot 7\ H_2O$ 为原料、HNO_3 为氧化剂制备聚合硫酸铁。

（4）以 $FeSO_4 \cdot 7\ H_2O_4$ 为原料、NaClO 为氧化剂制备聚合硫酸铁。

（5）以 $FeSO_4 \cdot 7\ H_2O$ 为原料、MnO_2 为氧化剂制备聚合硫酸铁。

（6）以 $FeCl_3 \cdot 6\ H_2O$ 及 Na_2CO_3 为原料，加入一定量的稳定剂，制备聚合氯化铁。

除以上方法外，还可以设计其他可行制备方法，要求写出制备路线和原理。

三、仪器及试剂

1. 主要可选药品

$FeSO_4 \cdot 7H_2O$(AR)、$NaClO_3$(AR)、$KClO_3$(AR)、KF(AR)、HNO_3(AR)、H_2SO_4(AR)、H_2O_2、精密 pH 试纸、卷纸、蒸馏水。

2. 主要可选仪器

恒速搅拌仪、三孔圆底烧瓶、恒温水浴、冷凝器、酸度计、分光光度计、电子天平。

四、实验方案

根据小组讨论方案，写出详细的制备步骤，特别是要把取样量、加入试剂量等实验数据写清楚，并研究所制絮凝剂对废水的处理效果。

五、结果和数据处理

按照化学实验的结果和数据处理要求格式表示。

六、思考题

1. 聚铁絮凝机理是什么？

2. 试比较无机、有机高分子絮凝剂。

实验三　废旧锌锰电池中锌、锰的回收方法研究

一、实验目的

1. 了解废旧锌锰电池回收的意义。

2. 设计废旧锌锰电池中锌、锰的回收方法，巩固所学无机化学及分析化学知识。

二、设计目的

根据所学知识，查阅有关资料（教科书或参考书等），分四组分别对废旧锌锰电池中的锰进行回收。初步拟定以下方法供选择参考。

（1）以 H_2SO_4 及 NaOH 为原料回收锌。

（2）以 HNO_3 及 NaOH 为原料回收锌。

（3）以 HCl 及 NaOH 为原料回收锌。

（4）以 H_3PO_4 及 NaOH 为原料回收锌。

（5）加入 KOH、$NaClO_3$ 制备 K_2MnO_4 及 $KMnO_4$。

除以上方法外，还可以设计其他可行回收方法，要求写出回收路线和原理。

三、仪器及试剂

1. 可选药品

HNO_3（AR）、H_2SO_4（AR）、HCl（AR）、磷酸（AR）、NaOH、$KClO_3$、KOH、$NaClO_3$、H_2O_2、精密 pH 试纸、蒸馏水。

2. 实验仪器

马弗炉、1000W 电炉、原子吸收分光光度计、酸度计恒速搅拌仪、三孔圆底烧瓶、恒温水浴、冷凝器、酸度计、分光光度计、电子天平。

四、实验方案

根据小组讨论方案，写出详细的回收锌、锰的实验步骤，特别是要把取样量、加入试剂量等实验数据写清楚。

五、结果和数据处理

按照化学实验的结果和数据处理要求格式表示。

六、思考题

1. 废旧电池有哪些危害？

2. 普通锌锰干电池的工作原理是什么？

实验四　二苯甲酮的合成方法设计

一、实验目的

1. 通过自拟分析方案，巩固所学有机化学知识。

2. 学习拟定合成方案的方法。

二、设计要求

根据所学知识，查阅有关资料（教科书或参考书等），分四组采用不同的方法合成肉桂

酸，初步拟定以下方法供选择参考。

（1）以氯化苄为原料，氯化苄法。

（2）以苯为原料，苯氯化法。

（3）以苯甲酰氯为原料，甲酰氯化法。

（4）以苯为原料，草酰氯法。

除以上方法外，还可以设计其他可行合成方法，要求写出合成路线和原理。

三、仪器及试剂

1. 药品

苯甲酰氯、苯（无水）、三氯化铝（无水）、硫酸镁、氯化苄、硝酸、乙酸铅、碳酸钠、盐酸、氢氧化钠、四氯化碳（无水）、草酰氯、硝酸钠。

2. 仪器

定性滤纸、卷纸。

四、实验方案

根据本合成方法，写出合成的详细实验方案，特别是要把加入量、反应温度、反应时间、实验数据等写清楚。

在合成方法的设计中，主要考虑以下问题。

（1）合成方法的可行性。

（2）合成方法的原理是什么？有哪几种可行的合成方法？

（3）实验中需要用到的仪器和操作方法。

（4）产品的分析和鉴定方法。

（5）实验的现象和原因。

（6）实验还需改进和完善的地方。

五、结果和数据处理

按照化学实验的结果进行记录和分析。

六、思考题

通过自拟分析方案，你有什么收获？

实验五　对氨基苯酚的合成方法设计

一、实验目的

1. 通过自拟分析方案，巩固所学有机化学知识。

2. 学习拟定合成方案的方法。

二、设计要求

根据所学知识，查阅有关资料（教科书或参考书等），分四组采用不同的方法合成对氨基苯酚，初步拟定以下方法供选择参考。

（1）以硝基苯为原料，锌粉还原法。

（2）以对硝基苯酚为原料，铁粉还原法。

（3）以对硝基苯酚为原料，二氧化硫脲还原法。

（4）以苯酚为原料，铁粉还原法。

三、仪器及试剂

1. 药品

硝基苯、氯化铵、硫酸、亚硫酸钠、氨水、锌粉、对硝基苯酚、铁粉、盐酸、碳酸钠、硫脲、邻苯二甲酸氢钾、双氧水、乙醇（95%）、氢氧化钠、苯酚、亚硝酸钠、焦亚硫酸钠、活性炭。

2. 仪器

定性滤纸 6 盒、卷纸 4 卷。

四、实验方案

根据本合成方法，写出合成的详细步骤，特别是要把加入量、反应温度、反应时间、实验数据等写清楚。

在合成方法的设计中，主要考虑以下问题。

（1）合成方法的可行性。

（2）合成方法的原理是什么？有哪几种可行的合成方法？

（3）实验中需要用到的仪器和操作方法。

（4）产品的分析和鉴定方法。

（5）实验的现象和原因。

（6）实验还需改进和完善的地方。

五、结果和数据处理

按照化学实验的结果进行记录和分析。

六、思考题

通过自拟分析方案，你有什么收获？

实验六　肉桂酸的合成方法设计

一、实验目的

1. 通过自拟分析方案，巩固所学有机化学知识。

2. 学习拟定合成方案的方法。

二、设计要求

根据所学知识，查阅有关资料（教科书或参考书等），分四组采用不同的方法合成肉桂酸，初步拟定以下方法供选择参考。

（1）以苯甲醛为原料，Perkin 法。

（2）以苯甲醛为原料，PEG-400 催化 Perkin 法。

（3）以苯甲醛为原料，Knoevenagel 法。

（4）以苯乙烯为原料，四氯化碳法。

注：每班 1～9 号设计体系（1），10～18 号设计体系（2），19～27 号设计体系（3），28～37（38）号设计体系（4）。除以上方法外，还可以设计其他可行合成方法，要求写出合成路线和原理。

三、仪器及试剂

1. 药品

苯甲醛、乙酸酐、乙酸钠、盐酸、PEG-400、无水碳酸钾、对羟基苯甲醚、碳酸钠、丙二酸、吡啶、六氢吡啶、三乙胺、苯乙烯、二乙胺、氯化亚铜、冰醋酸、磷酸、四氯化碳、活性炭。

2. 仪器

定性滤纸 6 盒、卷纸 4 卷。

四、实验方案

根据本合成方法，写出合成的详细步骤，特别是要把加入量、反应温度、反应时间、实验数据等写清楚。

在合成方法的设计中，主要考虑以下问题。

(1) 合成方法的可行性。

(2) 合成方法的原理是什么？有哪几种可行的合成方法？

(3) 实验中需要用到的仪器和操作方法。

(4) 产品的分析和鉴定方法。

(5) 实验的现象和原因。

(6) 实验还需改进和完善的地方。

五、结果和数据处理

按照化学实验的结果进行记录和分析。

六、思考题

通过自拟分析方案，你有什么收获？

实验七　地表水分析监测

一、实验目的

1. 掌握地表水中主要监测项目的采样方法和测定方法。

2. 学习拟定环境分析监测方案的方法。

二、设计要求

根据所学知识，查阅有关资料（教科书或参考书等），分四组从色度、酸度、碱度、总硬度、pH 值、氮和磷、铬、DO 等方面采用不同的方法对地表水进行分析监测。初步拟定以下方法供选择参考。

(1) 自来水水源。

(2) 小河水源。

(3) 洗浴水源。

(4) 餐饮水源。

注：每班 1～9 号设计体系 (1)，10～18 号设计体系 (2)，19～27 号设计体系 (3)，28～37 (38) 号设计体系 (4)。

除以上方法外，还可以设计其他可行监测方法，要求写出原理和路线。

三、仪器及试剂

pHS-3C 酸度计、UV-9200 紫外分光光度计、722 可见分光光度计等。

四、实验方案

列出本实验所用仪器及试剂的名称、规格、浓度和分析监测方法。

根据小组讨论方案，写出详细的分析监测实验步骤，特别是要把取样量、加入试剂量等实验数据写清楚。

五、结果和数据处理

按照化学实验的结果和数据处理要求格式表示。

六、思考题

通过自拟分析方案，你有什么收获?

实验八　土壤污染监测

一、实验目的

1. 掌握土壤中主要监测项目的采样方法和测定方法。
2. 掌握土壤样品的制备和消解方法。

二、设计要求

根据所学知识，查阅有关资料（教科书或参考书等)，分四组从土壤中金属元素、水分、氟、pH 值等方面采用对土壤污染进行分析监测。初步拟定以下方法供选择参考。

（1）金属元素。

（2）水分。

（3）氟。

（4）pH 值。

注：每班 1～9 号设计体系（1)，10～18 号设计体系（2)，19～27 号设计体系（3)，28～37（38）号设计体系（4)。

除以上方法外，还可以设计其他可行监测方法，要求写出原理和路线。

三、仪器及试剂

pHS-3C 酸度计、UV-9200 紫外分光光度计、722 可见分光光度计、离子选择性电极、原子吸收分光光度计、烘箱。

四、实验方案

根据小组讨论方案，写出详细的分析监测实验步骤，列出本实验所用仪器及试剂的名称、规格、浓度和分析监测方法。特别是要把取样量、加入试剂量等实验数据写清楚。

五、结果和数据处理

按照化学实验的结果和数据处理要求格式表示。

六、思考题

通过自拟分析方案，你有什么收获?

实验九　食用级 L-乳酸分离精制工艺的研究

一、实验目的

1. 了解 L-乳酸分离精制的传统和现代工艺。
2. 掌握传统的提纯工艺。

3. 掌握分子蒸馏仪器的使用。

4. 考察不同的预处理工艺对提纯高纯度乳酸的影响。

二、设计要求

1. 在老师的指导下查阅相关文献，了解乳酸提取新工艺、新设备的研究情况。掌握近年来乳酸的各种提取和精制技术的应用情况。

2. 该实验主要以提高 L-乳酸的产量和收率为目的，探索提取和精制 L-乳酸的操作条件，以获得更好的经济效益和社会效益。主要的实验内容包含两个方面。

(1) 简化改进钙盐提取工艺，获得较高纯度的粗乳酸。

(2) 对钙盐法得到的粗乳酸进行分子蒸馏，探索分子蒸馏精制粗乳酸的最佳操作条件。

对传统的钙盐提取工艺的改进主要有以下几个方面。

(1) 蛋白除杂预处理工艺的研究、改进。

(2) 活性炭脱色预处理工艺的研究、改进。

(3) 乳酸钙结晶工艺研究。

(4) 用分子蒸馏技术蒸馏纯化 L-乳酸工艺。

3. 对实验结果进行处理，得出结论，总结实验的得与失。

4. 完成实验报告。

三、主要仪器及试剂

1. 试剂

L-乳酸发酵液、活性炭、NaOH（分析纯）、HCl（分析纯）、NaCl（分析纯）、$Ca(OH)_2$（分析纯）、丙酮（分析纯）、乙醇（分析纯）、甲醛（分析纯）、颗粒活性炭、粉末活性炭、各种树脂。

2. 仪器

Agilent 1200LC 高效液相色谱仪、旋光仪、GC 6890 气相色谱仪、分子蒸馏设备、干燥箱、循环水真空泵、旋转蒸发仪等。

四、实验方案

根据小组讨论方案，写出详细的提取精制实验步骤、仪器操作步骤，特别是要把精制后的纯度计算出来，需要写出详细的计算过程。

五、结果和数据处理

按照化工实验的结果和数据处理要求格式表示，并写出详细的计算过程。

六、思考题

1. 通过自拟分析方案，你有什么收获？

2. 传统的提取粗乳酸的方案和现代提取方案有什么区别？传统方案存在哪些弊端？

实验十 染料对位红的合成及染色实验

一、目的与要求

1. 了解硝化、水解、重氮化和偶合等有机反应的基本原理和方法及官能团保护在有机合成中的实际应用。

2. 掌握邻位、对位异构体的分离方法。

3. 掌握红外光谱仪的原理及操作步骤。

4. 了解染色的机理及羊毛染色的实验过程。

二、设计要求

1. 在老师的指导下查阅相关文献，了解对位红的性质及应用，了解偶氮染料的制备方法及反应机理。

2. 以乙酰苯胺为原料，设计对位红的制备方案，包括实验原理、实验步骤及产物结构的表征。

3. 以对位红为染料，设计无色羊毛的染色方案，包括染色实验步骤及染色机理的初探。

4. 对实验结果进行处理，得出结论，总结实验的得与失。

5. 完成实验报告。

三、仪器及试剂

1. 仪器

WQF-510 傅里叶变换红外光谱仪。

2. 试剂

乙酰苯胺、冰醋酸、浓硝酸、浓硫酸、碳酸钠、氢氧化钠、β-萘酚、亚硝酸钠、浓硫酸、碘化钾-淀粉试纸。

四、实验方案

根据小组讨论方案，写出详细的实验步骤、仪器操作步骤。特别是涉及有机化学（硝化、水解、重氮化和偶合反应）、分析化学（产品结构的红外表征）和纺织化学（羊毛的染色）等多个知识点的学习。

五、结果和数据处理

按照化工实验的结果和数据处理要求格式表示。

六、思考题

1. 对位红合成方案如何确定？

2. 产物结构表征方法是什么？

3. 对羊毛的染色实验及效果进行简单评价。

实验十一　改性壳聚糖絮凝剂的制备及性能研究

一、目的与要求

1. 了解阳离子、阴离子和两性壳聚糖的制备方法及反应机理。

2. 掌握反应条件确定的基本方法及产品结构表征的方法。

3. 掌握改性壳聚糖絮凝剂絮凝性能测试的方法。

4. 进一步熟悉各种分析仪器的测定原理及操作方法。

二、设计要求

1. 在老师的指导下查阅相关文献，了解壳聚糖的来源、性能、制备方法及应用，了解阳离子、阴离子和两性壳聚糖的制备方法及反应机理，并选择一种可行的改性方法作为自己的实验内容。

2. 设计改性壳聚糖的制备方案，包括实验原理、实验步骤、反应条件的确定及产物结构的表征。

3. 设计改性壳聚糖絮凝性能的评价方案，包括絮凝实验步骤、絮凝工艺条件的确定、絮凝性能的评价和絮凝机理的初探。

4. 对实验结果进行处理，得出结论，总结实验的得与失。

5. 完成实验报告。

三、仪器及试剂

1. 仪器

WQF-510 傅里叶变换红外光谱仪、pHS-3C 精密酸度计、QUANTA 200 型扫描电子显微镜、Coulter SA3100 型比表面积分析仪、TAS-986 型原子吸收分光光度计、UV-9200 型紫外-可见分光光度计。

2. 试剂

壳聚糖、3-氯-2-羟丙基三甲基氯化铵、氯乙酸、二硫化碳、氢氧化钠、盐酸、无水乙醇、无水甲醇、异丙醇等。

四、实验方案

根据小组讨论方案，写出详细的实验步骤、仪器操作步骤。特别是涉及有机化学（壳聚糖的化学改性）、分析化学（产品的结构表征及模拟废水浓度的测定）和环境化学（絮凝实验）等多个知识点的学习，要详细地写出。

五、结果和数据处理

按照化工实验的结果和数据处理要求格式表示。

六、思考题

1. 壳聚糖改性及絮凝实验方案如何确定?

2. 产物结构表征方法是什么?

3. 如何对模拟废水浓度进行测定?

4. 对改性壳聚糖絮凝性能进行评价。

实验十二　稻壳燃烧法制备白炭黑

一、实验目的

1. 了解稻壳燃烧法制备白炭黑的实验装置和工艺流程。

2. 学习白度仪的使用。

二、设计要求

1. 在老师的指导下查阅相关文献，了解白炭黑的性质及应用，如白炭黑即 SiO_2 具有许多独特的性能以及制造方法。

2. 以对稻壳完全燃烧后灰分（稻壳是一种农业废弃物，经完全燃烧后，其所含碳元素将以二氧化碳形式释放，灰分中绝大部分是 SiO_2，故成为制备白炭黑较好的原料。其灰分的化学成分如下：SiO_2 90%～95.5%，CaO、MgO 0.5%～2%，Fe_2O_3 0.05%～0.2%，K_2O 1%～3%，Al_2O_3 0.01%～0.4%为原料，设计一系列的方案对稻壳进行一系列的预处理去除微量杂质，再将预处理过的稻壳放置马弗炉中在一定温度下煅烧，即可制得优质白炭黑。

3. 对实验结果进行处理，得出结论，总结实验的得与失。

4. 完成实验报告。

三、仪器及试剂

1. 仪器

电子分析天平1台、回流冷凝管1个、圆底烧瓶1个、玻璃棒1根、电炉1套、研钵1套、40目筛1个、100mL量筒1个、马弗炉1个、洗气瓶1个。

2. 药品

盐酸、蒸馏水、稻壳。

四、实验方案

根据小组讨论方案，写出详细的筛选、水洗、配制稀酸溶液、HCl沸煮、煅烧、测量样品的白度等过程。

五、结果和数据处理

按照化工实验的结果和数据处理要求设计实验记录表格式并记录数据，进行处理，写出详细的计算过程。

六、思考题

1. 工业上生产白炭黑的工艺有几种？各有什么优缺点？

2. 你认为对白炭黑白度的影响因素有哪些？

实验十三　低交联度聚丙烯酸钠的合成

一、实验目的

1. 合成一种具有超高吸水性能的聚丙烯酸钠。

2. 了解反相悬浮聚合的原理和方法。

二、实验原理

1. 在老师的指导下查阅相关文献，了解传统的吸水材料的优缺点，同时掌握近年来新发展的合成超高吸水性能材料的优点、应用前景以及制备方法。

2. 以丙烯酸为原料，通过对该原料进行一系列的中和、聚合、除溶剂、干燥等过程，制备低交联度聚丙烯酸钠。

3. 对实验结果进行处理，得出结论，总结实验的得与失。

4. 完成实验报告。

三、仪器和药品

1. 药品

丙烯酸（>99%）、NaOH、OP乳化剂、正己烷、*N*,*N*-亚甲基双丙烯酰胺、斯盘-60（Span-60）、过硫酸钾、蒸馏水。

2. 仪器

电子天平1台、红外灯1盏、150mL烧杯1个、玻璃棒1根、水浴锅1个、搅拌器1

个、研钵 1 套、100mL 烧杯 1 个、1mL 移液管 1 根、50mL 量筒 3 个、250mL 三口瓶 1 个、20 目筛子 1 个、100mL 容量瓶 1 个。

四、实验方案

根据小组讨论方案，写出详细的配制 NaOH 水溶液的过程、加原料的详细过程、反应以及后处理的详细的实验现象以及处理过程。

五、结果和数据处理

按照化工实验的结果和数据处理要求设计实验记录表格式并记录数据，进行处理，写出详细的计算过程。如氢氧化钠溶液的配制、吸水率的测定等。

六、思考题

1. 配制稀浓度的 NaOH 溶液，为什么要预先配制其饱和溶液然后稀释到所需浓度？
2. 试比较逆悬浮聚合和普通悬浮聚合的异同和各自的特点。
3. 你认为影响最终聚合产物的吸水力的主要因素有哪些？

实验十四 三草酸合铁（Ⅲ）酸钾的合成及组成测定

一、实验目的

1. 强化训练三草酸合铁（Ⅲ）酸钾合成的基本操作。
2. 掌握三草酸合铁（Ⅲ）酸钾组成的测定原理及方法。
3. 掌握化合物化学式的确定的基本原理及方法。

二、设计要求

根据所学知识，查阅有关资料（教科书或参考书等），设计出三草酸合铁（Ⅲ）酸钾的合成方法及组成测定方法，并确定所合成的三草酸合铁（Ⅲ）酸钾产物的化学式。

三、主要仪器及试剂

1. 仪器

循环水真空泵、电热恒温鼓风干燥箱、恒温水浴锅、电子分析天平（0.0001g）、电子秤（0.1g）、电炉、烧杯、酸式滴定管、称量瓶、坩埚、温度计、锥形瓶、表面皿、研钵、抽滤装置等。

2. 试剂

H_2SO_4、$H_2C_2O_4$、$K_2C_2O_4$、H_2O_2、C_2H_5OH、$KMnO_4$、$(NH_4)_2Fe(SO_4)_2 \cdot 6H_2O$、Zn 粉、丙酮、$Na_2C_2O_4$ 等。

四、实验方案

1. 三草酸合铁（Ⅲ）酸钾的合成

2. 组成测定

（1）结晶水含量的测定。

（2）草酸根含量的测定。

（3）铁含量的测定。

（4）钾含量的测定。

3. 化学式的确定

五、结果与数据处理

按照化学实验的结果表示和数据处理一般要求进行。

六、思考题

1. 通过自拟分析方案，你有什么收获？

2. 影响三草酸合铁（Ⅲ）酸钾产量的主要因素有哪些？

3. 如何确定化合物的化学组成？

实验十五　葡萄糖酸锌的制备及质量分析

一、实验目的

1. 了解锌的生物意义及葡萄糖酸锌的制备方法。

2. 熟练掌握蒸发、浓缩、过滤、重结晶、滴定等操作。

3. 掌握葡萄糖酸锌的质量分析方法。

二、设计要求

根据所学知识，查阅有关资料（教科书或参考书等），设计出葡萄糖酸锌的制备方法及质量分析方法，成功制备葡萄糖酸锌产物，并对其质量进行分析。

三、主要仪器及试剂

1. 仪器

电子秤、恒温水浴锅、抽滤装置、酸式滴定管、电炉、蒸发皿、烧杯、量筒、分析天平等。

2. 试剂

葡萄糖酸钙、$ZnSO_4 \cdot 7H_2O$、95%乙醇、NH_3-NH_4Cl 缓冲溶液、EDTA、铬黑 T 等。

四、实验方案

1. 葡萄糖酸锌的制备

2. 质量分析

(1) 锌含量的测定。

(2) 硫酸盐的检查。

五、结果与数据处理

按照化学实验的结果表示和数据处理一般要求进行。

六、思考题

1. 通过自拟分析方案，你有什么收获？

2. 为什么葡萄糖酸钙和硫酸锌的反应必须在 90℃ 的恒温水浴中进行？

3. 可否用 ZnO、$ZnCO_3$、$ZnCl_2$、$Zn(CH_3COO)_2$ 与葡萄糖酸钙反应来制备葡萄糖酸锌？为什么？

4. 葡萄糖酸锌含量测定结果若不符合规定，可能由哪些原因引起？

第六章 化工研究创新性实验

研究创新性实验是培养学生创新思维、创新能力、自我设计能力以及提高综合素质的高层次实验。该实验是以指定题目、自主设计、自主操作、自主探究的方式进行的，是巩固和补充课堂讲授的理论知识的必要环节。一方面，研究创新性实验的宗旨是使学生通过完成这类实验，能接受到一次较全面的、严格的、系统的科研训练，能了解化学工程研究的一般方法，亲身体验科学研究的艰苦性和长期性，使学生真正养成热爱科学的情感。另一方面，研究性实验真正使学生尽早接触科学研究工作，使他们的创新意识、创新精神和创新能力在实践中得到培养与提高。

（一）研究创新性实验的目的与要求

通过化工研究创新性实验使学生初步学会从事化学工程科学探究的一般方法，具有较强对仪器的基本操作技能、收集和处理信息能力、观察能力、实验能力、思维能力和解决实际问题的能力，养成实事求是的科学态度，初步具有勇于探索、不断创新的精神和合作精神，具有利用课本以外的图文资料和其他信息资源进行进一步收集和处理化学工程科学信息的能力。初步形成思维的独特性、新颖性等创造性思维品质和创新思维习惯，能运用所学到的化学工程知识进行评价和解决某些实际问题。

创新性实验题目以学生的自主性、探索性学习为基础，注重培养的是学生独立思考、自主设计、自主操作、自主探究的能力。

通过创新性实验，应该达到下列要求。

（1）具备初步设计化学工程实验的能力。

（2）具备正确处理实验数据的能力、运用所学的理论解决实际问题的能力。

（3）具备分析和综合实验结果以及撰写实验报告的能力。

（4）在实验的全过程中，培养学生勤奋学习、求真、求实的科学品德，培养学生的动手能力、观察能力、查阅文献能力、思维能力、想象能力、表达能力。

（二）研究创新性实验方式

由于创新性实验属于研究性实验，这类实验持续的时间较长，实验内容较多并具有一定的复杂性和综合性，因此以小组为单位进行，每组2～3人，每组实验均由教师负责指导。各小组独立开展工作，但在小组内，学生既有分工（如查阅文献的年代不同、实验研究的条件不同等），又有合作。学生指定题目后，必须经指导教师同意，而后着手查阅资料，研读文献，钻研有关理论。在此基础上，学生先提出实验方案，经与教师讨论后，即可开始实验研究。

（三）考核与研究报告

研究完毕后，要求学生认真分析、处理实验数据，并与教师共同讨论实验结果，最后以科技论文的格式写出综合研究报告。

实验报告评分标准（总分为100分）见表6-1。

表6-1 实验报告评分标准（总分为100分）

项目	成绩/分	项目	成绩/分
实验方案	10	实验态度	5
实验操作	25	安全清洁	5
实验记录	5	实验报告	50

（四）主要仪器设备

仪器设备主要有程序增压快速溶剂萃取仪、超临界流体萃取仪、分子蒸馏仪、制备色谱、超临界流体相平衡仪、超临界水氧化系统、膜分离设备、气升式环流反应器、紫外分光光度计、中草药万能粉碎机、电热鼓风干燥箱、恒温振荡器、电子天平、冰箱、旋转蒸发仪、超声清洗仪、循环水真空泵、微波炉等。

（五）化工研究创新性实验项目举例

1. 真空微波辅助萃取及其在天然产物有效成分分析中的应用
2. 陶瓷膜在饮用水深度处理中的应用研究
3. 陶瓷膜用于润滑油酮苯脱蜡溶剂分离的性能研究
4. 无机-有机复合膜的制备及其在渗透蒸发醇/水分离中的应用
5. 陶瓷膜超滤技术在含油废水处理中的应用
6. 陶瓷膜在菠萝汁加工中的应用
7. 壳聚糖膜材料的改性及其氧/氮分离性能研究
8. 壳聚糖混合膜酶降解的FTIR分析
9. 微波消解-石墨炉原子吸收法测定壳聚糖中的痕量镉
10. 壳聚糖树脂的制备、表征及应用研究
11. 分子蒸馏技术分离提纯大蒜精油的研究
12. 分子蒸馏分离工艺研究及其在物料分离中的应用
13. 超临界 CO_2 萃取和分子蒸馏技术对玫瑰精油提取的研究
14. 超临界二氧化碳介质中纳米颗粒的可控合成
15. 超临界水氧化生活垃圾的实验研究
16. 苯酚的超临界水氧化技术及其分析研究
17. 超临界水氧化高浓度含氮有机废水研究
18. 气升式环流反应器合成制药精细化学品的研究

（六）参考资料

为了帮助学生迅速、准确地搜集到切合所选的设计实验题目的文献资料，下面列出一些常用的书刊、手册以供参考。

1. 专业书

(1) 孙德智，于秀娟，冯玉杰．环境工程中的高级氧化技术［M］．北京：化学工业出

版社，2002.

（2）胡忠硬，金继红，李盛华．现代化学基础［M］．北京：高等教育出版社，2000.

（3）韩布兴，等．超临界流体科学与技术［M］．北京：中国石化出版社，2005.

（4）钱保功，王洛礼，王破瑜．高分子科学技术发展简史［M］．北京：科学出版社，1994.

（5）陆九芳，李总成，包铁竹．分析过程化学［M］．北京：清华大学出版社，1993.

（6）张立德．纳米材料［M］．北京：化学工业出版社，2000.

2. 辞典、全书、手册和图集

（1）《中国大百科全书化学卷》（分两册），中国大百科全书出版社 1989 年出版。

（2）Dictionary of Organic Compounds（有机化合物辞典），第 5 版，J. Buckingham 主编，Chapmanand Hall 1982 年出版。

（3）《化工百科全书》，共 18 卷，化学工业出版社 1990 年出版。全书词目约有半数为物质类词条，从多方面对化学品、系列产品进行阐述。内容包括物理和化学性质、用途和应用技术、生产方法、分析测试等。

（4）Lange's Hand book of Chemistry（兰氏化学手册），J. A. Dean 主编，McGraw-Hill Book Company1985 年出版，第 13 版，也是一本最常用的化学手册。

（5）《分析化学手册》，杭州大学化学系分析化学教研室、成都科技大学化学系近代分析专业教研组、中国原子科学院药物研究所合编，自 1979 年起由化学工业出版社陆续出版。

（6）《现代化学试剂手册》，梁树权、王夔、曹庭礼、张泰、时雨组织编写，自 1987 年起由化学工业出版社陆续出版。全书分通用试剂、化学分析试剂、金属有机试剂、无机离子显色剂、生化试剂、临床试剂、高纯试剂和总索引等分册。

（7）Sadtler Reference Spectra Collection（萨德勒标准光谱集），由美国费城 Sadder Research Laboratories（萨德勒研究实验室）收集、整理和编辑出版。收录范围是红外、紫外、核磁、荧光、拉曼以及气相色谱的保留指数等，是迄今为止在光谱方面篇幅最大的一套综合性图谱集。

（8）CRC Handbook of Chemistry and Physics（CRC 化学和物理手册）是美国化学橡胶公司（Chemical Rubber Co.）出版的一部著名的化学和物理学科的实用工具书。该手册内容丰富，不仅提供了化学和物理方面的重要数据，而且还可以查阅到大量科学研究和实验室工作所需要的知识。

3. 期刊

（1）期刊式检索工具　期刊式检索工具是像期刊一样的定期连续出版物，具有收集文献量大、面广、出版速度快等优点，是手工检索原始文献最重要的工具。有关分析化学的检索期刊列举如下。

① Analytical　Abstracts（英国分析文摘），创刊于 1954 年，月刊，是一部分析化学学科的综合性文摘。

②《分析化学文摘》，创刊于 1960 年，月刊，由中国科学技术信息研究所重庆分所编辑，科学技术文献出版社重庆分社出版。

③ Chemical　Abstracts（美国化学文摘），创刊于 1907 年，现为周刊。摘录范围包括刊物 16000 余种，以及会议录、专利、政府报告、学位论文和图书，是化学工作者检索化学文献最重要、最方便的检索工具。

④《中国化学化工文摘》创刊于1983年，月刊，摘录范围是该库以文摘、简介和题录形式报道我国公开发行的化学化工期刊近1000余种，以及化学化工专利、资料、会议论文、图书等，是检索我国化学化工科技信息、了解和掌握我国化学化工发展现状的主要工具。

（2）分析期刊

①《理化检验》，化学分册，创刊于1965年，双月刊。分成《物理分册》和《化学分册》。由中国机械师学会、理化检验学会及上海材料研究所联合主办。刊载文章侧重黑色、有色金属及其原材料的化学分析与仪器分析等方面的研究成果及新技术、新方法等。

②《色谱》，创刊于1984年，双月刊，中国化学会色谱专业委员会主办，涉及色谱中各个领域的研究论文、简报、综述和应用实例等。

③《分析试验室》，创刊于1982年，双月刊，以无机分析及有色金属分析为主要内容，中国有色金属工业总公司与中国有色金属学会主办。

④《光谱学与光谱分析》，创刊于1981年，双月刊，中国光学学会主办，主要登载研究报告与简报。

⑤《环境化学》，创刊于1982年，双月刊，中国环境科学学会环境化学专业委员会和中国科学院生态环境研究中心主办。

⑥《食品与发酵工业》，创刊于1974年，双月刊，轻工业部食品发酵工业科学研究所、全国食品与发酵工业科技情报站主办。

⑦《高等学校化学学报》，创刊于1964年，现为月刊，教育部主办。

⑧《中草药》，创刊于1970年，月刊，中国药学会和天津药物研究院主办的国家级期刊。

⑨《高校化学工程学报》，创刊于1989年，现为双月刊，浙江大学主办。

⑩《化学反应工程与工艺》，创刊于1985年，季刊，联合化学反应工程研究所和上海石油化工研究院联合主办。

⑪《化工进展》，创刊于1989年，双月刊，中国科学院基础科学局、化学部、文献情报中心和国家自然科学基金委员会化学科学部共同主办。

附　录

附录一　实验安全

学生在进行化学类实验时，经常使用易燃、有毒和腐蚀性试剂。比如，乙醚、乙醇、丙酮和苯等溶剂易于燃烧；甲醇、硝基苯、有机磷化合物、有机锡化合物、氰化物等属有毒药品；氢气、乙炔、金属有机试剂和干燥的苦味酸属易燃易爆气体或药品；氯磺酸、浓硫酸、浓硝酸、浓盐酸、烧碱及溴等属强腐蚀性药品。同时，有机化学实验中常使用的玻璃仪器易碎、易裂，容易引发伤害、燃烧等各种事故。还有电气设备和煤气等，如果使用不当也易引起触电或火灾。因此，进行有机化学实验必须树立安全第一的思想，切忌麻痹大意，充分预习，认真操作，严格遵守实验规则，加强安全管理，树立环保意识，并熟悉实验中用到的药品和仪器的性能，才能有效地避免事故的发生，维护人身和实验室的安全，确保顺利完成实验。为了防止事故发生和在事故发生后及时处理，应了解如下安全知识，并切实遵守。

一、实验时的一般注意事项

1. 实验开始前，必须认真预习，理清实验思路，了解实验中使用的药品的性能和有可能引起的危害及相应的注意事项。还应仔细检查仪器是否有破损，掌握正确安装仪器的要点，并弄清水、电、气的管线开关和标记，保持清醒头脑，避免违规操作。

2. 实验中应仔细观察、认真思考。如实记录，并经常注意反应是否正常，有无碎裂和漏气的情况，及时排除各种事故隐患。

3. 有可能发生危险的实验，应采用防护措施进行操作，如戴防护手套、眼镜、面罩等，有的实验应在通风橱内进行。

4. 常压蒸馏、回流和反应，禁止用密闭体系操作，一定要保持与大气相连通。

5. 易燃、易挥发的溶剂不得在敞口容器中加热，该用水浴加热的不得用直接火加热，加热的玻璃仪器外壁不得有水珠，也不能用厚壁玻璃仪器加热，以免破裂引发火灾。

6. 各种药品需要妥善保管，不得随意遗弃和丢失。对于实验中的废气、废渣、废液，要按环保规定处理，不能随意排放。有机废液应集中收集处理，尽可能回收利用。树立环境保护意识和绿色化学理念。

7. 严禁在实验室中吸烟、喝水和吃食物。

8. 正确使用温度计、玻璃棒和玻璃管，以免玻璃管、玻璃棒折断或破裂而划伤皮肤。

9. 熟悉灭火消防器材的存放位置和正确使用方法。

10. 实验结束后，要仔细关闭好水、电、气及实验室门窗，防止其他意外事故的发生。

二、实验中事故的预防、处理和急救

1. 割伤

造成割伤者，一般有下列几种情况。

(1) 装配仪器时用力过猛或装配不当。

(2) 装配仪器用力处远离连接部位。

(3) 仪器口径不合而勉强连接。

(4) 玻璃折断面未烧圆滑，有棱角。

预防玻璃割伤，要注意以下几点。

(1) 玻璃管（棒）切割后，断面应在火上烧熔以消除棱角。

(2) 注意仪器的配套。

(3) 正确使用操作技术。

如果不慎发生割伤事故，要及时处理，先将伤口处的玻璃碎片取出。若伤口不大，用蒸馏水洗净伤口，再涂上红药水，撒上止血粉用纱布包扎好。伤口较大或割破了主血管，则应用力按住主血管，防止大出血，及时送医院治疗。

2. 着火

预防着火要注意以下几点。

(1) 不能用烧杯或敞口容器盛装易燃物，加热时，应根据实验要求及易燃物的特点选择热源，注意远离明火。

(2) 尽量防止或减少易燃的气体外逸，倾倒时要熄灭火源，而且注意室内通风，及时排出室内的有机物蒸气。

(3) 易燃及易挥发物，不得倒入废液缸内。量大的要专门回收处理；量少的可倒入水槽用水冲走（与水有猛烈反应者除外，金属钠残渣要用乙醇销毁）。

(4) 实验室不准存放大量易燃物。

(5) 防止煤气管、阀漏气。

实验室如果发生了着火事故，应沉着、镇静、及时地采取措施，防止事故扩大。首先，立即熄灭附近所有火源，切断电源，移开未着火的易燃物。然后，根据易燃物的性质和火势设法扑灭。

常用的灭火剂有二氧化碳、四氯化碳和泡沫灭火剂等。干砂和石棉布也是实验室常用的灭火材料。

二氧化碳灭火器是有机化学实验室最常用的灭火器。灭火器内储放压缩的二氧化碳。使用时，一手提灭火器，一手应握在喷二氧化碳喇叭筒的把手上（不能用手握喇叭筒！以免冻伤），打开开关，二氧化碳即可喷出。这种灭火器灭火后的危害小，特别适用于油脂、电器及其他较贵重的仪器着火时灭火。

四氯化碳灭火器和泡沫灭火器，虽然也都具有比较好的灭火性能，但由于存在一些问题，如四氯化碳在高温下能生成剧毒的光气，而且与金属钠接触会发生爆炸，泡沫灭火器喷出大量的硫酸氢钠、氢氧化铝，污染严重，给后处理带来麻烦，因此，除不得已时，最好不用这两种灭火器。

不管用哪一种灭火器，都是从火的周围开始向中心扑灭。

水在大多数场合下不能用来扑灭有机物的着火。因为一般有机物都比水密度小，泼水后，火不但不熄，有机物反而漂浮在水面上继续燃烧，火随水流蔓延。

地面或桌面着火，如火势不大，可用淋湿的抹布来灭火；反应瓶内有机物着火，可用石棉板盖住瓶口，火即熄灭；身上着火时，切勿在实验室内乱跑，应就近卧倒，用石棉布等把着火部位包起来，或在地上滚动以熄灭火焰。

3. 爆炸

实验时，仪器堵塞或装配不当，减压蒸馏使用不耐压的仪器，违章使用易爆物，反应过于猛烈而难以控制，都有可能引起爆炸。为了防止爆炸事故，应注意以下几点。

(1) 常压操作时，切勿在封闭系统内进行加热或反应，在反应进行时，必须经常检查仪器装置的各部分有无堵塞现象。

(2) 减压蒸馏时，不得使用机械强度不大的仪器（如锥形瓶、平底烧瓶、薄壁试管等）。必要时，要戴上防护面罩或防护眼镜。

(3) 使用易燃易爆物（如氢气、乙炔和过氧化物）或遇水易燃烧爆炸的物质（如钠、钾等）时，应特别小心，严格按操作规程办事。

(4) 反应过于猛烈，要根据不同情况采取冷冻和控制加料速度等措施。

(5) 必要时可设置防爆屏。

4. 中毒

化学药品大多具有不同程度的毒性，产生中毒的主要原因是皮肤或呼吸道接触有毒药品所引起的。在实验中，要防止中毒，应切实做到以下几点。

(1) 药品不要沾在皮肤上，尤其是极毒的药品。实验完毕后应立即洗手。称量任何药品都应使用工具，不得用手直接接触。

(2) 使用和处理有毒或腐蚀性物质时，应在通风橱中进行，并戴上防护用具，尽可能避免有机物蒸气在实验室内扩散。

(3) 对沾染过有毒物质的仪器和用具，实验完毕后应立即采取适当方法处理以破坏或消除其毒性。

一般药品溅到手上，通常是用水和乙醇洗去。实验时若有中毒特征，应立即到空气新鲜的地方休息，最好平卧，出现其他较严重的症状，如斑点、头昏、呕吐、瞳孔放大时，应及时送往医院。

5. 灼伤

皮肤接触了高温，如热的物体、火焰、蒸汽，或低温，如固体二氧化碳、液体氮，以及腐蚀性物质，如强酸、强碱、溴等，都会造成灼伤。因此，实验时，要避免皮肤与上述能引起灼伤的物质接触。取用有腐蚀性化学药品时，应戴上橡胶手套和防护眼镜。实验中发生灼伤，要根据不同的灼伤情况分别采取不同的处理措施。

被酸或碱灼伤时，应立即用大量水冲洗。酸灼伤用1%碳酸钠溶液冲洗；碱灼伤则用1%硼酸溶液冲洗。最后再用水冲洗。严重者要消毒灼伤面，并涂上软膏，送医院就医。被溴灼伤时，应立即用2%硫代硫酸钠溶液洗至伤处呈白色，然后用甘油加以按摩。如被灼热的玻璃烫伤，应在患处涂以正红花油，然后擦一些烫伤软膏。除金属钠外的任何药品溅入眼内，都要立即用大量水冲洗。冲洗后，如果眼睛未恢复正常，应马上送医院就医。

6. 实验室常用的急救药品

(1) 医用酒精、红药水、止血粉、龙胆紫、凡士林、玉树油或鞣酸油膏、烫伤膏、硼酸溶液（1%）、碳酸氢钠溶液（1%）、硫代硫酸钠溶液（2%）等。

（2）医用镊子、剪刀、纱布、药棉、绷带等。

7. 汞的安全使用

汞是化学实验室的常用物质，毒性很大，且进入体内不易排出，形成积累性中毒。高汞盐（如 $HgCl_2$）0.1～0.3g 可致人死命，室温下汞的蒸气压为 0.0012mmHg，比安全浓度标准大 100 倍。

安全使用汞的操作规定。

（1）汞不能直接暴露于空气中，其上应加水或其他液体覆盖。

（2）任何剩余量的汞均不能倒入下水槽中。

（3）储汞容器必须是结实的厚壁器皿，且器皿应放在瓷盘上。

（4）装汞的容器应远离热源。

（5）万一汞掉在地上、台面或水槽中，应尽可能用吸管将汞珠收集起来，再用能形成汞齐的金属片（Zn、Cu、Sn 等）在汞溅处多次扫过，最后用硫黄粉覆盖。

（6）实验室要通风良好；手上有伤口，切勿接触汞。

8. 安全用电

实验室常用电为 50Hz/200V 的交流电。人体通过 1mA 的电流，便有发麻或针刺的感觉，10mA 以上人体肌肉会强烈收缩，25mA 以上则呼吸困难，就有生命危险；直流电对人体也有类似的危险。

为防止触电，应做到以下几点。

（1）修理或安装电器时，应先切断电源。

（2）使用电器时，手要干燥。

（3）电源裸露部分应有绝缘装置，电器外壳应接地线。

（4）不能用试电笔去试高压电。

（5）不应用双手同时触及电器，防止触时电流通过心脏。

（6）一旦有人触电，应首先切断电源，然后抢救。

9. 仪器设备的安全用电

一切仪器应按说明书装接适当的电源，需要接地的一定要接地；若是直流电器，应注意电源的正负极，不要接错；若电源为三相，则三相电源的中性点要接地，这样万一触电时可降低接触电压；接三相电动机时要注意正转方向是否符合，否则，要切断电源，对调相线；接线时应注意接头要牢，并根据电器的额定电流选用适当的连接导线；接好电路后应仔细检查无误后，方可通电使用；仪器发生故障时应及时切断电源。

10. 使用高压容器的安全防护

化学实验常用到高压储气钢瓶和一般受压的玻璃仪器，使用不当，会导致爆炸，需掌握有关常识和操作规程。

（1）气体钢瓶的识别（颜色相同的要看气体名称）　氧气瓶为天蓝色；氢气瓶为深绿色；氮气瓶为黑色；纯氩气瓶为灰色；氦气瓶为棕色；压缩空气瓶为黑色；氨气瓶为黄色；二氧化碳气瓶为黑色。

（2）高压气瓶的安全使用　气瓶应专瓶专用，不能随意改装；气瓶应存放在阴凉、干燥、远离热源的地方，易燃气体气瓶与明火距离不小于 5m；氢气瓶最好隔离；气瓶搬运要轻要稳，放置要牢靠；各种气压表一般不得混用；氧气瓶严禁油污，注意手、扳手或衣服上的油污；气瓶内气体不可用尽，以防倒灌；开启气门时应站在气压表的一侧，不准将头或身体对准气瓶总阀，以防万一阀门或气压表冲出伤人。

11. 使用辐射源仪器的安全防护

化学实验室的辐射，主要是指 X 射线，长期反复接受 X 射线照射，会导致疲倦、记忆力减退、头痛、白细胞降低等。防护的方法就是避免身体各部位（尤其是头部）直接受到 X 射线照射，操作时需要屏蔽和缩时，屏蔽物常用铅、铅玻璃等。

12. 说明

本次介绍仅是一般常识，进入实验室后，应严格遵守实验室守则；结束实验离开时，要仔细检查电源、气源、水喉和门窗是否关好。

附录二 常用正交设计表

（1）$L_4(2^3)$

列号 实验号	1	2	3
1	1	1	1
2	1	2	2
3	2	1	2
4	2	2	1

（2）$L_8(2^7)$

列号 实验号	1	2	3	4	5	6	7
1	1	1	1	1	1	1	1
2	1	1	1	2	2	2	2
3	1	2	2	1	1	2	2
4	1	2	2	2	2	1	1
5	2	1	2	1	2	1	2
6	2	1	2	2	1	2	1
7	2	2	1	1	2	2	1
8	2	2	1	2	1	1	2

（3）$L_{12}(2^{11})$

列号 实验号	1	2	3	4	5	6	7	8	9	10	11
1	1	1	1	1	1	1	1	1	1	1	1
2	1	1	1	1	1	2	2	2	2	2	2
3	1	1	2	2	2	1	1	1	2	2	2

续表

列号 实验号	1	2	3	4	5	6	7	8	9	10	11
4	1	2	1	2	2	1	2	2	1	1	2
5	1	2	2	1	2	2	1	2	1	2	1
6	1	2	2	2	1	2	2	1	2	1	1
7	2	1	2	2	1	1	2	2	1	2	1
8	2	1	2	1	2	2	2	1	1	1	2
9	2	1	1	2	2	2	1	2	2	1	1
10	2	2	2	1	1	1	1	2	2	1	2
11	2	2	1	2	1	2	1	1	1	2	2
12	2	2	1	1	2	1	2	1	2	2	1

(4) $L_9(3^4)$

列号 实验号	1	2	3	4
1	1	1	1	1
2	1	2	2	2
3	1	3	3	3
4	2	1	2	3
5	2	2	3	1
6	2	3	1	2
7	3	1	3	2
8	3	2	1	3
9	3	3	2	1

(5) $L_{16}(4^5)$

列号 实验号	1	2	3	4	5
1	1	1	1	1	1
2	1	2	2	2	2
3	1	3	3	3	3
4	1	4	4	4	4
5	2	1	2	3	4
6	2	2	1	4	3
7	2	3	4	1	2
8	2	4	3	2	1
9	3	1	3	4	2
10	3	2	4	3	1

续表

列号 实验号	1	2	3	4	5
11	3	3	1	2	4
12	3	4	2	1	3
13	4	1	4	2	3
14	4	2	3	1	4
15	4	3	2	4	1
16	4	4	1	3	

（6）$L_{25}(5^6)$

列号 实验号	1	2	3	4	5	6
1	1	1	1	1	1	1
2	1	2	2	2	2	2
3	1	3	3	3	3	3
4	1	4	4	4	4	4
5	1	5	5	5	5	5
6	2	1	2	3	4	5
7	2	2	3	4	5	1
8	2	3	4	5	1	2
9	2	4	5	1	2	3
10	2	5	1	2	3	4
11	3	1	3	5	2	4
12	3	2	4	1	3	5
13	3	3	5	2	4	1
14	3	4	1	3	5	2
15	3	5	2	4	1	3
16	4	1	4	2	5	3
17	4	2	5	3	1	4
18	4	3	1	4	2	5
19	4	4	2	5	3	1
20	4	5	3	1	4	2
21	5	1	5	4	3	2
22	5	2	1	5	4	3
23	5	3	2	1	5	4
24	5	4	3	2	1	5
25	5	5	4	3	2	1

(7) $L_8(4\times2^4)$

列号 实验号	1	2	3	4	5
1	1	1	1	1	1
2	1	2	2	2	2
3	2	1	1	2	2
4	2	2	2	1	1
5	3	1	2	1	2
6	3	2	1	2	1
7	4	1	2	2	1
8	4	2	1	1	2

(8) $L_{12}(3\times2^4)$

列号 实验号	1	2	3	4	5
1	1	1	1	1	1
2	1	1	1	2	2
3	1	2	2	1	2
4	1	2	2	2	1
5	2	1	2	1	1
6	2	1	2	2	2
7	2	2	1	2	2
8	2	2	1	2	2
9	3	1	2	1	2
10	3	1	1	2	1
11	3	2	1	1	2
12	3	2	2	2	1

(9) $L_{16}(4^4\times2^3)$

列号 实验号	1	2	3	4	5	6	7
1	1	1	1	1	1	1	1
2	1	2	2	2	1	2	2
3	1	3	3	3	2	1	2
4	1	4	4	4	2	2	1
5	2	1	2	3	2	2	1
6	2	2	1	4	2	1	2
7	2	3	4	1	1	2	2

续表

列号 实验号	1	2	3	4	5	6	7
8	2	4	3	2	1	1	1
9	3	1	3	4	1	2	2
10	3	2	4	3	1	1	1
11	3	3	1	2	2	2	1
12	3	4	2	1	2	1	2
13	4	1	4	2	2	1	2
14	4	2	3	1	2	2	1
15	4	3	2	4	1	1	1
16	4	4	1	3	1	2	2

附录三　相关系数检验表

a r $n-2$	0.05	0.01	a r $n-2$	0.05	0.01
1	0.997	1.000	20	0.423	0.537
2	0.950	0.990	21	0.413	0.526
3	0.878	0.959	22	0.404	0.515
4	0.811	0.917	23	0.396	0.505
5	0.754	0.874	24	0.388	0.496
6	0.707	0.834	25	0.381	0.487
7	0.666	0.798	26	0.374	0.478
8	0.632	0.765	28	0.361	0.463
9	0.602	0.735	30	0.349	0.449
10	0.576	0.708	35	0.325	0.418
11	0.553	0.684	40	0.304	0.393
12	0.532	0.661	45	0.288	0.372
13	0.514	0.641	50	0.273	0.354
14	0.497	0.623	65	0.250	0.325
15	0.482	0.606	70	0.232	0.302
16	0.468	0.590	80	0.217	0.283
17	0.456	0.575	90	0.205	0.267
18	0.444	0.561	100	0.195	0.254
19	0.433	0.549	200	0.138	0.181

附录四　国际相对原子质量表

[以相对原子质量 Ar (^{12}C) =12 为标准]

原子序数	名称	元素符号	相对原子质量	原子序数	名称	元素符号	相对原子质量	原子序数	名称	元素符号	相对原子质量
1	氢	H	1.0079	38	锶	Sr	87.62	75	铼	Re	186.207
2	氦	He	4.002602	39	钇	Y	88.9059	76	锇	Os	190.2
3	锂	Li	6.941	40	锆	Zr	91.224	77	铱	Ir	192.22
4	铍	Be	9.01218	41	铌	Nb	92.9064	78	铂	Pt	195.08
5	硼	B	10.811	42	钼	Mo	95.94	79	金	Au	196.9665
6	碳	C	12.011	43	锝	Tc	(98)*	80	汞	Hg	200.59
7	氮	N	14.0067	44	钌	Ru	101.07	81	铊	Tl	204.383
8	氧	O	15.9994	45	铑	Rh	102.9055	82	铅	Pb	207.2
9	氟	F	18.998403	46	钯	Pd	106.42	83	铋	Bi	208.9804
10	氖	Ne	20.179	47	银	Ag	107.868	84	钋	Po	(209)
11	钠	Na	22.98977	48	镉	Cd	112.41	85	砹	At	(210)
12	镁	Mg	24.305	49	铟	In	114.82	86	氡	Rn	(222)
13	铝	Al	26.98154	50	锡	Sn	118.710	87	钫	Fr	(223)
14	硅	Si	28.0855	51	锑	Sb	121.75	88	镭	Re	226.0254
15	磷	P	30.97376	52	碲	Te	127.60	89	锕	Ac	227.0278
16	硫	S	32.066	53	碘	I	126.9045	90	钍	Th	232.0381
17	氯	Cl	35.453	54	氙	Xe	131.29	91	镤	Pa	231.0359
18	氩	Ar	39.948	55	铯	Cs	132.9054	92	铀	U	238.0289
19	钾	K	39.0983	56	钡	Ba	137.33	93	镎	Np	237.0482
20	钙	Ca	40.078	57	镧	La	138.9055	94	钚	Pu	(244)
21	钪	Sc	44.95591	58	铈	Ce	140.12	95	镅	Am	(243)
22	钛	Ti	47.88	59	镨	Pr	140.9077	96	锔	Cm	(247)
23	钒	V	50.9415	60	钕	Nd	144.24	97	锫	Bk	(247)
24	铬	Cr	51.9961	61	钷	Pm	(145)	98	锎	Cf	(251)
25	锰	Mn	54.9380	62	钐	Sm	150.36	99	锿	Es	(252)
26	铁	Fe	55.847	63	铕	Eu	151.96	100	镄	Fm	(257)
27	钴	Co	58.9332	64	钆	Gd	157.25	101	钔	Md	(258)
28	镍	Ni	58.69	65	铽	Tb	158.9254	102	锘	No	(259)
29	铜	Cu	63.546	66	镝	Dy	162.50	103	铹	Lr	(262)
30	锌	Zn	65.39	67	钬	Ho	164.9304	104	𬬻	Rf	(261)
31	镓	Ga	69.723	68	铒	Er	167.26	105	𬭊	Db	(262)
32	锗	Ge	72.59	69	铥	Tm	168.9342	106	𬭳	Sg	(263)
33	砷	As	74.9216	70	镱	Yb	173.04	107	𬭛	Bh	(262)
34	硒	Se	78.96	71	镥	Lu	174.967	108	𬭶	Hs	(265)
35	溴	Br	79.904	72	铪	Hf	178.49	109	鿏	Mt	(266)
36	氪	Kr	83.80	73	钽	Ta	180.9479				
37	铷	Rb	85.4678	74	钨	W	183.85				

注：括号中的数值是该放射性元素已知的半衰期最长的同位素的原子质量数。

附录五　希腊字母英文对照及读音

α	A	alpha	/alpha/	阿尔法
β	B	beta	/be：ta/	贝塔
γ	Γ	gamma	/gam：a/	伽马
δ	Δ	delta	/de：lta/	德耳塔
ε	E	epsilon	/epsilo：n/	艾普西隆
ζ	Z	zeta	/ze：ta/	截塔
η	H	eta	/e：ta/	艾塔
θ	Θ	theta	/the：ta/	西塔
ι	I	iota	/jo：ta，io：ta/	约塔
κ	K	kappa	/kap：a/	卡帕
λ	Λ	lambda	/lambda/	兰姆达
μ	M	my	/my：/	米尤
ν	N	ny	/ny：/	纽
ξ	Ξ	xi	/ksi：/	克西
ο	O	omicron	/omikro：n/	奥密克戎
π	Π	pi	/pi：/	派
ρ	P	rho	/rho：/	洛
σ	Σ	sigma	/sigma/	西格马
τ	T	tau	/tau/	陶
υ	Υ	ypsilon	/y：psilo：n/	宇普西隆
ϕ	Φ	phi	/phi：/	斐
χ	X	chi	/khi：/	喜
ψ	Ψ	psi	/psi：/	普西
ω	Ω	omega	/o：me：ga/	奥米伽

附录六　常用仪器

1102 气相色谱工作站操作说明

一、开机进入工作站

点击桌面开始菜单，拉出如图所示程序菜单，点击 N2000 色谱工作站下的串口设置图标，设置串口。然后再点击在线色谱工作站，即可进入工作站（图 1～图 4）。

二、打开通道，编辑实验信息

根据您的需要，输入相应的实验标题、实验者、实验单位、实验简介，另外，工作站还自动给出实验时间和实验方法（图 5）。

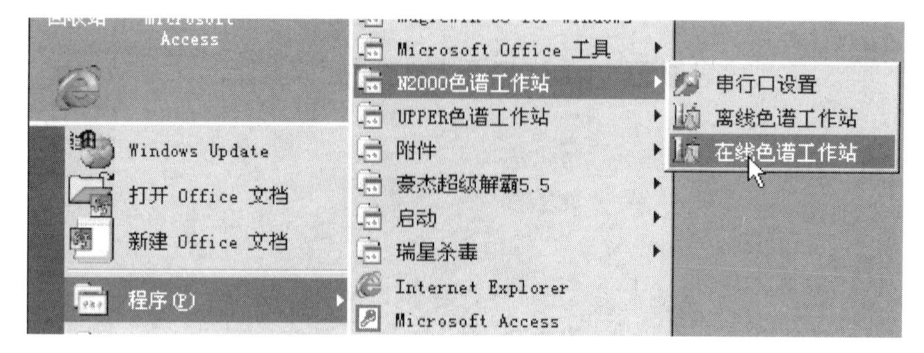
Access
Microsoft Office 工具
N2000色谱工作站
UPPER色谱工作站
附件
豪杰超级解霸5.5
启动
瑞星杀毒
Internet Explorer
Microsoft Access
Windows Update
打开 Office 文档
新建 Office 文档
程序(P)
串行口设置
离线色谱工作站
在线色谱工作站

图 1

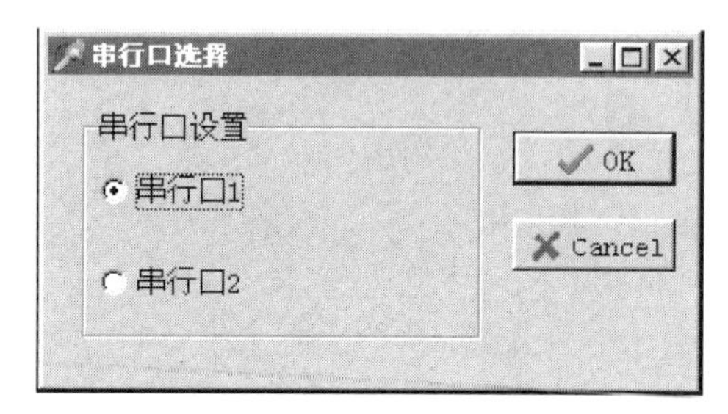
串行口选择
串行口设置
串行口1
串行口2
OK
Cancel

图 2

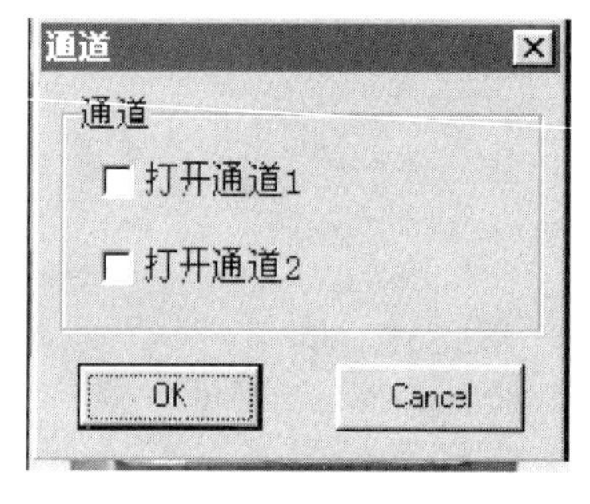
通道
通道
打开通道1
打开通道2
OK
Cancel

图 3

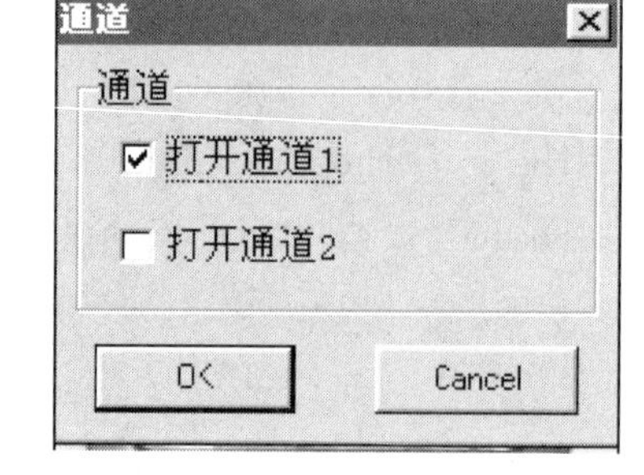
通道
通道
打开通道1
打开通道2
OK
Cancel

图 4

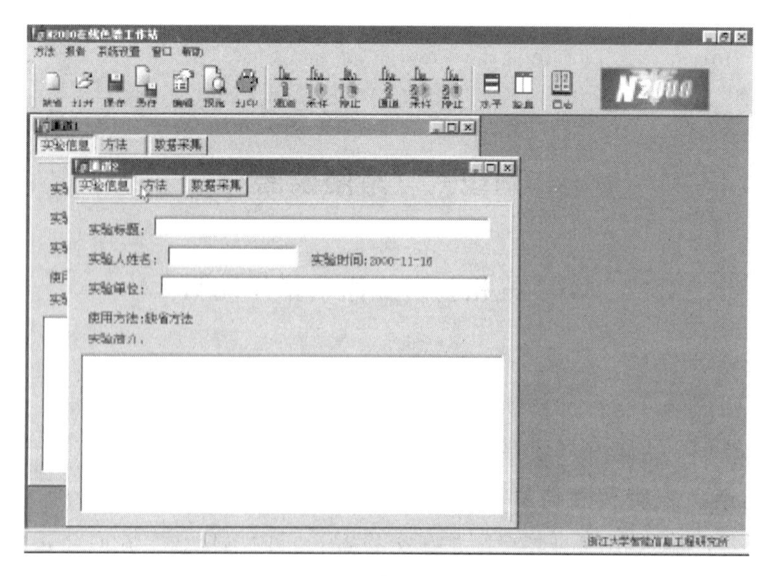
实验信息
方法
数据采集
实验标题:
实验人姓名:
实验时间:2000-11-16
实验单位:
使用方法:缺省方法

图 5

三、编辑方法

(1) 编辑实验方法。点击方法，依次设置采样控制、积分、组分表、谱图显示等。如果用户是第一次使用，可以根据自己的实际情况，结合工作站给出的缺省方法进行修改，然后另存为一个方法文件（.mdy）。具体操作如图 6～图 8 所示。

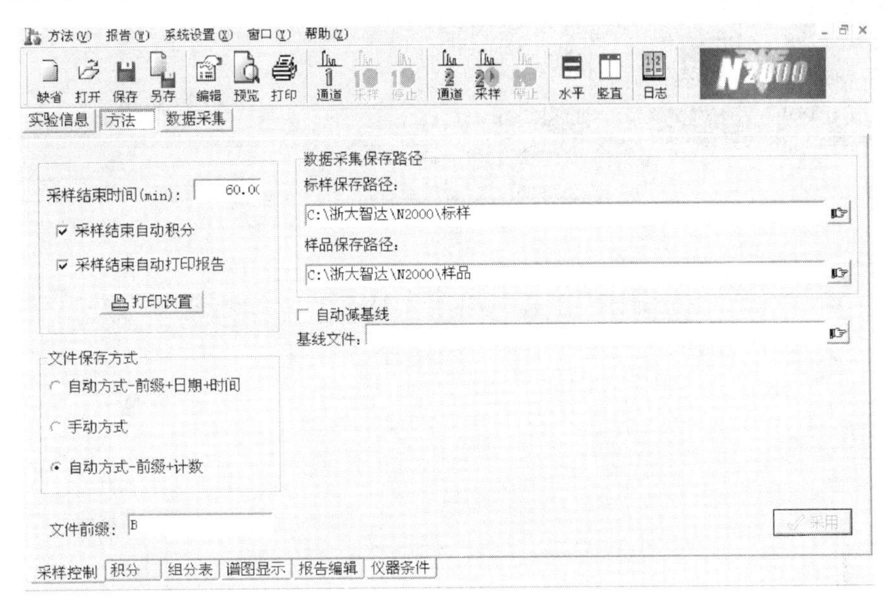

图 6

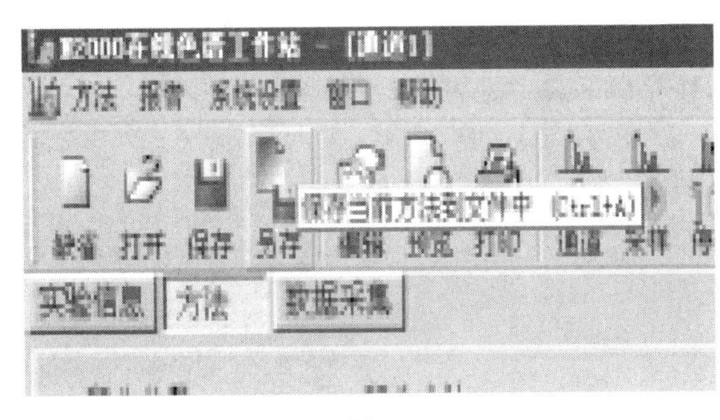

图 7

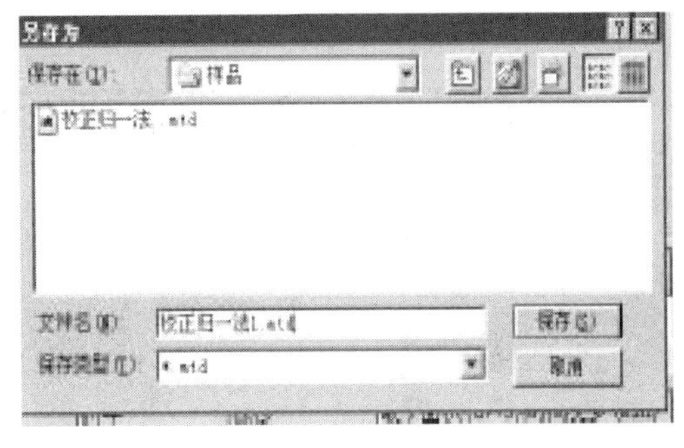

图 8

(2) 打开已有方法。主菜单包括方法、报告、系统设置、窗口及帮助四个菜单选项。

方法菜单主要用于对进样操作方法进行选择。

拉开方法菜单，可以看到缺省、打开、保存、另存四个菜单选项。打开选项用于打开已经存在的操作方法，其热键为 Ctrl＋O。点此项将看到如图 9 所示的对话框。

四、采集数据

(1) 采样。点击数据采集，查看基线，看看基线是否走平稳。若基线已平稳，将试样注入色谱仪，鼠标单击右上角的相应通道的采样按钮，谱图窗内画出色谱图，如图 10 所示。

(2) 当用户设置的停止时间到了，或在用户单击停止采集时，工作站就自动将谱图及实验信息保存在依照用户设置的文件保存方式而生成的 ORG 文件和相应的 DAT 数据文件里，并弹出一个对话窗口提示用户。当用户不需要保存谱图时，只要单击放弃采集就可以了。

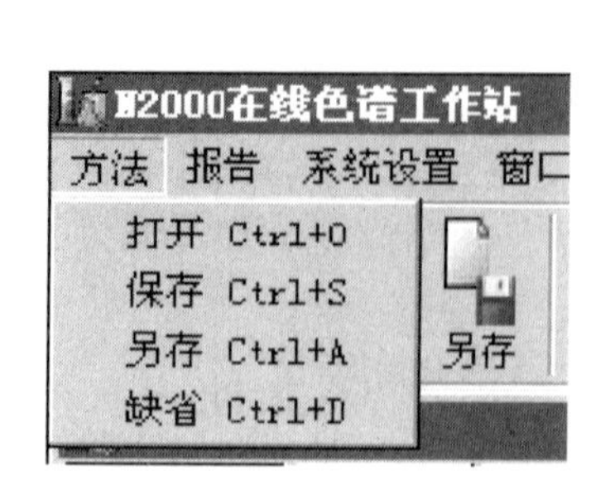

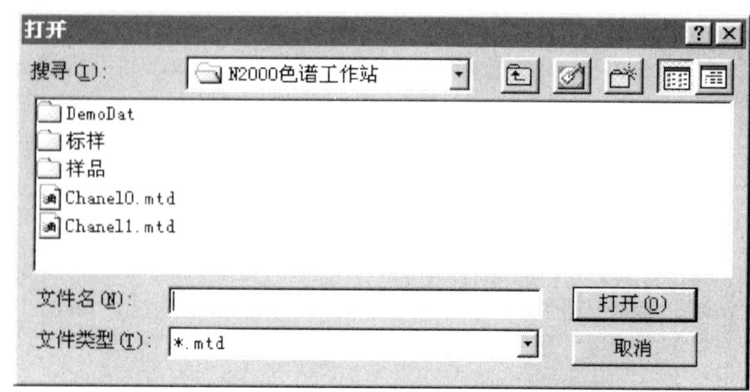

图 9

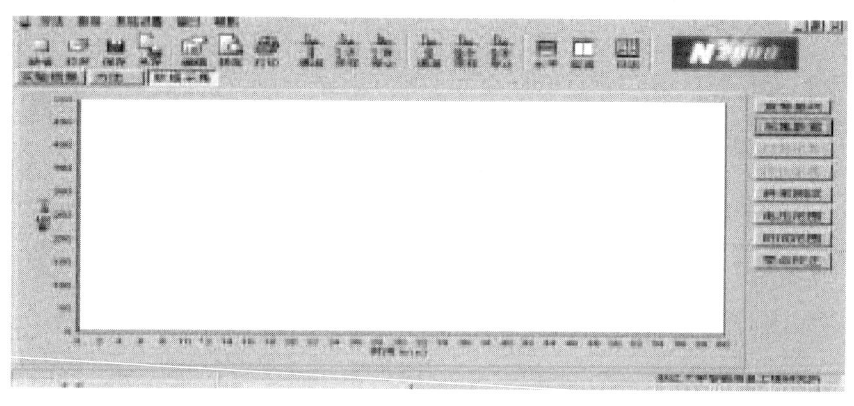

图 10

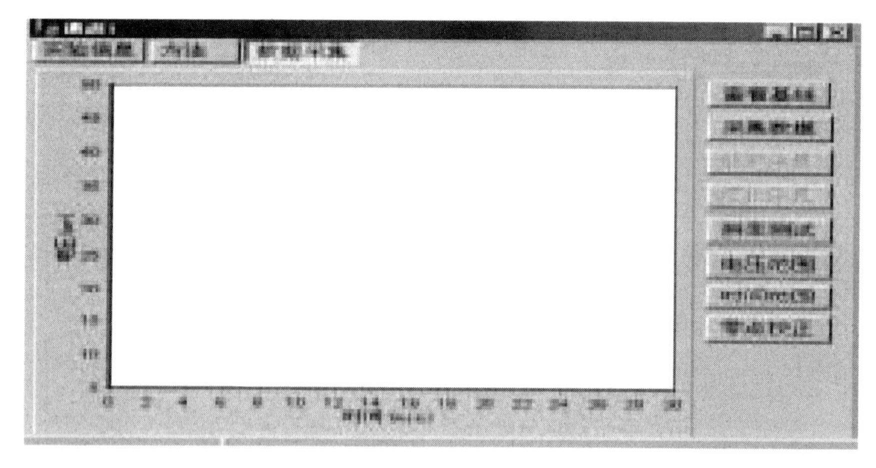

图 11

(3) 用户看到的谱图监视窗口右边还有电压范围、时间范围等按钮，如图 11 所示。这是为了方便用户将谱图看得更清楚一些，需要哪一个功能，只要单击相应按钮并输入相应数值即可。

五、报告菜单

用于实验报告进行编辑和修改等操作。拉开此菜单项可以看到编辑、预览、打印三个菜单选项，如图 12 所示。

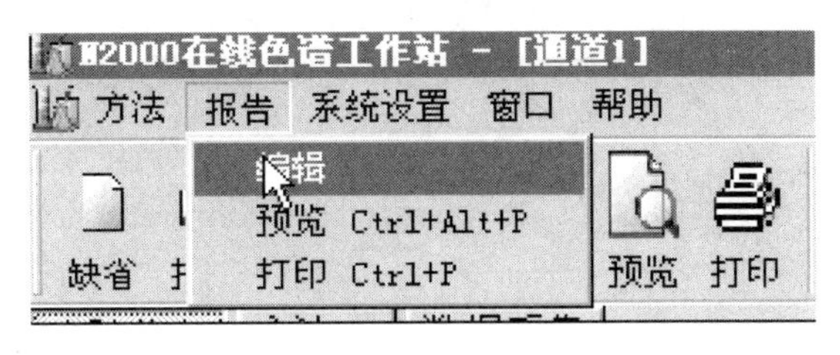

图 12

编辑选项用于对实验报告进行编辑。

（1）点击报告编辑，选择报告内容一项，在这里需要打印积分表、积分结果表、组分表、积分方法、仪器信息及系统评价，结果单位为%，因此选择这些所要的项目，如图 13 所示。

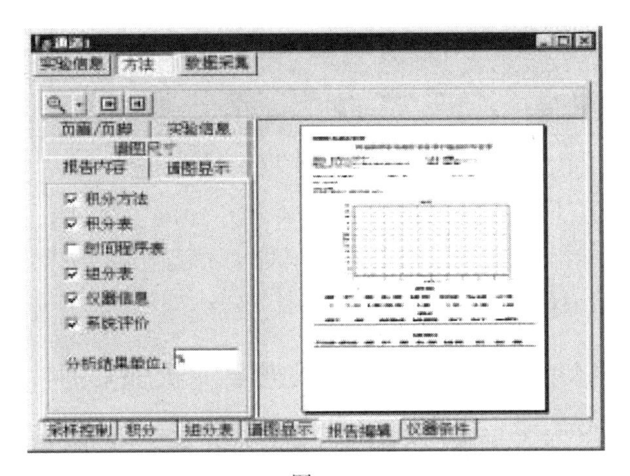

图 13

（2）选择所需的实验信息。点击实验信息，希望打印实验单位、时间、日期、简介及实验人姓名，因此选择这些项目，如图 14 所示。

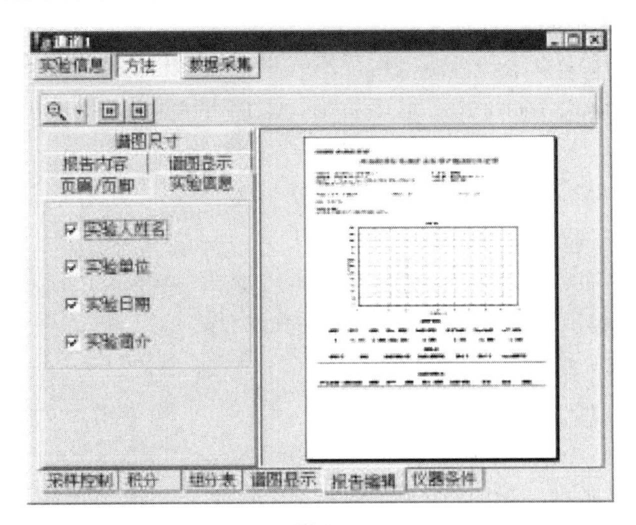

图 14

（3）谱图显示。点击谱图显示，希望打印时谱图显示保留时间、基线显示，选择这两项，如图 15 所示。

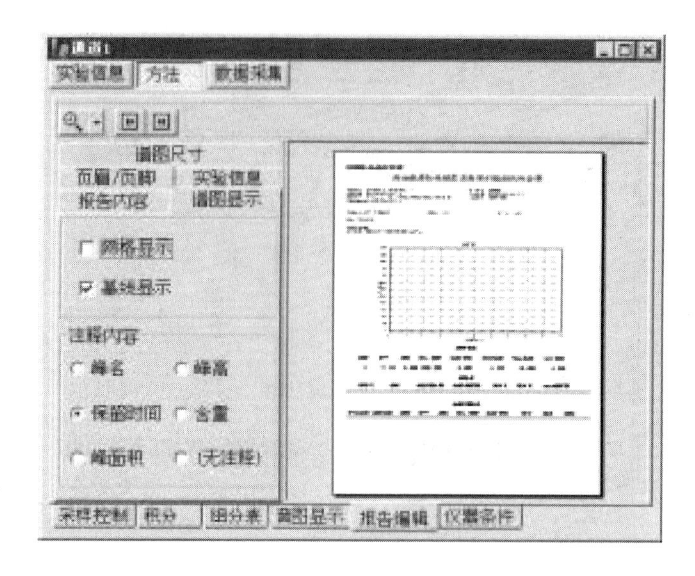

图 15

预览选项主要用于对编辑或修改好的实验报告进行预浏览，其热键为 Ctrl+Alt+P。

打印选项用于实验报告的打印输出，其热键为 Ctrl+P。

TAS-986 原子吸收分光光度计（火焰）的使用

启动 AAWin 软件，将会看到一个标题画面，如果通信线路畅通的话，标题画面会很快消失。如果通信线路没有接通，则经过几秒钟，系统会弹出信息，提示查看线路，当认定连接线路无误后，单击“重试”按钮，标题画面会很快消失，表示已经与仪器连接。也可以单击“取消”按钮，则会脱机进入系统。

1. 选择运行模式

当软件与仪器连接成功后，将弹出运行模式选择对话框，可以在“选择运行模式”下拉框中选择软件的运行模式。如果需要退出系统，可单击“退出”按钮，如图 1 所示。

可供选择的模式有以下两个。

(1) 联机。当需要联机运行时，可选择“联机”，此时单击“确定”按钮，系统立刻会转到初始化状态，将仪器的所有参数进行初始化。

(2) 脱机。如果需要脱机进入系统，可选择“脱机”，单击“确定”按钮，系统便会以脱机的形式进入，在脱机状态下，无法对仪器进行操作。

2. 初始化

若选择了联机运行模式，系统将对仪器进行初始化。初始化主要是对氘灯电机、元素灯电机、原子化器电机、燃烧头电机、光谱带宽电机以及波长电机进行初始化。初始化成功的项目将标记为“√”，否则标记为“×”。如果有一项失败，系统则认为初始化的整个过程失败，会在初始化完成后提示是否继续，回答“是”则继续往下进行，回答“否”则退出系统。注意，此提示只在选择联机时才会出现，当使用菜单【应用】/【初始化】功能时，此提示将不会出现，如图 2 所示。

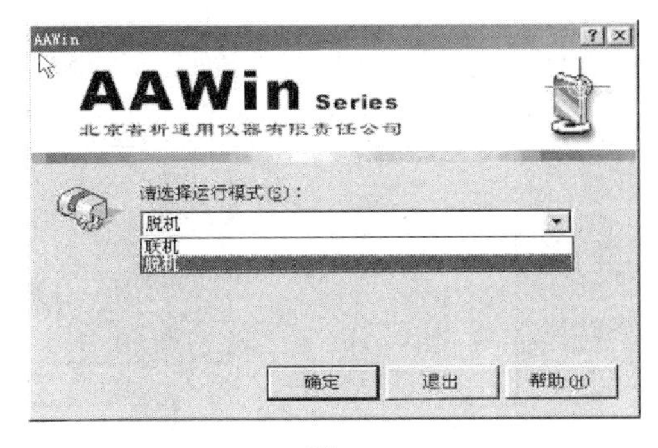

图 1

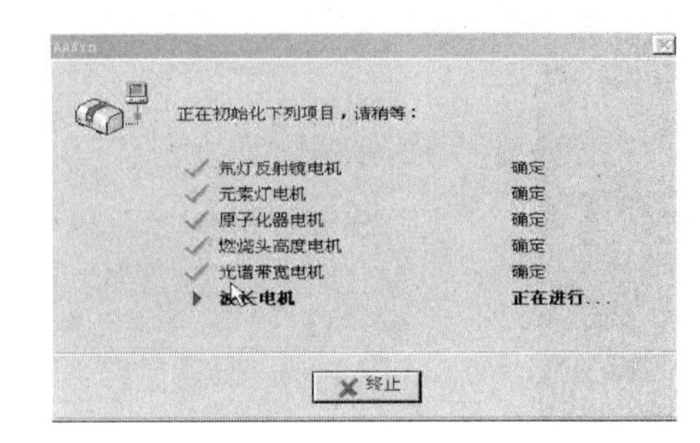

图 2

3. 元素灯的设置

按说明书装上元素灯，在对应位置选择对应符号，点击图 4 的 3 号，便出现图 3 对话框，选择元素铜。

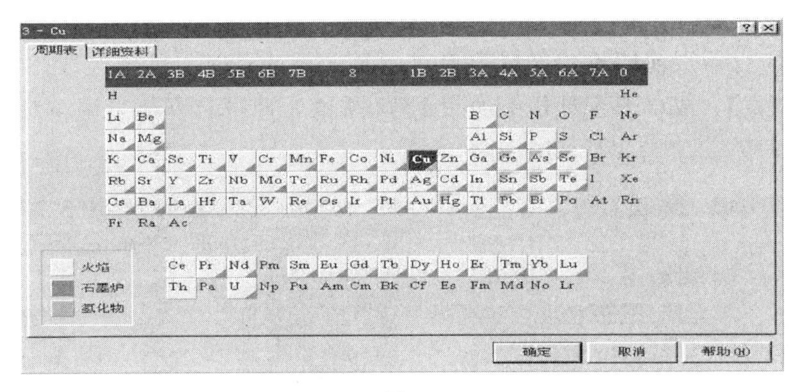

图 3

4. 选择工作灯及预热灯

图面上是选择铜为元素灯，铅作为预热灯（即测完铜后，点击“交换”就可测铅），如图 4 所示。点击下一步，出现下面对话框，如图 5 所示。要对燃烧器高度、燃烧器位置选择好，直到光斑位置在狭缝中心为止。

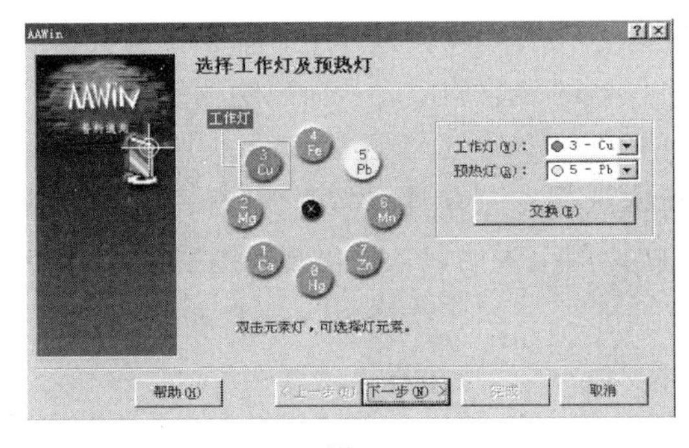

图 4

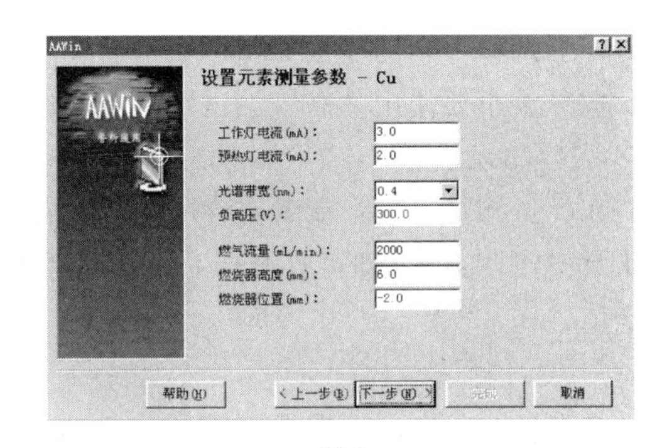

图 5

再下一步，如图 6 所示。

再点击“寻峰”，如图 7 所示。

点击“下一步”，再点击“完成”，即完成元素灯的设置。

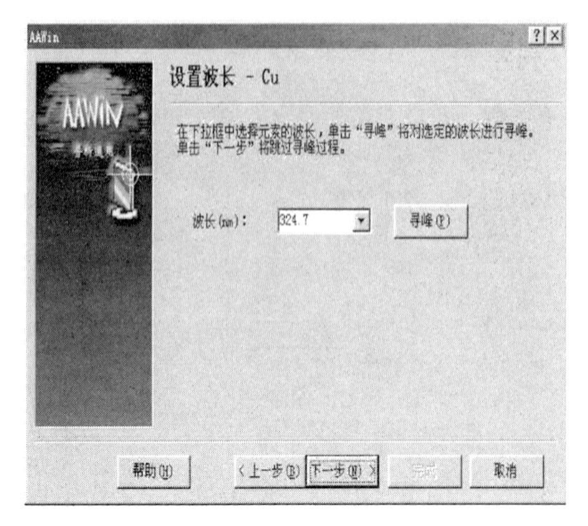

图 6

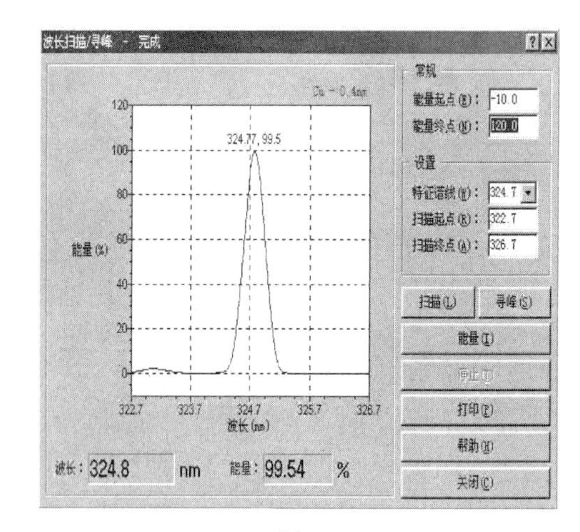

图 7

5. 能量调试

当需要查看仪器当前能量状态或需要对能量进行调整时，可依次选择主菜单的【应用】/【能量调试】，或单击工具栏上的“ ”按钮，即可打开能量调整对话框，如图 8 所示。

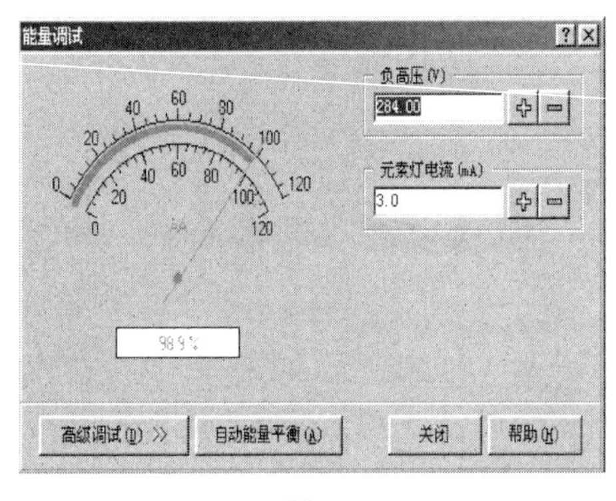

图 8

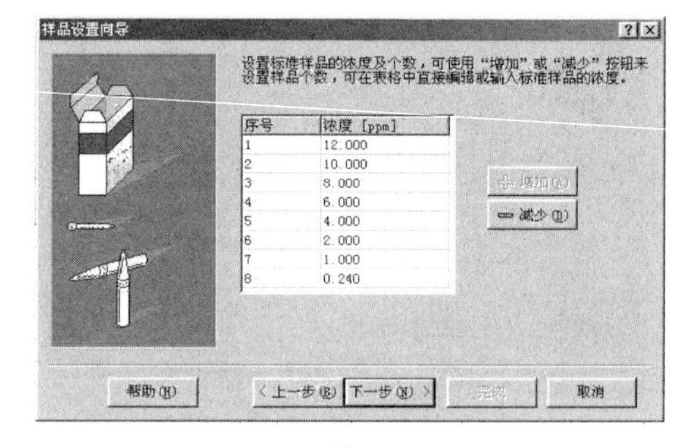

图 9

一般选择“自动能量平衡”平衡后关闭（注意：在实际测量过程中，如果没有特殊的情况，应尽量不要使用“高级调试”功能，以免将仪器的参数调乱，从而影响测量）。

6. 样品设置

在准备测量之前，需要对样品进行设置。依次选择主菜单【设置】/【样品设置】或单击工具按钮“ ”，即可打开样品设置对话框。按照图上说明，依次出现如图 9～图 11 所示对话框。

7. 设置测量参数

在准备测量之前，需要对测量参数进行设置。依次选择主菜单【设置】/【测量参数】或单击工具按钮“ ”，即可打开测量参数设置对话框。一切要求按照图上的文字说明进行操作，如图 12 所示。点击“显示”，如图 13 所示。

点击“信号处理”，如图 14 所示。

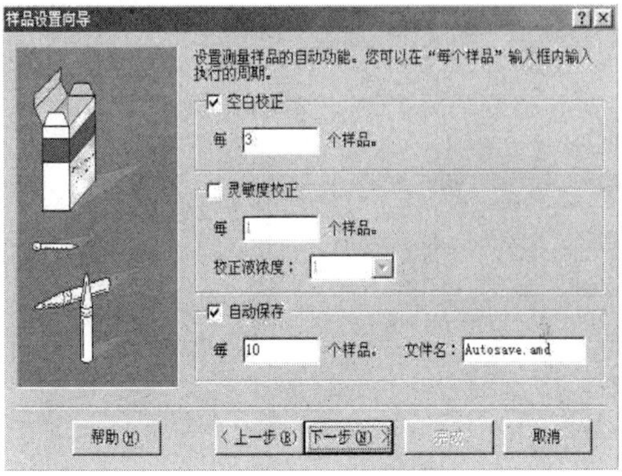

图 10

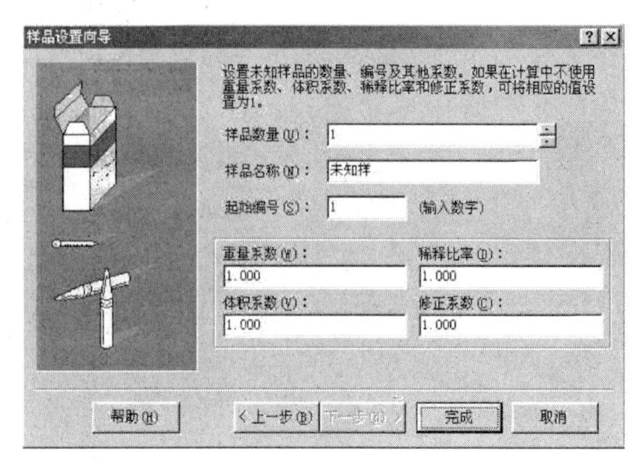

图 11

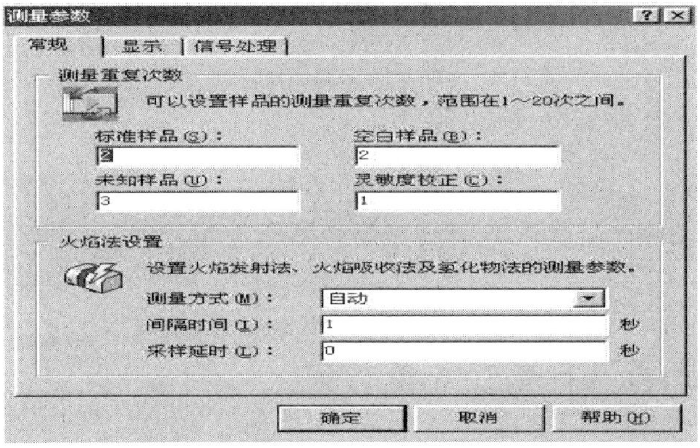

图 12

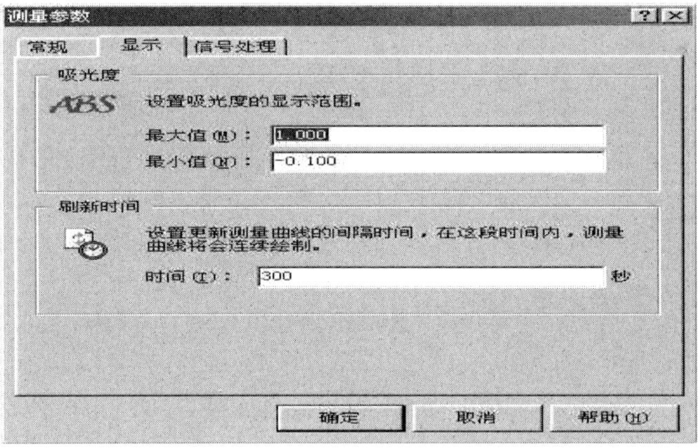

图 13

8. 开空压机

先开“风机开关”，再开“工作机开关”，调节“调压阀”，直到压力达到自己需要的为止（一般在 0.2～0.3MPa 之间）。

9. 开乙炔罐

达到 0.05MPa 即可。

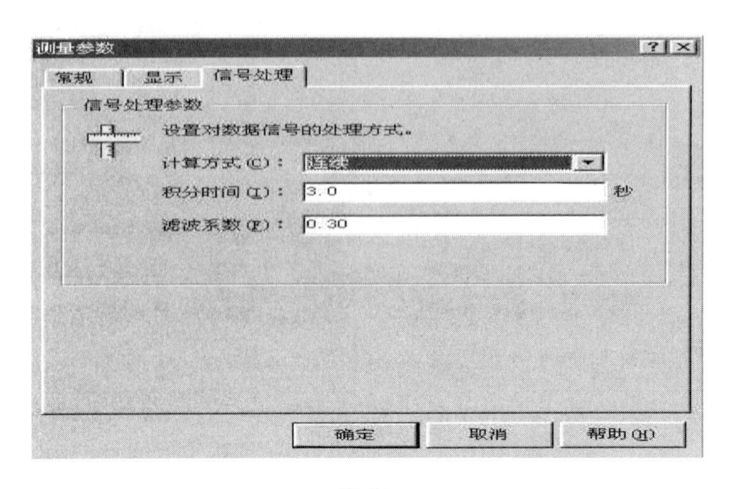

图 14

10．点火

在进入测量前，应认真检查气路以及水封。当确认无误后，可依次选择主菜单【应用】/【点火】或单击工具按钮“ ”，即可将火焰点燃。如果认为火焰过大、过小或火焰不在合理的位置，可使用燃烧器参数设置将燃烧器条件调整到最佳状态即可。

11．测量

调好火焰后，这时，便可以依次选择主菜单【测量】/【开始】，也可以单击工具按钮“ ”或按 F5 键，即可打开测量窗口，如图 15 所示。

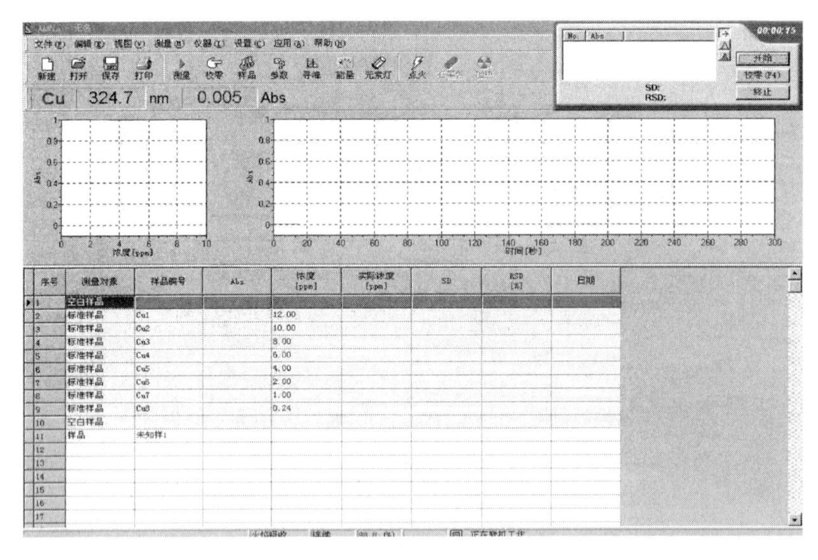

图 15

开始测量时，吸喷在空白样时，要“校零”，待稳定后，点击“开始”；在测量标准样品时，要从浓度高的开始，即按由大到小的顺序吸喷。

在测量过程中，测量窗口中将会显示总的测量时间，还可以在每次采样之间喷入空白样品，单击“校零”按钮对仪器进行校零。如果需要终止测量，可单击“终止”按钮。

在标样测量过程中，系统会将每个测量完的标样绘制在校正曲线谱图中，并在所有标样测量完成后，将校正曲线绘制在校正曲线谱图中。

开始测量时，吸喷在空白样时，要“校零”，待稳定后，点击“开始”；在测量标准样品时，要从浓度高的开始，即按由大到小的顺序吸喷。

在测量过程中，测量窗口中将会显示总的测量时间，还可以在每次采样之间喷入空白样品，单击“校零”按钮对仪器进行校零。如果需要终止测量，可单击“终止”按钮。

在标样测量过程中，系统会将每个测量完的标样绘制在校正曲线谱图中，并在所有标样测量完成后，将校正曲线绘制在校正曲线谱图中。

接下来，可以对未知样品进行测量，测量结果同样会被自动填充到测量表格中。当完成了全部样品的测量，可以将测量窗口关闭。如果需要将测量结果保存为文件，可依次选择主菜单【文件】/【保存】或单击工具按钮“ ”即可。

12. 重新测量

重新测量功能是对已经测量过的样品进行重新测量，也就是对最终结果进行重新测量。当完成了全部样品测量时，发现有的测量结果不符合要求，可使用鼠标在测量表格中选中此样品，然后依次选择主菜单“测量”和“重新测量”或用鼠标右键单击测量表格，并在弹出菜单中选择“重新测量”，即可对此样品进行重新测量。在测量结束后，如果最终结果还是不能满足要求，可以不用关闭测量窗口，然后继续按“开始”按钮，即可再次对此样品进行重新测量，直到令人满意为止。如果重新测量的结果达到了要求，可单击“终止”按钮关闭测量窗口，然后再单击工具按钮“ ”继续对其他样品进行测量。如果对标准样品进行重新测量，那么，校正曲线会被重新计算并重新拟合。

计算机屏幕上显示的钙的标准曲线如图 16 所示。

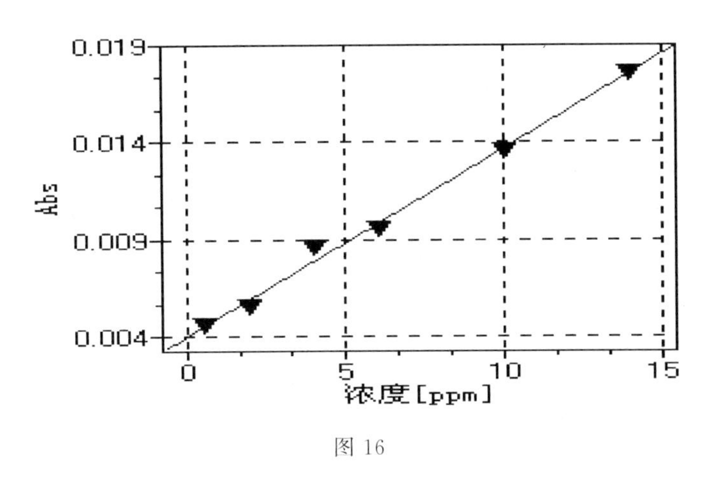

图 16

13. 样品测量

可依次选择主菜单【设置】/【测量方法】，即可打开测量方法设置对话框。把待测样品放在小烧杯中，即可测量，如图 17 所示。

14. 测量结束后的操作

(1) 点燃“空气-乙炔火焰”，吸喷蒸馏水 5～10min，清洗原子化室及进样毛细管。在火焰点燃的状态下，关闭乙炔储气瓶减压阀开关和总开关。

(2) 火焰熄灭之后，关闭气路乙炔开关，关闭压缩机，排净压缩机，排净储气罐和净化

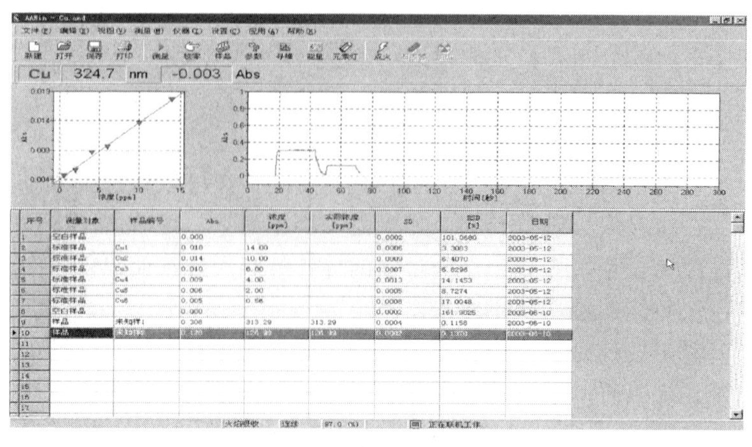

图 17

器内的积水。

（3）将排水井里废液倒掉，换上新鲜的水，注意水封。

（4）关闭空压机→关闭软件→关闭主机→关闭电脑→关闭电源。

（5）停止排气。停机 15min 后，停止仪器上方排气。

（6）清理。清理现场，试样瓶放回样品制备室。

超临界萃取装置操作说明

1. 检查冷箱，液体应为 20%乙醇，液位盖过 CO_2 储罐。

2. 检查 CO_2 气瓶压力，保证在 5～6MPa。

3. 将 7 个热箱中加入蒸馏水，不宜太满，离箱盖 2cm 左右。

4. 插上电源，打开总电源绿色按钮，同时打开制冷开关与冷循环开关，将 CO_2 出气阀与阀门 02 打开（注意：冷冻压缩机旋转方向需逆时针旋转）。

5. 根据实验需要打开萃取缸、分离器Ⅰ、分离器Ⅱ、精馏柱的加热开关，调节温度为所需温度（调节▲▼键，使设定温度显示为所需温度）。

6. 当冷箱中水温降到 0℃左右，萃取缸、分离器Ⅰ、分离器Ⅱ、精馏柱的温度接近设定温度后，才能进行以下操作（冷箱中温度降到 0℃左右时，压缩机自动关闭）。

7. 加样前，关闭阀门 03 与阀门 05，打开阀门 04 及手动阀 a1，待萃取缸中压力与外界大气压平衡后（即萃取缸压力表读数为零），才可打开堵头加样。

8. 加样，如果样品是固态，将萃取原料装入料筒，原料不应安装太满，离过渡网 2～3cm，将料筒装入萃取缸，加入垫圈，盖好压环，再加一个垫圈，盖上堵头。如果样品为液体，直接将液体料加入萃取缸中，放入液体料筒（其中加消泡剂），加入垫圈，盖好压环，再加一个垫圈，盖上堵头。

如需加入夹带剂，将夹带剂放入夹带剂罐，打开泵Ⅱ，用泵Ⅱ将其压入萃取缸内。

关闭阀门 04 与手动阀 a1，打开阀门 03 与阀门 05，使 CO_2 气路畅通。

9. 液态 CO_2 通过泵、混合器、净化器进入萃取缸，等到压力平衡后（即储罐与萃取Ⅰ的压力表计数相同），稍稍打开萃取缸放空阀（即阀门 04 或手动阀 a1），慢慢放掉残留空气，降低部分压力即萃取Ⅰ的压力后，关闭阀门 04 与手动阀 a1。

10. 加压力，调节泵出口压力表的电极点，使红色指针稍大于萃取所需压力（如果压力大于红色指针的读数时，会自动关机），一般放在50MPa，启动泵Ⅰ绿色按钮，按数位操作器中的绿色触摸开关“RUN”，手按触摸开关中▲，泵转速加快，可加大CO_2流量，按触摸开关▼，泵转速减慢，可降低CO_2流量（流量计读数单位为L/h）。

注意：泵Ⅰ皮带转动方向应为红色指示方向。

11. 当萃取Ⅰ压力接近所需压力时，根据不同流向调节各节流阀门。

(1) 萃取缸→分离器Ⅰ→分离器Ⅱ→回路　开阀门03，CO_2进萃取缸，开阀门05、07、09，进入分离器Ⅰ，开阀门10进入分离器Ⅱ，开阀门13、12、01进入回路循环，关闭其他阀门（阀门02不关），调节阀门07，控制萃取缸压力，调节阀门10控制分离器Ⅰ压力，调节阀门12控制分离器Ⅱ压力。

(2) 萃取缸→分离器Ⅰ→回路　开阀门03，CO_2进萃取缸，开阀门05、07、09，进入分离器Ⅰ，开阀门10进入分离器Ⅱ，开阀门13、12、01进入回路循环，关闭其他阀门（阀门02不关），调节阀门07，控制萃取缸压力，完全打开阀门10，使分离器Ⅰ与分离器Ⅱ压力表读数相同，此时分离器Ⅱ不起作用。

(3) 萃取缸→分离器Ⅰ→分离器Ⅱ→精馏柱→回路　开阀门03，CO_2进萃取缸，开阀门05、07、09，进入分离器Ⅰ，开阀门10进入分离器Ⅱ，开阀门13、14进入精馏柱，开阀门18、16、01进入回路循环，关闭其他阀门（阀门02不关），调节阀门07，控制萃取缸压力，调节阀门10控制分离器Ⅰ压力，调节阀门14控制分离器Ⅱ压力，调节阀门16控制精馏柱压力。

(4) 萃取缸→精馏柱→分离器Ⅰ→分离器Ⅱ→回路　开阀门03，CO_2进萃取缸，开阀门05、07、06，进入精馏柱，关阀门09，开阀门18、08，进入分离器Ⅰ，开阀门10进入分离器Ⅱ，开阀门13、12、01进入回路循环，关闭其他阀门（阀门02不关），调节阀门07，控制萃取缸压力，调节阀门08控制精馏柱压力，调节阀门10控制分离器Ⅰ压力，调节阀门12控制分离器Ⅱ压力。

注意：中途停泵时，只需按数位操作上的“stop”键。

12. 萃取完成后，分离物质分别在手动阀门a2、a3、a4处取出。

13. 先关闭泵Ⅰ（先按触摸开关上的“stop”键，再按泵Ⅰ的红色按钮），关掉萃取缸、分离器Ⅰ、分离器Ⅱ、精馏柱的加热开关，关掉冷循环制冷开关，关闭总电源（红色按钮）。

14. 将各回路中调节阀调至最大，此时所有压力表读数相同，关闭阀门03、05，打开放空阀门04与手动阀门a1，待萃取Ⅰ压力表读数为0，打开萃取缸盖，取出料筒，清洗干净，整个萃取过程结束。

15. 关闭CO_2罐上的阀，关闭所有阀门，拔掉插头。

气压计的校正和使用

一、结构原理

实验室常用的气压计为福廷式气压计，福廷式气压计是一种单管真空汞压力计。其结构如图1所示。福廷式气压计是以汞柱来平衡大气压力。

福廷式气压计主要结构是一根长90cm且上端封闭的玻璃管，管中盛有汞，倒插入下部汞槽内。玻璃管顶部为绝对真空，汞槽下部是用羚羊皮袋作为汞槽，它既与大气相通，但汞又不会漏出。在底部有一个调节螺旋，可用来调节其中汞面的高度。象牙针的尖端是黄铜标尺刻度的零点，利用黄铜标尺的游标尺，读数的精密度可达0.1mm或0.05mm。

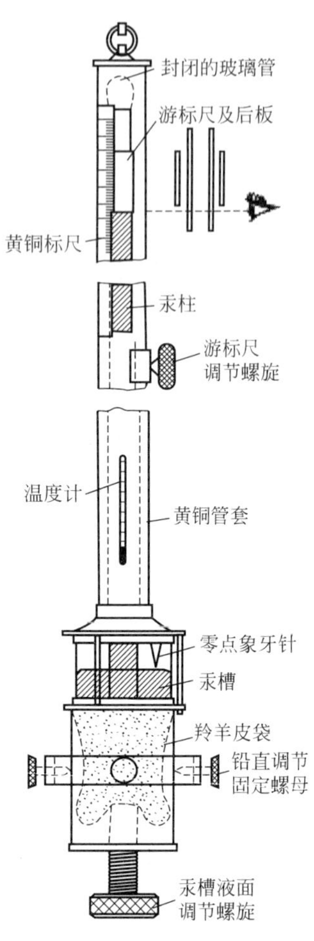

图1 福廷式气压计结构

从以上可看出，当大气压力与汞槽内的汞面作用达到平衡时，汞就会在玻璃管内上升到一定高度，通常测量汞的高度，就可确定大气压力的数值。

二、气压计的使用方法

1. 铅直调节

福廷式气压计必须垂直放置。

2. 调节汞槽内的汞面高度

慢慢旋转底部的汞面调节螺旋，使汞槽内的汞面升高。直到汞面恰好与象牙针尖接触，然后轻轻扣动铜管使玻璃管上部汞的弯曲正常，这时象牙针与汞面的接触应没有什么变动。气压计底部汞面的调节如图2所示。

3. 调节游标尺

转动游标尺调节螺旋，使游标尺的下沿边与管中汞柱的凸面相切，这时观察着的眼睛和游标尺前后的两个下沿边应在同一水平面。标尺位置的调节如图3所示。

4. 读数

游标尺的零线在标尺上所指的刻度，为大气压力的整数部分（单位为mm或kPa），再从游标尺上找出一根卡与标尺某一刻度相吻合的刻度线，此游标刻度线上的数值即为大气压力的小数部分。

5. 整理工作

向下转动汞槽液面调节螺旋，使汞面离开象牙针，记下气压计上附属温度计的温度读数，并从所附的仪器校正卡片上读取该气压计的仪器误差。

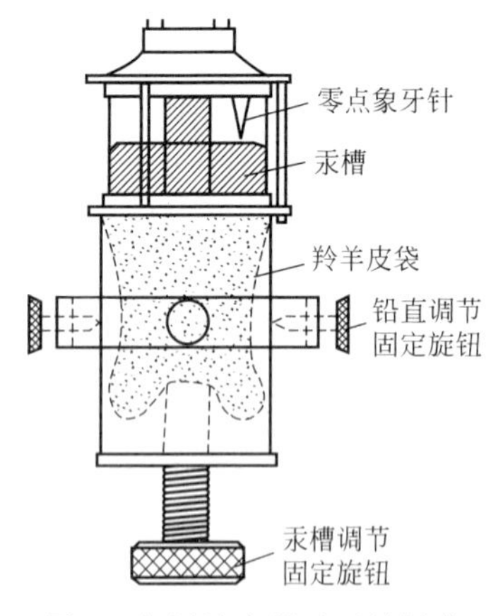

图2 气压计底部汞面的调节

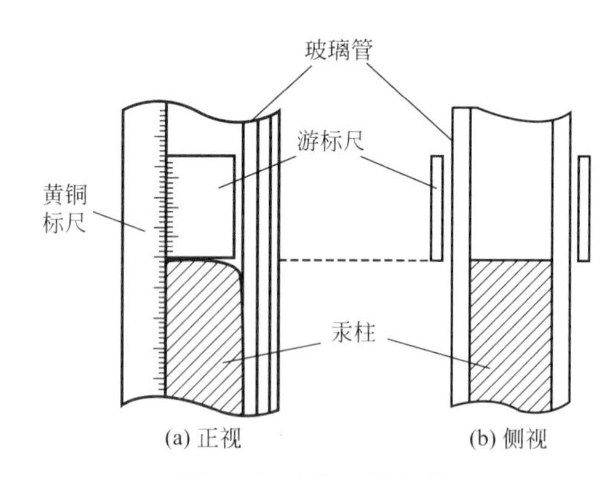

图3 标尺位置的调节

三、气压计读数的校正

当气压计的汞柱与大气压相平衡时，则 $p_{大气}=gdh$，但汞的密度 d 与温度有关，重力加速度 g 随测量地点不同而异。因此，规定以温度为0℃、重力加速度 g 为 $9.80665\mathrm{m/s^2}$

条件下的汞柱为标准来度量大气压力，此时汞的密度 d 为 $13.5951g/cm^3$。凡是不符合上述规定所读得的大气压值，除仪器误差校正外，在精密的测量工作中还必须进行温度、纬度和海拔高度的校正。气压计的读数如图 4 所示。

1. 仪器误差校正

由汞的表面张力引起的误差，汞柱上方残余气体的影响，以及压力计制作时的误差，在出厂时都已做了校正。在使用时，由气压计上读得的示值，首先应按制造厂所附的仪器误差校正卡上的校正值进行校正。

2. 温度校正

在对气压计进行温度校正时，除了考虑汞的密度随温度的变化外，还要考虑标尺随温度的线性膨胀。

3. 纬度和海拔高度的校正

由于国际上用水银气压计测定大气压力时，是以纬度 45°的海平面上重力加速度 $9.80665m/s^2$ 为准的。而实验中各地区纬度不同，海拔高度不同，则重力加速度值也就不同，所以要做纬度和海拔高度的校正。

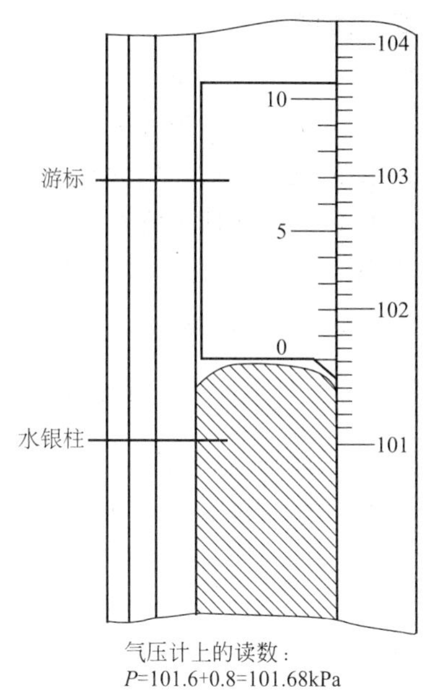

图 4 气压计的读数

UV-9600 型紫外可见分光光度计操作规程

一、仪器测量前的调整

1. 接通电源，打开仪器右侧黑色开关（注意：如紫外分析，将仪器左侧绿色紫外灯开关打开，否则仪器紫外灯开关关闭），将拉杆推至最里，预热 20～30min。

2. 通过旋转调波长手轮，选定所需波长。

3. 将空白溶液、挡光块放入样品池，并关好样品室门。

4. 将空白溶液拉入光路，按“100%键”进行调百，待液晶显示 T 值为 100%时表示已调整完毕。

5. 将挡光杆拉入光路，观察 T 值是否显示为零，如不是则按零键调零。

6. 将空白溶液再次拉入光路，观察 T 值是否为 100%，如不是则再次进行调百、调零值直至参比的透过率（T）测量值为 100%，挡光块透光率（T）测量值为 0 时完成仪器的调整。

二、透射比与吸光度的测量

在完成仪器的调整后，将样品放入样品池，将其拉入光路中，此时所显示的 T 与 A 值便是此样品的透过率与吸光度值。

注意：在测量过程中如果发现在拉入空白溶液时透过率不为 100%，并已超过误差范围时，需重新进行仪器的调整。

三、关机

仪器使用完毕，取出比色皿，洗净、晾干，关闭电源开关，拔下电源插头，然后罩好防尘护罩，复原仪器。

四、维护

1. 不进行紫外分析时一定将仪器紫外灯开关关闭，紫外分析时必须用石英比色皿。

2. 不可用手、滤纸或毛刷摩擦透光面，只能用绸布或擦镜纸擦。

3. 比色皿不准放在实验台上，只能放在仪器内或盒里，防止打破。

4. 比色皿内液体不宜过多或过少，一般以 2/3～3/4 为宜。

5. 凡含有腐蚀玻璃的物质的溶液（特别是碱性物质），不得长期盛放在比色皿中。

6. 不能将比色皿放在火焰或电炉上进行加热或干燥箱内烘烤。

SP6800A 气相色谱仪操作规程（TCD）

1. 首先打开氢气钢瓶，出口压力在 0.2～0.25MPa 之间。

2. 打开色谱仪的载气 1 和载气 2，根据需要调到所需压力（两路流速要一致），通气 15～30min 后方可打开电源。

3. 打开电源，仪器显示 READY，说明仪器自检通过，然后按“温度参数”，显示“DETE.—XXX”，输入“000”，再按“温度参数”，显示“INJE.—XXX”，输入“150”，再按“温度参数”，显示“AUXI.—XXX”，输入“150”，再按“温度参数”，显示“OVEN.—XXX”，输入“120”，再按“温度参数”，又回到“DETE.—000”。温度设置完毕（注意：若输入两位数如 95，应按“095”）。

4. 按“加热”，仪器加热指示灯亮，按“显示”，可观看实际温度。待“恒温”灯亮时，按“TCD 桥流”，显示“CURR.—XXX”，输入“160”，再按“TCD 桥流”，桥流设置成功，按“TCD 衰减”，显示“T.ATT.—XXX”，按“001”，再按“TCD 衰减”即可（TCD 衰减的输入为 001、002、004、008、016、032、064、128 等之间的数）。对以上操作规程若不太明白，应参阅说明书。

5. 打开“在线工作站”，选“通道 1”，按“OK”，再按通道 1 窗口的“最大化按钮”。按“数据采集”选项，显示“数据采集”对话框，再按“查看基线”按钮，基线就会显示在窗口内，此时基线是单方向漂移的，等基线平直后，若为负值，通过“零点校正”按钮调到零点。再通过仪器上的“TCD 调零”旋钮调到零点以上，方可进样分析。进样后按“数据采集”按钮。

6. 若为倒峰，应按仪器上的“TCD 极性”按钮，等所有的峰出完后，按工作站上的“停止采集”按钮。谱图自动保存到指定的位置。

7. 按“预览”，可观看结果（若太小而看不清，应按屏幕左上端的放大镜图标进行调整）。

8. 按“打印”，即可将谱图打印出来。

9. 实验结束后，按仪器上的“停止”按钮，仪器开始降温，等柱室温度（OVEN）和热导池检测器温度（AUXI）降到 60℃以下时（按“显示”观看），方可关闭电源和氢气。

LC1200 液相色谱仪操作规程

一、开机

1. 开机前准备工作包括选择、纯化和过滤流动相；检查储液瓶中是否具有足够的流动相，吸液砂芯过滤器是否已可靠地插入储液瓶底部，废液瓶是否已倒空，所有排液管道是否已妥善插在废液瓶中。

2. 开启 LC1200 真空脱气、四元泵、紫外检测器各模板电源，待各模块自检完成后，双击“仪器联机”图标，化学工作站自动与 1200LC 通信，如图 1 所示。

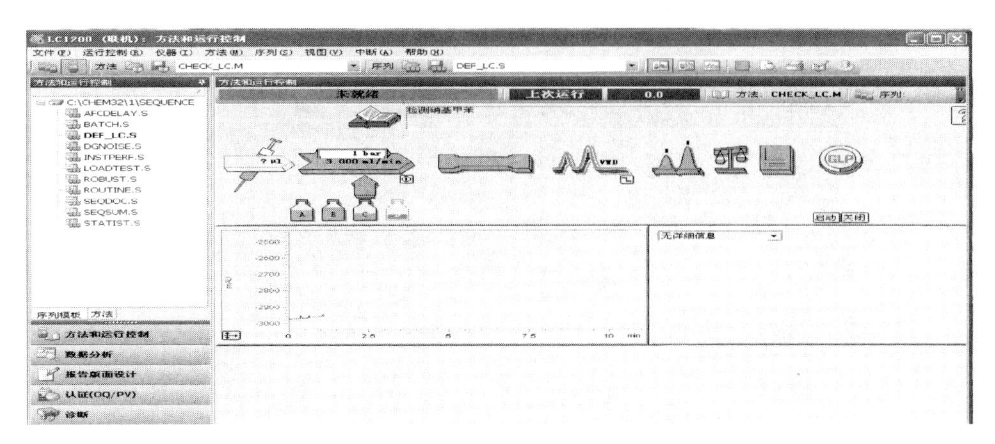

图 1

3. 打开“排气”阀，单击泵图标，单击“设置泵”选项，进入泵编辑画面，如图 2 所示。设 flow：5mL/min，单击“OK”。单击泵图标，单击“泵控制”选项，选中 ON，单击“确定”（图 3），则系统开始“排气”，直到管线内无气泡为止，切换通道继续 Purge，直到要用的所有的通道无气泡为止。

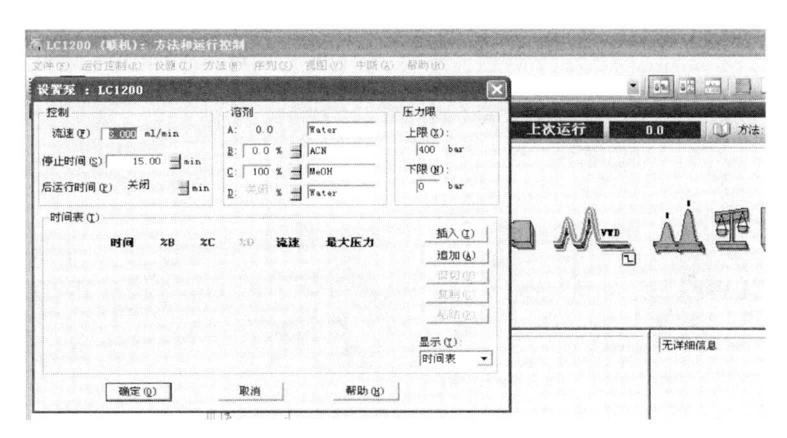

图 2

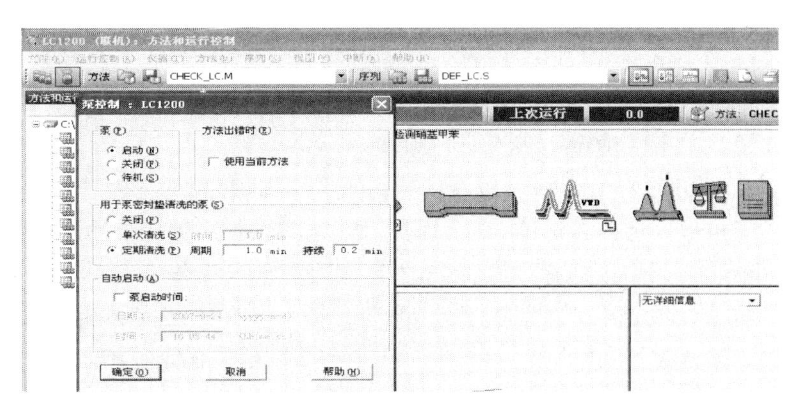

图 3

4. 单击泵下面的瓶图标，输入溶剂的实际体积和瓶体积；也可输入停泵的体积。单击“OK”，如图 4 所示。

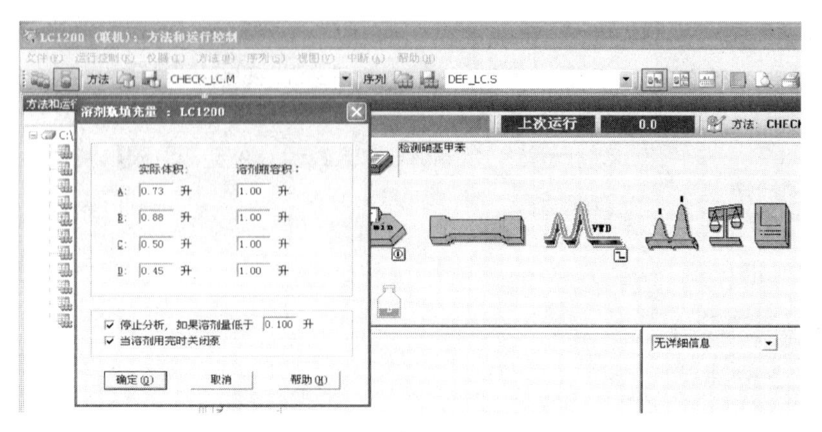

图 4

二、数据采集方法编辑

1. 从“方法”菜单中选择“编辑完整方法”项，选中除“数据分析”外的三项，单击“确定”，进入下一画面，如图 5 所示。

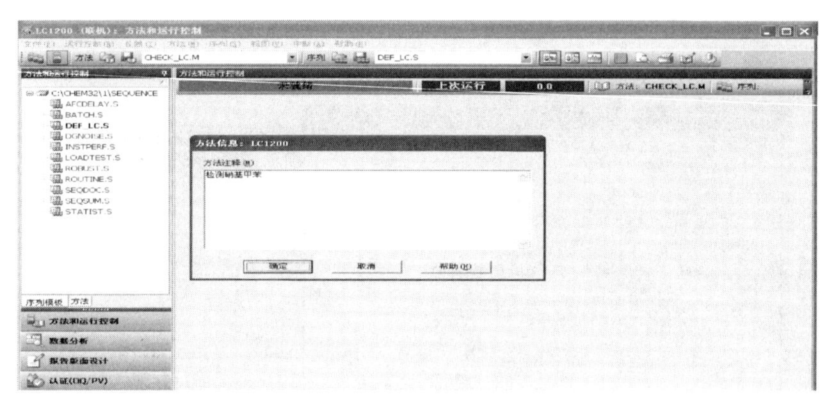

图 5

2. 在“方法信息”中加入方法的信息（如方法的用途等），单击“确定”进入下一画面。

3. 在“流量”处输入流量 1mL/min，B 设定为 70.0 后，A 的值自动变为 100－70.0，也可“插入”一行“时间编辑表”，编辑梯度淋洗。在“最大压力限”处输入柱子的最大耐高压，以保护柱子，单击“确定”进入下一画面。

4. 在“波长”下方的空白处输入所需的检测波长，如 254nm，在“峰宽”（响应时间）下方点击下拉式三角框，选择合适的响应时间，如>0.1min（2s），如图 6 所示。

5. 从“运行控制”菜单中选择“样品信息”选项，输入操作者名称，在数据文件中选择“手动”或“前缀/计数器”。区别在于：“手动”在每次做样之前必须给出新名字，否则仪器会将上次的数据覆盖掉。“前缀/计数器”在“前缀”框中输入前缀，在“计数器”框中输入计数器的起始位，如图 7 所示。

6. 基线调节。待基线稳定后，按“Balance”键，使基线回至零点附近，准备进样。

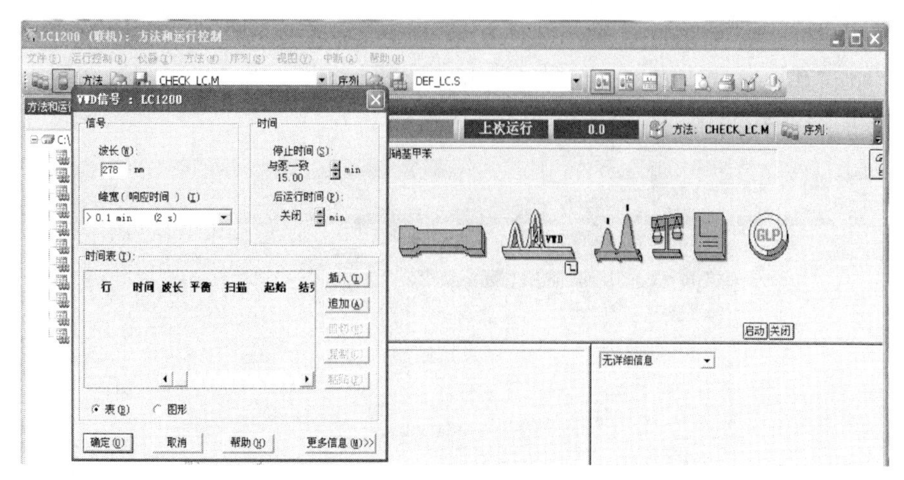

图 6

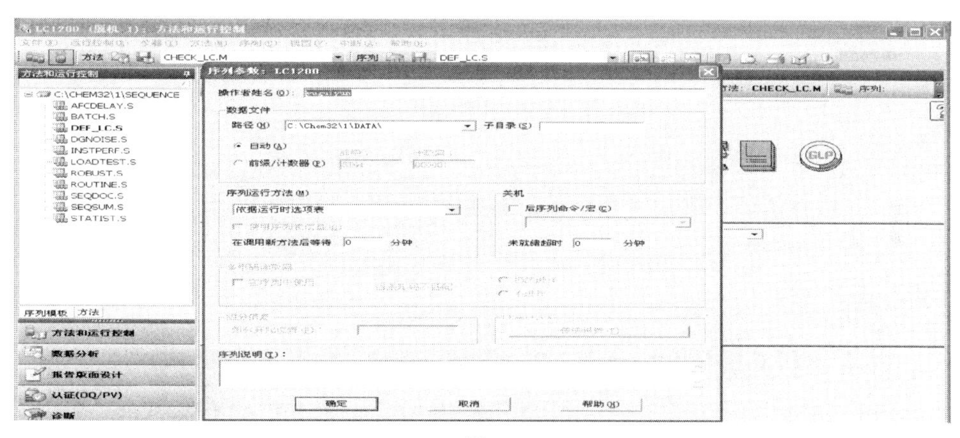

图 7

7. 进样。将六通阀旋转至“LOAD”位置，用平头注射器进样后，转回至“INJECT”位置，工作站上即出现竖直红线，计时开始，同时界面变成蓝色。

三、数据分析方法编辑

1. 从“视图”菜单中，单击“数据分析”进入数据分析画面。从“文件”菜单中选择“调用信号”选项，选中所需的数据文件名，单击“确定”，如图 8 所示。

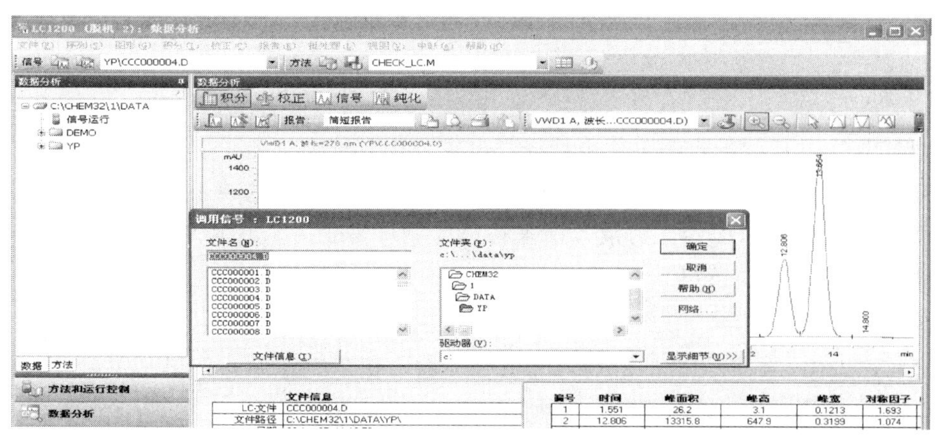

图 8

2. 谱图优化。从“图形”菜单中选择“信号选项”选项，再从“范围”中选择“自动量程”或“满量程”及合适的显示时间，单击“确定”，或选择“自定义”调整，直到图的比例合适为止，如图9所示。

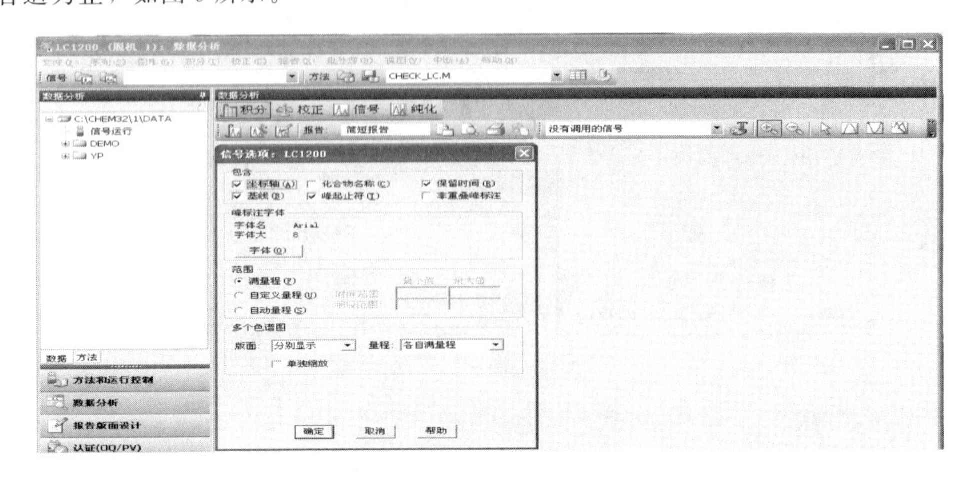

图 9

3. 积分。从“积分”中选择“自动积分”，如积分结果不理想，再从菜单中选择“积分事件”选项，选择合适的“斜率灵敏度”、“峰宽”、“最小峰面积”和“最小峰高”。从“积分”菜单中选择“积分”选项，则数据被积分。单击左边√图标，将积分参数存入方法，如图10所示。

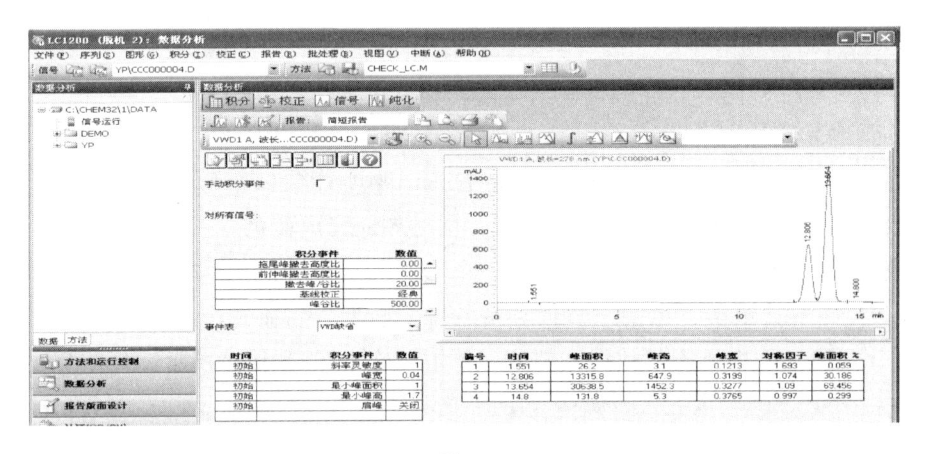

图 10

4. 打印报告。从“报告”菜单中选择“设定报告”选项（图11），单击“定量结果”框中“定量”右侧的黑三角，选中percent（面积百分比），其他选项不变，单击“确定”。从“报告”菜单中选择打印报告，则报告结果将打印到屏幕上，若想输出到打印机上，则单击“报告”底部的“打印”按钮。

四、关机

关机前，先关灯，用相应的溶剂冲洗系统。退出化学工作站，依提示关泵及其他窗口，关闭计算机。关闭LC1200各模块电源开关。

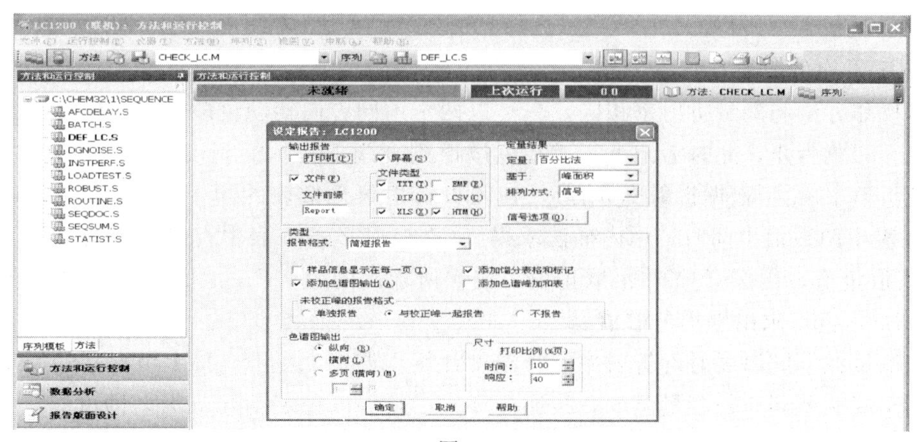

图 11

WAY（2WAJ）阿贝折射仪操作规程

一、准备工作

1. 在开始测定前，必须先用蒸馏水或用标准试样校对读数。如用标准试样则对折射棱镜的抛光面加 1～2 滴溴代萘，再贴上标准试样的抛光面，当读数视场指示于标准试样上之值时，观察望远镜内明暗分界线是否在十字线中间，若有偏差则用螺丝刀微量旋转小孔内的螺钉，带动物镜偏摆，使分界线相位移至十字线中心。通过反复观察与校正，使示值的起始误差降至最小（包括操作者的瞄准误差）。校正完毕后，在以后的测定过程中不允许随意再动此部位。在日常的测量工作中一般不需校正仪器，如对所测的折射率示值有怀疑时，可按上述方法进行检验，检查是否有起始误差，如有误差应进行校正。

2. 每次测定工作之前及进行示值校准时，必须将进光棱镜的毛面、折射棱镜的抛光面及标准试样的抛光面，用乙醇与乙醚（1∶1）的混合液和脱脂棉轻擦干净，以免留有其他物质，影响成像清晰度和测量准确度。

二、测定工作

1. 测定透明、半透明液体

将被测液体用干净滴管加在折射棱镜表面，并将进光棱镜盖上，用手轮锁紧，要求液层均匀，充满视场，无气泡。打开遮光板，合上反射镜，调节目镜视度，使十字线成像清晰，此时旋转手轮并在目镜视场中找到明暗分界线的位置，再旋转手轮使分界线不带任何彩色，微调手轮，使分界线位于十字线的中心，再适当转动聚光镜，此时目镜视场下方显示的示值即为被测液体的折射率。

2. 测定透明固体

被测物体上需有一个平整的抛光面。把进光棱镜打开，在折射棱镜的抛光面加 1～2 滴比被测物体折射率高的透明液体（如溴代萘），并将被测物体的抛光面擦干净放上去，使其接触良好，此时便可在目镜视场中寻找分界线，瞄准和读数的操作方法如前所述。

3. 测定半透明固体

用上法将被测半透明固体上抛光面粘在折射棱镜上，打开反射镜并调整角度利用反射光束测量，具体操作方法同上。

4. 测量蔗糖溶液质量分数

操作与测量液体折射率相同，此时读数可直接从视场中示值上半部读取，即为蔗糖溶液质量分数。

5. 测定平均色散值

基本操作方法与测量折射率相同，只是以两个不同方向转动色散调节手轮，至视场中明暗分界线无彩色为止，此时需记下每次在色散值刻度圈上指示的刻度值 Z，取其中平均值，再记下其折射率 n_D。根据折射率 n_D值，在阿贝折射仪色散表的同一横行中找出 A 和 B 值（若 n_D 在表中两数值中间时，用内插法求得）。再根据 Z 值在表中查出相应的 a 值，当 $Z>30$ 时 a 值取负值，当 $Z<30$ 时 a 取正值，按照所求出的 A、B、a 值代入色散值公式 $n_F-n_C=A+Ba$，就可求出平均色散值。

若需测量在不同温度时的折射率，将温度计旋入温度计座中，接上恒温器的通水管，把恒温器的温度调节到所需测量温度，接通循环水，待温度稳定 10min 后，即可测量。

三、维护与保养

为了确保仪器的精度，防止损坏，用户应注意维护与保养，特提出下列要点以供参考。

1. 仪器应放置于干燥、空气流通的室内，以免光学零件受潮后生霉。

2. 当测试腐蚀性液体时应及时做好清洗工作（包括光学零件、金属件以及涂料表面），防止受侵蚀损坏。仪器使用完毕后必须做好清洁工作。

3. 被测试样中不应有硬性杂质，当测试固体试样时，应防止把折射棱镜表面拉毛或产生压痕。

4. 经常保持仪器清洁，严禁油手或汗手触及光学零件，若光学零件表面有灰尘，可用高级鹿皮或长纤维的脱脂棉轻擦后用皮吹风吹去。如光学零件表面沾上了油垢后，应及时用乙醇与乙醚混合溶液擦干净。

5. 仪器应避免受强烈振动或撞击，以防止光学零件损伤及影响精度。

6. 本仪器折射棱镜中有通恒温水结构，如需测定样品在某一特定温度下的折射率，仪器可外接恒温器，将温度调节到用户所需温度再进行测量。

四、仪器校正

仪器应定期进行校准，或对测量数据有怀疑时，也可以对仪器进行校准。校准用蒸馏水或玻璃标准块。如测量数据与标准有误差，可用钟表螺丝刀通过色散校正手轮中的小孔，小心旋转里面的螺钉，使分划板上交叉线上下移动，然后再进行测量，直到测数符合要求为止。样品为标准块时，测数要符合标准块上所标定的数据。如样品为蒸馏水时，测数要符合表 1。

表 1　蒸馏水的温度与折射率

温度/℃	折射率(n_D)	温度/℃	折射率(n_D)
18	1.33316	25	1.33250
19	1.33308	26	1.33239
20	1.33299	27	1.33228
21	1.33289	28	1.33217
22	1.33280	29	1.33205
23	1.33270	30	1.33193
24	1.33260		

五、仪器的维护与保养

1. 仪器应放在干燥、空气流通和温度适宜的地方，以免仪器的光学零件受潮发霉。

2. 仪器使用前后及更换样品时，必须先清洗并揩净折射棱镜系统的工作表面。

3. 被测试样品不准有固体杂质，测试固体样品时应防止折射棱镜的工作表面拉毛或产生压痕，本仪器严禁测试腐蚀性较强的样品。

4. 仪器应避免受强烈振动或撞击，防止光学零件震碎、松动而影响精度。

5. 如聚光照明系统中灯泡损坏，可将聚光镜筒沿轴取下，换上新灯泡，并调节灯泡左右位置（松开旁边的紧定螺钉），使光线聚光在折射棱镜的进光表面上，并不产生明显偏斜。

6. 仪器聚光镜是由塑料制成的，为了防止带有腐蚀性的样品对它的表面破坏，使用时用透明塑料罩将聚光镜罩住。

7. 仪器不用时应用塑料罩将仪器盖上或将仪器放入箱内。

8. 使用者不得随意拆装仪器，如仪器发生故障或达不到精度要求时，应及时送修。

DDS-307 电导率仪操作规程

一、仪器的使用

1. 开机

（1）将仪器电源插头插入有良好接地的电源插座。

（2）打开电源开关，接通电源，预热 30min。

2. 校准

（1）使用前必须进行校准。

（2）校准过程是：将“选择”开关指向“检查”，“常数”补偿旋钮指向“1”刻度线，温度补偿旋钮指向“25”刻度线，调节“核准”旋钮，使仪器显示 100.0μS/cm，到此校准完毕。

3. 测量

（1）调节仪器面板上“温度”补偿调节旋钮，使其指向待测溶液的实际温度值，此时测量结果是待测溶液经温度补偿后折算为 25℃下的电导率值。

（2）如果将“温度”补偿调节旋钮指向“25”刻度线，那么测量的将是待测溶液在试剂温度下未经补偿的原始电导率值。

（3）常数、温度补偿设置完毕，应将“选择”旋钮指向合适的位置，根据水质情况，应调节到相应挡位。

（4）关机。样品检测完毕后，关闭开关，拔掉电源，清洁仪器，罩好防尘罩。

二、仪器的日常保养与维护

1. 电极的清洗与储存

通常电极分为铂电极和镀铂黑的铂电极，铂电极必须储存在干燥的环境中，镀铂黑的铂电极不允许干放，必须储存在蒸馏水中。

含有洗涤剂的温水可以清洗电极上有机成分沾污，也可以用乙醇清洗。

2. 注意事项

（1）为确保测量精度，电极使用前应用小于 0.5μS/cm 的去离子水（或蒸馏水）冲洗两次，然后用被测试样冲洗后方可测量。

（2）电极插头座应绝对防止受潮，以免造成不必要的测量误差。

（3）电极应定期进行常数标定。

pHS-3C 型酸度计的使用和维护保养

一、准备

1. 将电源的适配器插入 220V 交流电源上，直流输出插头插入仪器后面板上的“DC9V”电源插孔。把电极装在电极架上，取下仪器电极插口上的短路插头，把电极插头插上。注意电极插头在使用前应保持清洁干燥，切忌被污染。

2. 打开电源开关，接通电源，预热 20min 左右。

二、标定、测试

1. 把斜率旋钮刻度置于 100%，电极用纯化水清洗干净，并用滤纸吸干，将复合电极插入 pH 值为 7 的标准缓冲溶液中，调节温度补偿旋钮，使其指示温度与溶液温度相同，再调节定位旋钮，使仪器显示的 pH 值与该标准缓冲溶液在此温度下的 pH 值相同。

2. 把电极从 pH 值为 6.86 溶液中取出，用纯化水清洗干净，并用滤纸吸干，插入 pH 值为 4（或 pH 值为 9.6 标准缓冲溶液中，调节温度补偿旋钮，使其指示温度与溶液温度相同，再调节斜率旋钮，使食品显示 pH 值与该溶液在此温度下的 pH 值相同。

3. 把电极从 pH 值为 4（或 pH 值为 9.6 标准缓冲溶液中取出，并用纯化水清洗干净，并用滤纸吸干，插入被测溶液中，调节温度补偿旋钮，使其指示的温度和补测溶液温度一致，等试样显示的 pH 值在 1min 内不超过±0.05 时，此时仪器显示的 pH 值即是被测溶液的 pH 值。

4. 测量完毕，用纯化水冲洗电极，再用滤纸吸干，套上电极保护套（套中盛满电极保护液）。

三、仪器的日常保养与维护

1. 电极玻璃很薄，使用时要小心保护。

2. 标准缓冲溶液一般可使用 2～3 个月，如有浑浊、发霉或沉淀等现象时，不能继续使用。

3. 测定前，选择两个标准缓冲溶液，使样品的 pH 值处于二者之间。

4. 取与样品 pH 值较接近的第一种标准缓冲溶液进行校正（定位），使仪器显示值与标准缓冲溶液数值一致。

5. 仪器定位，再用第二种标准缓冲溶液核对仪器示值，误差应不大于±0.02，若大于此偏差，则小心调节斜率，使示值与第二种标准缓冲溶液的数值相符。重复上述定位与斜率调节操作，至仪器示值与标准缓冲溶液的规定数值相差不大于±0.02，否则，须检查仪器或更换电极后，再行校正至符合要求。

6. 配制标准缓冲溶液应是新过滤的冷蒸馏水，其 pH 值应为 5.5～7.0。

人工智能调节器

一、主要特点

1. 输入采用数字校正系统，内置常用热电偶和热电阻非线性校正表格，测量精度高达 0.2 级。

2. 采用先进的 AI 人工智能调节算法，无超调，具备自整定（AT）功能。

3. 采用先进的模块化结构，提供丰富的输出规格，能广泛满足各种应用场合的需要，交货迅速且维修方便。

4. 人性化设计的操作方法，易学易用。

5. 全球通用的100～240V AC输入范围开关电源或24V DC电源供电，并具备多种外形尺寸供客户选择。

6. 通过新的2000版ISO 9001质量认证，品质可靠。

7. 产品经第三方权威机构检测获得CE认证标志，抗干扰性能符合在严峻工业条件下电磁兼容（EMC）的要求。

二、参数及功能

AI系列仪表通过参数来定义仪表的输入、输出、报警、通信及控制方式，见表1。

表1 AI系列仪表的参数及功能

参数代号	参数含义	说明	设置范围
HIAL	上限报警	测量值大于HIAL值时仪表将产生上限报警。测量值小于HIAL－dF值时，仪表将解除上限报警。设置HIAL到其最大值可避免产生报警作用。 每种报警可自由定义为控制AL1、AL2、AU1、AU2等输出端口动作	－1999～＋9999线性单位或1℃
LIAL	下限报警	当测量值小于LoAL时产生下限报警，当测量值大于LoAL＋dF时下限报警解除。设置LoAL到其最小值可避免产生报警作用	
dHAL	正偏差报警	采用MT人工智能调节时，当偏差(测量值PV减给定值SV)大于dHAL时产生正偏差报警，当偏差小于dHAL－dF时正偏差报警解除。设置dHAL＝9999(温度为999.9℃)时，正偏差报警功能被取消。 采用位式调节时，则dHAL和dLAL分别作为第二个上限和下限绝对值报警	0～999.9℃或0～9999定义单位
dLAL	负偏差报警	采用MT人工智能调节时，当负偏差(给定值SV减测量值PV)大于dLAL时产生负偏差报警，当负偏差小于dLAL－dF时负偏差报警解除。设置dLAL＝9999(温度为999.9℃)时，负偏差报警功能被取消	
dF	回差	回差用于避免因测量输入值波动而导致位式调节频繁通断或报警频繁产生/解除。 对采用位式调节而言，dF值越大，通断周期越长，控制精度越低。反之，dF值越小，通断周期越短，控制精度较高，但容易因输入波动而产生误动作，使继电器或接触器等机械开关寿命降低	0～200.0℃或0～2000定义单位
CtrL	控制方式	CtrL＝0，采用位式调节(ON/OFF)，只适合要求不高的场合进行控制时采用。 CtrL＝1，采用MT人工智能调节，该设置下允许从面板启动执行自整定功能。 CtrL＝2，启动自整定参数功能，自整定结束后会自动设置为3或4。 CtrL＝3，采用MT人工智能调节，自整定结束后，仪表自动进入该设置，该设置下不允许从面板启动自整定参数功能。以防止误操作重复启动自整定。 CtrL＝4，该方式下与CtrL＝3时基本相同，但其P参数定义为原来的10倍，即在CtrL＝3时，P＝5，则CtrL＝4时，设置P＝50时，二者有相同的控制结果。在对极快速变化的温度(每秒变化100℃以上)，在CtrL＝1、3时，其P值都很小，有时甚至要小于1才能满足控制需要，此时如果设置CtrL＝4，则可将P参数放大10倍，获得更精细的控制。 温度变送器/程序发生器功能：若设置CtrL＝0而OPt参数(见后文)又将主输出定义为电流输出(OPt＝1、2或4分别表示为0～10mA、0～20mA或4～20mA输出)，则对于MT-A1/A2仪表，将把PV值变送为电流信号从OUTP位置输出，而对于MT-A1P/A2P，则将把SV值变送为电流信号从OUTP位置输出，成为程序发生器。可以用dIL、dIH参数设置要变送值的下限或上限。新一代X3/X5电流输出模块精度为0.2级，加上测量误差，综合变送精度为0.3～0.4级精度	0～4

续表

参数代号	参数含义	说明	设置范围
M5	保持参数	M5、P、t、CtI 等参数为 MT 人工智能调节算法的控制参数，对位式调节方式(CtrL=0 时)，这些参数不起作用。M5 定义为输出值变化为 5%时，控制对象基本稳定后测量值的差值。5 表示输出值变化量为 5%，同一系统的 M5 参数一般会随测量值有所变化，应取工作点附近为准。例如某电炉温度控制，工作点为 700℃，为找出最佳 M5 值，假定输出保持为 50%时，电炉温度最后稳定在 700℃左右，而 55%输出时，电炉温度最后稳定在 750℃左右。则 M5=750−700=50.0℃ M5 参数 PID 调节的积分时间起相同的作用。M5 值越小，系统积分作用越强。M5 值越大，积分作用越弱(积分时间增加)	0～999.9℃或 0～9999
P	速率参数	P 与每秒内仪表输出变化 100%时测量值对应变化的大小成反比，当 CtrL=1 或 3 时，其数值定义如下： P=1000÷每秒测量值升高值(测量值单位是 0.1℃或 1 个定义单位) 如仪表以 100%功率加热并假定没有散热时，电炉每秒升 1℃，则 P=1000÷10=100	1～9999
t	滞后时间	对于工业控制而言，被控系统的滞后效应是影响控制效果的主要因素，系统滞后时间越长，要获得理想的控制效果就越困难，滞后时间参数 t 是 MT 人工智能算法相对标准 PID 算法而引进的新的重要参数，MT 系列仪表能根据 t 参数来进行一些模糊规则运算，以便能较完善地解决超调现象及振荡现象，同时使控制响应速度最佳。 t 定义为假定没有散热，电炉以某功率开始升温，当其升温速率达到最大值 63.5%时所需的时间。MT 系列仪表中 t 参数值单位是 s。 t 参数的正确设定值与 PID 调节中微分时间相等。 如果设置 t≤CtI 时，系统的微分作用被取消。	0～2000s
CtL	输出周期	CtI 参数值可在(0.5～125)×0.5s(0 表示输出周期为 0.25s)之间设置，它反映仪表运算调节的快慢。采用 SSR、可控硅或电流输出时一般建议设置为 0.5～3s。当输出采用继电器开关输出时或是采用加热/冷却双输出控制系统，短的控制周期会缩短机械开关的寿命或导致冷/热输出频繁转换启动，周期太长则使控制精度降低，因此一般在 15～40s 之间，建议 CtI 设置为系统滞后时间的 1/10～1/4，但数值最大不应超过 60s(CtI=120)	(0～125)×0.5s
dIP	小数点位置	线性输入时，定义小数点位置，以配合用户习惯的显示数值。 dIP=0，显示格式为 0000，不显示小数点。 dIP=1，显示格式为 000.0，小数点在十位。 dIP=2，显示格式为 00.00，小数点在百位。 dIP=3，显示格式为 0.000，小数点在千位。 采用热电偶或热电阻输入时，此时 dIP 选择温度显示的分辨率。 dIP=0，温度显示分辨率为 1℃(内部仍维持 0.1℃分辨率用于控制运算)。 dIP=1，温度显示分辨率为 0.1℃(1000℃以上自动转为 1℃分辨率)。 改变小数点位置参数的设置只影响显示，对测量精度及控制精度均不产生影响	0～3
dIL	输入下限显示值	用于定义线性输入信号下限刻度值，对外给定、变送输出、光柱显示均有效。 例如在采用压力变送器将压力(也可是温度、流量、湿度等其他物理量)变换为标准的 1～5V 信号输入(4～20mA 信号可外接 250Ω 电阻予以变换)中。对于 1V 信号压力为 0，5V 信号压力为 1MPa，希望仪表显示分辨率为 0.001MPa。则参数设置如下： Sn=33(选择 1～5V 线性电压输入) dIP=3(小数点位置设置，采用 0.000 格式) dIL=0.000(确定输入下限 1V 时压力显示值) dIH=1.000(确定输入上限 5V 时压力显示值)	−1999～+9999 线性单位或 1℃

续表

参数代号	参数含义	说明	设置范围
dIH	输入上限	用于定义线性输入信号上限刻度值，与dIL配合使用	－1999～＋9999线性单位或1℃
Sc	主输入平移修正	Sc参数用于对输入进行平移修正，以补偿传感器、输入信号或热电偶冷端自动补偿的误差。PV补偿后 ＝ PV补偿前 ＋ Sc。一般应设置为0，乱设置会导致测量误差	－199.9～＋400.0℃
OPt	输出方式	OPt表示仪表的调节输出方式： OPt＝ OPt.A×1＋OPt.B×10 OPt.A表示主输出(OUTP)类型，OUTP上安装的模块类型应该与之相适合。 OPt.A＝0，当主模块上安装SSR电压输出、继电器触点开关输出、过零方式可控硅触发输出或可控硅无触点开关输出等模块时，应用此方式。 OPt.A＝1，0～10mA线性电流输出，主输出模块上安装线性电流输出模块。 OPt.A＝2，0～20mA线性电流输出，主输出模块上安装线性电流输出模块。 OPt.A＝3，备用。 OPt.A＝4，4～20mA线性电流输出，主输出模块上安装线性电流输出模块。 OPt.A＝5～7，位置比例输出(只适合MT-A2/A2P)。其中OP1、OP2可用于直接驱动阀门电机正、反转，其中OPt.A＝5适合无阀门反馈信号控制，要求阀门行程时间为60s，OPt.A＝6可从0～5V输入端输入阀门位置反馈信号，要求阀门行程时间大于10s即可，OPt.A＝7为阀门位置自整定功能，整定完毕后会自动将OPt.A设置为6。通过对参数dF的设置可以作为阀门位置不灵敏区大小的调整，建议设置范围是1.0%～3.0%，加大参数dF值，可避免阀门频繁转动，但太大的dF值将导致控制精度下降。dF参数此时仍对报警起作用。 OPt.A＝8，单相移相输出，应安装K5移相触发输出模块实现移相触发输出。 OPt.A＝5～8时，在该设置状态下，AUX不能作为调节输出的冷输出端。 OPt.B表示辅助接口(AUX)输出类型，仅当oPL参数设置小于0时方起作用。 OPt.B＝0，输出为时间比例输出方式，AUX位置可安装SSR电压输出、继电器触点开关输出、过零方式可控硅触发输出模块或可控硅无触点开关输出等模块。 OPt.B＝1、2、4分别表示为0～10mA、0～20mA及4～20mA线性电流输出，AUX输出模块上安装线性电流输出模块。 OPt.B＝3，备用于将来其他用途，请勿使用该设置。 AUX输出不支持位置比例或移相触发输出功能。 例如，仪表要求OUT输出为4～20mA，没有辅助输出，则设置oP＝4。 又如，OUT和AUX均为4～20mA输出，则设置oP＝44	0～48
oPL	输出下限	设置为0～110%时，表示在通常的单向调节中作为限制调节输出最小值。 设置为－110%～－1%时，仪表成为一个双向输出系统，具备加热/冷却双输出功能，当设置CF.A＝0，即OUT的输出用于加热时，AUX的输出相应地被用于制冷，反之亦可(CF.A＝1)。这时AUX不能再用于报警输出或作为开关量输入。 在具有双向输出的控制系统中，OPL用于反映被控系统反输出能力的百分比系数，在通常的双输出系统中，加热/冷却的能力往往是不一样的，比如一台变频冷暖空调器，同样最大输出时，制冷和制热能力是不一样的，假定制冷能力为4000W，而制热能力为5000W，这样当AUX用于制冷输出时，应设置OPL＝－(4000/5000)×100%＝－80%。才能准确表示系统特性，实现理想的控制效果。 AUX输出不能限制输出幅度，如设置OPL＝－80%时，则内部调节运算值等于OPL时，即为－80%时，AUX的物理输出即达到最大，例如在4～20mA输出中达到20mA。	－110%～＋110%
oPH	输出上限	限制OUTP调节输出的最大值的百分比	0～110%

续表

参数代号	参数含义	说明	设置范围
ALP	报警输出编程	ALP的4位数的个位、十位、百位及千位分别用于定义HIAL、LoAL、dHAL和dLAL 4个报警的输出位置，如下： ALP=5503 dLAL dHAL LoAL HIAL 数值范围是0～6，0表示不从任何端口输出该报警，1～2备用，3、4、5、6分别表示该报警由AL1、AL2、AU1、AU2输出。 例如设置ALP=5503，则表示上限报警HIAL由AL1输出，下限报警LoAL不输出，dHAL及dLAL则由AU1输出，即dHAL或dLAL产生报警均导致AU1动作。 注1：当AUX在双向调节系统作辅助输出时，报警指定AU1、AU2输出无效。 注2：若需要使用AL2或AU2，可在ALM或AUX位置安装L5双路继电器模块	0～9999
CF	系统功能选择	CF参数用于选择部分系统功能： CF=A×1+B×2+C×4+D×8+E×16+F×32+G×64+H×128 A=0，控制为反作用调节，适用加热控制；A=1，为正作用调节，如制冷控制。 B=0，仪表报警无上电/给定值修改免除报警功能；B=1，仪表有上电/给定值修改免除报警功能(详细说明见后文叙述)。 C=0，作为程序发生器时PV窗显示程序段；C=1，则显示测量值(仅MT-A1P/A2P)。 C=0，给定值设置范围限制在HIAL和LoAL之间；C=1，给定值设置范围不限制(该功能仅限于MT-A1/A2，对于MT-A1P/A2P则不限制给定值设置范围)。 D=0，程序时间以min为单位；D=1，以s为单位(仅适用MT-A1P/A2P型)。 D=0，无外给定功能；D=1，有外给定功能(仅适用MT-A2型)。 E=0，无分段功率限制功能；E=1，有分段功率限制功能(详见后文叙述)。 F=0，仪表光柱指示输出值；F=1，仪表光柱指示测量值(仅带光柱的仪表)。 G=0时，报警时在下显示器交替显示报警符号，能迅速了解仪表报警原因；G=1时，报警时在下显示器不显示报警符号，一般用于将报警作为控制的场合。 H=0，报警为单边回差；H=1，报警为双边回差(与V6.X版本兼容)。 例如，要求一台MT-A1型仪表为反作用调节，有上电免除报警功能，给定值设置范围无限制，无分段功率限制功能，无光柱，报警时下显示器交替显示报警符号，则： A=0，B=1，C=1，D=0，E=0，F=0 CF参数值应设置如下： CF=0×1+1×2+1×4+0×8+0×16+0×32+0×64+0×128=6	0～255
dL	输入数字滤波	MT仪表内部具有一个取中间值滤波和一个一阶积分数字滤波系统，取值滤波为3个连续值取中间值，积分滤波和电子线路中的阻容积分滤波效果相当。当因输入干扰而导致数字出现跳动时，可采用数字滤波将其平滑。dL设置范围是0～20，0没有任何滤波，1只有取中间值滤波，2～20同时有取中间值滤波和积分滤波。dL越大，测量值越稳定，但响应也越慢。一般在测量受到较大干扰时，可逐步增大dL值，调整使测量值瞬间跳动小于2～5个字。在实验室对仪表进行计量检定时，则应将dL设置为0或1以提高响应速度	0～20
run	运行状态及上电信号处理	(1)对MT-A2型仪表，run参数定义自动/手动工作状态。 run=0，手动调节状态。 run=1，自动调节状态。 run=2，自动调节状态，并且禁止手动操作。不需要手动功能时，该功能可防止因误操作而进入手动状态。 通过RS485通信接口控制仪表操作时，可通过修改run参数的方式用计算机(上位机)实现仪表的手动/自动切换操作。	0～127

续表

参数代号	参数含义	说明	设置范围
run	运行状态及上电信号处理	(2)对于 MT-A1P/A2P 仪表,run 参数定义 MT-A1P/A2P 型仪表程序运行模式。 run=A×1+D×8+ F×32 其中 A 用于选择 5 种停电事件处理模式,D 用于选择 4 种运行/修改事件处理模式: A=0,除非停电前为停止状态,否则来电后都自动从第 1 段开始运行程序。 A=1,在通电后如果没有偏差报警,则在原终止处继续执行,若有偏差报警则程序停止。 A=2,在仪表通电后继续在原终止处执行。 A=3,通电后无论出现何种情况,仪表都进入停止状态。 A=4,仪表在运行中停电,来电后无论出现何种情况,仪表都进入暂停状态。但如果仪表停电前为停止状态,则来电后仍保持停止状态。 D 用于选择运行/修改事件处理,其设置定义如下: D=0,无测量值启动功能和准备功能,程序按原计划执行,这种模式保证了固定的程序运行时间,但无法保证整条曲线的完整性。 D=1,有测量值启动功能,可根据测量值预置已运行的时间,无准备功能。 D=2,无测量值启动功能,有准备功能。 D=3,有测量值启动功能及准备功能。 测量值启动功能和准备功能的详细含义见后文 MT-A2P 程序编排说明。 F 用于选择手动/自动状态(仅 MT-A2P),其定义如下: F=0,自动调节状态。 F=1,手动调节状态。 F=2,自动状态且禁止从面板切换到手动状态。 例如,一台 MT-A2P 型仪表通电后在原来位置继续执行,并且有测量值启动功能和准备功能,仪表处于自动工作状态,可设置 A=2,D=3,F=0。则 run=2×1+3×8+0×32=26	0~127
Loc	参数修改级别	MT 仪表当 Loc 设置为 A2 以外的数值时,仪表只允许显示及设置 0~8 个现场参数(由 EP1~EP8 定义)及 Loc 参数本身。当 Loc=A2 时才能设置全部参数。当用户技术人员配置完仪表的输入、输出等重要参数后,可设置 Loc 为 A2 以外的数,以避免现场操作人员无意中修改某些重要操作参数。如下: (1)对于 MT-A1/A2 型仪表 Loc=0,允许修改现场参数、给定值。 Loc=1,可显示查看现场参数,不允许修改,但允许设置给定值。 Loc=2,可显示查看现场参数,不允许修改,也不允许设置给定值。 Loc=A2,可设置全部参数及给定值。 (2)对于 MT-A1P/A2P 型仪表 Loc=0,允许修改现场参数、程序值(时间及温度值)及程序段号 StEP 值。 Loc=1,允许修改现场参数及 StEP 值,但不允许修改程序。 Loc=2,允许修改现场参数,但不允许修改程序及 StEP 值。 Loc=3,除 Loc 参数本身可修改外,其余参数、程序及 StEP 值均不允许修改。 Loc=A2,可设置全部参数、程序及 StEP 值。注意 A2 是所有 MT 系列仪表的设置密码,仪表使用时应设置其他值以保护参数不被随意修改。同时应加强生产管理,避免随意地操作仪表。 如果 Loc 设置为其他值,其结果可能是以上结果之一。 在设置现场参数时将 Loc 参数设置为 A2,可临时性开锁,结束设置后 Loc 自动恢复为 0,开锁后在参数表中将 Loc 设置为 A2,则 Loc 将被保存为 A2,等于长久开锁	0~9999

续表

参数代号	参数含义	说明	设置范围
EP1～EP8	现场参数定义	当仪表的设置完成后，大多数参数将不再需要现场工人进行设置。而且现场操作工对许多参数也可能不理解，并且可能发生误操作将参数设置为错误的数值而使得仪表无法正常工作。 通常智能仪表都具备参数锁(Loc)功能，不过普通的参数锁功能往往将所有参数均锁上，而有时我们又需要现场操作工对部分参数能进行修改及调整，例如上限报警值 HIAL 或 M50、P、t 等参数，对于 MT-A1P/A2P 型则可能还需要修改部分程序值，如某段的温度值或时间值。 在参数表中 EP1～EP8 定义 1～8 个现场参数给现场操作工使用。其参数值是 EP 参数本身外其他参数，如 HIAL、LoAL 等参数，对于 MT-A1P/A2P 型仪表，则还包括程序设置值，例如 C01、t01 等。当 Loc＝0、1、2 等值时，只有被定义到的参数或程序设置值才能被显示，其他参数不能被显示及修改。该功能可加快修改参数的速度，又能避免重要参数(如输入、输出参数)不被误修改。 参数 EP1～EP8 最多可定义 8 个现场参数，如果现场参数少于 8 个(有时甚至没有)，应将要用到的参数按 EP1～EP8 依次定义，没用到的第一个参数定义为 nonE。 例如，某仪表现场常要修改 HIAL(上限报警)、LoAL(下限报警)两个参数，可将 EP 参数设置如下：Loc＝0、EP1＝HIAL、EP2＝LoAL、EP3＝nonE。 如果仪表调试完成后并不需要现场参数，此时可将 EP1 参数值设置为 nonE	nonE～run

参考文献

[1] 朱自强，徐汛．化工热力学［M］．第2版．北京：化学工业出版社，1991.

[2] Hala P, et al. Vapour-Liquid Equilibrium［M］. Oxford: Pergamon Press Ltd, 1967.

[3] Smith J M, Van Ness H C, Abott M M. Introduction to Chemical Engineering Thermodynamics［M］. Sixth Edition．北京：化学工业出版社，2002.

[4] 武文良，张雅明，等．异丙醇-水-乙酸钾体系汽液平衡数据的测定及关联［J］．石油化工，1997，26(9)：610-613.

[5] Wu W L, Zhang Y M, Lu X H, et al. Modification of the Furter equation and correlaton of the vapor-liquid equilibria for mixed-solvent electrolyte systems［J］. Fluid Phase Equilibria, 1999, 154: 301-310.

[6] 陈维苗，张雅明．醇-水-醋酸钾/碘化钾体系汽液平衡［J］．高校化学工程学报，2003，17(2)：123-127.

[7] 陈维苗，张雅明．含盐醇水体系汽液平衡研究进展［J］．南京工业大学学报，2002，24(6)：99-106.

[8] Gamehling J, Onken H. VLE Data Collection. Aqueous-organic system Vol 1. part 1. Germany: DECHEMA, 1977.

[9] 冯亚云．化工基础实验［M］．北京：化学工业出版社，2000.

[10] 李丽娟．化工实验与开发技术［M］．北京：化学工业出版社，2002.

[11] 雷良恒，等．化工原理实验［M］．北京：清华大学出版社，1998.

[12] 杨祖荣．化工原理实验［M］．北京：化学工业出版社，2004.

[13] 孙晓然，谢全安．化学工程与工艺综合设计实验教程［M］．北京：冶金工业出版社，2001.

[14] 赵何为，朱承炎．精细化工实验［M］．上海：华东化工学院出版社，1992.

[15] 强亮生，王慎敏．精细化工综合实验［M］．黑龙江：哈尔滨工业大学出版社，2002.

[16] 周春隆．精细化工实验法［M］．北京：中国石化出版社，1998.

[17] 廖传华，黄振仁．超临界 CO_2 流体萃取技术：工艺开发及其应用［M］．北京：化学工业出版社，2004.

[18] 任建新．膜分离技术及其应用［M］．北京：化学工业出版社，2002.

[19] 房鼎业，乐清华，等．化学工程与工艺实验［M］．北京：化学工业出版社，2000.

[20] 张禹秋．化学工程与工艺实验技术［M］．北京：化学工业出版社，2006.

[21] 张谦，等．安息茴香油脂的超临界 CO_2 提取工艺研究［J］．新疆农业科学，2001，38(5)：273-274.

[22] 梁洁，等．超临界 CO_2 萃取食用姜油的研究［J］．广州食品工业科技，2000，(1)：23-27.

[23] 高福成，等．现代食品工程高新技术［M］．北京：中国轻工业出版社，1997.

[24] 李德华．化学工程基础实验［M］．北京：化学工业出版社，2008.